高·等·职·业·教·育·教·材

基础化工生产工艺

郁 平 主 编
严小丽 副主编

JICHU HUAGONG
SHENGCHAN GONGYI

化学工业出版社

·北京·

内 容 简 介

《基础化工生产工艺》主要介绍基本无机化工、基本有机化工和石油炼制三大块涉及国计民生的基础化学品的生产工艺，重点介绍化工生产基本原理和化工生产工艺流程，包括化学反应、热力学和动力学，工艺条件分析和工艺流程详解；同时介绍化工安全、清洁生产、班组管理等理念。既可打牢学习者化工生产理论基础又能培养学习者化工生产实践能力。

本书具有综合性和实用性，既可作为高职高专化工技术类专业教材，也可作为从事化工、石化及相关行业的操作人员、技术人员及管理人员更新和拓展知识、提高操作和管理水平的学习参考用书。

图书在版编目（CIP）数据

基础化工生产工艺 / 郁平主编．—北京：化学工业出版社，2022.5

高等职业教育教材

ISBN 978-7-122-40985-0

Ⅰ.①基… Ⅱ.①郁… Ⅲ.①化工生产–高等职业教育–教材 Ⅳ.①TQ06

中国版本图书馆 CIP 数据核字（2022）第 046132 号

责任编辑：旷英姿　提　岩　　　　　　　　　文字编辑：师明远　林　丹
责任校对：边　涛　　　　　　　　　　　　　装帧设计：王晓宇

出版发行：化学工业出版社（北京市东城区青年湖南街13号　邮政编码100011）
印　　装：大厂聚鑫印刷有限责任公司
787mm×1092mm　1/16　印张20　字数524千字　2022年7月北京第1版第1次印刷

购书咨询：010-64518888　　　　　　　　　　售后服务：010-64518899
网　　址：http://www.cip.com.cn
凡购买本书，如有缺损质量问题，本社销售中心负责调换。

定　　价：53.00元　　　　　　　　　　　　　　　　　　　　版权所有　违者必究

前言

《基础化工生产工艺》是以上海市一流专业建设为契机，以应用化工技术专业中高职贯通教学内容的教材需求为依据，将基本无机化工、基本有机化工和石油炼制三大块生产工艺知识整合到一本教材中，以适应高职学生对基础化工专业课的教学要求。

全书共分十五章，选择的内容尽可能地涵盖了保障国计民生的基础化工产品，除了充分考虑长三角地区的基础化工产品布局外，也兼顾了基础化工产品的系统性。本书力图将各具特色的工艺流程和各类化学反应器介绍给学生，让他们在学习掌握基础化工产品生产过程的同时，体会到工艺流程设置的巧思，为使学生成为既有理论基础又懂生产技术的新时代建设者提供有力支撑。

本书中的"知识拓展"内容，可通过扫描书中二维码获取。

本书由上海应用技术大学郁平主编，上海石化工业学校严小丽副主编。具体编写分工如下：郁平编写第一章～第五章；上海应用技术大学高峰编写第六章、第十三章～第十五章；上海应用技术大学姚跃良编写第七章～第十章；上海石化工业学校的张超编写第十一章，严小丽编写第十二章。全书由郁平统稿，中国石化上海高桥石油化工有限公司张华主审。

由于编者水平有限，不妥之处在所难免，对书中的疏漏与不足，恳请读者批评指正。

编者

2022 年 1 月

目录

第一章　合成氨 …… 001

第一节　合成气制备 …… 002
一、煤制合成气 …… 003
二、天然气制合成气 …… 008

第二节　原料气脱硫 …… 016
一、干法脱硫 …… 016
二、湿法脱硫 …… 018

第三节　一氧化碳变换 …… 021
一、一氧化碳变换原理 …… 021
二、一氧化碳变换生产工艺 …… 025

第四节　原料气中二氧化碳的脱除 …… 029
一、化学吸收法 …… 030
二、物理吸收法 …… 033

第五节　原料气的精制 …… 034
一、甲烷化法 …… 034
二、液氮洗涤法 …… 036

第六节　氨的合成 …… 036
一、氨合成基本原理 …… 036
二、氨合成生产工艺 …… 039

思考与练习 …… 043

第二章　主要的氨加工产品 …… 045

第一节　尿素 …… 045
一、尿素合成的基本原理 …… 046
二、尿素的工业生产 …… 047

第二节　碳酸氢铵 …… 052
一、碳酸氢铵生产基本原理 …… 052
二、碳酸氢铵生产的工艺流程 …… 055

第三节　硝酸 …… 056
一、硝酸的生产原理 …… 056

二、硝酸的生产工艺流程 ································· 058
思考与练习 ··· 060

第三章　硫酸 ··· 062

第一节　二氧化硫炉气的生产与净化干燥
　　一、SO_2炉气生产与净化的基本原理 ························· 062
　　二、SO_2炉气生产与净化的工业过程 ························· 065

第二节　二氧化硫的催化氧化
　　一、二氧化硫催化氧化的基本原理 ························· 069
　　二、二氧化硫催化氧化的生产工艺 ························· 070

第三节　三氧化硫的吸收及尾气的处理
　　一、三氧化硫吸收基本原理 ······························· 072
　　二、三氧化硫吸收生产工艺 ······························· 072
思考与练习 ··· 075

第四章　烧碱与纯碱 ··································· 076

第一节　烧碱
　　一、电解法制烧碱的基本原理 ······························· 077
　　二、离子交换膜法制烧碱的工业生产方法 ··················· 082

第二节　纯碱
　　一、氨碱法制纯碱 ····································· 090
　　二、联合制碱法 ······································· 091
思考与练习 ··· 096

第五章　碳一系列典型产品 ····························· 097

第一节　甲醇
　　一、甲醇合成基本原理 ································· 098
　　二、合成气制甲醇的工业生产方法 ························· 099

第二节　甲醛的生产
　　一、甲醇氧化制甲醛的生产原理 ··························· 103
　　二、甲醛的生产方法 ··································· 105
思考与练习 ··· 107

第六章　烃类热裂解制乙烯 ····························· 108

第一节　热裂解过程
　　一、烃类热裂解的基本原理 ······························· 108
　　二、裂解生产过程的工艺参数和操作指标 ··················· 118
　　三、管式裂解炉及裂解工艺过程 ··························· 122

第二节　裂解气的净化 131
一、酸性气体的脱除 131
二、脱水 134
三、脱除炔烃和CO 135
第三节　裂解气的精馏分离 139
一、裂解气的分离原理 139
二、深冷分离流程 140
思考与练习 144

第七章　碳二系列典型产品 145
第一节　乙烯络合催化氧化制乙醛 145
一、乙醛的生产原理 146
二、乙醛的工业生产 146
第二节　乙酸的生产 151
一、乙酸的生产原理 152
二、乙酸生产工艺 153
第三节　乙烯催化氧化制环氧乙烷 156
一、环氧乙烷的生产原理 156
二、环氧乙烷的工业生产 160
第四节　乙烯气相氧化法制乙酸乙烯酯 163
一、乙酸乙烯酯的生产原理 164
二、乙酸乙烯酯的工业生产 166
第五节　乙烯氧氯化法制氯乙烯 168
一、乙烯平衡氧氯化法制氯乙烯的生产原理 169
二、乙烯氧氯化法制氯乙烯的生产工艺 171
思考与练习 175

第八章　碳三系列典型产品 177
第一节　丙烯氨氧化制丙烯腈 177
一、丙烯氨氧化法生产丙烯腈的反应原理 179
二、丙烯氨氧化法生产丙烯腈的生产工艺 180
第二节　丙烯酸的生产 185
一、丙烯酸的生产原理 186
二、丙烯酸的工业生产 187
思考与练习 191

第九章　碳四系列典型产品 192
第一节　丁二烯的生产 192
一、丁二烯的生产原理 193

二、丁二烯的工业生产 ··· 196
　第二节　顺丁烯二酸酐的生产 ··· 203
　　一、正丁烷氧化法制顺丁烯二酸酐的基本原理 ··················· 205
　　二、正丁烷氧化法制顺丁烯二酸酐的工业生产 ··················· 205
　思考与练习 ··· 207

第十章　芳烃系列典型产品 ··· 208

　第一节　苯烷基化制乙苯 ··· 208
　　一、乙苯生产的基本原理 ·· 210
　　二、乙苯的工业生产 ··· 212
　第二节　乙苯脱氢制苯乙烯 ·· 213
　　一、乙苯脱氢生产苯乙烯的反应原理 ······························· 214
　　二、乙苯脱氢制苯乙烯的生产工艺 ··································· 215
　第三节　对二甲苯氧化制对苯二甲酸 ····································· 219
　　一、对二甲苯高温氧化制对苯二甲酸的生产原理 ················ 220
　　二、对二甲苯高温氧化制对苯二甲酸的生产工艺 ················ 221
　思考与练习 ··· 224

第十一章　石油的粗加工 ·· 225

　第一节　原油脱盐、脱水 ··· 226
　　一、原油脱盐、脱水的原理及方法 ··································· 227
　　二、原油脱盐、脱水的生产工艺 ······································ 228
　第二节　常减压蒸馏 ··· 230
　　一、常减压蒸馏基本原理 ·· 230
　　二、常减压蒸馏生产工艺 ·· 230
　第三节　原油加工中的防腐技术 ·· 233
　　一、"一脱" ·· 233
　　二、"三注" ·· 233
　　三、"三注"的技术要求 ··· 235
　思考与练习 ··· 235

第十二章　催化裂化 ·· 237

　第一节　催化裂化的原料和产品 ·· 239
　　一、原料 ··· 239
　　二、产品 ··· 241
　第二节　催化裂化生产技术 ·· 242
　　一、催化裂化的反应原理 ·· 242
　　二、催化裂化的生产工艺 ·· 247
　思考与练习 ··· 252

第十三章　催化加氢 　254

第一节　加氢处理（精制）　254
一、加氢处理反应及机理　255
二、加氢处理生产工艺　261

第二节　加氢裂化　262
一、加氢裂化反应及机理　263
二、加氢裂化生产工艺　267

第三节　其他加氢工艺　272
一、润滑油加氢　272
二、临氢降凝　273
三、重油加氢处理　275

思考与练习　279

第十四章　催化重整　280
一、催化重整工艺基本原理　281
二、重整催化剂　283
三、催化重整生产工艺　289

思考与练习　298

第十五章　烷基化及异构化过程　299

第一节　烷基化过程　299
一、烷基化基本原理　300
二、烷基化生产工艺　304

第二节　异构化过程　307
一、烷烃异构化基本原理　307
二、烷烃异构化生产工艺　309

思考与练习　310

参考文献　312

第一章 合成氨

自从 1754 年英国著名的化学家约瑟夫·普利斯特列（Joseph Priestley 1733～1804）加热氯化铵与石灰的混合物并采用排汞集气法收集到了氨气，1784 年法国化学家克劳德·路易斯·伯托利（Claude Louis Berthollet 1748～1822）确定了组成氨的元素是氮和氢之后，人们开始研究用氮和氢合成制备氨的方法，但未获得实质性的突破。

直到 19 世纪末，蓬勃发展的物理化学使化学热力学、反应动力学的概念对氨合成的研究及其工业化生产起到了重要作用。

1909 年，德国物理化学家弗里茨·哈伯（Fritz Haber）用锇作催化剂，在 17.5～20.0MPa 和 500～600℃下制得 6% 的氨，哈伯设计了未反应原料的循环使用路线并为此申请了专利。1910 年哈伯在德国奥堡巴登的苯胺纯碱公司化工专家卡尔·博斯（Carl Bosch）的帮助下，建成了 80g（NH_3）/h 的实验装置。1911 年博斯团队的阿尔芬·米塔希（Alwin Mittasch）研究成功了以铁为活性组分的氨合成催化剂，为合成氨工业化创造了有利条件。1913 年德国苯胺纯碱公司建成了第一套日产 30t 的合成氨装置。至此，合成氨历经百余年磨难，终于从实验室走向工业化，成为工业上实现高压催化反应的一座里程碑。为此，哈伯和博斯分别获得 1918 年和 1931 年的诺贝尔化学奖。1990 年由德国催化学会与德国化学工程和生物技术协会共同设立 Alwin Mittasch 奖，奖励在催化基础研究和产业化应用领域取得突出成就的科学家，并以此纪念米塔希在催化剂领域的杰出贡献。

自 1913 年合成氨实现工业化生产，至今已有百余年的历史，随着新工艺新技术的不断涌现，合成氨工业在生产技术上发生了重大变化。20 世纪 60 年代，美国凯洛格（Kellogg）公司相继建成日产约 500t 和 900t 的合成氨厂，实现了合成氨装置的大型化，并首先利用工艺过程的余热副产高压蒸汽，这是合成氨工业发展的一个重要里程碑。

20 世纪 70 年代，计算机技术应用于合成氨生产过程，使操作控制产生了质的飞跃，并使能耗大大降低。

我国合成氨工业起步于 20 世纪 30 年代，当时在南京、大连两地建有合成氨厂，此外在上海还有一个通过电解水制氢再生产合成氨的小车间。新中国成立后，在恢复与扩建老厂的同时，我国从苏联引进以煤为原料、年产 50kt 的三套合成氨装置，并于 1957 年先后建成投产。为了适应我国农业发展的迫切需要，1958 年我国著名化学家侯德榜提出了合成氨碳化法制取碳酸氢铵化肥的新工艺，从 20 世纪 60 年代开始在全国各地建设了一大批小型合成氨厂，最多时在 1979 年曾发展到全国建有 1500 多座小氮肥厂。

20 世纪 60 年代随着石油、天然气资源的开采，我国又从英国引进以天然气为原料、采用加压蒸汽转化法、年产 100kt 的合成氨装置，并且从意大利引进以重油为原料、采用部分氧化法、年产 50kt 的合成氨装置。我国通过引进吸收开发创新，陆续建设了一批年产 50kt 的中型合成氨厂，从而形成了煤、气、油并举的合成氨生产体系。至此，我国完成了大中小型合成氨厂遍布全国的氮肥工业布局。

20世纪70年代是世界合成氨工业大发展的时期，由于大型合成氨装置的优越性，我国通过从国外引进和自行设计建设，共建成了34套合成氨联产尿素的大型装置。这些大型合成氨装置的建成投产，不仅较快地增加了我国合成氨的产量，提高了我国的生产技术水平，而且也缩小了与世界先进水平的差距。

展望未来，合成氨技术的发展有如下几大特点：

(1) 大型化、集成化、自动化、低能耗与可持续是未来合成氨装置的主流发展方向。
(2) 实施与环境友好的清洁生产是未来合成氨装置的必然选择。
(3) 以天然气和煤为核心原料，进行多联产和再加工，是老合成氨装置改善经济性和增强竞争力的有效途径。
(4) 提高生产运转的可靠性，延长设备运行周期是未来合成氨装置改善经济性、增强竞争力的必要保证。
(5) 生物固氮技术有望在21世纪取得突破性进展，实现合成氨生产的革命性改变，并将对世界的合成氨工业产生深远影响。

第一节　合成气制备

合成氨生产原料为氮气和氢气。其中氮气广泛存在于空气中，容易获得；而氢气要通过化工生产制得，其常用原料是煤和天然气。

合成气是一类 $CO+H_2$ 的混合物，英文缩写 syngas。不同氢碳比（H_2/CO）的合成气可以生产不同的化学产品，合成气的氢碳比随原料和生产方法的不同而不同。

合成气工业化的主要产品：

(1) 合成氨　通过变换反应 $CO+H_2O \longrightarrow CO_2+H_2$ 生产氢气，氢气再与空气中的氮气通过氨合成反应 $N_2+3H_2 \longrightarrow 2NH_3$ 生产合成氨。

氨的最大用途是制氮肥，氨还是重要的化工原料，它是目前世界上产量最大的化工产品之一。

(2) 合成甲醇　将合成气的 H_2/CO 的摩尔比调整为 2.2 左右，通过化学反应 $CO+2H_2 \longrightarrow CH_3OH$ 生产甲醇。

甲醇可用于制乙酸、乙酐、甲醛、甲酸甲酯、甲基叔丁基醚（MTBE）、二甲醚等产品。此外，甲醇制汽油（MTG）、甲醇制低碳烯烃（MTO）、甲醇制芳烃（MTA）也有很好的发展前景。

(3) 合成乙酸　合成气直接制乙酸技术与甲醇羰基化法技术相比，无须提纯 CO 或采购甲醇，并且在制作过程中不含碘化物，从而降低了对特殊金属材料的需要。与甲醇羰基化技术相比，该技术有望显著降低生产成本，提高经济效益。

(4) 烯烃的氢甲酰化产品　烯烃与合成气在过渡金属络合物的催化作用下发生加成反应，可生成比原料烯烃多一个碳原子的醛。

(5) 合成天然气、汽油和柴油　在镍催化剂作用下，CO 和 H_2 进行甲烷化反应，生成甲烷，称之为合成天然气（SNG）。由煤制造合成气，然后通过费-托（Fischer-Tropsch）合成可生产液态烃燃料。将这些烃类产物分离，可进一步加工成汽油、柴油。

在合成气基础上制备化工产品的新途径有三种，即①将合成气转化为甲醇，然后再进一步加工成其他化工产品；②将合成气转化为乙烯或其他烃类，然后再进一步加工成化工产品；

③直接将合成气转化为化工产品。这些新应用途径，有的正在研究，有的已进入工业开发阶段，有的已具有一定生产规模。

制造合成气的原料是多种多样的，许多含碳资源如煤、天然气、石油馏分、农林废料、城市垃圾等均可用来制造合成气。尤其是"废料"的利用具有巨大经济效益和社会效益，大大地拓宽了化工原料来源，所以发展合成气生产有利于资源优化利用，有利于化学工业原料路线和产品结构的多元化。今后，合成气的应用前景将越来越宽广。

一、煤制合成气

以煤为原料制合成气的过程称为煤的气化，生产方式有间歇式和连续式两种。其中连续式生产效率高，技术较先进。

煤的气化过程是一个热化学过程。它是以煤或焦炭为原料，以氧气（空气、富氧或纯氧）、水蒸气为气化剂，在高温条件下，通过化学反应把煤或焦炭中的可燃部分转化为气体的过程。气化时所得的气体也称为煤气，其有效成分包括一氧化碳、氢气和甲烷等。进行煤气化的设备称为煤气发生炉。

煤气可用作民用燃气、工业燃气、合成气和工业还原气。在各种煤转化技术中，特别是开发洁净煤技术中，煤的气化是最有应用前景的技术之一。煤气的成分取决于燃料、气化剂种类以及进行气化的条件。

工业上根据所用气化剂不同可得到以下几种煤气：

（1）空气煤气 以空气为气化剂制取的煤气，其成分主要为氮气和二氧化碳。在间歇法煤制合成氨生产中也称之为吹风气。

（2）水煤气 以水蒸气为气化剂制得的煤气，主要成分为氢气和一氧化碳。

（3）混合煤气 以空气和适量的水蒸气为气化剂制取的煤气。

（4）半水煤气 以适量空气（或富氧空气）与水蒸气作为气化剂，所得气体组成符合$([CO]+[H_2])/[N_2]=3.1\sim3.2$的混合煤气，即合成氨原料气。生产上也可用水煤气与吹风气混合配制半水煤气。

（一）煤制合成气的基本原理

煤在煤气发生炉中由于受热分解放出低分子量的烃类化合物，而煤本身逐渐焦化，此时可将煤近似看作碳。碳与气化剂（空气或水蒸气）发生一系列的化学反应，生成气体产物。

1. 化学平衡

以空气为气化剂：

主反应： $C + O_2 \longrightarrow CO_2 \qquad \Delta H_{298}^{\ominus} = -393.8 \text{kJ/mol}$ (1-1)

此反应是一个不可逆的强放热反应，为水煤气制气提供热量。

副反应： $C + CO_2 \longrightarrow 2CO \qquad \Delta H_{298}^{\ominus} = 172.3 \text{kJ/mol}$ (1-2)

以水蒸气为气化剂：

主反应： $C + H_2O \rightleftharpoons CO + H_2 \qquad \Delta H_{298}^{\ominus} = 131.4 \text{kJ/mol}$ (1-3)

此反应是一个体积增大的可逆吸热反应。

副反应： $C + 2H_2 \longrightarrow CH_4 \qquad \Delta H_{298}^{\ominus} = -74.9 \text{kJ/mol}$ (1-4)

$$CO + H_2O \longrightarrow CO_2 + H_2 \qquad \Delta H_{298}^{\ominus} = -41.2 \text{kJ/mol} \qquad (1-5)$$

反应过程中除了主反应外还有副反应发生，故生产出的煤气是复杂的混合物。

相关拓展内容，请扫描二维码获取。

煤制合成气的化学平衡

2.反应速率

气化剂与碳在煤气发生炉中的反应属于气-固相非催化反应，随着反应的进行，不断生成气体产物，而碳的粒度逐渐减小。其反应过程一般由气化剂的外扩散、吸附，气化剂与碳的化学反应及产物的脱附、外扩散等步骤组成。总的反应速率取决于阻力最大的某一步骤，此步骤称为控制步骤。提高控制步骤的速率是提高总反应速率的关键。

(1) $C+O_2 \longrightarrow CO_2$ 的反应速率　研究表明，当温度在900℃以上时，反应为外扩散控制，而提高空气流速是强化以外扩散为主要控制步骤的化学反应的有效措施。

(2) $C+H_2O \longrightarrow CO+H_2$ 的反应速率　碳与水蒸气之间的反应，在400~1000℃的温度范围内，速率仍较慢，因此为动力学控制，提高反应温度是提高反应速率的有效措施。

（二）煤制合成气的工业生产方法

用于生产合成氨的半水煤气，要求气体中（[CO]+[H₂]）/[N₂]=3.1~3.2。由前面讨论的反应过程可以看出，以空气为气化剂时，可得到含 N_2 的吹风气；以水蒸气为气化剂时，可得到含 H_2 和 CO 的水煤气。从气化系统的热平衡来看，碳和空气的反应是放热反应，碳和水蒸气的反应是吸热反应。那么，是否能将空气和水蒸气同时通入气化装置，在满足系统自热平衡的同时制备出合格的半水煤气呢？答案是否定的。为此工业生产中通常采用以下两种制气方法来生产半水煤气。

(1) 间歇式制气方法　也称蓄热法。此方法是先将空气送入煤气发生炉以提高燃料层的温度，生成的气体（吹风气）大部分放空，剩余部分回收并送入气柜；然后送蒸汽入炉与碳层进行气化反应，生成水煤气，此时，燃料层温度逐渐下降。如此重复地进行上述过程。在实际生产中，也可在水蒸气中配入适量空气，一是用来维持炉温，二是用来提供半水煤气所需的氮气，通常称之为加氮空气法。间歇式生产半水煤气工艺落后，现已逐渐被淘汰。

(2) 富氧空气（或纯氧）连续气化法　如果用一定比例氧含量的富氧空气取代空气，则既能满足热平衡，又能制得合格的半水煤气，可实现连续制气。

① 加压鲁奇气化法　加压鲁奇气化法是以氧气和蒸汽作气化剂的连续气化方法。原料可采用黏结性烟煤或褐煤（5~50mm 的块煤或成型煤）。操作压力为 2~10MPa。鲁奇加压气化炉如图 1-1 所示。

氧气与水蒸气自下而上通过煤层，煤层自上而下分为干燥区、干馏区、气化区、燃烧区。在燃烧区主要进行碳的燃烧反应，在气化区则主要是碳与水蒸气的反应。鲁奇气化炉在结构上有下列特点：a.由煤箱通过自动控制机构向炉内加入原料，并采用旋转的煤分布器，使燃料在炉内均匀分布。由于分布器的转动，还可部分地防止黏结性煤粒之间的相互粘连。b.采用回转炉箅，并通过空心轴从炉箅送入气化剂。c.自动控制装置将灰渣连续排入灰箱中，在此可用水力或机械排渣。d.炉壁设有夹套锅炉产生中压蒸汽。e.煤气在洗涤器中用水激冷并洗涤后送至净化系统。

鲁奇气化炉出口煤气组成（体积分数）为：H_2 37%~39%，CO 22%~24%，CO_2 25%~27%，CH_4 8%~12%。由于生成甲烷的反应放热，故耗氧量较少，一般氧气与蒸汽的加料比为 0.13~0.14m³（氧气）/kg（蒸汽）。鲁奇气化炉的蒸汽消耗量很高，这是为了防止纯氧燃烧造成床层局部温度过高。

鲁奇气化炉气化的优点是：加压操作，碳转化率高达90%左右，所得煤气热值高，气化强度大。其缺点是：对原料煤要求较高，不能使用黏结性强、热稳定性差、灰熔点低的煤和粉状煤，由于煤气中甲烷含量高，且有大量焦油和含氰废水存在，会使合成氨流程复杂化。

② 水煤浆加压气化法（德士古水煤浆气化工艺） 水煤浆加压气化法，是以高浓度水煤浆（煤浆浓度60%~65%）进料、液态排渣、加压纯氧气流床气化的工艺过程。该法由美国德士古公司（现已被美国GE公司收购）开发，所用炉型称为德士古气化炉，如图1-2所示。此炉能气化多种劣质煤，碳转化率可达90%以上。它可

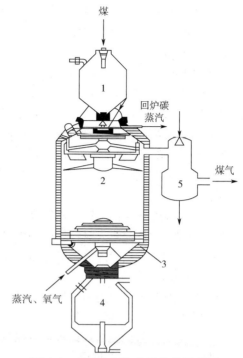

图1-1 鲁奇加压气化炉结构示意图

1—煤箱；2—分布器；3—水夹套；4—灰箱；5—洗涤器

直接获得烃类含量很低（甲烷含量<0.1%）的原料气。并且使用的煤种以低灰熔点为佳。如果灰熔点过高，将导致氧消耗量猛增以及对耐火材料的苛求。

由图1-2可见，德士古气化炉为直立圆筒形结构，分为上中下三部分，上部为反应室，中部为废热锅炉或激冷室，下部为灰渣锁斗。

图1-3为日产1000t氨的德士古煤气化工艺流程。

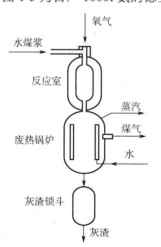

图1-2 德士古气化炉

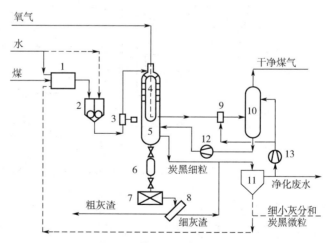

图1-3 德士古煤气化工艺流程

1—球磨机；2—煤浆槽；3—煤浆泵；4—气化炉；5—激冷器；
6—灰渣锁斗；7—灰渣收集箱；8—筛网；9—文丘里洗涤器；
10—洗涤塔；11—澄清槽；12—激冷泵；13—洗涤泵

煤先在球磨机 1 中加水磨成高浓度的水煤浆，贮存于煤浆槽 2 中。水煤浆浓度为 60%~65%，加添加剂以控制水煤浆黏度，提高其稳定性。并加入碱液和助熔剂，以调节煤浆的 pH 值和灰渣的流动度。

水煤浆通过煤浆泵 3 加压后与高压氧气一起通过喷嘴进入气化炉 4，在压力为 6.4MPa，温度为 1300~1500℃下进行气化反应。离开反应室的高温气体在激冷器 5 中用水激冷，激冷水由洗涤塔 10 引入，气体被水蒸气饱和，同时，将反应中产生的大部分煤灰和少量未反应的碳以灰渣形式除去。根据粒度大小将灰渣分为粒渣和细渣两种，粒渣在激冷器中沉积，通过灰渣锁斗 6 定期与水一同排入灰渣收集箱 7，细渣以灰水形式连续排出。

离开激冷器的气体，通过文丘里洗涤器 9 和洗涤塔 10 将其所含细灰彻底清除后去一氧化碳变换工段。

德士古水煤浆气化的关键技术是高浓度水煤浆技术、氧气与水煤浆喷嘴技术、熔渣在高压下的排出技术，此外对耐火材料性能要求也较高。

德士古气化炉的出口煤气组成（体积分数）为 H_2 35%~36%，CO 44%~51%，CO_2 13%~18%，CH_4 0.1%。

德士古气化炉的优点为适用原料煤种广泛，气煤、烟煤、次烟煤、无烟煤、高硫煤以及低灰熔点的劣质煤、石油焦等均能用作气化原料。但为了保证系统长周期稳定运行，灰分低、灰熔点低、黏温特性好的原料煤比较适合该技术，一般要求原料煤灰分控制在 20% 以下，灰熔点在 1300℃以下。操作中通过调节水煤浆与氧气的比例控制反应温度高于煤的灰熔点。

德士古气化炉的缺点为气化温度不宜过高，一般操作温度不高于 1400℃；耐火砖寿命使用周期短，增加了生产运行成本；喷嘴使用周期短，一般情况下每 2 个月检查更换一次。

③ Shell（壳牌）粉煤气化技术　Shell 粉煤气化技术是由荷兰 Shell 公司开发的新一代的气流床造气技术。其工艺流程见图 1-4。

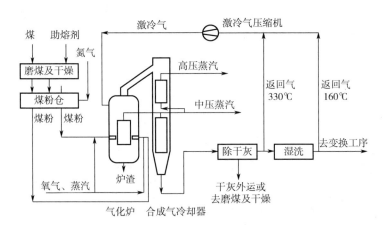

图 1-4　Shell 粉煤气化工艺流程

煤粉和石灰石按一定比例混合后，进入磨煤机进行混磨，并由热风带走煤中的水分，再经过袋式过滤器过滤，干燥的煤粉进入煤粉仓中贮存。从粉仓出来的煤粉通过锁斗装置，由氮气加压到 4.2MPa，并以氮气作为动力送至气化炉前，和蒸汽、氧气按一定的比例混合后进入气化炉进行气化，反应温度为 1400~1700℃。出气化炉的气体在气化炉顶部与循环压缩机送来的冷煤气进行混合，激冷到 900℃，然后经过输气管换热器、合成气换热器回收热量后，温度降至 300℃，再进入高温高压过滤器除去合成气中 99% 的飞灰。出高温高压过滤器的合成气分为两股,其中一股作为激冷气进入激冷气压缩机,另一股进入文丘里洗涤器和洗涤塔,用高压工艺水除去其中的灰分并将温度降到150℃左右进入净化系统的变换工序。

在气化炉内产生的熔渣沿气化炉内壁流进气化炉底部的渣池,遇水固化成玻璃状炉渣,然后通过收集器、炉渣锁斗,定期排放到炉渣脱水槽。

Shell粉煤气化的工艺特点是对气化原料煤有较宽的适应性,可适应更高灰熔点的煤;碳转化率高达99%以上,甲烷含量极低,煤气中有效气体（$CO+H_2$）达到90%以上;粉煤气化工艺高温煤气通过输气管换热器和合成气换热器回收热能,能量回收率达83%以上;采用干法进料,与湿法水煤浆气化工艺相比,氧耗低,单炉生产能力大,运转周期长,热效率高。

④ GSP煤气化技术 德国西门子公司的GSP煤气化技术源自民主德国燃料研究所,该技术采用干煤粉进料、气流床气化、液态排渣、组合式喷嘴下喷、水冷壁气化反应器、全激冷流程工艺。兼具德士古和壳牌气化技术的优点,具有投资少、碳转化率高、气化强度大、能耗低等优势。GSP气体有效成分达到90%以上。工艺流程见图1-5。

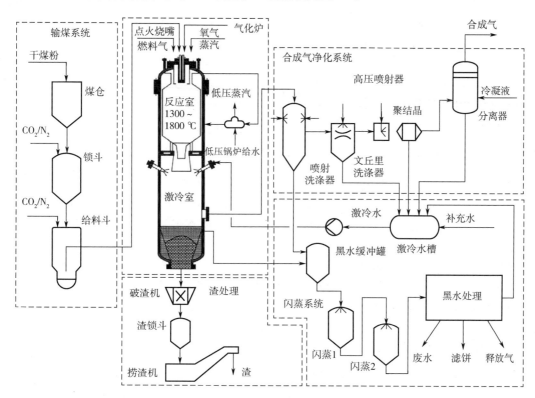

图1-5 GSP工艺流程图

德士古气化工艺、Shell气化工艺、GSP气化工艺的主要工艺指标对比见表1-1。

表1-1 德士古气化、Shell气化、GSP气化主要工艺指标对比

项目	德士古气化工艺	Shell气化工艺	GSP气化工艺
原料煤的粒度	40目90%~95%，325目25%~35%	90%<100目	不同煤种有不同要求
碳的转化率/%	94~96	>99	>99
气化炉温度/℃	1400	1400~1700	1300~1800
气化炉压力/MPa	2.6~8.5	2.0~4.0	2.5~4.0

续表

项目	德士古气化工艺	Shell 气化工艺	GSP 气化工艺
$CO+H_2$	>80%	>85%	>90%
煤种适应性	各煤种都适应	各煤种都适应	各煤种都适应
煤气含尘量/(mg/m³)	<10	<1	<10
气化炉衬里使用寿命/年	1~2	5	10

二、天然气制合成气

天然气是制造合成气的良好原料，天然气中甲烷含量一般在90%以上，其余为少量的乙烷、丙烷等气态烷烃，有些还含有少量氮和硫化物。除了天然气之外，其他含甲烷等气态烃的气体，如炼厂气、焦炉气、油田气和煤层气等也可用来制造合成气。

甲烷在烷烃中是热力学最稳定的物质，而其他烃类的水蒸气转化过程都需要经过甲烷转化这一阶段。因此在讨论气态烃蒸汽转化过程时，只需考虑甲烷蒸汽转化过程。

目前工业上由天然气制合成气的技术主要有蒸汽转化法和部分氧化法。

（1）蒸汽转化法 在催化剂存在及高温条件下，使甲烷等烃类与水蒸气反应（$CH_4 + H_2O \longrightarrow CO + 3H_2$），生成$H_2$、CO等气体，是强吸热反应。

用蒸汽转化法转化1mol CH_4，可生成1mol CO和3mol H_2，合成气中H_2/CO比值高达3，其中的CO还可与水蒸气反应转化出更多的H_2。这较适宜于生产纯氢和合成氨。

（2）部分氧化法 由甲烷等烃类与氧气进行不完全氧化生成合成气（$CH_4 + \frac{1}{2}O_2 \longrightarrow CO + 2H_2$），无须外界供热，热效率较高。合成气中$H_2$/CO比值为2，适宜于生产甲醇等有机产品。

目前国内外都在研究和开发既节能又可灵活调节H_2/CO比值的新工艺。现在已有两种新工艺取得了很大进步，这就是自热式催化转化部分氧化法（ATR工艺）和甲烷-二氧化碳催化转化法（Sparg工艺）。

ATR工艺由丹麦TopsΦe公司提出并已完成中试，其基本原理是把CH_4的部分氧化和蒸汽转化组合在一个反应器中进行，合成气中的H_2/CO可在0.99~2.97之间灵活调节。

Sparg工艺主要是利用CO_2来转化CH_4，主反应为：$CH_4 + CO_2 \longrightarrow 2CO + 2H_2$，$H_2/CO_2$理论值为1。

下面主要介绍甲烷蒸汽转化法。

（一）天然气制合成气的基本原理

在同时存在多个反应的反应系统，系统的独立反应数等于系统中的物质数减去构成这些物质的元素数，甲烷蒸汽转化反应体系的独立反应数为3，可选取式（1-5）、式（1-6）、式（1-7）进行研究。

$$CO + H_2O \rightleftharpoons CO_2 + H_2 \quad \Delta H_{298}^{\ominus} = -41.2 \text{kJ/mol} \tag{1-5}$$

$$CH_4 + H_2O \rightleftharpoons CO + 3H_2 \quad \Delta H_{298}^{\ominus} = 206.0 \text{kJ/mol} \tag{1-6}$$

$$CH_4 \rightleftharpoons C + 2H_2 \quad \Delta H_{298}^{\ominus} = 74.9 \text{kJ/mol} \tag{1-7}$$

1.化学平衡

不同温度、压力和水碳比（z）条件下，平衡时甲烷的干基含量（y_{CH_4}）示于图1-6，由此可以讨论影响甲烷平衡含量的各种因素。

（1）温度　甲烷蒸汽转化反应是可逆吸热反应，提高温度对平衡有利，使原料甲烷平衡含量下降，H_2及CO的平衡产率升高。转化温度每提高10℃，甲烷平衡含量约降低1.0%~1.3%。

（2）压力　甲烷蒸汽转化反应为体积增大的可逆反应，低压有利于平衡。降低压力，甲烷平衡含量

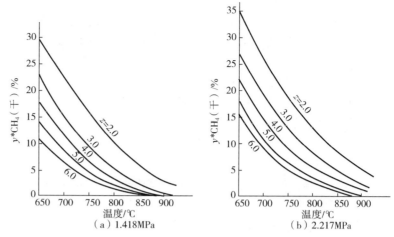

图1-6　不同条件下的甲烷平衡含量

下降。由图1-6可见，当z=4.0，T=800℃时，压力从2.217MPa降到1.418MPa，甲烷平衡含量从5%降到3.5%。

（3）水碳比　水碳比是指进口气体中水蒸气与烃原料中所含碳的摩尔比。在给定条件下，水碳比越高，甲烷平衡含量越低。由图1-6可见，p=2.217MPa，T=800℃时，水碳比由2.0增加到4.0，甲烷平衡含量由13%降到5%，但水碳比不可过大，过大不仅经济上不合算，而且也影响生产能力。

总之，从化学平衡角度考量，提高转化温度、降低转化压力和增大水碳比有利于转化反应的进行。

从式（1-6）出发进行分析，也可得出类似结论。

2.反应速率

甲烷蒸汽转化反应的本征动力学速率可按一级反应处理。

$$\gamma = kp_{CH_4} \tag{1-8}$$

工业上甲烷蒸汽转化反应属于气固相催化反应，在进行化学反应的同时，还存在着气体的扩散过程。在工业生产条件下，转化管内气体流速较大，外扩散对甲烷转化的影响较小，可以忽略。然而，内扩散影响很大，是甲烷转化反应的控制步骤。因此，在工业生产中的宏观反应速率γ'低于本征动力学速率γ，两者的关系为：

$$\gamma' = \eta\gamma \tag{1-9}$$

式中，η为内表面利用率（或称内扩散有效因子），$\eta \leq 1$。

为了提高内表面利用率，工业催化剂应具有合适的内部孔结构，同时外形采用环形、带沟槽的柱状以及车轮状，这样既可减少内扩散的影响，又不会增加床层阻力，且保持了催化剂较高的强度。

3.甲烷蒸汽转化催化剂

甲烷蒸汽转化反应是强吸热的可逆反应，提高温度对化学平衡和反应速率均有利。但无催化剂存在的情况下，温度为1000℃时反应速率还很低，因此需要催化剂来加快反应速率。

由于甲烷蒸汽转化是在高温下进行的，并存在着析炭问题，因此，除了要求催化剂有高活性和高强度外，还要求有较高的耐热性和抗析炭性。

(1) 催化剂的组成

① 活性组分　在元素周期表中第Ⅷ族的过渡元素对烃类蒸汽转化都有活性，但从性能和经济上考虑，以镍为最佳。在初态的催化剂中，镍以氧化镍形式存在，含量约为4%~30%（质量分数），使用时需还原成金属镍。金属镍是转化反应的活性组分，一般而言镍含量高，催化剂的活性高。一段转化催化剂要求有较高的活性、良好的抗析炭性，必要的耐热性和机械强度，其镍含量较高。二段转化催化剂要求有较高的耐热性和耐磨性，其镍含量较低。

② 促进剂（助催化剂）　为提高催化剂的活性、延长寿命和增强抗析炭能力，可在催化剂中添加促进剂（又称助催化剂）。镍催化剂的促进剂有氧化铝、氧化镁、氧化钾、氧化钙、氧化铬、氧化钛和氧化钡等。

③ 载体　镍催化剂的载体应具有使镍尽量分散、达到较大的比表面积并阻止镍晶体熔结的特性。

镍的熔点为1445℃，而甲烷蒸汽转化温度都在其熔点温度的一半以上，分散的镍微晶在反应的高温下很容易靠近而熔结。这就要求载体耐高温，并具有较高的机械强度。所以，转化催化剂的载体都是熔点在2000℃以上的难熔金属氧化物或耐火材料。常用的载体有烧结型耐火氧化铝、黏结型铝酸钙等。表1-2为国产催化剂的主要组成和性能。

表1-2　甲烷蒸汽转化国产催化剂的主要组成和性能

型号	形状及尺寸（外径×高×内径）/mm	堆密度/（kg/L）	主要组成/%	操作条件 温度/℃	操作条件 压力/MPa	用途
Z110Y 五筋车轮状	短环 16×9 长环 16×16	1.16~1.22 1.14~1.18	NiO 14~16，Al_2O_3 84	450~1000	4.5	天然气一段转化
Z203	环状 19×19×10	1	NiO 8~9，Al_2O_3 69~70	450~1300	<4	天然气二段转化

(2) 催化剂的还原　转化催化剂大都是以氧化镍形式提供的，使用前必须还原成为具有活性的金属镍，其反应为：

$$NiO + H_2 \longrightarrow Ni + H_2O \qquad \Delta H_{298}^{\ominus} = -1.26\text{kJ/mol} \qquad (1\text{-}10)$$

工业生产中一般不采用纯氢气还原，而是通入水蒸气和天然气的混合物，只要催化剂局部产生极少量的氢气就可进行还原反应，还原的镍立即具有催化能力而产生更多的氢气。为使顶部催化剂得到充分还原，也可在天然气中配入一些氢气。

还原了的催化剂不能与氧气接触，否则会产生强烈的氧化反应，即

$$Ni + \frac{1}{2}O_2 \longrightarrow NiO \qquad \Delta H_{298}^{\ominus} = -240\text{kJ/mol} \qquad (1\text{-}11)$$

如果水蒸气中含有1%的氧气，就可产生130℃的温升；如果氮气中含有1%的氧气，就可产生165℃的温升。还原态的镍在高于200℃时不得与空气接触。在系统停车时，应严格控制载气中的氧含量，使催化剂的氧化过程缓慢进行。这种在生产过程中为避免催化床层温度骤升、保护催化剂活性组分而进行的缓慢氧化过程，称为钝化。

(3) 催化剂的中毒与再生　催化剂中毒分为暂时性中毒和永久性中毒。所谓暂时性中毒，即催化剂中毒后经适当处理后仍能恢复其活性。永久性中毒是指催化剂中毒后，无论采取什么措施，再也不能恢复其活性。

当原料气中含有硫化物、砷化物、氯化物等杂质时，都会使催化剂中毒而失去活性。

镍催化剂对硫化物十分敏感，无论是无机硫还是有机硫都能使催化剂中毒，硫化氢与金属镍作用生成硫化镍而使催化剂失活；有机硫能与氢气或水蒸气作用生成硫化氢而使催化剂中毒。中毒后的催化剂可以用过量蒸汽处理，并使硫化氢含量降到规定标准以下，催化剂的活性就可逐渐恢复。为确保催化剂的活性和使用寿命，要求原料气中的总硫含量（体积分数）小于 0.5×10^{-6}。

氯及其化合物对镍催化剂的毒害和硫相似，也是使催化剂暂时性中毒。一般要求原料气中氯的含量（体积分数）小于 0.5×10^{-6}。氯主要来源于水蒸气。因此，生产中要始终保持锅炉给水的质量。

砷中毒是不可逆的永久性中毒，微量的砷会在催化剂上积累而使催化剂失去活性。

（4）催化剂析炭与除炭 在工业生产中要防止转化过程中有炭黑析出。因为炭黑覆盖在催化剂表面，不仅堵塞微孔，降低催化剂活性，还会影响传热，使一段转化炉炉管局部过热而缩短其使用寿命，影响生产能力。所以，转化过程有炭析出是十分有害的。

增大水碳比可抑制析炭反应的进行。开始析炭时所对应的水碳比称为热力学最小水碳比。析炭往往发生在转化管入口 30%~40% 长度处，可采取如下措施防止炭黑生成。

① 实际水碳比大于理论最小水碳比，这是不会有炭黑生成的前提。
② 选用活性好、热稳定性好的催化剂，以避免进入动力学可能析炭区。
③ 防止原料气和水蒸气带入有害物质，保证催化剂具有良好的活性。
④ 选择适宜的操作条件。
⑤ 如果已有炭黑沉积在催化剂表面，应设法除去。

检查反应管内是否有炭黑沉淀，可通过观察管壁颜色，如出现"热斑""热带"，或由反应管的阻力变化加以判断。

当析炭较轻时，可采取降压、减量、提高水碳比的方法将其除去。

当析炭较重时，可采用蒸汽除炭，即 $C(s)+H_2O\longrightarrow CO+H_2$。首先停止送入原料烃，保留蒸汽，控制床层温度为 750~800℃，一般除炭约需 12~24h。因为在无还原气体的情况下，温度在 600℃以上时，镍催化剂被水蒸气氧化，所以用蒸汽除炭后，催化剂必须重新还原。

也可采用空气或空气与蒸汽的混合物烧炭。将温度降低，控制转化管出口为 200℃，停止加入原料烃，然后加入少量空气，控制转化管壁温低于 700℃。出口温度控制在 700℃以下，大约烧炭 8h 即可。

（二）甲烷蒸汽转化的工业生产方法

气态烃类蒸汽转化是一个强烈的吸热过程，按照热量供给方式的不同可分为部分氧化法和二段转化法。

部分氧化法是把富氧空气、天然气以及水蒸气通入装有催化剂的转化炉中，在转化炉中同时进行燃烧和转化反应。

二段转化法是目前国内外大型合成氨厂普遍采用的方法。在一段转化炉中，将蒸汽和天然气通入装有转化催化剂的管式炉内进行转化反应，制取一氧化碳和氢气，所需热量由燃料在管外燃烧供给，此方法也称外热法。一段转化将甲烷转化到一定深度后，再在二段转化炉中通入适量空气，空气和一段转化气中部分可燃气反应，以提供甲烷蒸汽转化反应所需热量和合成氨所需氮气，此方法也称自热法。以下重点介绍二段转化法。

1. 转化过程的分段

烃类作为制氨原料，要求尽可能转化完全。同时，甲烷为氨合成过程的惰性气体，它在合成氨回路中逐渐积累，不利于氨合成反应。因此，理论上转化气中甲烷含量越低越好。但对于烃类蒸汽转化，残余甲烷含量越低，就要求原料水碳比及转化温度越高，蒸汽消耗量越大，对设备材质要求越高。

一般要求转化气中甲烷含量小于0.5%（干基）。为了达到这项指标，在加压操作条件下，转化温度需在1000℃以上。由于目前耐热合金钢管一般只能在800~900℃下工作，为了满足工艺和设备材质的要求，工业上采用了转化过程分段进行的流程。

一段转化与二段过程：首先，原料在一段转化炉中通过装有催化剂的转化管，在较低温度下进行烃类的蒸汽转化反应，管外用燃料燃烧提供反应所需热量。其化学反应过程在前面的基本原理部分已经介绍。然后，在有耐火砖衬里的二段转化炉中加入定量空气，于较高温度下利用空气和部分原料气的燃烧反应热继续进行甲烷蒸汽转化反应。

二段转化炉内的化学反应如下。

① 催化剂床层顶部空间进行燃烧反应　二段转化炉原料气中的H_2、CO、CH_4都可以跟O_2发生燃烧反应，由于氢气的燃烧反应比其他燃烧反应的速率要快1×10^3 ~ 1×10^4倍，因此，二段转化炉顶部主要进行氢气的燃烧反应，最高温度可达1200℃。

$$2H_2 + O_2 \longrightarrow 2H_2O(g) \qquad \Delta H^{\ominus}_{298} = -484\text{kJ/mol} \qquad (1\text{-}12)$$

② 催化剂床层中部进行甲烷蒸汽转化和一氧化碳变换反应

$$CH_4 + H_2O \longrightarrow CO + 3H_2 \qquad \Delta H^{\ominus}_{298} = 206\text{kJ/mol} \qquad (1\text{-}6)$$

$$CO + H_2O \longrightarrow CO_2 + H_2 \qquad \Delta H^{\ominus}_{298} = -41.2\text{kJ/mol} \qquad (1\text{-}5)$$

随后由于甲烷转化反应吸热，沿着催化剂床层温度逐渐降低，到二段转化炉的出口处为1000℃左右。

2. 工艺条件

(1) 压力　虽然从化学平衡考虑，转化反应宜在低压下进行，但目前工业上还是采用加压蒸汽转化。一般压力控制在3.5~4.0MPa，最高已达5MPa，其理由如下：

① 可以降低压缩功耗　气体压缩功与被压缩气体的体积成正比。烃类蒸汽转化为体积增大的反应，压缩含烃原料气和二段转化炉所需空气的功耗比压缩转化气的功耗低得多。

② 提高过量蒸汽的回收价值　转化反应是在水蒸气过量的条件下进行的。操作压力越高，反应后剩余的水蒸气的分压越高，相应的冷凝温度越高，过量蒸汽的余热利用价值越大。另外，压力高，气体的传热系数大，热量回收设备的体积也可以减小。

③ 可以减少设备投资　加压操作后，减小了设备管道的体积。

④ 加压操作提高了反应气浓度　可提高转化、变换的反应速率，从而减少催化剂用量。

但是，转化压力过高对平衡不利，为满足转化深度的要求，须提高转化温度。而过高的转化温度又受设备材质的限制，因此，转化压力不宜过高。

(2) 温度　无论从化学平衡还是从反应速率角度来考虑，提高温度均有利于转化反应。但一段转化炉的温度受管材耐温性能的限制。

一段转化炉出口温度是决定转化气出口组成的主要因素。提高出口温度及水碳比，可降低残余甲烷含量。但温度对转化管的寿命影响很大，例如，牌号为HK-40的耐热合金钢管，当管壁温度为950℃时，管子寿命为84000h，若再增加10℃，寿命就要缩短到60000h。所以，在可能的条件下，转化管出口温度不要太高，需视转化压力不同而有所区别。大型合成氨厂转化操作压力为3.2MPa，出口温度约800℃。

二段转化炉的出口温度在二段压力、水碳比、出口残余甲烷含量确定后，即可确定下来。例如，压力为 3.0MPa，水碳比为 3.5，二段出口转化气残余甲烷含量小于 0.5%，出口温度在 1000℃左右。

工业生产中，一、二段转化炉的实际出口温度都比出口气体相对应的平衡温度高，这两个温度之差称为平衡温距。即

$$\Delta T = T - T_P \tag{1-13}$$

式中　T——实际出口温度；
　　　T_P——与出口气体相对应的平衡温度。

平衡温距与催化剂的活性和操作条件有关，一般其值越低，说明催化剂的活性越好。工业设计中，一、二段转化炉的平衡温距通常分别在 10~15℃ 和 15~30℃ 之间。

（3）水碳比　水碳比是操作变量中最便于调节的一个工艺条件。提高水碳比，不仅有利于降低甲烷平衡含量，也有利于提高反应速率，还可抑制析炭的发生。但水碳比的高低直接影响蒸汽耗量，因此，从降低汽耗方面考虑，应降低水碳比。目前，节能型的合成氨流程的水碳比的控制指标已从 3.5 降至 2.5~2.75，但需采用活性更好、抗析炭性更强的催化剂。

（4）空间速率　空间速率表示单位体积催化剂每小时处理的气量，简称空速。压力高时，可采用较高的空速。但空速不能过大，否则，床层阻力过大，能耗增加。加压下，进入转化炉的碳空速控制在 1000~2000 h^{-1} 之间。

空速有多种不同的表示方法。用标准状况下含烃原料的体积来表示，称为原料气空速；用烃类中含碳的物质的量表示，称为碳空速；将烃类气体折算成理论氢（按 $1m^3$ CO 对应 $1m^3 H_2$，$1m^3 CH_4$ 对应 $4m^3 H_2$）的体积来表示，称为理论氢空速；液态烃可以用所通过液态烃的体积来表示，称为液空速。

3.工艺流程

由烃类制取合成氨原料气，目前采用的蒸汽转化法有美国凯洛格（Kellogg）法、丹麦托普索（TopsΦe）法、英国帝国化学公司（ICI）法等。但是，除一段转化炉炉型、烧嘴结构、是否与燃气透平匹配等方面各具特点外，在工艺流程上均大同小异，都包括原料气预热，一、二段转化炉，余热回收与利用等。图 1-7 是日产 1000t 氨的两段转化的凯洛格传统工艺流程。

原料天然气经压缩机加压到 4.15MPa 后，配入 3.5%~5.5% 的氢气，于一段转化炉对流段 3 加热至 400℃，进入钴钼加氢反应器 1 进行加氢反应，将原料天然气中的有机硫转化为硫化氢，然后进入氧化锌脱硫槽 2 脱除硫化氢，出口气体中硫的体积分数低于 0.5×10^{-5}、压力为 3.65MPa、温度为 380℃左右，然后配入中压蒸汽，使水碳比达 3.5 左右，进入对流段加热到 500~520℃，送到辐射段 4 顶部原料气总管，再分配进入一段转化炉的各转化管。气体自上而下流经催化床，一边吸热一边反应，离开转化管的转化气温度为 800~820℃、压力为 3.14MPa、甲烷含量约为 9.5%，汇合于集气管，并沿着集气管中间的上升管上升，继续吸收热量，使温度达到 850~860℃，经输气总管送往二段转化炉 5。

工艺空气经压缩机加压到 3.34~3.55MPa，也配入少量水蒸气进入对流段加热到 450℃左右，进入二段转化炉顶部与一段转化气汇合，在顶部燃烧区燃烧，温度升到 1200℃左右，再通过催化剂床层进行反应。离开二段转化炉的气体温度为 1000℃、压力为 3.04MPa、残余甲烷含量为 0.3% 左右。

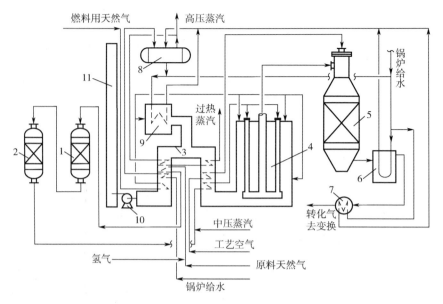

图 1-7 天然气蒸汽转化的凯洛格传统工艺流程

1—钴钼加氢反应器；2—氧化锌脱硫槽；3—对流段；4—辐射段；5—二段转化炉；
6—第一废热锅炉；7—第二废热锅炉；8—汽包；9—辅助锅炉；10—排风机；11—烟囱

为了回收转化气的高温热能，二段转化炉通过两台串联的第一废热锅炉 6、第二废热锅炉 7，从第二废热锅炉出来的气体温度约为 370℃，可送往变换工段。

燃料天然气在对流段预热到 190℃，与氨合成弛放气混合，然后分为两路。一路进入辐射段顶部烧嘴燃烧，为转化反应提供热量，出辐射段的烟气温度为 1005℃左右，再进入对流段，依次通过混合气预热器、空气预热器、蒸汽过热器、原料天然气预热器、锅炉给水预热器和燃料天然气预热器，回收热量后温度降至 250℃，用排风机 10 送入烟囱 11 排放。另一路进入对流段入口烧嘴，其燃烧产物与辐射段来的烟气汇合，该处设置烧嘴的目的是保证对流段各预热物料的温度指标。此外，还有少量天然气进辅助锅炉 9 燃烧，其烟气在对流段中部并入，与一段转化炉共用一段对流段。

为平衡全厂蒸汽用量而设置的一台辅助锅炉，和其他几台锅炉共用一个汽包 8，产生 10.5MPa 的高压蒸汽。

4．主要设备

（1）一段转化炉　一段转化炉是烃类蒸汽转化的关键设备，它由辐射段及对流段两个部分组成。转化管竖直排放在辐射段内，总共有 300～400 根内径约 70～120mm、总长 10～12m 的转化管。转化管采用多管竖排既能提供大的比传热面积，又利于横截面上温度均匀分布，可提高反应效率。反应炉管的排布要着眼于辐射传热的均匀性，故应有适宜的管径、管心距和排间距。此外，为形成工艺期望的温度分布，要求合理布局燃料烧嘴，控制热负荷。图 1-8 为凯洛格顶部烧嘴排管式一段转化炉。

排管式转化炉是将若干根炉管排成多排，整个管排都放置在炉膛内。每排炉管用上猪尾管连接上集气管和炉管，每根炉管用弹簧悬挂于钢架上，受热后可以自由向下延伸。另外，下集气管也放置在辐射段内，整排炉管的一段转化气在下集气管汇合后，由中间上升管引到炉顶，温度可升高 30～35℃，因而带入二段转化炉的热能多。顶部烧嘴安装在炉顶，每排炉管两侧有一排烧嘴,烟道气从下烟道排出。炉管与烧嘴相间排列,因此沿炉管圆周方向的温度分布比较均匀。此设备烧嘴数量少,操作管理方便,炉管的排数可按需要增减。但轴向烟道气温度变化较大,操作调节较困难。另外,上升管下部与下集气管焊接、上部与输气总管焊接,而炉管底部也焊在下集气管上,都属于刚性连接,下集气管的热膨胀不均会使升气管倾斜。

(2) 二段转化炉 二段转化炉是合成氨生产中温度最高的催化反应设备。与一段转化炉不同的是,这里加入空气燃烧一部分转化气以实现内部自热,同时,也补入了必要的氮气。炉顶部空间的理论燃烧温度为1200℃。图1-9为凯洛格型二段转化炉。

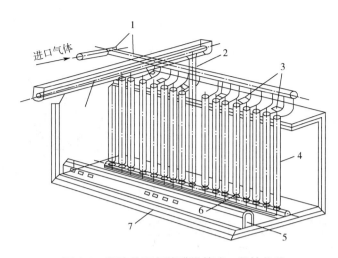

图1-8 凯洛格顶部烧嘴排管式一段转化炉
1—进气总管;2—升气管;3—顶部烧嘴;4—炉管;
5—烟道气出口;6—下集气管;7—耐火砖炉体

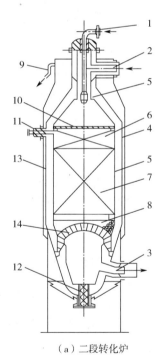

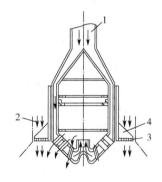

(a) 二段转化炉

1—空气、蒸汽入口;2—一段转化气入口;3—二段转化气出口;
4—壳体;5—耐火材料衬里;6—耐高温的铬基催化剂;
7—转化催化剂;8—耐火球;9—夹套溢流水出口;10—六角形砖;
11—温度计套管;12—人孔;13—水夹套;14—拱形砌体

(b) 夹层式空气分布器

1—空气、蒸汽入口;2—一段转化气入口;
3—多孔形环板;4—筋板

图1-9 凯洛格二段转化炉

凯洛格型二段转化炉为一立式圆筒，壳体材质是碳钢，内衬耐火材料，炉外有水夹套。一段转化气从顶部的侧壁进入炉内，空气从炉顶进入空气分布器，混合燃烧后，高温气体自上而下经过催化床进行反应。凯洛格型二段转化炉添加的空气量是按氨合成所需氢氮比加入的。

世界现代煤炭气化技术的特点及发展趋势

第二节　原料气脱硫

原料气中的硫化物分为无机硫（H_2S）和有机硫（CS_2、COS、硫醇、噻吩、硫醚等），其含量与原料的种类、原料含硫量及加工方法有关。以煤为原料制合成气，其硫含量为每立方米几克到三十几克。天然气、石脑油、重油中的硫化物含量因产地不同差异很大。

硫化物是各种催化剂的毒物，会显著降低甲烷转化催化剂、甲烷化催化剂、中温变换催化剂、低温变换催化剂、甲醇合成催化剂、氨合成催化剂等的活性。硫化物还会腐蚀设备和管道，给后续工段的生产带来许多危害。因此，在流经催化剂之前必须清除原料气中的硫化物。原料气的净化过程既可获得合格的生产用原料气，同时还可获得副产品硫黄。

由于生产合成气的原料品种多、流程长，导致原料气中硫化物的形态及含量各异，所以采用何种方法进行脱硫要根据实际情况来定。脱硫方法很多，通常按脱硫剂的形态把它们分为干法脱硫和湿法脱硫。

一、干法脱硫

采用固体吸收剂或吸附剂来脱除硫化氢或有机硫的方法称为干法脱硫。干法脱硫具有脱硫效率高、操作简便、设备简单、维修方便等优点。但干法脱硫剂的硫容量有限，且再生困难，需定期更换脱硫剂，劳动强度较大。因此，干法脱硫一般用在硫含量较低、净化度要求较高的场合。

目前，常用的干法脱硫有钴钼加氢-氧化锌法、活性炭法、氧化铁法、分子筛法等。下面重点介绍前两种方法。

1．钴钼加氢-氧化锌法

钴钼加氢是有机硫的预处理措施。有机硫化物脱除一般比较困难，但将其加氢转化成硫化氢后就容易脱除。采用钴钼加氢先使天然气、石脑油原料中的有机硫几乎全部转化成硫化氢，然后采用氧化锌吸附法便可将硫化氢脱除到 2×10^{-8}（体积分数）以下。

（1）钴钼加氢转化　在催化剂作用下有机硫化物转化为硫化氢：

$$CS_2 + 4H_2 \longrightarrow 2H_2S + CH_4 \qquad (1\text{-}14)$$

$$COS + H_2 \longrightarrow H_2S + CO \qquad (1\text{-}15)$$

$$RCH_2SH + H_2 \longrightarrow H_2S + RCH_3 \qquad (1\text{-}16)$$

$$C_6H_5SH + H_2 \longrightarrow H_2S + C_6H_6 \qquad (1\text{-}17)$$

$$R^1SSR^2 + 3H_2 \longrightarrow 2H_2S + R^1H + R^2H \qquad (1\text{-}18)$$

$$R^1SR^2 + 2H_2 \longrightarrow H_2S + R^1H + R^2H \qquad (1\text{-}19)$$

在有机硫加氢反应的同时还有烯烃加氢生成饱和烃以及有机氮化物在一定程度上转化成氨和烃的副反应。此外，当原料气中有氧存在时，发生脱氧反应；有一氧化碳和二氧化碳存在时，发生甲烷化反应。

通常认为钴钼加氢催化剂以氧化铝为载体，MoS_2 为活性组分，Co_9S_8 为助催化剂。

工业上钴钼加氢转化的操作条件为：温度 350～430℃，压力 0.7～7.0MPa，气态烃空速 500～2000h^{-1}，液态烃空速 0.5～6h^{-1}。所需的氢气用量根据原料烃含硫量确定。

(2) 氧化锌脱硫　氧化锌脱硫可单独使用，也可与湿法脱硫串联。

氧化锌脱硫的化学反应：

$$ZnO + H_2S \longrightarrow ZnS + H_2O \qquad (1\text{-}20)$$

氧化锌吸收硫化氢为放热反应，平衡常数很大，可以认为是不可逆反应。

氧化锌脱硫剂以氧化锌为主体（80%～90%），其余为三氧化二铝，也可加入氧化铜、氧化钼等以提高脱硫效果。一般制成 3～6mm 的球状、片状或条状颗粒，呈灰白或浅黄色。常用的型号有 T302、T304、T305 等。

工业生产中，氧化锌脱硫的操作温度较高，一般在 200～400℃。

英国 ICI 公司新开发了常温型氧化锌脱硫剂，在常温下可使出口气硫化氢含量降到 5.0×10^{-8}（干基）。我国也已完成了 KT310 常温氧化锌脱硫剂的开发，其性能指标已达到 ICI 常温脱硫剂的水平。常温氧化锌脱硫剂的开发较好地克服了工艺上的"冷热病"，达到节能的目的。

图 1-10 是天然气钴钼加氢连串氧化锌脱硫流程图。

含有有机硫 40mg/m³ 的原料气压缩到 4～4.5MPa，加入氢气、氮气的混合气使天然气含氢气 15%，在一段转化炉对流段加热到 400℃后进入加氢槽 1，通过钴钼催化加氢使有

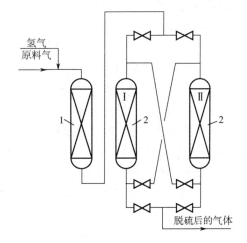

图 1-10　天然气钴钼加氢连串氧化锌脱硫流程图
1—加氢槽；2—氧化锌槽

机硫转化为硫化氢，使原料气中含有机硫≤1mg/m³，然后送入两个串联的氧化锌槽 2 将硫化氢吸附除去。脱硫过程主要在 I 槽中进行，II 槽把关。

2.活性炭法

活性炭常用于脱除天然气、油田气以及经湿法脱硫后的气体中的微量硫。根据反应机理不同，可分为吸附、氧化和催化三种方式。

吸附脱硫是利用活性炭具有很大的比表面积，并且对某些物质具有较强的选择吸附能力而进行的脱硫过程。活性炭对吸附噻吩很有效，而对挥发性大的硫氧化碳（COS）的吸附性很差。氧化脱硫是指在活性炭表面上吸附的硫化氢在碱性溶液条件下和气体中的氧发生反应生成单质

硫和水。催化脱硫是指在活性炭上浸渍铁、铜等的盐类，这些盐类可催化有机硫转化为硫化氢，然后硫化氢被吸附脱除。活性炭法可在常压和加压下使用，温度不宜超过50℃。

活性炭层经过一段时间的脱硫，反应生成的硫黄达到饱和而失去活性，需进行再生。再生通常是在300~400℃的温度下，用过热蒸汽或惰性气体提供足够的热量将吸附的硫黄升华并带出，使活性炭得以再生，再生出的气体经冷凝即可得到固体硫黄。

二、湿法脱硫

以溶液作为脱硫剂吸收硫化氢的脱硫方法称为湿法脱硫。湿法脱硫具有吸收快、生产强度大、脱硫过程连续、溶液易再生、硫黄可回收等特点，克服了干法脱硫剂难以再生、硫容量低的缺点。

湿法脱硫可用于硫化氢含量较高、净化度要求不太高的场合。当原料气硫含量高、净化度要求高时，可在湿法脱硫之后串联干法脱硫，使脱硫在工艺上和经济上更合理。

湿法脱硫的方法很多，根据吸收原理的不同可分为物理法、化学法和物理化学法。物理法是利用脱硫剂对原料气中硫化物的物理溶解作用将其吸收，如低温甲醇法。化学法是利用碱性溶液吸收酸性气体的原理吸收硫化氢，如氨水液相催化法。物理化学法是指脱硫剂对硫化物的吸收既有物理溶解又有化学反应，如环丁砜烷基醇胺法。

化学法又分为中和法和湿式氧化法，两者的区别在于脱硫剂的再生原理。中和法脱硫剂的再生是通过升温和减压使吸收过程中生成的化合物分解并释放出硫化氢。湿式氧化法脱硫剂的再生则是以催化剂作为载氧体将溶液中被吸收下来的硫化氢氧化为单质硫。湿式氧化法由于具有脱硫效率高、脱硫剂易于再生、副产硫黄等特点而被广泛采用。

1. 湿式氧化法脱硫的基本原理

湿式氧化法脱硫包括两个过程：一是脱硫液中吸收剂吸收原料气中的硫化氢，二是吸收到溶液中的硫化氢被湿式氧化为单质硫及吸收剂的再生。

（1）吸收剂的选择　硫化氢是酸性气体，因此，吸收剂应为碱性物质。一般选择 pH=8.5~9 的碱性缓冲溶液作吸收剂。工业中一般用碳酸盐、硼酸盐以及氨和乙醇胺的水溶液。

（2）催化剂的选择　在溶液中添加催化剂作为载氧体，氧化态的催化剂会将碱性吸收剂吸收到溶液中的 H_2S 氧化为单质硫，其自身转化成还原态。还原态的催化剂在再生时被空气中的 O_2 氧化后恢复氧化能力，如此可以循环使用。此过程可表示为：

$$\text{载氧体(氧化态)} + H_2S \longrightarrow S + \text{载氧体(还原态)} \tag{1-21}$$

$$\text{载氧体(还原态)} + \frac{1}{2}O_2\text{（空气）} \longrightarrow H_2O + \text{载氧体(氧化态)} \tag{1-22}$$

总反应为：

$$H_2S + \frac{1}{2}O_2\text{(空气)} \longrightarrow S + H_2O \tag{1-23}$$

显然，选择适宜的催化剂是湿式氧化法的关键。这种催化剂必须既能氧化硫化氢，又能被空气中的氧所氧化。

研究发现，选用催化剂的标准电极电位范围是：

$$0.2\text{V} < E^{\ominus}_{Q/H_2Q} < 0.75\text{V} \tag{1-24}$$

式中　Q——氧化态催化剂；

H_2Q——还原态催化剂。

式（1-24）是选择催化剂的重要依据，但同时还应考虑催化剂的来源、用量、价格、化学性质等。表 1-3 为几种催化剂的 $E^{\ominus}$ 值。

表 1-3　几种催化剂的 $E^{\ominus}$ 值

类别	有机			无机	
方法	氨水催化	改良 ADA	萘醌	改良砷碱	络合铁盐
催化剂	对苯二酚	蒽醌二磺酸钠	1,4-萘醌	As^{3+}/As^{5+}	Fe^{2+}/Fe^{3+}
$E^{\ominus}$/V	0.699	0.228	0.535	0.670	0.770

2. 湿法脱硫典型方法——改良 ADA 法

ADA 是蒽醌二磺酸钠（anthraquinone disulphonic acid）的英文首字母缩写，它是 2,6-蒽醌二磺酸钠和 2,7-蒽醌二磺酸钠的一种混合体。两者结构式如下：

2,6-蒽醌二磺酸钠　　　　2,7-蒽醌二磺酸钠

早期的 ADA 法以碳酸钠溶液为吸收剂、ADA 为催化剂，析硫过程缓慢，生成硫代硫酸盐较多。后来发现溶液中添加偏钒酸钠后，氧化析硫速率大大加快，从而发展为当今的改良 ADA 法。

（1）基本原理

① 脱硫塔中的反应

$$Na_2CO_3 + H_2S \longrightarrow NaHS + NaHCO_3 \tag{1-25}$$

$$2NaHS + 4NaVO_3 + H_2O \longrightarrow Na_2V_4O_9 + 4NaOH + 2S \tag{1-26}$$

$$Na_2V_4O_9 + 2ADA(氧化态) + 2NaOH + H_2O \longrightarrow 4NaVO_3 + 2ADA(还原态) \tag{1-27}$$

脱硫塔中碱性溶液的 pH 值为 8.5～9.2。在工业生产中必须注意根据原料气中的硫化氢含量来调整脱硫液中的 ADA 组成。此外，由于析硫反应在脱硫塔内完成，因而改良 ADA 法要特别留意硫堵问题。

② 再生塔中的反应

$$ADA(还原态) + \frac{1}{2}O_2 \longrightarrow ADA(氧化态) + H_2O \tag{1-28}$$

③ 副反应

$$2NaHS + 2O_2 \longrightarrow Na_2S_2O_3 + H_2O \tag{1-29}$$

由此可见，脱硫塔中不能有 O_2，再生塔中不能有 NaHS。

（2）工艺条件

① 溶液的 pH 值　提高溶液的 pH 值对硫化氢的吸收是有利的，而对于析出单质硫是不利的，因为 pH 值>9.6 以后，ADA-钒酸盐与硫化氢的反应速率急剧下降。故选择溶液的 pH 值为

8.5~9.5。

② 钒酸盐的含量　硫氢化物被钒酸盐氧化的速率是很快的，但为了防止硫化氢局部过量而造成的"钒-氧-硫"黑色复合沉淀，并抑制副反应的发生，应使偏钒酸钠用量比理论用量略微多一些。常用的典型组成见表1-4。酒石酸钾钠是为防止钒-氧-硫沉淀的生成而加入的。

表1-4　典型的ADA溶液的组成

组成	Na_2CO_3/(mol/L)	ADA/(g/L)	$NaVO_3$/(g/L)	$KNaC_4H_4O_6$/(g/L)
Ⅰ（加压，高含量硫化氢）	1	10	5	2
Ⅱ（常压，低含量硫化氢）	0.4	5	2~3	1

③ 温度　吸收和再生过程对温度均无严格的要求。但温度升高会使生成硫代硫酸盐的副反应加剧。因此，一般控制吸收温度为20~30℃。

(3) 工艺流程　根据再生工艺的不同，湿式氧化法工艺流程可分为喷射氧化再生工艺流程和高塔鼓泡再生工艺流程，图1-11为高塔鼓泡再生的加压ADA法脱硫工艺流程。

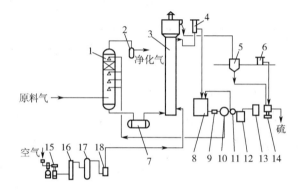

图1-11　高塔鼓泡再生的加压ADA法脱硫工艺流程

1—吸收塔；2—气液分离器；3—再生塔；4—液位调节器；5—泡沫槽；6—温水槽；7—反应槽；
8—循环槽；9—过滤器；10—循环泵；11—原料泵；12—地下槽；13—溶碱槽；
14—过滤器；15—空气压缩机；16—空气冷却器；17—缓冲罐；18—空气过滤器

原料气从吸收塔1下部进入，与塔顶喷淋的脱硫液逆流接触，脱除硫化氢后从塔顶引出经气液分离器2分离夹带的液滴后送往下一工段。吸收了硫化氢的富液从塔底排入反应槽7继续反应使硫充分析出。富液从再生塔底部与同时从塔底送入的压缩空气自下而上并流接触氧化再生。由再生塔上部引出的贫液经液位调节器4、循环槽8、过滤器9、循环泵10返回吸收塔循环使用。再生塔顶部扩大部分悬浮的硫黄溢流至泡沫槽5、温水槽6澄清分层，硫黄颗粒经过滤器14后送至熔硫釜制成硫黄锭。

其他湿法氧化法脱硫方法

第三节 一氧化碳变换

无论用固体、液体还是气体为原料，所得到的合成氨原料气中均含有一氧化碳。可通过一氧化碳与水蒸气的变换反应，在把一氧化碳变为易于清除的二氧化碳的同时，也制得了与已变换的一氧化碳等量的氢气，调节合成气的氢碳比（H_2/CO）。

一、一氧化碳变换原理

（一）化学平衡

变换反应可用下式表示：

$$CO + H_2O \rightleftharpoons CO_2 + H_2 \qquad \Delta H_{298}^{\ominus} = -41.2 \text{kJ/mol} \qquad (1-5)$$

此外，一氧化碳与氢气之间还可发生下列副反应：

$$CO + H_2 \longrightarrow C + H_2O \qquad (1-30)$$

$$CO + 3H_2 \longrightarrow CH_4 + H_2O \qquad (1-31)$$

变换反应所用催化剂对式（1-5）具有良好的选择性，从而抑制了其他副反应的发生。因此，仅需考虑反应式（1-5）的平衡。

1. 变换率

衡量一氧化碳变换程度的参数称为变换率，用 z 表示。定义为已变换的一氧化碳量与变换前的一氧化碳量之比。反应达平衡时的变换率称为平衡变换率，用 z^* 表示。已知温度 T、汽气比及反应前各组分的干基组成，即可求得达平衡时的变换率。在工业生产中由于受各种条件的制约，反应不可能达到平衡，故实际变换率小于平衡变换率。生产中通常通过测量反应前后气体中一氧化碳的体积分数（干基）来计算变换率。

2. 影响平衡变换率的因素

（1）温度　变换反应是可逆放热反应，对一定初始组成的原料气，温度降低，平衡变换率提高，变换气中一氧化碳的平衡含量减少。所以，变换反应要尽量在低温下进行。

（2）压力　一氧化碳变换反应是等体积的反应，压力对变换反应无显著影响。

（3）组成　H_2O/CO 指进入变换炉原料气中的水蒸气与一氧化碳的体积比，称为水碳比，其比值代表了水蒸气用量的大小。实际生产中适当提高 H_2O/CO，对提高一氧化碳变换率有利，但过高的 H_2O/CO 在经济上不合理。CO_2 作为产物，其含量增加不利于变换反应，若能除去产物中的 CO_2，则有利于变换反应向生成氢气的方向进行，从而提高一氧化碳的变换率。在中温变换串联低温变换的生产过程中，除去二氧化碳可设置在两次变换之间，原料气经中温变换后进脱碳装置，出脱碳装置后再进行低温变换。

（二）反应速率

1. 变换反应机理

目前比较普遍的说法是：①水蒸气分子首先被催化剂的活性表面吸附，并分解为氢气及吸附态的氧原子;②当一氧化碳分子撞击到氧原子吸附层时,即被氧化为二氧化碳,并离开催化剂表面。实验证明,在这两个步骤中,第二步是反应控制步骤。

2. 影响反应速率的因素

变换反应速率不仅与变换系统的温度、压力及各组分的浓度等因素有关,还与催化剂的性质有关。

(1) 温度 变换反应是一可逆放热反应,此类反应存在最佳反应温度,此时宏观反应速率最大。最佳反应温度可由下式求得:

$$T_\mathrm{m} = \frac{T_\mathrm{e}}{1+\dfrac{RT_\mathrm{e}}{E_2-E_1}\ln\dfrac{E_2}{E_1}} \tag{1-32}$$

式中 T_m——最佳反应温度,K;
T_e——平衡温度,K;
E_1、E_2——正、逆反应的活化能,kJ/kmol;
R——气体常数,kJ/(kmol·K)。

最佳反应温度与气体的原始组成、变换率及催化剂有关。在原始组成和催化剂一定时,变换率增大、最佳反应温度下降,如图1-12所示。图中 CD 线为最佳反应温度曲线,AB 线为平衡温度曲线。

在实际生产过程中如果严格控制操作温度,使其随着反应的进行能沿着最佳温度变化,则整个过程速率最快,也就是说,在催化剂用量一定、变换率一定时,所需时间最短,

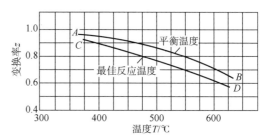

图1-12 一氧化碳变换的 T-z 图

或者说达到规定的变换率所需催化剂的用量最少,反应器的生产强度最高。

(2) 压力 当气体组成和温度一定时,反应速率随压力的增大而增大。压力在3.0MPa以下,反应速率与压力的平方根成正比,压力再高,影响就不明显了。

(3) H_2O/CO 在 H_2O/CO 低于4时,提高其比值,反应速率增长较快。当 H_2O/CO 大于4后,反应速率随 H_2O/CO 的增长就不明显了。

(4) 内扩散的影响 在工业条件下,变换反应的内扩散的影响是显著的,有时表现为强内扩散控制。内表面的利用率受颗粒尺寸、反应温度和压力的影响,小颗粒催化剂在温和(较低)的压力和温度下,具有较高的内表面利用率。

(三) 变换催化剂

20世纪60年代以前,一氧化碳变换的催化剂主要是铁铬系列,使用温度为350~550℃,气体经变换后仍含有3%(体积分数)左右的一氧化碳。60年代以后,随着制氢原料、生产工艺的改变和脱硫技术的发展,原料气中总硫含量可降低到 0.1×10^{-6}(体积分数)以下,为低温活性更好但抗毒性能较差的铜锌系催化剂提供了条件。铜锌系催化剂的操作温度为200~280℃,残余一氧化碳含量可降到0.3%左右。为区别上述两种温度范围的变换过程,习惯上大型合成氨厂称前者为高温变换,中小型合成氨厂称前者为中温变换;而后者被称为低温变换。

对于含硫量较高的原料气,铁铬系催化剂不能适应耐高硫的要求,促使人们开发了钴钼耐硫系变换催化剂。

1. 铁铬系中高温变换催化剂

铁铬系中高温变换催化剂是以氧化铁为主体，氧化铬为主要促进剂的多组分催化剂，具有选择性高、抗毒能力强的特点，但存在操作温度高、蒸汽消耗量大的缺点。

铁铬系催化剂的一般化学组成为：Fe_2O_3 80%~90%，Cr_2O_3 7%~11%，并含有少量的 K_2O、MgO、Al_2O_3 等。Fe_3O_4 是铁铬系催化剂的活性组分，还原前以 Fe_2O_3 的形态存在。Cr_2O_3 是重要的结构性促进剂，与 Fe_2O_3 具有相同的晶系，制成固溶体后，可高度分散于活性组分 Fe_3O_4 晶粒之间，稳定了 Fe_3O_4 的微晶结构，使催化剂具有更多的微孔和更大的比表面积，从而提高催化剂的活性和耐热性以及机械强度。添加 K_2O 可提高催化剂的活性，添加 MgO 和 Al_2O_3 可提高催化剂的耐热性，且 MgO 具有良好的抗硫化氢能力。

国产铁铬系中高温变换催化剂的性能如表 1-5 所示。

表 1-5 国产铁铬系中高温变换催化剂的性能

型号	B104	B106	B109	B110	WB2	BMC
化学组成	Fe_2O_3、MgO、Cr_2O_3、(K_2O 少量)	Fe_2O_3、MgO、Cr_2O_3、SO_3 (<0.7%)	Fe_2O_3、MgO、Cr_2O_3、SO_4^{2-} (约 0.18%)	Fe_2O_3、MgO、Cr_2O_3、S (<0.06%)	Fe_2O_3、MgO、Cr_2O_3、K_2O	Fe_2O_3、MoO_3
规格/mm	圆柱体 $\Phi 7 \times$ (5~15)	圆柱体 $\Phi 9 \times$ (7~9)	圆柱体 $\Phi 9 \times$ (7~9)	片剂 $\Phi 5 \times 5$	圆柱体 $\Phi 9 \times$ (5~7)	圆柱体 $\Phi 9 \times$ (7~9)
堆积密度/(kg/L)	1.0	1.4~1.5	1.5	1.6	1.3~1.4	1.5~1.6
400℃还原后的比表面积/(m²/g)	30~40	40~50	>70	55	80~100	约 50
使用温度范围（最佳活性温度）/℃	380~520 (450~500)	360~500 (375~450)	320~500 (350~450)	320~500 (350~450)	320~480 (350~450)	310~480 (350~450)
进口气体温度/℃	>380	>360	330~350	350~380	330~350	310~340
H_2O/CO（摩尔比）	3~5	3~4	2.5~3.5	3.5~7	2.5~3.5	2.2~3.0
常压下干气空速/h⁻¹	300~400	300~500	300~500 800~1500 (1.0MPa 以上)	2000~3000 (3.0~4.0MPa)	300~500 800~1500 (1.0MPa 以上)	300~500 800~1500 (1.0MPa 以上)
H_2S 允许含量/(g/m³)	<0.3	<0.1	<0.05	<0.05	<0.5	<1~1.5

铁铬系催化剂的活性组分是 Fe_3O_4，开车时需将新鲜催化剂中稳定存在的 Fe_2O_3 还原为 Fe_3O_4。生产上一般是用含氢气或一氧化碳的原料气进行还原，反应如下：

$$3Fe_2O_3 + CO \longrightarrow 2Fe_3O_4 + CO_2 \quad \Delta H_{298}^{\ominus} = -50.8 \text{kJ/mol} \tag{1-33}$$

$$3Fe_2O_3 + H_2 \longrightarrow 2Fe_3O_4 + H_2O(g) \quad \Delta H_{298}^{\ominus} = -9.6 \text{kJ/mol} \tag{1-34}$$

由于还原反应是放热反应，故还原时气体中的 CO 和 H_2 含量不宜过高。同时，应严格控制还原气中的氧含量，1%的 O_2 可造成 70℃的温升。因此，当系统停车时，必须对催化剂进行钝化处理。

铁铬系催化剂因制造原料的关系通常都含有少量的硫酸盐，在还原时会以硫化氢的形式放出，称之为"放硫"。对于中温变换串低温变换而低温变换采用铜锌系催化剂的流程，必须使中温变换催化剂放硫完毕，使中温变换出口硫化氢含量符合低温变换气进口要求后，工艺气才能串入低温变换炉，以避免硫化氢使低温变换催化剂中毒。

硫化氢会使铁铬系催化剂暂时性中毒，此时增大水蒸气用量或使原料气中硫化氢含量低于规定指标，催化剂的活性能逐渐恢复。但是，这种暂时性中毒如果反复进行，也会引起催化剂的微晶结构发生变化，导致活性下降。

2. 铜锌系低温变换催化剂

铜锌系低温变换催化剂是以 CuO 为主体，ZnO、Cr_2O_3、Al_2O_3 为促进剂的催化剂，它具有低温活性好、蒸汽消耗量低的特点，但抗毒性能差，使用寿命短。

金属铜微晶是低温变换催化剂的活性组分，在使用前需将 CuO 还原为 Cu。显然，较高的铜含量和较小尺寸的铜微晶意味着较多的活性位，对提高反应活性是有利的。单纯的铜微晶，在操作温度下极易烧结，导致微晶增大，比表面积减小，活性降低和寿命缩短。因此，需要添加适宜的物质，使之均匀地分散于铜微晶的周围，将微晶有效地分隔开，提高其热稳定性。常用的添加物有 ZnO、Cr_2O_3、Al_2O_3 等。

铜锌系催化剂的组成一般为：CuO 15.37%～31.2%（最高可达 42%），ZnO 32%～62.2%，Cr_2O_3 0%～48%，Al_2O_3 0%～40%。

低温变换催化剂对温度比较敏感，其升温还原要求较严格，可用氮气、天然气或过热蒸汽作为惰性气体配入适量的还原气体进行还原。生产上使用的还原性气体是含氢气或一氧化碳的气体，反应如下：

$$CuO + H_2 \longrightarrow Cu + H_2O \quad \Delta H_{298}^{\ominus} = -86.6 \text{kJ/mol} \tag{1-35}$$

$$CuO + CO \longrightarrow Cu + CO_2 \quad \Delta H_{298}^{\ominus} = -127.6 \text{kJ/mol} \tag{1-36}$$

还原反应是放热反应，但还原温度高会使催化剂的活性降低。因此，生产中要严格控制好升温、恒温、配氢三个环节。一般在 100℃ 下可按 20～30℃/h 进行升温，从 100℃ 升至 180℃，可按 12℃/h 进行升温。为脱除催化剂中的水分，宜在 70～80℃ 和 120℃ 恒温脱水，在 180℃ 时催化剂已进入还原阶段，此时应恒温 2～4h，以缩小床层的径向和轴向温差，防止还原反应不均匀。氢气的配入量可从还原反应初期的 0.1%～0.5%，逐步增至 3%，还原后期可增至 10%～20%，以确保催化剂还原彻底。

几种国产低温变换催化剂的主要性能如表 1-6 所示。

表 1-6 国产低温变换催化剂的主要性能

型号	B201	B202	B204	EB-1
化学组成	CuO、ZnO、Cr_2O_3	CuO、ZnO、Al_2O_3	CuO、ZnO、Al_2O_3	CoS、MoS_2、Al_2O_3
规格/mm	片剂 $\Phi5\times5$	片剂 $\Phi5\times5$	片剂 $\Phi5\times(4\sim4.5)$	球形 $\Phi4/\Phi5/\Phi6$，片剂 $\Phi5\times4$
堆积密度/(kg/L)	1.5～1.7	1.3～1.4	1.4～1.7	1.05～1.25
比表面积/(m^2/g)	63	61	69	
使用温度/℃	180～260	180～260	210～250	160～400
汽气比（摩尔比）	$H_2O/CO=6\sim10$	$H_2O/CO=6\sim10$	H_2O/干气=0.5～1.0	H_2O/干气=1.0～1.2（入口 H_2S 含量>0.05g/m^3）
干气空速/h^{-1}	1000～2000（2.0MPa）	1000～2000（2.0MPa）	2000～3000（3.0MPa）	625～2000（0.71～0.86MPa）

与中高温变换催化剂相比，低温变换催化剂对毒物更为敏感。主要毒物有硫化物、氯化物和冷凝水。硫化物能与低温变换催化剂中的铜微晶反应生成硫化亚铜、使氧化锌变为硫化锌，使催化剂永久性中毒，硫化物越多催化剂活性丧失越快。因此，低温变换原料气必须严格进行气体脱硫，使硫化氢含量在 1×10^{-6}（体积分数）以下。氯化物对低温变换催化剂的危害更大，其毒性较硫化物大 5~10 倍，为永久性中毒。氯化物的主要来源是工艺蒸汽或激冷用的冷凝水，因此，改善工厂用水的水质是减少氯化物毒源的重要环节。进气中的水蒸气在催化剂上冷凝不仅损害催化剂的结构和强度，而且水蒸气冷凝后形成的稀氨水会与铜微晶反应生成铜氨络合物。因此，低温变换的操作温度一定要高于该条件下的气体露点温度。

3.钴钼系耐硫变换催化剂

钴钼系耐硫变换催化剂是以 CoO、MoO_3 为主体的催化剂，它具有突出的耐硫与抗毒性能，低温活性好，活性温区宽。在以重油、煤为原料的合成氨厂，使用钴钼系耐硫变换催化剂可以将含硫的原料气直接进行变换，再进行脱硫、脱碳，简化了流程，降低了能耗。

钴钼系耐硫变换催化剂的活性组分是 CoS、MoS_2，使用前必须硫化。为保持活性组分处于稳定状态，正常操作时，气体中应有一定的总硫含量，以避免反硫化现象。

对催化剂进行硫化，可用含氢气的 CS_2，也可直接用硫化氢或含硫化物的原料气。硫化反应如下：

$$CS_2 + 4H_2 \longrightarrow 2H_2S + CH_4 \quad \Delta H_{298}^{\ominus} = -240.6 \text{kJ/mol} \tag{1-37}$$

$$MoO_3 + 2H_2S + H_2 \longrightarrow MoS_2 + 3H_2O \quad \Delta H_{298}^{\ominus} = -48.1 \text{kJ/mol} \tag{1-38}$$

$$CoO + H_2S \longrightarrow CoS + H_2O \quad \Delta H_{298}^{\ominus} = -13.4 \text{kJ/mol} \tag{1-39}$$

表 1-7 为国内外钴钼系耐硫变换催化剂的组成及性能。

表 1-7 国内外钴钼系耐硫变换催化剂的组成及性能

国别	德国	丹麦	美国	中国	
型号	K8-11	SSK	C25-2-02	B301	B302Q
化学组成	CoO、MoO_3、Al_2O_3	CoO、MoO_3、K_2O、Al_2O_3	CoO、MoO_3、K_2O、Al_2O_3、稀土元素	CoO、MoO_3、K_2O、Al_2O_3	CoO、MoO_3、K_2O、Al_2O_3
规格/mm	条形 $\Phi 4 \times 10$	球形 $\Phi 3 \sim 5$	条形 $\Phi 5 \times 5$	条形 $\Phi 5 \times 5$	球形 $\Phi 3 \sim 5$
堆积密度/(kg/L)	0.75	1.0	0.7	1.2~1.3	0.9~1.1
比表面积/(m²/g)	150	79	122	148	173
使用温度/℃	280~500	200~475	270~500	210~500	180~500

二、一氧化碳变换生产工艺

（一）工艺条件

1.温度

变换反应存在最佳反应温度，如果整个反应过程能按最佳反应温度曲线进行，则反应速率最大，即相同的生产能力下所需催化剂用量最少。在反应初期，即使在较低温度下操作仍有较高的反应速率。随着反应的进行，床层温度不断提高，而依据最佳反应温度曲线，却要求反应温度随变换率的升高而不断降低。因此，随着反应的进行，应从催化床中不断移出适当的热量，使床层温度符合最佳反应温度的要求。

实际生产中完全按最佳反应温度曲线操作是不现实的，生产上确定变换反应温度的原则如下：

① 催化床温度应控制在催化剂的活性温度范围内。入口温度高于催化剂的起始活性温度20℃左右，热点温度低于催化剂的耐热温度。在满足工艺条件的前提下，尽量维持低温操作。随着催化剂使用时间的增长，因催化剂活性下降，操作温度应适当提高。

② 催化床温度应尽可能接近最佳反应温度。为此，必须从催化床中不断移出热量，并且对移出的热量加以合理利用。

根据催化床与冷却介质之间换热方式的不同，移热方式可分为连续换热式和多段换热式两大类。对于变换反应，由于整个反应过程变换率较大，反应前期与后期单位催化床层所需排出的热量相差甚远，故主要采用多段换热式。此类变换炉的特点是反应过程与移热过程分开进行。多段换热式又可分为多段间接换热式与多段直接换热式。前者是在间壁式换热器中进行的，后者则是在反应气中直接加入冷流体以达到降温的目的，又称激冷式。变换反应可用的激冷介质有冷原料气、水蒸气及冷凝水。

对于低温变换过程，由于一氧化碳反应量少，无须从床层移热。其温度控制除了必须在催化剂的活性温度范围内，低限温度还必须高于相应条件下的水蒸气露点温度约30℃。

2. 压力

从化学平衡考虑，压力对变换反应的平衡几乎没有影响。

从反应速率考虑，反应速率会随压力的增大而增大，但压力>3.0MPa以后影响不明显。

从工程因素考虑，从能量消耗上来看，加压操作是有利的。因为变换前干原料气的体积小于干变换气的体积，所以先压缩干原料气再进行变换比先常压变换再压缩变换气的功耗低。对不同一氧化碳含量的原料气，功耗约可降低15%～30%。另外，加压变换可提高过剩蒸汽的回收价值。但是加压变换需要压力较高的蒸汽，对设备的材质要求相对要高。

所以实际操作压力应根据大、中、小型氨厂的工艺特点，特别是工艺蒸汽的压力及压缩机各段压力的合理配置而定。一般小型氨厂的实际操作压力为0.7～1.2MPa；中型氨厂的实际操作压力为1.2～1.8MPa；大型氨厂因原料及工艺的不同差别较大。

3. H_2O/CO

增加水蒸气用量，既有利于提高一氧化碳的变换率，又有利于提高变换反应的速率，因此，生产上均采用过量水蒸气。但是，水蒸气用量是变换过程中最主要的消耗指标，工业上应在满足生产要求的前提下尽可能降低水蒸气的比例。首先，采用低温高活性催化剂是降低水蒸气用量行之有效的措施；其次，应将一氧化碳变换与后工序脱除残余一氧化碳的方法结合考虑，合理确定一氧化碳最终变换率。

（二）工艺流程

确定变换工艺流程，首先应考虑原料气中的一氧化碳含量。一氧化碳含量高，应采用中温变换。这是由于中温变换催化剂操作湿度范围较宽，而且价廉易得，使用寿命长。当一氧化碳含量高于15%时，应考虑将反应器催化床层分为多段，段间进行换热降温，以使操作温度接近最佳反应温度。其次是根据进入系统的原料气温度和湿含量，考虑气体的预热和增湿，合理利用余热。最后应将一氧化碳变换和脱除残余一氧化碳的方法联合考虑，如果变换后残留一氧化碳量允许较高，则仅用中温变换即可；否则，需采用中温变换与低温变换串联，以降低变换气中的一氧化碳含量。

1. 多段中温变换流程

此流程一般适用于煤制合成氨。以煤为原料的中小型氨厂制得的半水煤气中含有较多的一氧化碳，需采用多段中温变换流程。而且由于出脱硫系统的半水煤气温度与水蒸气含量较低，气体在进入中温变换炉之前设有原料气预热及增湿装置。另外，由于中温变换的反应量大，反应放热多，应充分考虑反应的移热及余热回收。图1-13为多段中温变换工艺流程。

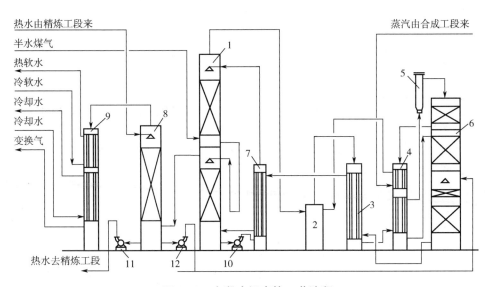

图1-13 多段中温变换工艺流程

1—饱和热水塔；2—汽水分离器；3—主热交换器；4—中间换热器；5—电炉；6—变换炉；7—水加热器；8—第二热水塔；9—变换气冷却器；10—热水泵；11—热水循环泵；12—冷凝水泵

半水煤气首先进入饱和热水塔1上部的饱和塔，在饱和塔内气体与塔顶喷淋下来的130~140℃的热水逆流接触，使半水煤气提温增湿。出饱和塔的气体进入汽水分离器2分离夹带的液滴，并与中间换热器4上部送来的300~350℃的过热蒸汽相混合，使半水煤气中的汽气比达到工艺条件的要求，然后依次进入主热交换器3、中间换热器4、电炉5，使气体温度升至380℃进入变换炉6，经第一段催化床层反应后气体温度升到480~500℃，经中间换热器4上部和下部降温后进入第二段催化床层反应。反应后的高温气体用冷凝水激冷降温后，进入第三段催化床层反应。气体离开变换炉的温度为400℃左右，变换气依次经过主热交换器3、水加热器7、饱和热水塔1下部的第一热水塔、第二热水塔8，再经变换气冷却器9上部和下部，降至常温后送下一工序。

2. 中温变换-低温变换串联流程

此流程一般适用于天然气蒸汽转化法制氨流程。由于天然气转化所得到的原料气中一氧化碳含量较低，只需配置一段高温变换，如图1-14所示。

将含有一氧化碳13%~15%的原料气经废热锅炉1降温至370℃左右进入高温变换炉2。因转化气中的水蒸气含量较高，一般无须另加蒸汽。经高温变换炉变换后的气体中一氧化碳含量可降至3%左右，温度为420~440℃。高温变换气进入高温变换废热锅炉3及甲烷化炉进气预热器 4 回收热量后，进入低温变换炉 5，低温变换炉绝热温升仅为 15~20℃，此时出低温变换炉的低温变换气中一氧化碳含量在 0.3%~0.5%。为提高传热效果，在饱和器 6 中喷入少量水，使低温变换气达到饱和状态，提高其在贫液再沸器 7（脱碳流程）中的传热系数。

除了上述两种典型流程之外，还有全低温变换流程、中低低流程。这里不再赘述。

（三）变换反应器的类型

1. 多段间接换热式

图 1-15 是一种催化床层反应为绝热反应，段间采用间接换热器降低变换气温度的反应器和此类反应器的操作温度变化线。

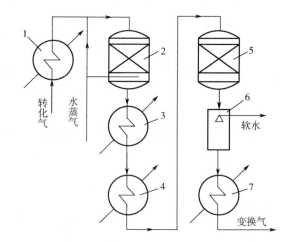

图 1-14　一氧化碳中温变换-低温变换串联流程
1—废热锅炉；2—高温变换炉；3—高温变换废热锅炉；4—甲烷化炉进气预热器；5—低温变换炉；6—饱和器；7—贫液再沸器

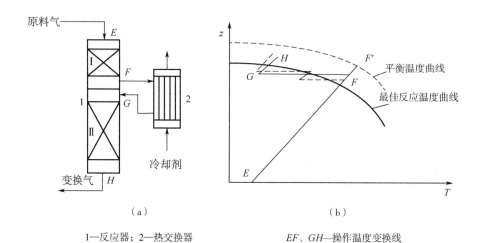

1—反应器；2—热交换器　　　　EF、GH—操作温度变换线

图 1-15　中间冷却式两段绝热反应器的结构（a）及其操作温度变化线（b）

图 1-15（b）中 E 点是入口温度，一般比催化剂的起始活性温度高约 20℃，气体在第一段催化床层中进行绝热反应，温度沿绝热温升线直线上升。当穿过最佳反应温度曲线后，离平衡温度曲线越来越近，反应速率明显下降。所以，当反应进行到 F 点（不超过催化剂的活性温度上限）时，将反应气体引至热交换器进行冷却，因为热交换器中没有催化剂，不发生化学反应，故变换率不变，温度降低至 G 点所对应的温度，FG 线为一平行于横轴的直线。从 G 点进入第二段催化床层进行绝热反应，GH 线与 EF 线平行。

床层的分段由半水煤气中的一氧化碳含量、变换率、催化剂的活性温度范围等因素决定，一般为 2~3 段。

2. 多段原料气激冷式

图 1-16 为多段原料气激冷式绝热反应器示意图及其操作温度变化线。它与间接换热式反应器的不同之处在于段间的冷却过程采用直接加入冷原料气的方法使反应后气体的温度降低。由图 1-16（b）可看出，图中 FG 线是激冷线，激冷过程虽无反应，但因添加了原料气使反应后气体的变换率下降，从 F 点→G 点，温度和变换率都降低，从 G 点进入第二段床层进行绝热变换反应，GH 线与 EF 线平行。由于第二段床层入口混入新鲜原料气，发生返混，反应后移，催化剂用量要比间接换热式多，但激冷式的流程简单，调温方便。

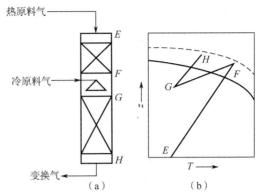

图 1-16　多段原料气激冷式绝热反应器的结构（a）及其操作温度变化线（b）

3. 多段水激冷式

图 1-17 为多段水激冷式变换反应器的示意图及其操作温度变化线。它与原料气激冷式反应器的不同之处在于激冷介质改为冷凝水。操作状况见图 1-17（b），由于激冷前后变换率不变，所以激冷线 FG 是一水平线。但由于激冷后气体中水蒸气含量增加，达到相同的变换率，平衡温度升高。根据最佳反应温度和平衡温度的计算公式，相同变换率下的最佳反应温度亦升高。因此，二段所对应的最佳反应温度曲线和平衡温度曲线同步上移。从 G 点进入第二段床层进行绝热变换反应，GH 线略陡于 EF 线。由于冷凝水的蒸发潜热很大，少量的水就可以达到降温的目的，故多段水激冷式反应器调节灵敏方便。并且水的加入增加了气体的湿含量，在相同的汽气比下，可减少外加蒸汽量，具有一定的节能效果。

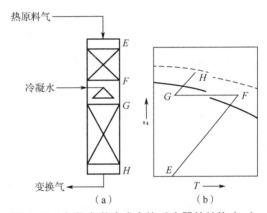

图 1-17　多段水激冷式变换反应器的结构（a）及其操作温度变化线（b）

通过分析以上三种多段变换炉的工艺特征及对应的 T-z 图可以看出：整个反应过程只有部分点在最佳反应温度曲线上，要使整个反应过程完全沿着最佳反应温度进行，段数要无限多才能实现，显然这是不现实的。工业变换炉一般采用 2~3 段。

第四节　原料气中二氧化碳的脱除

合成氨原料气经变换后都含有相当数量的二氧化碳，在合成氨之前必须脱除干净，而二氧化碳又是生产尿素、碳酸氢铵和纯碱的重要原料，应加以回收利用。

工业上常用溶液吸收法脱除二氧化碳。一类是循环吸收法，即溶液吸收混合气中的二氧化碳后在再生塔解析出纯态的二氧化碳，再生后的溶液循环使用；另一类是联合吸收法，即将吸收二氧化碳与生产产品联合起来同时进行，例如尿素、碳铵、联碱的生产过程。

循环吸收法根据吸收原理的不同，可分为物理吸收法、化学吸收法和物理化学吸收法三种。物理吸收法是利用二氧化碳能溶解于水或有机溶剂的特性。化学吸收法则是以碱性溶液为吸收剂，与二氧化碳发生化学反应将其吸收。物理化学吸收法是兼有物理吸收和化学吸收，环丁砜和聚乙二醇二甲醚法属于此类方法。

下面重点介绍化学吸收法和物理吸收法。

一、化学吸收法

工业上化学吸收法脱碳主要有热碳酸钾法、有机胺法和氨水法等吸收法。下面重点介绍本菲尔特法。

本菲尔特法因具有吸收选择性好、净化度高、二氧化碳纯度高和回收率高等特点，在以煤、天然气、油田气为原料的流程中广泛采用。

早在20世纪初就有人提出用碳酸钾溶液吸收二氧化碳。1950年，本森（H. E. Benson）和菲尔特（J. H. Field）成功地开发了热碳酸钾法，并用于工业生产。

（一）基本原理

1. 化学平衡

碳酸钾水溶液与二氧化碳的反应如下：

$$CO_2 + K_2CO_3 + H_2O \rightleftharpoons 2KHCO_3 \tag{1-40}$$

式（1-40）是一个可逆放热反应。

定义 x 为溶液的转化度，为溶液中碳酸钾转化为碳酸氢钾的摩尔分数。吸收塔出塔溶液与进塔溶液间的转化度之差越大，则吸收的二氧化碳越多。在吸收塔降低温度、增加二氧化碳分压、降低进塔溶液的转化度，可使 CO_2 吸收完全，提高净化度；在解吸塔升高温度或降低二氧化碳分压，则可使溶液很好地再生。

2. 反应速率

常温下，纯碳酸钾水溶液与二氧化碳的反应速率较慢，提高反应温度可提高反应速率。但在较高的温度下，碳酸钾水溶液对碳钢设备有极强的腐蚀性。工业生产中，若在碳酸钾水溶液中加入活化剂则既可提高反应速率，又可减少对设备的腐蚀。

活化剂的加入改变了碳酸钾与二氧化碳的反应机理，从而提高了反应速率。本菲尔特法采用的活化剂为二乙醇胺（DEA），其化学名称是2,2-二羟基二乙胺。

加入DEA的碳酸钾水溶液，其吸收二氧化碳的速率，与纯碳酸钾水溶液相比，提高了10~1000倍。为提高活化剂对反应过程的促进作用，目前国内正在开展对空间位阻胺活化剂的研究。所谓空间位阻胺，就是在氨基氮的邻碳位上接入一个较大的取代基团，由于空间位阻胺不会形成氨基甲酸盐，因而所有的胺都能发挥作用。

3. 碳酸钾溶液对其他组分的吸收

碳酸钾溶液在吸收二氧化碳的同时，还能吸收硫化氢、硫醇和氰化氢，并且能将硫氧化碳和二硫化碳转化为硫化氢后被吸收。硫氧化碳在纯水中很难进行上述反应，但在碳酸钾水溶液中却可以进行得很完全,其反应速率随温度升高而加快。

4. 溶液的再生

碳酸钾溶液吸收二氧化碳后,应进行再生以使溶液循环使用。再生反应为式(1-40)的逆反应。

加热有利于碳酸氢钾的分解,因此,溶液的再生是在带有再沸器的再生塔中进行的。在再沸器内利用间接换热,将溶液煮沸促使大量的水蒸气从溶液中蒸发出来,水蒸气沿再生塔向上流动作为气体介质,降低了气相中二氧化碳的分压,提高了解吸的推动力,使溶液更好地再生。

(二) 工业生产方法

1. 工艺条件

(1) 吸收温度　提高吸收温度可以使吸收反应速率常数加大,但却使吸收推动力降低。通常在保持足够推动力的前提下,尽量将吸收温度提高到和再生温度相同或接近的程度,以降低再生的能耗。在二段吸收、二段再生流程中,半贫液的温度约为 110~115℃,而贫液的温度通常为 70~80℃。

(2) 吸收压力　提高吸收压力,可以增大吸收推动力,减小吸收设备的体积,提高气体净化度。但对化学吸收而言,溶液的最大吸收能力受到化学反应计量数的限制,压力提高到一定程度后,对吸收的影响不再明显。具体采用多大的压力,主要由原料气组成、气体净化度要求以及合成氨厂总体设计决定。如以天然气为原料的合成氨流程中,吸收压力多为 2.74~2.8MPa;以煤炭为原料的合成氨流程中,吸收压力多为 1.8~2.0MPa。

(3) 再生温度和再生压力　在再生过程中,提高溶液的温度可以加快碳酸氢钾的分解速率,这对再生是有利的。但生产上再生是在沸点下操作的,当溶液的组成一定时,再生温度仅与操作压力有关。为了提高溶液的温度而去提高操作压力显然不经济,因为操作压力略微提高,将使解吸推动力明显下降,再生的能耗及溶液对设备的腐蚀明显加大,同时要求再沸器有更大的传热面积。所以生产上都尽量降低再生塔的操作压力,减小再生塔的阻力。通常再生压力略高于大气压力,只要能确保顺利地将再生出来的二氧化碳送到下一个工段继续加工使用即可,故再生压力一般控制在 0.12~0.14MPa。确定了再生压力后,再生温度随之确定。

(4) 溶液的组成　脱碳溶液中,吸收组分为碳酸钾。提高碳酸钾的含量可提高溶液对二氧化碳的吸收能力,加快吸收反应速率。但碳酸钾浓度越高,对设备的腐蚀越严重。碳酸钾浓度还受到溶解度的限制,若碳酸钾浓度太高,容易生成结晶,如操作不慎,特别是开停车时,会造成操作困难和对设备的摩擦腐蚀。因此,通常碳酸钾浓度维持在 27%~30%(质量分数)为宜,最高可达 40%。

溶液中除碳酸钾之外,还有一定量的活化剂(DEA),以提高反应速率,一般含量约为 2.5%~5%(质量分数),用量过高对吸收速率提高并不明显。

为减轻碳酸钾溶液对设备的腐蚀,大多以偏钒酸钾作为缓蚀剂。在系统开车时,为使设备表面生成牢固的钝化膜,溶液中总钒浓度应控制在 0.7%~0.8%以上(以 KVO_3 计,质量分数);而在正常操作中,溶液中的钒主要用于维持和"修补"已生成的钝化膜,溶液总钒含量维持在 0.5%左右即可,其中五价钒的含量在 10%以上。

(5) 溶液的转化度　再生后贫液、半贫液的转化度大小是再生好坏的标志。从吸收角度而言,要求溶液的转化度越小越好。转化度越小,吸收速率越快,气体净化度越高。然而再生时,为了达到较低的转化度就要消耗更多的能量,再生塔和再沸器的尺寸要相应加大。在本菲尔特法中，贫液的转化度约为 0.15～0.25，半贫液的转化度约为 0.35～0.45。

2. 工艺流程

用碳酸钾溶液脱除二氧化碳的流程很多，工业上应用较多的是二段吸收二段再生的流程。二段吸收二段再生的流程特点是：在吸收塔的中下部，由于气相二氧化碳分压较大，用由再生塔中部取出的具有中等转化度的溶液（称为半贫液）吸收气体，就可保证有足够的吸收推动力。同时，由于温度较高，加快了二氧化碳和碳酸钾的反应速率，有利于吸收进行，可将气体中大部分二氧化碳吸收。但由于半贫液温度及转化度较高，经过洗涤后的气体中仍含有一定量的二氧化碳。为提高气体的净化度，在吸收塔的上部，用经过冷却的贫液进一步洗涤，由于贫液的温度和转化度都较低，洗涤后的气体中二氧化碳可脱至 0.1%以下。

通常贫液量仅为溶液总量的 1/5～1/4。大部分溶液作为半贫液直接由再生塔中部引入吸收塔。因此，二段吸收二段再生的流程基本上保持了吸收和再生等温操作的优点，节省了热能，简化了流程，又可使气体达到较高的净化度。

本菲尔特法脱碳的工艺流程是典型的二段吸收二段再生流程，见图 1-18。

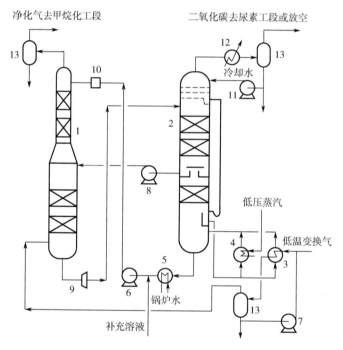

图 1-18 本菲尔特法脱碳的工艺流程

1—吸收塔；2—再生塔；3—低温变换气再沸器；4—蒸汽再沸器；5—锅炉给水预热器；6—贫液泵；7—注冷水泵；8—半贫液泵；9—水力透平；10—机械过滤器；11—冷凝液泵；12—二氧化碳冷却器；13—分离器

含二氧化碳 18%左右的低温变换气于 2.7MPa、127℃下从吸收塔 1 底部进入。在塔内分别用 110℃的半贫液和 70℃左右的贫液进行洗涤。出塔净化气的温度约 70℃，二氧化碳含量低于 0.1%，经分离器 13 分离掉气体夹带的液滴后进入甲烷化工段。富液由吸收塔底部引出，先经过水力透平 9 减压膨胀回收能量，再借助自身的残余压力流到再生塔顶部。在再生塔顶部，富液闪蒸出部分水蒸气和二氧化碳后沿塔流下，与由低温变换气再沸器 3 和蒸汽再沸器 4 加热产生的蒸汽逆流接触，被蒸汽加热到沸点并放出二氧化碳。由塔中部引出的半贫液温度约为 112℃，经半贫液泵 8 加压后进入吸收塔中部，再生塔底部贫液温度约为 120℃，经锅炉给水预热器 5 冷却到 70℃左右由贫液泵 6 加压进入吸收塔顶部。

再生塔顶部排出温度为 100~105℃的再生气。其中主要成分是蒸汽与二氧化碳，且蒸汽与二氧化碳的摩尔比是 1.8~2.0。再生气经二氧化碳冷却器 12 冷却至 40℃左右，分离冷凝水后纯净的二氧化碳被送往尿素工段。

二、物理吸收法

物理吸收法脱碳是利用吸收剂对 CO_2 的选择性吸收将其从原料气中脱除。目前国内外常用的主要有低温甲醇法、聚乙二醇二甲醚法、碳酸丙烯酯法。

甲醇对二氧化碳的吸收能力大，同时还吸收硫化氢和有机硫。温度越低，CO_2 在甲醇中的溶解度越大。20℃时，CO_2 在甲醇中的溶解度为在水中的 5 倍；-35℃时为 25 倍；-60℃时超过 75 倍。而甲醇对合成气中的有效成分 H_2、CO、N_2 的溶解度相当小。低温甲醇法可使总硫脱至 $0.2×10^{-6}$，使 CO_2 脱至 $10×10^{-6}$~$20×10^{-6}$，常用于以煤为原料的合成气脱碳过程。

聚乙二醇二甲醚（国外称 Selexol）溶剂能选择性地脱除气体中的 CO_2 和 H_2S，无毒，能耗低。Selexol 法在 20 世纪 80 年代开始用于以天然气为原料的大型合成氨厂，采用 Selexol 工艺的凯洛格大型氨厂已成为国际上公认的节能样板。我国南化集团公司研究院开发的以聚乙二醇二甲醚为主要溶剂组分的 NHD 净化技术，特别适用于硫化物和二氧化碳含量高的煤制合成气的净化，适合我国国情。

碳酸丙烯酯是具有一定极性的有机溶剂，对 CO_2、H_2S 等酸性气体有较大的溶解能力，而 H_2、N_2 等气体在其中的溶解度甚微。碳酸丙烯酯吸收 CO_2 的能力与压力成正比，特别适用于在高压下吸收，而溶液的再生只需减压解吸或鼓入空气，无须消耗热量，适用于 CO_2 需在常温下脱除的流程。

本节以碳酸丙烯酯（$CH_3CHOCOOCH_2$）法为例介绍物理吸收法脱除二氧化碳的基本原理。物理吸收平衡可以用溶解度进行讨论。各种气体在碳酸丙烯酯中的溶解度如表 1-8 所示。在 25℃ 和 0.1MPa 下，二氧化碳在碳酸丙烯酯中的溶解度为 $3.47m^3/m^3$，而在同样条件下氢气的溶解度仅为 $0.03m^3/m^3$，因此，可用碳酸丙烯酯从气体混合物中选择吸收二氧化碳。同时从表 1-8 中的数据可以看出：碳酸丙烯酯也能吸收硫化氢和有机硫化物。另外，烃类在碳酸丙烯酯中的溶解度也很大，因此，当原料气中含有较多的烃类时，在流程中应考虑采用多级膨胀再生等方法来回收被吸收的烃类。

表 1-8　各种气体在碳酸丙烯酯中的溶解度（25℃，0.1MPa）

气体	CO_2	H_2S	H_2	CO	CH_4	COS	C_2H_2
溶解度/（m^3/m^3）	3.47	12.0	0.03	0.5	0.3	5.0	8.6

碳酸丙烯酯吸收二氧化碳的动力学研究表明，在通常条件下，其吸收阻力以液膜扩散阻力为主。

脱碳工艺的改进与脱碳方法的选择

第五节　原料气的精制

经变换和脱碳后的原料气中尚有少量残余的一氧化碳和二氧化碳,为了防止对氨合成催化剂的毒害,原料气在送往合成工段以前需要进一步净化,此过程称为原料气的精制。

要求精制后的合成氨原料气中一氧化碳和二氧化碳体积分数之和,大型合成氨厂控制在$<10\times10^{-6}$,中、小型合成氨厂控制在$<30\times10^{-6}$。

由于一氧化碳在各种无机、有机液体中的溶解度很小,所以要脱除少量一氧化碳并不容易。目前常用的方法有铜氨液洗涤法、液氮洗涤法和甲烷化法。

铜氨液洗涤法是 1913 年就开始采用的气体净化方法。它在高压和低温条件下用铜盐的氨溶液吸收一氧化碳、二氧化碳、硫化氢和氧,然后溶液在减压和加热条件下再生,此法常用于煤制气的 CO_2 含量较高的中、小型氨厂,工艺流程见图 1-19(此处不作流程叙述)。由于该工艺过程操作繁杂、能耗高,新上工艺已不再使用。

甲烷化法是 20 世纪 60 年代开发的气体净化方法。由于甲烷化反应不仅要消耗氢气,而且生成不利于氨合成反应的甲烷。所以,此法适用于脱碳气中碳氧化物含量甚少的原料气,一般与低温变换工艺相配套。

液氮洗涤法是在低温下用液体氮把少量一氧化碳及残余的甲烷洗涤脱除。这是一个典型的物理低温分离过程,可以比铜氨液洗涤法和甲烷化法制得纯度更高的不含水蒸气的氢气、氮气混合气,洗涤后一氧化碳的体积分数低于 3×10^{-6},甲烷的体积分数低于 1×10^{-6}。此法主要用于重油部分氧化、煤富氧气化的制氨流程中。

下面重点介绍甲烷化法和液氮洗涤法。

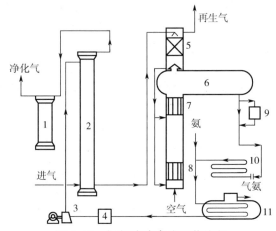

图 1-19　铜氨液洗涤法工艺流程

1—分离器;2—铜洗塔;3—铜液泵;4—过滤器;5—回流塔;
6—再生器;7—上加热器;8—下加热器;9—化铜桶;
10—水冷器;11—氨冷器

一、甲烷化法

甲烷化法是在催化剂镍的作用下将一氧化碳、二氧化碳加氢生成甲烷而达到气体精制的方法。此法可将原料气中碳氧化物的总量脱至 1×10^{-5}(体积分数)以下。由于甲烷化过程消耗氢气而生成无用的甲烷,因此仅适用于气体中一氧化碳、二氧化碳含量低于 0.5%的工艺过程中。

(一)甲烷化基本原理

1.化学平衡

碳氧化物加氢的反应如下:

$$CO + 3H_2 \longrightarrow CH_4 + H_2O \qquad \Delta H_{298}^{\ominus} = -206.2 \text{kJ/mol} \qquad (1\text{-}31)$$

$$CO_2 + 4H_2 \longrightarrow CH_4 + 2H_2O \qquad \Delta H_{298}^{\ominus} = -165.1 \text{kJ/mol} \qquad (1\text{-}41)$$

表 1-9 式（1-31）和式（1-41）在不同温度下的热效应和平衡常数

温度/K	$CO + 3H_2 \rightleftharpoons CH_4 + H_2O$		$CO_2 + 4H_2 \rightleftharpoons CH_4 + 2H_2O$	
	$-\Delta H_{298}^{\ominus}/$(kJ/mol)	K_P/MPa^{-2}	$-\Delta H_{298}^{\ominus}/$(kJ/mol)	K_P/MPa^{-2}
500	214.71	1.56×10^{11}	174.85	8.47×10^9
600	217.97	1.93×10^8	179.06	7.12×10^6
700	220.65	3.62×10^5	182.76	4.02×10^5
800	222.80	3.13×10^3	185.94	7.73×10^2
900	224.45	7.47×10^1	188.65	3.42×10^1
1000	225.68	3.68	190.88	2.67

表 1-9 给出了式（1-31）和式（1-41）在不同温度下的热效应和平衡常数。由表可见，甲烷化反应的平衡常数随温度升高而下降。但工业生产上考虑到催化剂的活性温度范围一般控制反应温度为 280~420℃，在该温度范围内，平衡常数值都很大。另外，原料气中水蒸气含量很低及加压操作对甲烷化反应平衡有利，因此甲烷化后的碳氧化物含量容易达到要求。

2. 反应速率

甲烷化反应的机理和动力学比较复杂。研究认为，在镍催化剂存在的条件下，甲烷化反应速率相当快，且对于一氧化碳和二氧化碳甲烷化可按一级反应处理。甲烷化反应速率随温度升高和压力增加而加快。

当混合气体中同时含有一氧化碳和二氧化碳时，研究表明，二氧化碳对一氧化碳的甲烷化反应速率没有影响，而一氧化碳对二氧化碳的甲烷化反应速率有抑制作用，这说明二氧化碳比一氧化碳的甲烷化反应困难。

（二）甲烷化催化剂

甲烷化是甲烷蒸汽转化的逆反应，因此，甲烷化催化剂和甲烷蒸汽转化催化剂都是以镍作为活性组分。但两种催化剂有区别。

第一，甲烷化炉出口气体中的碳氧化物允许含量是极小的，这就要求甲烷化催化剂有很高的活性，而且能在较低的温度下使用。

第二，碳氧化物与氢的反应是强烈的放热反应，故要求催化剂能承受很大的温升。

为满足生产要求，甲烷化催化剂的镍含量比甲烷转化催化剂的镍含量高，其质量分数为 15%~35%（以镍计），有时还加入稀土元素作为促进剂。为提高催化剂的耐热性，通常以耐火材料为载体。催化剂可压片或做成球形，粒度在 4~6mm 之间。

通常原始态甲烷化催化剂中的镍都以 NiO 形式存在，使用前先以氢气或脱碳后的原料气将其还原为活性组分 Ni。在用原料气还原时，为避免床层温升过大，要尽量控制碳氧化物的含量在 1%以下。还原后的镍催化剂易自燃，务必防止同氧化性的气体接触。而且不能用含有一氧化碳的气体升温，以防止在低温时生成毒性物质羰基镍。

硫、砷、卤素是镍催化剂的毒物。在合成氨系统中最常见的毒物是硫，硫对甲烷化催化剂的毒害程度与其含量成正比。当催化剂吸附 0.1%~0.2%的硫（以催化剂质量计）其活性明显衰退，若吸附 0.5%的硫，催化剂的活性完全丧失。

(三) 工艺流程

当原料气中碳氧化物含量大于 0.5% 时, 甲烷化反应放出的热量就可将进口气体预热到反应床层所需的温度。因此, 流程中只要有甲烷化炉、进口气体换热器和水冷却器即可。但考虑到催化剂升温还原以及碳氧化物含量的波动, 尚需其他热源作适当补充。甲烷化工艺流程按外加热能多少分为两种, 一种是基本上用甲烷化后的气体来预热甲烷化炉进口气体, 热能不足部分由中温变换气提供; 另一种则全部利用外加热源预热原料气, 出口气体的余热则用来预热锅炉给水。

二、液氮洗涤法

液氮洗涤法是一种深冷分离法, 是基于各种气体沸点不同这一特性进行的。一氧化碳具有比氮的沸点高以及能溶解于液态氮的特性。工业上液氮洗涤装置常与低温甲醇脱除二氧化碳联用, 脱除二氧化碳后的气体的温度为 $-62 \sim -53$°C, 此气体先进入液氮洗涤的热交换器, 使温度降至 $-190 \sim -188$°C, 然后进入液氮洗涤塔, 在低温液氮洗涤过程中, CH_4、Ar、CO 较易溶解于液氮中, 而合成氨原料 H_2, 则不易溶解于液氮中, 从而达到了液氮洗涤的目的。液氮洗涤后出口气中一氧化碳的体积分数约为 1×10^{-6}, 甲烷的体积分数约为 1×10^{-7}。

液氮洗洗净化系统的主要设备有: 分子筛吸附器、多流股板翅式换热器和氮洗塔。为了减少冷量损失, 低温设备装在冷箱内。

第六节 氨的合成

氨合成的任务是将精制的氢气和氮气合成为氨, 提供液氨产品, 它是整个合成氨生产的核心部分。氨合成反应是在较高温度和较高压力及催化剂存在的条件下进行的。受平衡常数限制, 反应后气体中的氨含量一般只有 10%~20%, 所以工业生产常采用循环流程。

一、氨合成基本原理

(一) 化学平衡

氨合成反应为:

$$\frac{1}{2}N_2 + \frac{3}{2}H_2 \longrightarrow NH_3(g) \qquad \Delta H^{\ominus}_{298} = -46.2 \text{kJ/mol} \qquad (1\text{-}42)$$

不同温度、压力下, $H_2/N_2=3$ 的纯氢气、氮气混合气体反应的 K_p 值见表 1-10。

表 1-10 不同温度、压力下, $H_2/N_2=3$ 的纯氢气、氮气混合气体反应的 K_p 值

温度/°C	压力/MPa					
	0.1013	10.13	15.20	20.27	30.40	40.53
350	2.5961×10^{-1}	2.9796×10^{-1}	3.2933×10^{-1}	3.5270×10^{-1}	4.2436×10^{-1}	5.1357×10^{-1}
400	1.2450×10^{-1}	1.3842×10^{-1}	1.4742×10^{-1}	1.5759×10^{-1}	1.8175×10^{-1}	2.1146×10^{-1}
450	6.4086×10^{-2}	7.1310×10^{-2}	7.4939×10^{-2}	8.8350×10^{-2}	8.8350×10^{-2}	9.9615×10^{-2}
500	3.6555×10^{-2}	3.9882×10^{-2}	4.1570×10^{-2}	4.7461×10^{-2}	4.7461×10^{-2}	5.2259×10^{-2}

从表1-10可以看出：平衡常数随压力增加而增加，随温度升高而降低。从合成氨反应是体积缩小的可逆放热反应也可得出相同结论。

不同温度、压力下，$H_2/N_2=3$ 的纯氢气、氮气混合气体反应的平衡氨含量（$y_{NH_3}^*$）见表1-11。

表1-11 不同温度、压力下，$H_2/N_2=3$ 的纯氢气、氮气混合气体反应的平衡氨含量

温度/℃	压力/MPa					
	0.1013	10.13	15.20	20.27	30.40	40.53
360	0.0072	0.3510	0.4335	0.4962	0.5891	0.6572
400	0.0041	0.2537	0.3283	0.3882	0.4818	0.5539
440	0.0024	0.1792	0.2417	0.2946	0.3818	0.4526
480	0.0015	0.1255	0.1751	0.2191	0.2952	0.3603

影响平衡氨含量的因素主要包括以下几个。

1. 压力和温度

由表1-11可知，提高压力、降低温度，$y_{NH_3}^*$ 随之增大。

2. 氢氮比

如不考虑其他组分对化学平衡的影响，$H_2/N_2=3$ 时平衡氨含量具有最大值，若考虑惰性气体的影响，平衡氨含量最大值约在 $H_2/N_2=2.68\sim2.9$ 之间获得。

3. 惰性气体含量

当氢气、氮气混合气中含有惰性气体时，就会使平衡氨含量降低。氨合成反应过程是一个体积缩小的可逆反应，混合气体的总物质的量随反应进行而逐渐减少，故惰性气体的含量随反应进行而逐渐升高。

通过物料平衡演算，可以得出如下关系式：

$$y_{NH_3}^* = \frac{1-y_{i,0}}{1+y_{i,0}} \times y_{NH_3}^{\ominus *} \tag{1-43}$$

式中 $y_{NH_3}^*$ ——含有惰性气体的平衡氨含量；

$y_{NH_3}^{\ominus *}$ ——不含惰性气体的平衡氨含量；

$y_{i,0}$ ——氨分解基惰性气体含量，即氨全部分解为氢气、氮气以后的惰性气体含量，其值不随反应的进行而改变。

由式（1-43）可以看出：惰性气体含量增加，平衡氨含量降低。

综上所述，提高压力、降低温度、降低惰性气体含量，平衡氨含量随之增加。

进一步解读表1-11可见，对于相同的平衡氨含量，高温时对应的压力高，低温时对应的压力低。所以，寻求低温下具有良好活性的催化剂，是降低氨合成操作压力的关键。

（二）反应速率

1963年，捷姆金等人推导出普遍性的动力学方程式：

$$\gamma_{NH_3} = k'p \times \frac{m^{0.5}}{1+m} \times (1-y_{NH_3}) \tag{1-44}$$

式中 k' ——反应速率常数；

p ——操作压力；

y_{NH_3}——氨含量；

m——氢氮比。

影响反应速率的因素主要包括以下几个。

1.压力

当压力增高时，正反应速率提高快，而逆反应速率提高慢，所以净反应速率提高。

2.温度

合成氨的反应是可逆放热反应，存在最适宜温度，其值由气体组成、压力和催化剂活性而定。

3.氢氮比

在反应初期，用动力学方程式求极值的方法，可求出氢氮比为1.5时反应速率最大；随着反应的继续进行，要求氢氮比随之变化。所以说，热力学和动力学对于氢氮比的要求是不同的，要统筹考虑。

4.惰性气体含量

惰性气体含量对平衡氨浓度有影响，对反应速率也有影响，而且对两方面的影响是一致的，即惰性气体含量增加，反应速率下降，平衡氨浓度降低。

上述讨论是针对动力学为速率控制步骤而言的，即忽略内外扩散对氨合成速率的影响。但在实际工业生产过程中内扩散的影响应予以重视。减小催化剂颗粒粒度，可以提高催化剂内表面利用率，但会增加床层阻力。实践证明，粒度在1~2mm时基本上能发挥催化剂的全部作用，即消除了内扩散对反应速率的影响。

（三）氨合成催化剂

长期以来，人们对氨合成催化剂做了大量的研究工作，发现对氨合成有催化活性的金属有Os、U、Fe、Mo、Mn、W等。其中以铁为主体并添加促进剂的铁系催化剂价廉易得，活性良好，使用寿命长，从而获得广泛应用。

1.催化剂的组成和作用

目前，大多数铁催化剂的活性组分为金属铁，另外添加Al_2O_3、K_2O等促进剂。

国内生产的A系氨合成催化剂已达到国外同类产品的先进水平，见表1-12。

表1-12　国内氨合成催化剂的组成和主要性能

型号	组成	外形	还原前堆密度/(kg/L)	推荐使用温度/℃	主要性能
A106	Fe_3O_4、Al_2O_3、K_2O、CaO	不规则颗粒	2.9	400~520	380℃还原已不明显，550℃耐热20h活性不变
A109	Fe_3O_4、Al_2O_3、K_2O、CaO、MgO、SiO_2	不规则颗粒	2.7~2.8	380~500（活性优于A106）	还原温度比A106低20~30℃，525℃耐热20h活性不变
A110/A110-5Q	Fe_3O_4、Al_2O_3、K_2O、CaO、MgO、BaO、SiO_2	不规则颗粒/球形	2.7~2.8	380~490（低温活性优于A109）	还原温度比A106低20~30℃，500℃耐热20h活性不变，抗毒能力强
A201	Fe_3O_4、Al_2O_3、K_2O、CaO、Co_3O_4	不规则颗粒	2.6~2.9	360~490	易还原，低温活性高，比A110活性提高10%，短期500℃活性不变
A301	FeO、Al_2O_3、K_2O、CaO	不规则颗粒	3.0~3.3	320~500	低温、低压条件下具有高活性，还原温度为280~300℃，极易还原

原始态催化剂中二价铁和三价铁的比例对催化剂的活性影响很大，适宜的 FeO 含量为 24%~38%（质量分数），$[Fe^{2+}]/[Fe^{3+}]$ 约为 0.5。

Al_2O_3 是结构型助催化剂，它均匀地分散在 α-Fe 晶格内和晶格间，能增加催化剂的比表面积，并防止还原后的铁微晶长大，从而提高催化剂的活性和稳定性。

K_2O 是电子型助催化剂，能促进电子的转移过程，有利于氮气分子的吸附和活化，也促进生成物氨的脱附。CaO 也属于电子型促进剂，同时，它能降低固溶体的熔点和黏度，有利于 Al_2O_3 和 Fe_3O_4 固溶体的形成，还可以提高催化剂的热稳定性和抗毒性。SiO_2 的加入虽然会削弱 K_2O、Al_2O_3 的助催化作用，但具有稳定 α-Fe 晶粒的作用，从而提高了催化剂的抗毒性和热稳定性等。

通常制得的催化剂为有金属光泽的黑色不规则颗粒，堆积密度为 2.5~3.0kg/L，孔隙率为 40%~50%。还原后的铁催化剂一般为多孔的海绵状结构，内孔呈不规则的树枝状，内比表面积为 4~16m²/g。

2. 催化剂的还原和使用

氨合成催化剂在还原之前没有活性，使用前必须经过还原，使 Fe_3O_4 变成 α-Fe 微晶才有活性。还原反应如下：

$$Fe_3O_4 + 4H_2 \rightleftharpoons 3Fe + 4H_2O \qquad \Delta H_{298}^{\ominus} = 149.9 kJ/mol \qquad (1-45)$$

催化剂还原时要严格遵守还原工艺条件，包括还原温度、还原压力、还原空速和还原气体成分。

(1) 还原温度　还原反应是一个吸热反应，提高还原温度有利于平衡向右移动，并且能加快还原速率，缩短还原时间。但还原温度过高，会导致 α-Fe 晶粒长大，减小催化剂内表面积，使其活性降低。最高还原温度应低于或接近氨合成操作温度。氨合成催化剂的升温还原过程，通常由升温期、还原初期、还原主期、还原末期、轻负荷养护期五个阶段组成。还原中应尽可能减小同一平面的温差，并注意最高温度不超过催化剂活性温度上限。因此，实际还原过程中升温与恒温交叉进行。

(2) 还原压力　提高压力，加快了还原反应速率。同时，可使一部分还原好的催化剂进行氨合成反应，放出的反应热可弥补电加热器功率的不足。但是，提高压力，也提高了水蒸气的分压，增大了催化剂反复氧化/还原的程度。所以，压力的高低应根据催化剂的型号和不同的还原阶段而定。一般情况下，还原压力控制在 10~20MPa。

(3) 还原空速　空速越大，气体扩散越快，气相中水汽浓度越低，催化剂微孔内的水分越容易逸出。而催化剂微孔内水分的移出，减少了水汽对已还原催化剂的反复氧化，提高了催化剂的活性。此外，提高空速也有利于降低催化剂床层的径向温差和轴向温差，提高床层底部温度。但工业生产过程中，受电加热器功率和还原温度所限，不可能将空速提得过高。国产 A 型催化剂要求还原主期空速在 $10000 h^{-1}$ 以上。

(4) 还原气体成分　降低还原气体中的水分有利于催化剂还原。为此，还原气体中的氢气含量宜尽可能高，水汽含量尽可能低。一般情况下，还原过程中可控制氢气含量为 72%~76%，任何时候出口气体中的水汽含量不得超过 0.5~1.0g/m³ 干气。

二、氨合成生产工艺

（一）氨合成工艺条件

工艺条件的选择要以反应热力学和动力学分析为依据，并结合具体的催化剂和工程因素而定。优化的操作条件可以充分发挥催化剂效能，使生产强度最大且消耗定额最低，还可以使工艺流程简化，操作控制方便，生产安全可靠。

1. 操作压力

从热力学和动力学分析可知，提高压力对反应平衡和反应速率均有利，压力升高还可使设备体积减小。但压力过高，压缩功增加，且对设备的材质、制造技术等要求过高。实际上氨合成的最佳压力由原料气的压缩功、循环压缩功、冷冻功来权衡决定。

实际生产中采用往复式压缩机时，氨合成的操作压力在 30MPa 左右；采用蒸汽透平驱动的高压离心式压缩机，操作压力降至 15~20MPa。随着氨合成技术的进步，采用低压力的径向合成塔，装填高活性的催化剂，有效地提高了氨合成率，降低了循环机功耗，可使操作压力进一步降至 10~15MPa。

2. 操作温度

氨合成反应是可逆放热反应，因此存在最佳反应温度。根据最佳反应温度曲线随原料转化率的变化趋势来看，反应初期最佳反应温度高，反应后期最佳反应温度低，反应器的设计应满足这个要求。反应温度还受催化剂活性温度范围的影响，床层进口温度不低于催化剂的活性起始温度，而床层最高温度不得超过催化剂的耐热温度。

生产上按控温方法的不同，将氨合成塔内件分为内部换热式和激冷式两种。内部换热式内件采用催化剂床层中排列冷管或绝热层间安置中间热交换器的方法，以维持床层的反应温度并预热未反应的气体。激冷式内件采用反应前尚未预热的低温气体进行层间激冷，以降低反应气体的温度。

3. 合成塔进口气体组成

合成塔进口气体组成包括氢氮比、惰性气体含量和进塔氨含量。

由热力学和动力学分析可知，它们对氢氮比的要求是不一致的。因为氨合成反应氢与氮总是按 3:1 的比例消耗，所以新鲜气中的氢氮比应控制为 3，否则循环气中多余的氢或氮会逐渐积累，造成氢氮比失调，使操作条件恶化。进塔气中的适宜氢氮比在 2.8~2.9 之间，而对含钴的 A201 催化剂其适宜氢氮比在 2.2 左右。

惰性气体的存在，无论从化学平衡、反应动力学还是从反应器有效体积、动力消耗等方面考虑，都是不利的。但要维持较低的惰性气体含量需要大量地排放循环气，导致原料气消耗增高。生产中必须根据新鲜气中惰性气体含量、操作压力、催化剂活性等综合考虑。当操作压力较低、催化剂活性较好时，循环气中的惰性气体含量宜保持在 16%~20%，反之宜控制在 12%~16%。

在其他条件一定时，降低进塔氨含量，可使反应速率加快、氨净值增加、生产能力提高，但进塔氨含量的高低需综合考虑冷冻功耗以及循环机的功耗。通常操作压力为 25~30MPa 时采用一级氨冷，进塔氨含量控制在 3%~4%；操作压力为 20MPa 时采用二级氨冷，进塔氨含量在 2%~3%；操作压力为 13MPa 左右时采用三级氨冷，进塔氨含量控制在 1.5%~2.0%。

4. 空速

提高空速虽然增加了合成塔的生产强度，但氨净值降低。氨净值的降低，增大了氨的分离难度，使冷冻功耗增加。另外，由于空速提高，循环气量增加，系统压力降增加，循环机功耗增加。若空速过大会使气体带出的热量大于反应放出的热量，导致催化剂床层温度下降，以致不能维持正常生产。因此，采用提高空速强化生产的方法已不被人们所推荐。

一般而言，氨合成操作压力高、反应速率快，空速可高一些，反之应低一些。例如 30MPa

的中压法氨合成塔，空速可控制在 20000～30000h^{-1}；15MPa 的轴向激冷式合成塔，其空速为 5000～10000h^{-1}。

（二）氨合成工艺流程

尽管世界各国的氨合成工艺流程各不相同，但又有许多相同之处，这是由氨合成反应的特性所决定的。

① 受平衡条件限制，有大量未反应的氢气、氮气需循环使用。

② 合成反应获得的产品氨必须通过冷凝进行分离，故循环气中必然有氨。生产中必须尽可能降低进塔氨含量，以提高合成塔的氨净增值。

③ 由于循环，新鲜气体中带入的惰性气体在系统中不断积累，需要定期或连续排放气体，称为弛放气。

④ 整个合成氨系统是在高压下进行的，要用压缩机压缩新鲜气，用循环压缩机弥补压力降。氨合成工艺的原则流程方框图如图 1-20 所示。

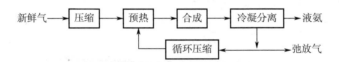

图 1-20　合成氨工艺原则流程图

大型合成氨厂（单机产量为 1000t/d）的工艺流程如图 1-21 所示。

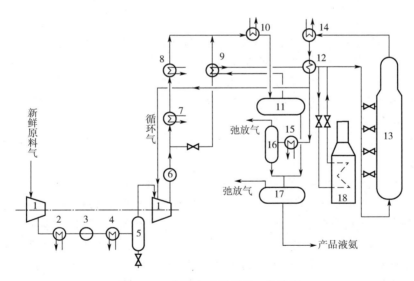

图 1-21　大型合成氨厂的工艺流程

1—离心式合成气压缩机；2,9,12—换热器；3,6—水冷器；4,7,8,10,15—氨冷器；5—水分离器；
11—高压氨分离器；13—合成塔；14—锅炉给水加热器；16—氨分离器；17—低压氨分离器；18—开工炉

净化后的新鲜原料气在 30℃和 2.5MPa 进入合成气压缩机 1，经由蒸汽透平机驱动的二缸离心式压缩机压缩，在离开第一缸进入第二缸之前，气体先经换热器 2 与原料气换热而得到冷却，再经中间水冷器 3 和氨冷器 4 除去水分，在水分离器 5 中将冷凝分离出的水排掉。干燥的新鲜原料气进入压缩机第二缸继续提高压力，并在最后一段压缩时与循环气混合。由于循环气与新鲜原料气混合，循环气中的氨含量由 12% 降至 9.9%。由压缩机出来的混合气先经水冷器 6 冷却，然后分成平行的两路，一路进入两串联的氨冷器 7 和 8，得以冷却降温；另一路与高压氨分离器 11 出来的冷气体在换热器 9 中换热，以回收冷量。此后两路平行气混合。在第三个氨冷器 10 中进一步冷却至 −23℃，其中的氨气被冷凝成液氨，气-液混合物进入高压氨分离器 11，将液氨分离，由新鲜原料气带入的微量水分、二氧化碳、一氧化碳在低温下也同时除去。由高压氨分离器出来的气体中氨含量降至 2% 左右，该气体进入换热器 9 和 12，被压缩机出口气体和合成塔出口气体加热到 140℃ 左右，再进入合成塔 13。合成塔中有四层催化剂，每层催化剂出口气体都用冷原料气冷却，所以该合成塔是四段激冷式。合成压力为 15MPa，出口气中氨含量为 12% 左右。合成塔出口气体在锅炉给水加热器 14 中由 280℃ 冷却至 165℃，再经换热器 12 降至 43℃ 左右，其中绝大部分送至压缩机第二缸的中间段补充压力，这就是循环回路，循环气在二缸最后一段与新鲜原料气混合。另一小部分作为弛放气引出合成系统，以避免系统中惰性气体积累，因为这一部分混合气中的氨含量（约 12%）较高，故不能直接排放，而是先通过氨冷器 15 和氨分离器 16，将液氨回收后排放。所有冷凝的液氨都流入低压氨分离器 17，将溶解在液氨中的其他气体释放后成为较纯产品液氨。

（三）合成塔

氨的合成是在高压、高温下进行的，在高温下，吸附在钢材表面的氢分子会向钢体内扩散而造成氢腐蚀，使钢体的机械强度降低。氮气和氨气在高温、高压下也会腐蚀钢材，使其疏松变脆。所以，制造高压容器使用的钢材，要随着温度的升高相应地采用优质碳素钢、铬-钼低合金钢、中合金钢和高合金钢等。

高压反应器具有如下几个特点：

① 承受高压的部位不承受高温，承受高温的部位不承受高压。所以任何形式的合成塔均由外筒和内件构成。外筒只承受高压不承受高温，可用普通低合金钢或优质低碳钢制成，壁很厚，机械强度高，正常情况下，寿命可达 40~50 年。而内件虽然接触高温，但不承受高压，其承受的压力为环隙气流和床层气流的压差，一般为 0.5~2MPa，可用镍铬不锈钢制作。由于承受高温和氢腐蚀，内件寿命一般比外筒短。

② 单位空间利用率高，以节省钢材。因此，内件应尽可能多装催化剂，同时其结构要满足阻力尽可能小的要求。

③ 开孔少，保证筒体的强度，只留必要的开孔，以便安装和维修。

合成塔内件主要包括催化剂框、换热器和电加热器。大型合成塔采用了器外加热炉代替电加热器，新开发的合成塔还把电加热器移到了器外，简化了合成塔结构，也便于维修。

反应器的形式按气流方向分，有轴向流型、径向流型，以及两者相结合的轴径向流型。

合成塔按移热方式的不同可分为连续换热式和间歇换热式两种。连续换热式是在连续的催化剂床层中设置换热单元，连续地移走反应放出的热量。间歇换热式是指反应过程与换热过程交替进行，此类换热又分为直接激冷式和间接换热式两种。

各种合成塔及内部结构特征

思考与练习

1-1 列举两种煤气化制取合成氨原料气的方法并分析对比它们的特点。

1-2 煤制合成氨原料气如何才能使生产连续化?

1-3 鲁奇法连续气化的原理是什么?对原料煤有什么要求?

1-4 德士古气化法的特点是什么?对原料煤有什么要求?

1-5 甲烷蒸汽转化催化剂在使用之前为什么要进行还原?已还原的催化剂若与空气接触为何要进行钝化?

1-6 什么是析炭现象?它有何危害?

1-7 如何防止析炭?发生析炭后应如何处理?

1-8 甲烷蒸汽转化为什么要分两段转化?二段转化炉所发生的主要化学反应有哪些?

1-9 天然气蒸汽转化的凯洛格传统的工艺流程由哪几部分组成?其新技术有哪几项?

1-10 已知入炉煤含碳 78.01%、灰分 13.76%,灰渣中含碳 13.78%、灰分 84.02%,吹出物中含碳 82.20%、灰分 14.51%,吹出物损失的碳量占入炉煤总碳量的 4.5%,如果入炉煤量为 40000t/a,试求:

(1) 每年排出的灰渣量;

(2) 灰渣和吹出物每年损失的碳量。

1-11 已知一段炉进口气体组成如下:

组分	CH_4	C_2H_6	C_3H_8	C_4H_{10}	C_5H_{12}	N_2	CO_2	H_2	合计
y_i(体积分数)/%	81.18	7.31	3.37	1.10	0.15	1.86	0.01	5.02	100

进入一段炉的干气量为 1200kmol/h,催化剂总装填量为 15m³,试计算进一段炉的原料气空速、碳空速及理论氢空速。

1-12 合成氨原料气为何要进行脱硫?脱硫方法可分为哪几类?各类的特点是什么?

1-13 氧化锌法脱硫的原理是什么?温度对脱硫过程有何影响?

1-14 活性炭法脱硫的原理是什么?脱硫后的活性炭如何再生?

1-15 什么是湿式氧化法?与中和法相比有何不同?如何选择湿式氧化法的氧化催化剂?

1-16 ADA 法脱硫及再生的原理是什么?ADA 法脱硫塔为什么容易发生堵塞现象?如何防止?

1-17 半水煤气流量为 10000m³/h,含硫化氢 3.2g/m³,用 ADA 溶液脱硫后含硫化氢 0.02g/m³,硫黄回收率为 90%。试求:

(1) 溶液的循环量;

(2) 硫黄产量 (kg/h)。

1-18 影响一氧化碳平衡变换率的因素有哪些?如何影响?

1-19 一氧化碳变换反应为什么存在最佳反应温度?最佳反应温度随变换率如何变化?

1-20 铁-铬中温变换催化剂、铜-锌低温变换催化剂、钴钼耐硫变换催化剂的活性组分分别是什么?通常在什么场合下使用?使用前需进行怎样的处理?

1-21 化工生产中需确定的工艺条件一般有哪些?试分析变换反应的工艺条件——温度和压力。

1-22 工业生产上通常采用哪些方式使变换反应接近最佳反应温度?如何正确选用这些方法?

1-23 如何提高饱和塔的能量回收效果?

1-24 变换炉的操作条件为 p=3.0MPa,T=460℃,半水煤气组成如下:

组分	H$_2$	CO	CO$_2$	N$_2$	CH$_4$	Ar	H$_2$O	合计
y_i/%	19.28	15.66	5.38	11.14	0.48	0.14	47.92	100

试求反应达平衡时一氧化碳变换率和气体组成(干基)。

1-25 为什么合成氨原料气中的二氧化碳必须脱除?常用的脱碳方法主要有哪几种?

1-26 谈谈本菲尔特法吸收二氧化碳的原理及富液再生的原理。

1-27 传统的本菲尔特法脱除二氧化碳的工艺存在什么问题?提出你的改进方案。

1-28 碳酸丙烯酯脱除二氧化碳的常压解吸-空气气提的工艺存在什么问题?应如何改进?

1-29 如何正确选择脱碳方法?

1-30 原料气的精制有哪几种方法?

1-31 甲烷化反应的基本原理是什么?甲烷化反应有哪些特点?

1-32 甲烷化催化剂与甲烷转化催化剂有什么相同之处?有什么不同之处?为什么?

1-33 工业上液氮洗涤法常与低温甲醇脱除二氧化碳联用,试分析原因。

1-34 某厂甲烷化炉进口气量为 25000m^3/h,气体组成如下:

组分	H$_2$	N$_2$	CH$_4$	Ar	CO	CO$_2$	合计
y_i/%	74.35	24.14	0.33	0.56	0.42	0.20	100

操作压力为 3.15MPa,入口温度为 280℃,出甲烷化炉气体中一氧化碳和二氧化碳的含量均为 5×10^{-6}。试计算甲烷化炉出口气体温度、气体组成(干基)及气量(原料气进甲烷化系统的温度为 40℃,不考虑热损失)。

1-35 分析影响平衡氨含量的因素,提出提高平衡氨含量的方法。

1-36 影响反应速率的因素有哪些?如何影响?

1-37 氨合成催化剂的活性组分是什么?有哪些促进剂?其作用是什么?

1-38 简述氨合成催化剂在使用过程中活性不断下降的原因。

1-39 如何选择氨合成的工艺条件?

1-40 氨合成塔为什么要设置外筒和内件?

1-41 连续换热式的合成塔有何优缺点?如何改进?

1-42 如何正确控制与调节氨合成塔催化床层温度?

1-43 如何提高氨合成过程余热回收的价值?

1-44 已知合成塔空速为 20000h^{-1},装填催化剂 2.5m^3,进塔气体氨含量为 3%,惰性气体含量为 15%,氢氮比为 3,出塔气体氨含量为 15%。试求:

(1) 催化剂的生产强度和合成塔年产量(以 315d 计);

(2) 出塔气体组成及气量;

(3) 合成率。

1-45 某合成氨厂的合成塔氨产量为 6000kg/h,进塔气体组成为 H$_2$ 62%、N$_2$ 20.4%、CH$_4$ 8.4%、Ar 6.5%、NH$_3$ 2.7%,出塔气体中氨含量为 12.6%,合成塔装填催化剂 3m^3。试求:

(1) 合成塔空速;

(2) 每小时进入合成塔的气量及各组分的气量;

(3) 出合成塔气体组成及各组分的气量。

第二章　主要的氨加工产品

第一节　尿素

尿素（urea），学名为碳酰二胺，分子式$CO(NH_2)_2$，分子量为60.06。因为在人类及哺乳动物的尿液中含有这种物质，故称之为尿素。尿素的用途非常广泛，它不仅可以用作肥料，还可以用作工业原料以及反刍动物的饲料。尿素也可用来制取合成工业材料，尿素甲醛树脂可用于生产塑料、涂料和胶黏剂等；尿素可作为生产利尿剂、镇静剂、止痛剂等的医药工业原料。此外，在石油、纺织、纤维素、造纸、炸药、制革、染料和选矿等生产中也会用到尿素。

纯净的尿素为无色、无味、无臭的针状或棱柱状结晶体，含氮量为46.6%，工业尿素因含有杂质而呈白色或浅黄色。尿素的熔点在常压下为132.6℃，超过熔点则分解。尿素较易吸湿，其吸湿性次于硝酸铵而大于硫酸铵，故包装、贮存要注意防潮。尿素易溶于水和液氨，其溶解度随温度升高而增大，尿素还能溶于一些有机溶剂，如甲醇、苯等。

常温时，尿素在水中缓慢地进行水解，先转化为氨基甲酸铵（简称甲铵），再生成碳酸铵，最后分解为氨和二氧化碳。随着温度的升高，水解速率加快，水解程度也增大，温度升到145℃以上时尿素的水解速率剧增。故在循环和蒸发工序要特别注意控制温度。尿素在60℃以下的酸性、碱性或中性溶液中不发生水解作用。

高温下尿素会缩合，生成缩二脲、缩三脲和三聚氰酸。缩二脲会烧伤作物的叶和嫩枝，故应控制化肥尿素中的缩二脲含量。

尿素在强酸溶液中呈现弱碱性，能与酸生成盐类。例如，尿素与硝酸作用生成能微溶于水的硝酸尿素$[CO(NH_2)_2 \cdot HNO_3]$。尿素与盐类相互作用可生成络合物，如尿素与磷酸一钙作用时生成磷酸尿素$[CO(NH_2)_2 \cdot H_3PO_4]$络合物。尿素能与酸或盐相互作用的这一性质，常被应用于复混肥料生产中。

尿素产品的质量标准见表2-1，该表来自于尿素等级质量标准GB/T 2440—2017。

表2-1　尿素的产品质量标准

指标名称		工业用		农业用	
		优等品	合格品	优等品	合格品
总氮（N）含量（以干基计）/%	≥	46.4	46.0	46.0	45.0
缩二脲含量/%	≤	0.5	1.0	0.9	1.5
水分含量/%	≤	0.3	0.7	0.5	1.0
铁含量（以Fe计）/%	≤	0.0005	0.0010		
碱度（以NH_3计）/%	≤	0.01	0.03		

续表

指标名称		工业用		农业用	
		优等品	合格品	优等品	合格品
硫酸盐含量（以 SO_4^{2-} 计）/%	≤	0.005	0.020		
水不溶物含量/%	≤	0.005	0.040		
亚甲基二脲（以 HCOH 计）/%	≤			0.6	0.6

  尿素最早由鲁爱尔（Rouelle）于1773年在蒸发人尿时发现，因而获得此名。1828年佛勒（Wöhler）在实验室用氨和氰酸合成了尿素，此后，出现了以氨基甲酸铵、碳酸铵等作为原料的50余种合成尿素的方法，但都未实现工业生产。

  1922年，德国法本公司奥堡工厂实现了以 NH_3 和 CO_2 直接合成尿素的工业化生产，从而奠定了现代工业尿素的生产基础。

  合成氨生产产品 NH_3 和合成气净化产物 CO_2 为直接合成尿素的原料。尿素生产的原料要求为：液氨中氨含量>99.5%（质量分数），水含量<0.5%（质量分数），含油<$1×10^{-5}$（质量分数）；二氧化碳气中 CO_2 含量>98.5%（体积分数，干基），H_2S 含量<15mg/m³。

一、尿素合成的基本原理

  液氨和二氧化碳直接合成尿素的总反应为：

$$2NH_3(l) + CO_2(g) \rightleftharpoons CO(NH_2)_2(l) + H_2O(l) \qquad \Delta H_{298}^{\ominus} = -103.7 \text{kJ/mol} \qquad (2-1)$$

  一般认为，此反应在液相中是分两步进行的。

  首先液氨和二氧化碳反应生成甲铵，称为甲铵生成反应。

$$2NH_3(l) + CO_2(g) \rightleftharpoons H_2NCOONH_4(l) \qquad \Delta H_{298}^{\ominus} = -119.2 \text{kJ/mol} \qquad (2-2)$$

  这个反应是一个可逆的体积缩小的强放热反应。在一定条件下，此反应的速率很快，容易达到平衡。

  然后是液态甲铵脱水生成尿素，称为甲铵脱水反应。

$$H_2NCOONH_4(l) \rightleftharpoons CO(NH_2)_2(l) + H_2O(l) \qquad \Delta H_{298}^{\ominus} = 15.5 \text{kJ/mol} \qquad (2-3)$$

  这个反应是一个可逆的微吸热反应，平衡转化率不是很高，一般为50%~70%。此反应的速率也较缓慢，是尿素合成中的控制反应。

（一）尿素合成的化学平衡

  在尿素合成反应中，受甲铵脱水反应限制，转化率不高，为了减小反应后的 NH_3 和 CO_2 处理量，一般是使物料于尿素合成塔中停留较长时间，以使反应接近于平衡状态。反应之后的最终产物分为气液两相。气相中含有 NH_3、CO_2 和 H_2O，以及不参与合成反应的 H_2、N_2、O_2、CO等惰性气体；液相是主要由甲铵、尿素、水以及游离氨和二氧化碳等所构成的均匀熔融液。

  在工业生产中，通常以尿素的转化率作为衡量尿素合成反应进程的一种量度。由于实际生产中都是采用过量的氨与二氧化碳反应，因此通常是以二氧化碳为基准来定义尿素的转化率，即

$$尿素转化率 = \frac{转化为尿素的 CO_2 物质的量}{原料中 CO_2 物质的量} \times 100\% \qquad (2-4)$$

尿素的平衡转化率是指在一定条件下，合成反应达到化学平衡时的转化率。因尿素合成反应体系为多组分多相复杂混合体系，偏离理想溶液很大，故其平衡转化率很难用平衡方程式和平衡常数准确计算。通常采用简化法或经验公式来计算，常用的有弗里扎克法、马罗维克法、大冢英二经验公式及我国上海化工研究院的半经验公式等，有时采用实测值。

研究证明：一开始平衡转化率随温度升高而增大，当温度升高到某一数值时，平衡转化率出现最大值，若继续升高温度，平衡转化率反而下降。出现这种最高平衡转化率的现象是与压力无关的，即使保持足够高的压力，使反应物系成为单一的液相时，其情况也是如此。

上述的尿素合成反应存在最高平衡转化率的原因可从甲铵生成和甲铵脱水两个阶段的放热与吸热得到解释。当温度升高时，一方面液相中甲铵脱水转化为尿素的数量增加，另一方面液相中的甲铵越来越多地分解为游离氨和二氧化碳，即向甲铵生成反应的逆反应方向移动，致使液相中甲铵不断减少。这两个趋向相反的过程就导致在某一温度下出现了最高平衡转化率。

最高平衡转化率对于工业生产上实现最佳化操作具有指导意义，但确定最佳操作温度时，不仅要考虑化学平衡，还要考虑反应速率及其他工程因素。

（二）尿素合成的反应速率

从生成尿素的反应机理可知，甲铵脱水是反应的控制步骤。而甲铵脱水反应在气相中不能进行，在固相中反应速率较慢，而在液相中反应速率较快。故甲铵脱水生成尿素的反应必须在液相中进行。

在较高温度下，物料在合成塔中的反应，接近平衡状态时所需时间约 40~50min，如果反应时间少于 40min，转化率太低，但过多地增加反应时间会降低生产强度，故正常生产时物料在塔内的停留时间为 1h 左右。

二、尿素的工业生产

（一）工艺条件

尿素合成工艺条件的选择，不仅要满足液相反应和自热平衡，而且要求在较短的反应时间内达到较高的转化率。尿素合成的工艺条件主要考虑温度、压力、原料配比（氨碳比、水碳比）、反应时间等。

1.温度

尿素合成的控制反应是甲铵脱水，它是一个微吸热反应，故提高温度甲铵脱水速率加快。温度每升高 10℃，反应速率约提高一倍，因此，从反应速率角度考虑，高温是有利的。

但温度过高会带来不良影响，如平衡转化率下降，这是因为甲铵在液相中分解成氨和二氧化碳所造成的。同时，温度过高尿素水解缩合等副反应会加剧。

综合以上分析，目前应选择略高于最高平衡转化率时的温度，故尿素合成塔上部大致为 185~200℃，在合成塔下部，气液两相间的平衡对反应温度起着决定性作用，为了保证甲铵脱水反应在液相中进行，操作温度只能等于或略低于操作压力下物系的气液平衡温度。

2.压力

尿素合成总反应是一个体积减小的反应，因而提高压力对尿素合成有利，尿素转化率随压力增加而增大。但合成压力也不能过高，因压力与尿素转化率的关系并非直线关系，在足够的压力下，压力升高，尿素转化率逐步趋于一个定值，而压缩原料的动力消耗增大，生产成本提高，同时，高压下甲铵对设备的腐蚀也加剧。

由于在一定温度和物料比的情况下，合成物系有一个平衡压力，因此，工业生产的操作压力一定要高于物系的平衡压力，以保证物系基本以液相状态存在，这样才有利于甲铵的脱水反应，有利于气相NH_3和CO_2转移至液相。

一般情况下，合成塔的操作压力要高于合成塔顶部物料组成和温度下的平衡压力1~3MPa。对于水溶液全循环法，当温度为190℃且NH_3/CO_2（摩尔比）等于4.0时，相应的平衡压力为18MPa左右，故其操作压力一般为20MPa左右。对于CO_2气提法，为降低动力消耗，采用了一定温度最低平衡压力下的氨碳比，在183℃左右，NH_3/CO_2（摩尔比）为2.85，操作压力一般为14MPa左右。

3.氨碳比

氨碳比是指原始反应物料中NH_3/CO_2的摩尔比，常用符号a表示。"氨过量率"是指原料中氨量超过化学反应式的理论量的摩尔分数。两者是有联系的，如当原料$a=2$时氨过量率为0%，而当$a=4$时，则氨过量率为100%。

研究表明，NH_3过量能提高尿素的转化率。过剩的NH_3可以促使CO_2转化，同时能与脱出的H_2O结合成$NH_3 \cdot H_2O$，使H_2O排除于反应之外，这就等于移去部分产物，也促使平衡向生成尿素的方向移动。另外，氨过量还有利于合成塔内的自热平衡，使尿素合成能在适宜的温度下进行。氨过量还可减轻溶液对设备的腐蚀，抑制缩合反应的进行，对提高尿素的产量和质量均有利。所以，工业上都采用氨过量操作，即氨碳比必须大于2。

氨碳比对反应物系气液两相的平衡也产生影响。为使反应体系在较低的操作压力下就可以达到较高的反应温度，并使NH_3和CO_2稳定在液相中，最佳氨碳比大致在2.8~4.2范围内。

但氨碳比也不能过高。过高的氨碳比势必导致氨转化率降低，大量氨在过程中循环，增加回收过程设备的负荷，使能耗增大。$a \geq 4.5$时，继续增大氨碳比对尿素转化率的作用已不显著，过高的氨碳比还会使合成物系的平衡压力提高，进而使操作压力增大，原料压缩功耗增加，对设备材料要求相应提高。

工业生产上，通过综合考虑，一般水溶液全循环法氨碳比选择在4左右，若利用合成塔副产蒸汽，则氨碳比取3.5以下。CO_2气提法尿素生产流程中因设有高压甲铵冷凝器移走热量和副产蒸汽，不存在超温问题，而从相平衡及合成系统压力考虑，其氨碳比选择在2.8~2.9。

4.水碳比

水碳比是指合成塔进料中H_2O/CO_2的摩尔比，常用符号b来表示。水的来源有两方面：一是尿素合成反应的产物，二是现有各种水溶液全循环法中，一定量的水会随同未反应的NH_3和CO_2返回合成塔中。从平衡移动的原理可知，水量增加，不利于尿素的形成，将导致尿素平衡转化率下降。事实上，在工业生产中，如果返回水量过多还会影响合成系统的水平衡，从而引起合成、循环系统操作条件的恶性循环。当然，水的存在对于提高反应物系液相的沸点是有好处的，特别是在反应开始时能加快反应速率，但总体来说，通过提高水碳比来加快反应速率是利少弊多。在工业生产中，总是力求控制水碳比降低到最低限度，以提高转化率。

水溶液全循环法中，水碳比一般控制在0.6~0.7；CO_2气提法中，气提分解气在高压下冷凝，返回合成塔系统的水量较少，因此水碳比一般控制在0.3~0.4。

5.反应时间

在一定条件下，甲铵生成反应快且完全，但甲铵脱水反应慢且不完全，所以尿素合成反应时间主要是指甲铵脱水生成尿素的反应时间，甲铵脱水生成尿素的脱水速率随温度升高和氨碳比加大而加快，并随转化率的增加而减慢，为了使甲铵脱水反应进行得比较完全，就必须使物料在合成塔内有足够的停留时间。但是，反应时间过长，设备容积要相应增大，或生产能力下降，这是很不经济的。同时，在高温下，反应时间太长，甲铵的不稳定性增加，尿素缩合反应加剧，且甲铵对设备的腐蚀也加剧，操作控制比较困难。另外，反应时间过长，转化率增加很少，甚至不变。

对于反应温度为180~190℃的装置，一般反应时间为40~60min，其转化率可达平衡转化率的90%~95%。对于反应温度为200℃或更高一些的装置，反应时间一般为30min左右，其转化率也基本接近平衡转化率。

（二）工艺流程

对于不同的生产方法，尿素合成的工艺流程并不相同，主要有水溶液全循环法和CO_2气提法。

1. 水溶液全循环法

水溶液全循环法合成尿素的工艺流程见图2-1。

由合成氨厂来的液氨（含NH_3为99.8%）经液氨升压泵1将压力提高至2.5MPa，通过液氨过滤器2除去杂质，送入液氨缓冲槽3中的原料室。一段循环系统来的液氨送入液氨缓冲槽3的回流室，其中一部分液氨用作一段循环的回流氨，多余的循环液氨流过溢流隔板进入原料室，与新鲜液混合，混合后（压力约1.7MPa）进入高压氨泵4，将液氨加压至20MPa，为了维持合成反应温度，高压液氨先经预热器5加热到45~55℃，然后进入第一反应器8（也称预反应器）。

经净化、提纯后的二氧化碳原料气（含CO_2 98%以上），于进气总管内先与氧气混合。加入氧气是为了防止腐蚀合成系统的设备，加入量约为二氧化碳进气总量的0.5%（体积分数）。

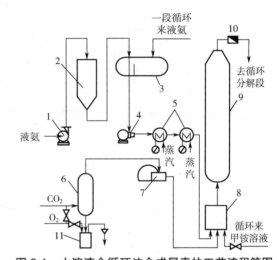

图2-1 水溶液全循环法合成尿素的工艺流程简图
1—液氨升压泵；2—液氨过滤器；3—浓氨缓冲槽；4—高压氨泵；
5—液氨预热器；6—气液分离器；7—二氧化碳压缩机；
8—第一反应器（预反应器）；9—第二反应器（合成塔）；
10—自动减压阀；11—水封

混有氧气的二氧化碳进入带有水封的气液分离器6，将气体中的水滴除去，然后进入二氧化碳压缩机7，将气体加压至20MPa，此时温度为125℃，再进入第一反应器8与液氨及一段循环来的甲铵溶液进行反应，约有90%的二氧化碳生成甲铵，反应放出的热量使溶液温度升到170~175℃，进入合成塔9，使未反应完的二氧化碳在塔内继续反应生成甲铵，同时甲铵脱水生成尿素，物料在塔内停留1h左右，二氧化碳转化率达62%~64%。含有尿素、过量氨、未转化的甲铵、水及少量游离二氧化碳的尿素溶液从塔顶出来，温度为190℃左右，经自动减压阀10降压至1.7MPa，再进入循环工序。

2. CO_2气提法

二氧化碳气提、循环、回收过程的工艺流程如图2-2所示。

尿素合成反应液从合成塔1底部排出，经液位控制阀流入气提塔2的顶部，温度约183℃，经液体分布器均匀流入气提管内，与气提塔底部进入的二氧化碳在管内逆流接触，气提塔管外用 2.1MPa 蒸汽加热，将大部分甲铵和过剩氨分解及解吸，气提后尿素溶液由塔底引出，经自动减压阀降压到 0.3MPa。由于降压，甲铵和过剩氨进一步分解、解吸，吸收尿素溶液内部的热量，使溶液温度下降到约 107℃，气液混合物进入精馏塔 3，喷洒在鲍尔环填料上，然后尿素溶液从精馏塔填料段底部送入循环加热器 4，被加热至约 135℃时返回精馏塔下部分离段，在此气液分离。

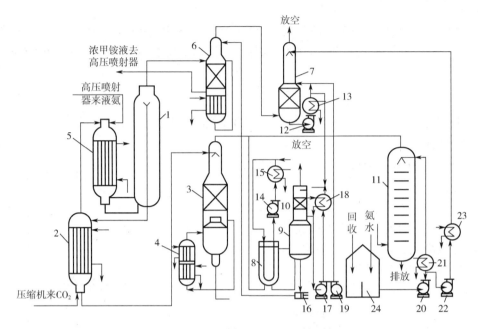

图 2-2 二氧化碳气提法工艺流程简图

1—尿素合成塔；2—气提塔（高压热交换器）；3—精馏塔；4—循环加热器；5—高压甲铵冷凝器；6—高压洗涤器；7—吸收塔；8—低压甲铵冷凝器；9—低压甲铵冷凝器液位槽；10—吸收器；11—解吸塔；12—吸收塔循环泵；13—循环冷凝器；14—低压冷凝循环泵；15—低压冷凝气冷却器；16—高压甲铵泵；17—吸收器循环泵；18—吸收器循环冷却器；19—闪蒸槽冷凝液泵；20—解吸塔给料泵；21—解吸塔热交换器；22—吸收塔给料升压泵；23—吸收塔顶部加料冷却器；24—氨水槽

分离后的尿素溶液含甲铵和过剩氨极少，主要是尿素和水，由精馏塔底部引出，经减压后再进入真空蒸发系统，经蒸发浓缩得到 99.7% 的熔融体或 80% 的浓缩液，利用蒸发造粒法或结晶造粒法制成颗粒尿素。

气提塔顶部出来的气体（含 NH_3 40%，CO_2 60%）进入高压甲铵冷凝器 5 管内，与高压喷射器来的原料液氨和回收的甲铵液反应，大部分 NH_3 和 CO_2 生成甲铵，其反应热由管外副产蒸汽移走，反应后的甲铵液及未反应的 NH_3、CO_2 气分两路进入尿素合成塔底部，在此未反应的 NH_3、CO_2 继续反应，同时甲铵脱水生成尿素，尿素合成塔顶部引出的未反应气主要含 NH_3、CO_2 及少量 H_2O、N_2、H_2、O_2 等，进入高压洗涤器 6 上部的防爆空间，再引入高压洗涤器下部的浸没式冷凝器冷却管内，管外用封闭的循环水冷却，使管内充满甲铵液，未冷凝的气体在此鼓泡通过，其中 NH_3 和 CO_2 大部分被冷凝吸收，含有少量 NH_3、CO_2 及惰性气体的混合气再进入填料段。由高压甲铵泵 16 打来的甲铵液经由高压洗涤器顶部中央循环管进入填料段与上升气体逆流相遇，气体中的 NH_3 和 CO_2 再次被吸收，吸收 NH_3 和 CO_2 的浓甲铵液温度约 160℃，由填料段下部引入高压喷射器循环使用。未被吸收的气体由高压洗涤器顶部引出经自动减压后进入吸收塔 7 下部，气体经吸收塔两段填料与液体逆流接触后，其中的 NH_3 和 CO_2 几乎被全部吸收，惰性气体由塔顶放空。

精馏塔下部分离段出来的气体与喷淋液在填料段逆流接触，进行传质和传热，尿素溶液中易挥发组分 NH_3、CO_2 从液相解吸并扩散到气相，气体中难挥发组分水向液相扩散，在精馏塔底部得到难挥发组分尿素和水含量多的溶液，而气相得到易挥发组分 NH_3 和 CO_2 多的气体，这样降低了精馏塔出口气体中的水含量，有利于减少循环甲铵液中的水含量，由精馏塔顶部引出的气体和与解吸塔 11 顶部出来的气体一并进入低压甲铵冷凝器 8，同低压甲铵冷凝器液位槽 9 的部分溶液在管间相遇，冷凝并吸收，其冷凝热和生成热靠循环泵 14 和冷却器 15 强制循环冷却，然后气、液混合物进入液位槽 9 进行分离，被分离出来的气体进入吸收器 10 的鲍尔环填料层，吸收剂是由吸收塔来的部分循环液和吸收器本身的部分循环液，经由吸收器循环泵 17 和吸收器循环冷却器 18 冷却后喷洒在填料层上，气液在吸收器填料层逆流接触，将气体中的 NH_3 和 CO_2 吸收，未吸收的惰性气体由塔顶放空，吸收后的部分甲铵液由塔底排出，经高压甲铵泵 16 打入高压洗涤器作吸收剂。

蒸发系统回收的稀氨水进入氨水槽 24，大部分经解吸塔给料泵 20 和解吸塔热交换器 21 打入解吸塔 11 顶部，塔下用 0.4MPa 蒸汽加热，使氨水分解，分解气由塔顶引出去低压甲铵冷凝器 8，分解后的废水由塔底排出。

（三）尿素合成塔

合成塔是合成尿素生产中的关键设备之一，由于合成尿素是在高温、高压下进行的，而且溶液又具有强烈的腐蚀性，所以，尿素合成塔应符合高压容器的要求，并应具有良好的耐腐蚀性能。

目前我国采用的合成塔多为衬里式尿素合成塔，主要由高压外筒和不锈钢衬里两大部分构成，不锈钢衬里直接衬在塔壁上，它的作用是防止塔筒体被腐蚀。水溶液全循环法不锈钢衬里合成塔的结构如图 2-3 所示。这种合成塔在高压筒内壁上衬有耐腐蚀的 AISI316L 不锈钢或者高铬锰

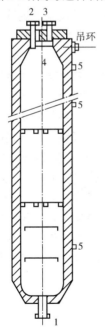

图 2-3　水溶液全循环法不锈钢衬里式尿素合成塔

1—进口；2—出口；3—温度计孔；
4—人孔；5—塔壁温度计和孔

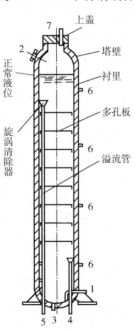

图 2-4　CO_2 气提法尿素合成塔

1—气体进口；2—气体出口；3—液体进口；
4—送高压喷射泵的甲铵液出口；5—气提塔的尿素
溶液出口；6—塔壁温度指示孔；7—液位传送器孔

不锈钢，其厚度一般在 5mm 以上。在塔内离塔底 2m 和 4m 处设有两块多孔筛板，其作用是促使反应物料充分混合和减少熔融物的返混。一般在该塔之前要设置一个预反应器，使氨、二氧化碳和甲铵溶液在预反应器混合反应后，再进入合成塔进行甲铵脱水生成尿素的反应。

图 2-4 是二氧化碳气提法尿素合成塔结构简图。塔内装有约 10 块多孔筛板，筛板的作用在于防止物料返混，两块筛板之间的物料混合很剧烈，因此每段内物料的浓度和温度几乎相等，因而提高了转化率并增加了生产强度。

尿素生产技术发展

第二节　碳酸氢铵

碳酸氢铵又名重碳酸铵，简称碳铵，分子式 NH_4HCO_3，分子量 79.1，纯碳酸氢铵为白色斜方晶体，密度 $1.57g/cm^3$，含氮 17.7%，工业产品因含有硫化物、水分等杂质而呈白色、浅灰色或黄色。

碳酸氢铵具有强烈的吸湿性和结块性，易溶解于水。常压下碳酸氢铵在 20℃以下的干燥空气中是比较稳定的，当温度升高、空气湿度较大、结晶细小时，呈现不稳定性，分解为 NH_3、CO_2 和 H_2O。由于碳酸氢铵分解时放出氨气，故成品碳酸氢铵带有很浓的刺激性气味。

碳酸氢铵主要用作化肥，也用于制药及其他工业。

碳酸氢铵是我国独有的氮肥品种。20 世纪 50 年代，我国著名化学家侯德榜等发明了合成氨联产碳酸氢铵工艺。碳酸氢铵是廉价的、良好的水溶性氮肥，具有肥效快和不板结土壤等优点。但其缺点也很突出：氮元素利用率低，肥效期短，不易贮存，易结硬块，给机械化施肥带来不便。为此，中国科学院沈阳应用生态研究所发明了长效碳酸氢铵，与普通碳酸氢铵相比其氮元素利用率从 25%提高到 35%，与尿素相当；肥效期由 30～45 天延长到 90～110 天；等氮量施肥可增产 13%；同等作物产量可节省碳铵 20%～30%；年贮存损失量由 15%～20%下降到 2%～5%；不结硬块，使用方便。

使用长效碳铵可获得较好的经济效益和环境效益。在长效碳铵生产中再添加纳米材料生产的纳米高效碳铵，经农业部优农中心示范园、中科院地理所（禹城站）北京大兴区农科站、湖南省土肥站等在粮食作物（小麦、水稻、玉米等）以及瓜果、蔬菜、花卉等的种植过程中进行初试，也取得了较好的效果。

一、碳酸氢铵生产基本原理

（一）三元水盐体系相图

水盐体系结晶过程可用相图来进行分析，比较直观的是三元相图。所以，下面先介绍一下三元水盐体系相图。

由水作为其中一个组分的三元体系叫作三元水盐体系。三元水盐体系可以分为两种类型。第一种是由具有共同阴离子或共同阳离子的两种盐和水构成的体系，如 NaCl-KCl-H_2O、$(NH_4)_2SO_4$-NH_4NO_3-H_2O 等。在这类体系中，除两种盐本身外，它们还可能生成各种水合物，也可能生成各种复盐，如 Na_2SO_4-NaCl-H_2O 体系中 Na_2SO_4 和水化合生成 $Na_2SO_4 \cdot 10H_2O$，KCl-$MgCl_2$-H_2O 体系中会生成 $KCl \cdot MgCl_2 \cdot 6H_2O$。第二种是构成体系的基本物质不是两种盐，而是一种碱性物和一种酸性物，如重过磷酸钙 $Ca(H_2PO_4)_2 \cdot H_2O$，可表示为 CaO-P_2O_5-H_2O 体系，碳酸氢铵 NH_4HCO_3 可采用此种类型表示为 NH_3-CO_2-H_2O 体系。

1. 等边三角形相图

等边三角形相图如图 2-5 所示。体系的组成常以质量分数表示。三角形的各顶点代表纯组分，每一边代表二元组分体系，三角形内各点代表三元组分体系。在三角形的平面上，把每边都分成一百等份，然后通过各分点作各边的平行线，就可以完整地表示三角形中任何体系的组成。

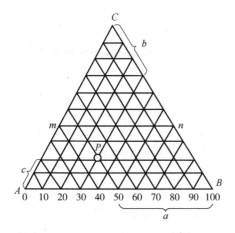

图 2-5　三元相图的等边三角形表示法　　图 2-6　三元相图的直角等腰三角形表示法

如已知系统的状态点为 P，从图 2-5 中可读出 A 点对应物质的含量为 50%，B 点对应物质的含量为 30%，C 点对应物质的含量为 20%。

2. 直角等腰三角形相图

直角等腰三角形表示法如图 2-6 所示。与等边三角形表示法类似，体系的组成常以质量分数表示。三角形的各顶点代表纯组分，每一边代表二元组分体系，三角形内各点代表三元组分体系。在图 2-6 中，横坐标表示 C 点对应物质的质量分数，纵坐标表示 B 点对应物质的质量分数，坐标原点 A 对应纯水的组成点。在这种图形上，水的含量不能直接读出，但可以很方便地计算出来。如图中 M 点，可通过 M 点分别作 AB 和 AC 的垂线，则体系 M 中 B 点对应物质的质量分数为 b，C 点对应物质的质量分数为 c，水的质量分数为 $100-(b+c)$。水的质量分数也可以通过 M 点作斜边 BC 的平行线交 AB 和 AC 边于 m_1、m_2，从 Bm_1 或 Cm_2 线段的长度读出水的质量分数 a。

对于这两种三角形相图表示法，在化工单元操作或化工原理中学过的直线规则及杠杆规则均适用。

(二) 碳酸氢铵生产原理

利用浓氨水吸收变换气中的 CO_2 来生产碳酸氢铵,这一过程称为碳酸化,简称碳化,碳化过程将合成氨原料气中的 CO_2 脱除过程与氨加工结合在一起,不仅可生产产品碳铵,而且还净化了合成氨原料气。

1. 浓氨水吸收 CO_2 的平衡

浓氨水吸收 CO_2,主要是气相中的 CO_2 溶解于浓氨水,再与液相中 NH_3 反应生成 NH_4HCO_3。其过程可用式(2-5)表示:

$$CO_2(g) \Updownarrow$$
$$CO_2(l)+NH_3+H_2O \rightleftharpoons NH_4HCO_3(s) \qquad \Delta H<0 \qquad (2-5)$$

碳化过程中的平衡,既有气液相平衡,也有液固相平衡,同时还有化学反应的平衡,因此它是一个多相复杂的化学平衡。

对于气相 CO_2 和液相的平衡,主要影响 CO_2 向液相扩散的因素是温度和压力,低温高压有利于 CO_2 从气相向液相扩散。浓氨水吸收 CO_2 是一个体积缩小的放热反应,从化学平衡来看,提高压力、降低温度对反应的平衡有利;如果提高氨水和 CO_2 的浓度,也可促使反应向右进行,但 CO_2 的浓度受变换气限制。

2. 浓氨水吸收 CO_2 的速率

浓氨水吸收 CO_2 的程度可用碳化度来衡量。规定当碳化液中所吸收的 CO_2 与 NH_3 全部生成碳酸铵时,碳化度恰好是 100%,如果原液中的 NH_3 全部碳化为碳酸氢铵,则碳化度为 200%。所以碳化度的定义为碳化液中 CO_2 物质的量的 2 倍与 NH_3 的物质的量的百分比。

影响浓氨水吸收 CO_2 速率的因素有压力、温度、游离氨起始浓度。

当变换气压力升高时,CO_2 气体的分压也升高,吸收推动力也随之增大,因此吸收速率也增大。

温度对吸收速率的影响可从两方面来分析。温度升高,反应速率常数增大,但氨液面上 CO_2 的平衡分压也增大,相应地减小了吸收推动力,而氨水吸收 CO_2 的速率正比于反应速率常数与吸收推动力,因此当氨水浓度和碳化度一定时,随着温度的升高,吸收速率可能增大也可能减小。

溶液中游离氨起始浓度对吸收速率影响很大,起始氨水浓度增加可提高吸收速率,随着氨水的碳化,溶液中游离氨浓度急剧下降,吸收速率随着溶液碳化度的增加而减慢。

3. 碳酸氢铵的结晶

浓氨水吸收 CO_2 生成的 NH_4HCO_3,只有产生结晶后,才能制得固体 NH_4HCO_3 产品。而 NH_4HCO_3 的结晶析出,可以利用相图来进行分析。

图 2-7 是 20℃时的 NH_3-CO_2-H_2O 三元体系恒温相图。图中纵坐标表示 CO_2 和水组成的二元体系,刻度数据表示 CO_2 质量分数;横坐标表示 NH_3 和水组成的二元体系,刻度数据表示 NH_3 质量分数;坐标原点表示纯水。

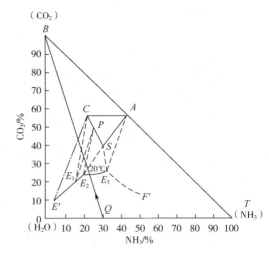

图 2-7　NH_3-CO_2-H_2O 体系 20℃的恒温相图

20℃时体系中有四种盐，分别为 NH_4HCO_3（组成点为 C）、复盐 $2NH_4HCO_3·(NH_4)_2CO_3·H_2O$（组成点为 P）、$(NH_4)_2CO_3·H_2O$（组成点为 S）、氨基甲酸铵（NH_4COONH_2，组成点为 A），因此图中有四条相应的溶解度曲线。曲线 $E'E_1$ 是碳酸氢铵的溶解度曲线，E_1E_2 是 $2NH_4HCO_3·(NH_4)_2CO_3·H_2O$ 的溶解度曲线，E_2E_3 和 E_3F' 分别是 $(NH_4)_2CO_3·H_2O$ 和 NH_4COONH_2 的溶解度曲线。

与四条溶解度曲线相对应的是四个两相区，即面积 $CE'E_1$ 为 NH_4HCO_3 的结晶区，面积 PE_1E_2 为 $2NH_4HCO_3·(NH_4)_2CO_3·H_2O$ 的结晶区，面积 SE_2E_3 为 $(NH_4)_2CO_3·H_2O$ 的结晶区，面积 AE_3F' 为 NH_4COONH_2 的结晶区。

E_1、E_2 和 E_3 是三个两盐共饱和点，E_1 点是 NH_4HCO_3、$2NH_4HCO_3·(NH_4)_2CO_3·H_2O$ 共饱和点，E_2 点是 $2NH_4HCO_3·(NH_4)_2CO_3·H_2O$、$(NH_4)_2CO_3·H_2O$ 共饱和点，E_3 点是 $(NH_4)_2CO_3·H_2O$、NH_4COONH_2 共饱和点。和三个两盐共饱和点相对应的有三个三相区，它们分别是：三角形 E_1PC 是 $2NH_4HCO_3·(NH_4)_2CO_3·H_2O$、$NH_4HCO_3$ 结晶及共饱和溶液 E_1，三角形 E_2SP 是 $(NH_4)_2CO_3·H_2O$、$2NH_4HCO_3·(NH_4)_2CO_3·H_2O$ 结晶及共饱和溶液 E_2，三角形 E_3AS 是 NH_4COONH_2、$(NH_4)_2CO_3·H_2O$ 结晶及共饱和溶液 E_3，饱和曲线 $E'E_1E_2E_3F'$ 以下是不饱和溶液区。

从图 2-7 可以看出：在高氨浓度区结晶会生成 NH_4COONH_2，中等氨浓度区结晶会生成 $(NH_4)_2CO_3·H_2O$、$2NH_4HCO_3·(NH_4)_2CO_3·H_2O$，只有在氨浓度较低的区域结晶才会生成 NH_4HCO_3。从四种盐的生成相区大小及位置来看，NH_4COONH_2 和 NH_4HCO_3 相区最大，说明它们的结晶最稳定，而 $2NH_4HCO_3·(NH_4)_2CO_3·H_2O$ 相区最小，而且范围狭窄，说明它的结晶最不稳定，$(NH_4)_2CO_3·H_2O$ 的结晶稳定性则居于中间。

如果用组成为 Q 的浓氨水进行碳化，则碳化过程体系点将沿 QB 连线向 B 点方向移动，这条线叫碳化过程线。当氨水浓度较高时，首先生成的是 $(NH_4)_2CO_3·H_2O$ 结晶，继而 $(NH_4)_2CO_3·H_2O$ 结晶转化为 $2NH_4HCO_3·(NH_4)_2CO_3·H_2O$ 结晶，最后 $2NH_4HCO_3·(NH_4)_2CO_3·H_2O$ 结晶转化为 NH_4HCO_3 结晶，这说明低温时碳化反应最终产物是 NH_4HCO_3。当氨水浓度较低时，碳化过程可以直接生成 NH_4HCO_3 结晶，而不生成 $(NH_4)_2CO_3·H_2O$ 结晶和 $2NH_4HCO_3·(NH_4)_2CO_3·H_2O$ 结晶，从而可以确保碳酸氢铵产品质量。

二、碳酸氢铵生产的工艺流程

图 2-8 是操作压力为 0.6~0.8MPa 的加压碳化生产工艺流程。

含二氧化碳 25%~28% 的变换气进入碳化主塔（流程图中碳化塔之一，另一碳化塔为预碳化塔，视塔内结疤情况，两塔轮换使用）的底部，由下而上与从塔顶加入的预碳化液逆流接触，大部分二氧化碳被吸收。含二氧化碳 8%~10% 的尾气从塔顶出来，进入预碳化塔的底部，在塔内与由塔顶加入的浓氨水逆流接触，继续吸收二氧化碳。含二氧化碳 0.4%~1.5%、含氨（标准状况下）10~30g/m³ 的尾气从预碳化塔的顶部排出，进入固定副塔 3 的底部，用由回收塔底部排出的稀氨水洗涤后，再进入回收塔的底部，在塔内用软水洗涤。由回收塔顶部出来的气体进入清洗塔 4，继续被清水洗涤。由清洗塔出来的碳化气含二氧化碳 0.2% 以下、含氨（标准状况下）0.2g/m³ 以下，经汽水分离器 5 分离水分后送往压缩工序。

浓氨水泵将来自浓氨水槽 12 的浓氨水输送至预碳化塔的顶部，在塔内吸收部分二氧化碳而成为预碳化液，再由碳化泵 9 输送至碳化主塔的顶部，进一步吸收大量的二氧化碳。在碳化主塔中生成的碳酸氢铵固体悬浮液，从塔下部取出，送入稠厚器 7，然后经离心机分离，得到成品碳酸氢铵和母液。母液送往母液槽 16，供制备浓氨水用。

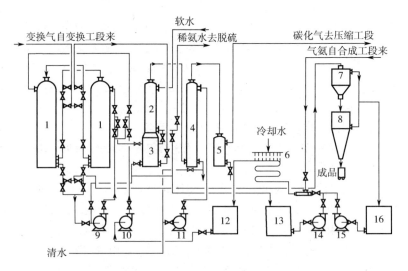

图 2-8 加压碳化生产工艺流程

1—碳化塔；2—回收塔；3—固定副塔；4—清洗塔；5—汽水分离器；6—冷却排管；7—稠厚器；8—离心机；9—碳化泵；10—氨水泵；11—清水泵；12—浓氨水槽；13—稀氨水槽；14—稀氨水泵；15—母液泵；16—母液槽

在回收塔内，软水吸收气体中的氨后成为稀氨水，大部分流入固定副塔 3，小部分送到脱硫工序。在固定副塔内进一步提高稀氨水的浓度后由塔下部排出，送往稀氨水槽 13 供制备浓氨水用。母液和稀氨水分别用泵加压至 0.15～0.30MPa，送往喷射吸氨器吸收来自合成车间的氨，制成浓氨水，经冷却排管 6 冷却后，送入浓氨水槽 12 供碳化使用。

第三节 硝酸

纯硝酸是无色液体，其密度为 $1.522g/cm^3$，沸点为 83.4℃，熔点为 -41.5℃，工业硝酸往往含有二氧化氮，所以略带黄色，硝酸可以和任意体积的水混合，并放出热量。

硝酸是强酸之一，也是强氧化剂。除金、铀及一些稀有金属外，各种金属都能与稀硝酸作用生成硝酸盐，由浓硝酸与盐酸按 1:3（体积比）组成的混合液称为"王水"，能溶解金和铀。

硝酸是一种重要的化工原料，在各类酸中，产量仅次于硫酸。工业硝酸依 HNO_3 含量多少分为浓硝酸（96%～98%）和稀硝酸（45%～70%）。稀硝酸大部分用于制造硝酸铵、硝酸磷肥和各种硝酸盐。浓硝酸最主要用于国防工业，是生产三硝基甲苯（TNT）、硝化纤维、硝化甘油等的主要原料。生产硝酸的中间产物液体四氧化二氮是火箭、导弹发射的高能燃料。硝酸还广泛用于有机合成工业，如用硝酸将苯硝化并经还原制得苯胺，可用于染料生产。此外，制药、塑料、有色金属冶炼等方面都需要用到硝酸。

一、硝酸的生产原理

目前工业硝酸的生产均以氨为原料，采用催化氧化法。其总反应式为：

$$NH_3 + 2O_2 \longrightarrow HNO_3 + H_2O \tag{2-6}$$

生产过程中分三步进行，分别是：氨氧化生成一氧化氮；一氧化氮氧化生成二氧化氮；二氧化氮被水吸收生成硝酸。

（一）氨氧化生成一氧化氮

1. 氨催化氧化的化学平衡

氨和氧可以进行下列三个反应：

$$4NH_3 + 5O_2 \rightleftharpoons 4NO + 6H_2O \qquad (2-7)$$

$$4NH_3 + 4O_2 \rightleftharpoons 2N_2O + 6H_2O \qquad (2-8)$$

$$4NH_3 + 3O_2 \rightleftharpoons 2N_2 + 6H_2O \qquad (2-9)$$

在一定温度下，上述三个反应的平衡常数都很大，实际上可视为不可逆反应，其中以式(2-9)为最大。如果对反应不加任何控制而任其自然进行，氨和氧的最终反应产物必然是氮气。所以要寻求一种选择性催化剂，加速反应式(2-7)，同时抑制其他反应进行。实验研究证明，铂是最好的选择性催化剂。

氨的催化氧化程度用氨氧化率来表示，它是指氨氧化生成NO的耗氨量与入系统总氨量的百分比。

2. 氨催化氧化反应速率

氨催化氧化反应为气固相催化反应，研究表明，氨的催化氧化反应是一个外扩散控制的化学反应。但是在正常生产条件下该反应速率极快，在 10^{-4} s 时间内即可完成，是一个高速化学反应。

3. 氨氧化催化剂

氨氧化用催化剂有两大类：一类是以金属铂为主体的铂系催化剂，另一类是以其他金属如铁、钴为主体的非铂系催化剂。但对于非铂系催化剂，由于技术及经济上的原因，节省的贵金属铂的费用往往抵消不了由于氧化率低造成的氨消耗，因而非铂催化剂未能在工业上大规模应用。此处仅介绍铂系催化剂。

（1）化学组成　纯铂具有催化能力，但强度不够且易受损失。一般采用铂-铑合金。在铂中加入10%左右的铑，不仅能使其机械强度增加，铂损失减少，而且活性较纯铂要高。由于铑价格比铂更昂贵，有时也采用铂-铑-钯三元合金，其常见的组成为铂93%、铑3%、钯4%。也可采用铂-铱合金，其组成为铂99%、铱1%，其活性也很高。铂系催化剂即使含有少量杂质（如铜、银、铅，尤其是铁），都会使氧化率降低，因此，用来制造催化剂的铂必须纯净。

（2）形状　铂系催化剂不用载体，因为用了载体后，铂难以回收。为了使催化剂具有更大的接触面积，工业上将其做成丝网状。

（3）铂网的活化、中毒和再生　新铂网表面光滑而且具有弹性，活性较小。为了提高铂网活性，在使用之前需进行"活化"处理，其方法是用氢气火焰进行烘烤，使之变得疏松、粗糙，从而增大接触表面积。

铂与其他催化剂一样，气体中的许多杂质会降低其活性。空气中的灰尘（各种金属氧化物）和氨气中可能夹带的铁粉及油污等杂质，遮盖在铂网表面，会造成暂时中毒。H_2S 也会使铂网暂时中毒，但水蒸气对铂网无毒害，仅会降低铂网的温度。为了保护铂催化剂，气体必须经过严格净化。虽然如此，铂网还是随着时间的增长而逐渐丧失活性，因而一般在使用3~6个月后就应进行再生处理。

再生的方法是把铂网从氧化炉中取出，先浸在10%~15%的盐酸溶液中，加热到60~70℃，并在这个温度下保持1~2h，然后将网取出用蒸馏水洗涤到水呈中性为止，再将网干燥并在氢气火焰中加以灼烧。再生后的铂网，活性可恢复到正常。

(4) 铂的损失与回收　铂网在使用中受到高温和气流的冲刷，表面会发生物理变化，细粒极易被气流带走，造成铂的损失。铂的损失量与反应温度、压力、网径、气流方向以及作用时间等因素有关。一般认为，当温度超过880~900℃，铂损失会急剧增加。在常压下氨氧化时铂网温度通常取800℃左右，加压下取880℃左右。铂网的使用期限一般约两年或更长一些时间。

由于铂是贵金属，目前工业上有机械过滤法、捕集网法和大理石不锈钢框法可以将铂加以回收。捕集网法是采用与铂网直径相同的一张或数张钯-金网（含钯80%、金20%），作为捕集网置于铂网之后。在750~850℃下被气流带出的铂微粒通过捕集网时，铂被钯置换。铂的回收率与捕集网数、氨氧化的操作压力和生产负荷有关。常压时，用一张捕集网可回收60%~70%的铂；加压氧化时，用两张捕集网可回收60%~70%的铂。

（二）一氧化氮氧化生成二氧化氮

氨氧化后生成的NO继续氧化，便可得到氮的高价氧化物NO_2、N_2O_3和N_2O_4。其中生成NO_2的反应为主要反应。

$$2NO + O_2 \rightleftharpoons 2NO_2 \qquad \Delta H_{298}^{\ominus} = -112.6 \text{kJ/mol} \qquad (2-10)$$

此反应是可逆放热反应，反应后物质的量减少。所以，从平衡角度考虑，降低温度、增加压力有利于NO氧化反应的进行。

NO氧化的反应速率主要与NO的氧化度$\alpha(NO)$、温度和压力有关。$\alpha(NO)$增大，反应速率减慢；$\alpha(NO)$较小时，增大$\alpha(NO)$反应速率减慢的幅度较小；$\alpha(NO)$较大时，增大$\alpha(NO)$反应速率减慢的幅度较大。当其他条件一定，升高温度，可加快反应速率；增加压力，可大大加快反应速率。

综合考虑化学平衡和反应速率，所需的良好条件为高压低温。

（三）二氧化氮的吸收

用水吸收NO_2的主要反应为：

$$3NO_2 + H_2O \rightleftharpoons 2HNO_3 + NO \qquad \Delta H_{298}^{\ominus} = -136.2 \text{kJ/mol} \qquad (2-11)$$

此反应为体积减小的可逆放热反应，增加压力、降低温度对平衡有利。受平衡条件的限制，一般常压法制得的硝酸浓度不超过50%，加压法制得的硝酸浓度不超过70%。

二、硝酸的生产工艺流程

（一）稀硝酸生产工艺流程

1. 全加压法稀硝酸生产工艺流程

全加压法生产稀硝酸的工艺流程如图2-9所示。

该流程中氨的氧化与酸的吸收都在加压下进行。空气由空气压缩机加压到0.35~0.4MPa，大部分在文氏管与氨气混合，另一部分供第一吸收塔下部漂白区脱除成品酸中的氮氧化物用。

氨-空气混合气中氨含量维持在10%~11%，进入氧化炉-废热锅炉联合装置的上部经铂网催化氧化。氧化炉中装有6层铂网，反应温度维持在840℃左右，氧化后气体经废热锅炉后温度降低。废热锅炉副产蒸汽，供空气压缩机的透平作为动力。

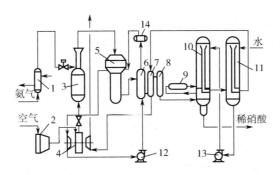

图2-9 全加压法生产稀硝酸的工艺流程

1—氨气预热器；2—空气过滤器；3—素瓷过滤器；4—空气压缩机；5—氧化炉-废热锅炉联合装置；
6—锅炉给水加热器；7—尾气预热器；8—水冷却器；9—快速冷却器；10—第一吸收塔；
11—第二吸收塔；12—锅炉水泵；13—稀硝酸泵；14—汽水分离器

由废热锅炉出来的氮化物气体再经水加热器、尾气预热器和水冷却器进一步冷却至50℃，进入第一吸收塔下部的氧化段，使一氧化氮氧化成二氧化氮，冷却至50℃的二氧化氮气体在第一吸收塔的吸收段与由第二吸收塔来的10%~11%稀硝酸逆流接触，生成50%~55%的稀硝酸。吸收后的气体经尾气预热器换热后送至尾气透平回收能量，然后经排气筒放空。

该流程的特点是：空气过滤器中装有泡沫塑料，二次净化再用素瓷过滤器，故净化度高；采用大型氧化炉-废热锅炉联合装置，副产1.4MPa的饱和蒸汽和2.5MPa的过热蒸汽；采用快速冷却器，用液氨使气体迅速冷却到50℃，然后返回吸收塔，吸收率可达99%以上；此外，还考虑了能量回收问题。

2.综合法稀硝酸生产流程

常压下氨氧化、加压下酸吸收的综合法生产稀硝酸的工艺流程见图2-10（流程叙述略）。

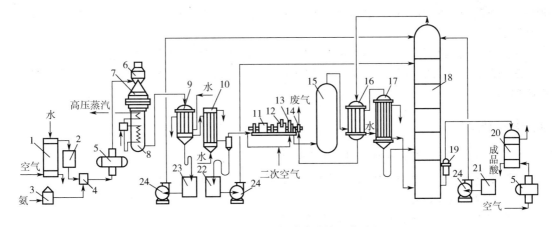

图2-10 综合法生产稀硝酸的工艺流程

1—水洗涤塔；2—粗毛呢袋过滤器；3—氨气过滤器；4—氨-空气混合器；5—罗茨鼓风机；6—纸板过滤器；
7—氧化炉；8—废热锅炉；9—快速冷却器；10—冷却冷凝器；11—电机；12—减速箱；13—透平压缩机；
14—透平膨胀机；15—氧化塔；16—尾气预热器；17—水冷却器；18—酸吸收塔；19—液面自动调节器；
20—漂白塔；21—冷凝液贮槽；22—25%~30%HNO_3贮槽；23—2%~3%HNO_3贮槽；24—酸泵

（二）浓硝酸的生产

浓硝酸（浓度高于96%）的工业生产方法有三种：一是在有脱水剂的情况下，将稀硝酸蒸馏的间接法；二是利用氮氧化物、氧气和水直接合成的直接法；三是包括氨氧化、超共沸酸（75%~80%HNO₃）生产和精馏的直接法。

1. 由稀硝酸制造浓硝酸

浓硝酸不能由稀硝酸直接蒸馏制取，因为 HNO_3 和 H_2O 会形成二元共沸物。在0.1MPa下，共沸点温度为120.05℃，对应的硝酸浓度为68.4%。也就是说，采用直接蒸馏稀硝酸的方法，最高只能得到浓度为68.4%的硝酸。要想得到浓度在96%以上的浓硝酸，必须借助于脱水剂以形成水-硝酸-脱水剂三元混合物，从而破坏硝酸与水的共沸组成，然后蒸馏才能得到浓硝酸。

对脱水剂的要求是，能显著降低硝酸液面上的水蒸气分压，而其本身蒸气压极小，热稳定性好；不与硝酸发生反应，且易与硝酸分开，以便于循环使用；对设备腐蚀性小；来源广泛，价格便宜。

工业上常用的脱水剂有浓硫酸和碱土金属的硝酸盐，其中以硝酸镁最为普遍。将硝酸镁或浓硫酸加入稀硝酸中，生成 HNO_3-H_2O-$Mg(NO_3)_2$ 或 HNO_3-H_2O-H_2SO_4 的三元混合物，硝酸镁或浓硫酸吸收稀硝酸中的水分，使水蒸气分压大大降低。加热三元混合物蒸馏出 HNO_3，其浓度比共沸组成高许多，因此，可通过精馏制得浓硝酸。

2. 直接合成法制浓硝酸

直接合成法是利用液态 N_2O_4 与 O_2 及 H_2O 直接反应来生产浓硝酸，其反应式为：

$$2N_2O_4(l) + 2H_2O(l) + O_2(g) \rightleftharpoons 4HNO_3(l) \quad \Delta H_{298}^{\ominus} = -78.9 kJ/mol \tag{2-12}$$

生产中，将二氧化氮冷却冷凝成液态四氧化二氮是非常重要的。

3. 超共沸酸精馏制取浓硝酸

此方法的生产过程主要包括氨的氧化、超共沸酸的制造和精馏三个部分，而此方法与其他方法主要的不同之处是共沸酸的制造。

氨与空气在常压下进行氧化，反应生成的氮氧化物气体被冷却。氮氧化物气体经氧化塔与60%的硝酸接触，NO除了被直接氧化生成 NO_2 外，还与硝酸反应生成 NO_2，从而增加了气体中 NO_2 的浓度。

然后在较高压力下，用共沸硝酸进行吸收，生成80% HNO_3 的超共沸硝酸。

超共沸硝酸送入精馏塔，在顶部得到浓硝酸，底部为近似共沸酸浓度的硝酸，此酸被循环再浓缩。

思考与练习

2-1 试述尿素合成反应机理。哪一步为控制步骤？

2-2 影响尿素合成反应的因素有哪些？如何选择尿素合成的工艺条件？

2-3 合成塔内设置筛板的目的是什么？

2-4 试述减压加热法分离与回收的基本原理。

2-5 试述 CO_2 气提分离与回收的基本原理。

2-6 简述 CO_2 气提法的工艺流程及工艺条件的选择。

2-7 某尿素厂二氧化碳压缩机流量（标准状况下）为6400m³/h，循环甲铵液带入二氧化碳（标准状况下）为3800m³/h，试计算该厂尿素合成塔的二氧化碳转化率。

2-8 目前尿素生产工艺的改进主要是从哪几个方向来进行的？

2-9 试述图 2-6 中点、线、面的意义。
2-10 试述图 2-7 中的蒸发过程。
2-11 生成复盐的三元体系相图主要有哪两种？它们有何区别？
2-12 影响浓氨水吸收 CO_2 速率的因素主要有哪些？如何影响？
2-13 利用相图进行分析，主要有哪些因素影响结晶量的大小？
2-14 影响碳铵结晶粒度大小的因素主要有哪些？如何影响？
2-15 简述碳化工序的工艺流程。
2-16 氨催化氧化过程的反应有哪些？为何要采用催化反应？
2-17 氨氧化催化剂有哪些种类？铂催化剂的成分一般有哪些？为何不采用纯铂？
2-18 使铂催化剂中毒的物质主要有哪些？
2-19 试述全加压法和综合法生产稀硝酸的工艺流程，它们各有什么特点？
2-20 生产浓硝酸有哪几种方法？

第三章 硫酸

纯硫酸（H_2SO_4）是一种无色透明的油状液体，密度为 $1.8269g/cm^3$。硫酸溶液的浓度以溶液所含 H_2SO_4 的质量分数表示，发烟硫酸的浓度以所含游离 SO_3 或总 SO_3 的质量分数表示。

硫酸有以下几个特殊物理性质：

（1）结晶温度　浓硫酸中结晶温度最低的是93.3%硫酸，其结晶温度为-38℃。高于或低于这个浓度的硫酸溶液的结晶温度都要提高。特别应当注意，98%硫酸结晶温度是+0.1℃，99%硫酸结晶温度是+5.5℃。所以，冬季生产时要注意调整产品浓度，以防浓硫酸结晶。

（2）硫酸的密度　硫酸水溶液的密度随着硫酸含量的增加而增大，于98.3%时达到最大值，过后则递减；发烟硫酸的密度也随其中游离 SO_3 含量的增加而增大，SO_3（游离）达62%时为最大值，继续增加游离 SO_3 含量，则发烟硫酸的密度减小。在生产中，可以通过测定硫酸的温度和密度来间接测定硫酸的浓度。

（3）硫酸的沸点　硫酸含量在98.3%以下时，它的沸点是随着浓度的增加而升高的。浓度为98.3%的硫酸沸点最高（338.8℃），而100%的硫酸反而在较低的温度（279.6℃）下沸腾。当硫酸溶液蒸发时，它的浓度不断增高，直到98.3%后保持恒定，不再继续升高。发烟硫酸的沸点，随着游离 SO_3 的增加由279.6℃逐渐降至44.4℃。

硫酸的工业生产，概括起来有两种方法，即硝化法和接触法。硝化法又分为铅室法和塔式法，目前已全部被接触法所取代。

接触法硫酸生产的原料有多种，其中每一种原料的制酸工艺亦有多种，因此接触法制酸的工艺过程种类很多。但是，尽管各种工艺过程都各具特色，从化学途径看，其制酸过程却是相同的：①将含硫原料"焙烧"，由含硫原料制取含二氧化硫的气体，②将含二氧化硫和氧气的气体催化"转化"为三氧化硫，③用水将三氧化硫"吸收"，制得硫酸。

知识拓展

硫酸的生产发展历程及过程

本章主要介绍以硫铁矿制硫酸。

第一节　二氧化硫炉气的生产与净化干燥

一、SO_2 炉气生产与净化的基本原理

（一）硫铁矿焙烧基本原理

1. 焙烧反应

硫铁矿的焙烧，主要是矿石中的二硫化铁与空气中的氧反应，生成二氧化硫炉气。

一般认为，焙烧反应分两步进行。

第一步，硫铁矿在高温下受热分解为硫化亚铁和硫。

$$2FeS_2 \longrightarrow 2FeS + S_2 \quad \Delta H_{298}^{\ominus} = 295.7 kJ/mol \tag{3-1}$$

此反应在400℃以上即可进行，500℃时则较为显著，随着温度升高反应急剧加速。

第二步，硫蒸气的燃烧和硫化亚铁的氧化反应。分解得到的硫蒸气与氧气反应，瞬间即生成二氧化硫。

$$S_2 + 2O_2 \longrightarrow 2SO_2 \quad \Delta H_{298}^{\ominus} = -724.1 kJ/mol \tag{3-2}$$

硫铁矿分解出硫后，剩下的硫化亚铁逐渐变成多孔性物质，继续焙烧。

① 当空气过剩量大时，最后生成红棕色的固态三氧化二铁。

$$4FeS + 7O_2 \longrightarrow 2Fe_2O_3 + 4SO_2 \quad \Delta H_{298}^{\ominus} = -2453.3 kJ/mol \tag{3-3}$$

综合式（3-1）、式（3-2）、式（3-3）三个反应，硫铁矿焙烧的总反应为：

$$4FeS_2 + 11O_2 \longrightarrow 2Fe_2O_3 + 8SO_2 \quad \Delta H_{298}^{\ominus} = -3310.1 kJ/mol \tag{3-4}$$

② 当空气过剩量小时，则生成黑色的固态四氧化三铁。

$$3FeS + 5O_2 \longrightarrow Fe_3O_4 + 3SO_2 \quad \Delta H_{298}^{\ominus} = -1723.8 kJ/mol \tag{3-5}$$

综合式（3-1）、式（3-2）、式（3-5）三个反应，此时的总反应为：

$$3FeS_2 + 8O_2 \longrightarrow Fe_3O_4 + 6SO_2 \quad \Delta H_{298}^{\ominus} = -2366.4 kJ/mol \tag{3-6}$$

上述反应中硫与氧气反应生成的二氧化硫及过量氧气、氮气和水蒸气等气体统称为炉气，铁与氧气生成的氧化物及其他固态物质统称为烧渣。

此外，焙烧过程还有大量副反应发生。这里值得注意的是，矿石中含有的铅、砷、硒、氟等，在焙烧过程中会生成PbO、As_2O_3、SeO_2、HF。它们呈气态随炉气进入制酸系统，变成有害杂质。

2.焙烧速率

硫铁矿的焙烧属于气固相不可逆反应，从热力学观点来看，反应进行得很完全，因而对生产起决定作用的是焙烧速率问题。而硫铁矿的焙烧速率不仅与化学反应速率有关，还与传热及传质过程的速率有关。

如上所述，硫铁矿的焙烧反应是分两步进行的。

根据实验测得，二硫化铁的分解速率随温度升高而迅速增大，而改变矿粒大小和气流速率，并不影响FeS_2的分解速率，所以二硫化铁的分解是化学动力学控制。

硫化亚铁与气相中氧的反应是在矿料颗粒的外表面及整个颗粒内部进行的。当矿料外表面上的硫化亚铁与氧发生作用后，生成Fe_2O_3矿渣层，而氧必须通过矿渣层扩散到矿料内部才能继续与硫化亚铁反应，反应生成的二氧化硫气体也必须通过Fe_2O_3矿渣层扩散出来。随着焙烧过程的进行，氧化铁层越来越厚，氧与二氧化硫所受的扩散阻力也越来越大，这样硫化亚铁的焙烧速率不仅受化学反应本身因素的影响，同时也受扩散过程各因素的影响。研究发现，硫化亚铁的焙烧过程，温度对反应速率的影响不明显，但增大两相接触表面和提高氧的浓度，对反应速率的影响很大，由此可知，硫化亚铁的焙烧过程是扩散控制。

综上所述，影响硫铁矿焙烧速率的因素有温度、矿料粒度和氧的浓度等。

温度对硫铁矿焙烧过程起决定作用，提高温度有利于增大二硫化铁的分解速率，同时硫化亚铁燃烧的反应速率也有所增大，所以硫铁矿的焙烧是在较高温度下进行的。但是温度过高会造成焙烧物料的熔结，影响正常操作。在沸腾焙烧炉中，一般控制温度在900℃左右。

由于硫铁矿的焙烧属于气固相不可逆反应，因此，焙烧速率在很大程度上取决于气固两相间接触表面的大小，而接触表面的大小又取决于矿料粒度的大小。矿料粒度愈小，单位质量矿料的气固相接触表面积愈大，氧气愈容易扩散到矿料颗粒内部，而二氧化硫也愈容易从内部向外扩散，加快焙烧速率。

氧的浓度对硫铁矿的焙烧速率也有很大影响。增大氧的浓度，可使气固两相间的扩散推动力增大，从而加速反应。但采用富氧空气来焙烧硫铁矿是不经济的，工业上采用空气就能满足焙烧要求。

（二）炉气净化与干燥基本原理

1.炉气净化的原理和方法

（1）矿尘的清除　依尘粒大小，可相应采取不同的净化方法。10μm以上的尘粒，可采用自由沉降室或旋风分离器等机械除尘设备；0.1~10μm的尘粒可采用电除尘器；<0.05μm的矿尘可采用液相洗涤法。

（2）砷和硒的清除　焙烧后产生的As_2O_3、SeO_2具有如下特性：当温度下降时，它们在气体中的饱和含量迅速下降。因此可采用水或稀硫酸来降温洗涤炉气。当温度降至50℃时，气体中的砷、硒的氧化物已降至规定指标以下。凝固成固相的砷、硒的氧化物一部分被洗涤液带走，其余呈固体微粒悬浮在气相中，成为酸雾的冷凝中心。

（3）酸雾的形成与清除　炉气净化时，由于采用硫酸溶液或水洗涤炉气，洗涤液中有相当数量的水蒸气进入气相。当水蒸气与炉气中的三氧化硫接触时，则可生成硫酸蒸气。当温度降到一定程度，硫酸蒸气就会达到饱和，直至过饱和。当过饱和度等于或大于临界值时，硫酸蒸气就会在气相中冷凝，形成悬浮的微小液滴，称之为酸雾。

实践证明，气体的冷却速度越快、蒸气的过饱和度越高，越易形成酸雾。为防止酸雾形成，必须控制一定的冷却速度，使整个净化过程的硫酸蒸气的过饱和度低于临界值。

酸雾的清除，通常采用电除雾器来完成。电除雾器的除雾效率与酸雾微粒的直径有关，直径越大，除雾效率越高。实际生产中采取逐级增大酸雾粒径逐级分离的方法，以提高除雾效率。增大酸雾粒径的方法，一是逐级降低洗涤酸浓度，使气体中的水蒸气含量增大，酸雾吸收水分被稀释，使粒径增大；二是气体被逐级冷却，酸雾同时也被冷却，气体中的水蒸气在酸雾微粒表面冷凝而增大粒径。

此外，为了提高除雾效率，还可采用增加电除雾器的段数、在两级电除雾器中间设置增湿塔、降低气体在电除雾器中的流速等措施。

2.炉气干燥的原理

二氧化硫炉气在经过酸洗或水洗后，已清除了矿尘、砷、硒、氟和酸雾等杂质，但炉气中尚含有一定量的水蒸气，如不除去，在转化工序会与三氧化硫生成酸雾而影响催化剂的活性，还会造成硫的损失。炉气干燥的任务就是除去炉气中的水分，使每立方米炉气中的水量小于0.1g。

浓硫酸具有强烈的吸水性，故常用来作干燥剂。在同一温度下，硫酸的浓度愈高，其液面上水蒸气的平衡分压愈小。当炉气中的水蒸气分压大于硫酸液面上的水蒸气平衡分压时，炉气即被干燥。

二、SO_2炉气生产与净化的工业过程

(一) 沸腾焙烧

硫铁矿的焙烧过程是在焙烧炉内进行的，流体通过一定粒度的颗粒床层，随着流体流速的增大，床层会呈现固定床、流化床（沸腾床）及流体输送三种状态，这些内容在化工原理或化工单元操作课程中已有详尽讨论，不再赘述。

需要强调的是，硫铁矿的焙烧应保持床层正常沸腾。保持正常沸腾取决于硫铁矿颗粒平均直径大小、矿料的物理性能及与之相适应的气流速度。生产中，在决定沸腾焙烧的气流操作速度时，既要保证最大颗粒能够流态化，又要力图能使最小颗粒不致被气流所带走，这就要求气流速度高于大颗粒的临界速度，低于最小颗粒的吹出速度。同时还应保证最小颗粒在炉内空间保持一定的停留时间以达到规定的烧出率（硫铁矿中所含硫分在焙烧过程中被烧出的百分比）。

沸腾焙烧与常规焙烧相比，具有以下优点：①操作连续，便于自动控制；②固体颗粒较小，气固相间的传热和传质面积大；③固体颗粒在气流中剧烈运动，使得固体表面边界层受到不断地破坏和更新，从而使化学反应速率、传热和传质效率大为提高。

但沸腾焙烧也有一定的缺点，如焙烧炉出口气体中的粉尘较多，增加了气体除尘负荷。

1. 沸腾焙烧的工艺条件

沸腾焙烧工艺条件主要包括控制沸腾层温度、炉气中SO_2的浓度、炉底压力。其中沸腾层的温度对保证沸腾焙烧正常操作尤其重要。

(1) 沸腾层温度　沸腾层温度一般控制在850~950℃，影响温度的主要因素是投矿量、矿料含硫量以及空气加入量。为使沸腾层温度保持稳定，应使投矿量、矿料含硫量以及空气加入量尽量固定不变。矿料的含硫量一般变化不大，而调节空气加入量来改变温度，会影响炉气中SO_2的浓度，也会造成沸腾层气体速度的变化，进而影响炉底压力。故常用调节投矿量来控制沸腾层温度，当然投矿量的变化会使炉气中的SO_2浓度和焙烧强度有相应的变化。另外，沸腾层温度受烧渣熔点的限制，对于含铅或含二氧化硅杂质多的矿料，沸腾层温度应适当控制得低些。

(2) 炉气中二氧化硫的浓度　空气加入量一定时，提高炉气中SO_2的浓度，可相应降低炉气中SO_3的浓度，对后续净化工序的正常操作和提高设备能力是有利的。同时，SO_2浓度增大，空气过剩量就减小，会造成烧渣中残硫量增加，这是不利的。故炉气中的SO_2浓度一般控制在10%~14%为宜。实际生产中观察烧渣的颜色有助于判断空气过剩量的大小，当空气过剩量大时，烧渣以Fe_2O_3为主，呈红棕色；反之，因有四氧化三铁生成，烧渣呈棕黑色。

(3) 炉底压力　炉底压力一般在8.8~11.8kPa（表压）。压力波动会直接影响空气加入量，随后沸腾层温度也会波动，所以炉底压力应尽量维持稳定，一般用连续均匀排渣来控制炉底压力稳定。当炉底压力变化影响正常排渣时，不宜随便调节风量，而应采用调节系统抽气量的方法来稳定炉底压力。影响炉底压力的因素有沸腾层高度、矿料密度、矿料平均粒度等。

2. 沸腾焙烧工艺流程

沸腾焙烧工艺流程比较简单，如图3-1所示。矿料先由皮带输送机送到加料贮斗，经圆盘加料器连续加料。矿料从加料口均匀地加入沸腾焙烧炉，鼓风机将空气鼓入沸腾焙烧炉下部的空气室，炉内进行焙烧反应。焙烧生成的炉气出沸腾焙烧炉后先到废热锅炉，炉气在废热锅炉内降温并产生蒸汽，同时除去一部分矿尘。炉气出废热锅炉再进入旋风除尘器，在此除去大部

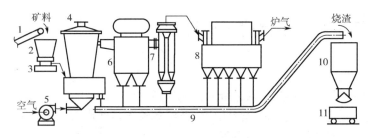

图 3-1 沸腾焙烧工艺流程

1—皮带运输机；2—加料贮斗；3—圆盘加料器；4—沸腾焙烧炉；5—鼓风机；6—废热锅炉；
7—旋风除尘器；8—电除尘器；9—埋刮板机；10—渣尘贮斗；11—运渣车

分矿尘后进入电除尘器，经过废热锅炉、旋风除尘器、电除尘器多次除尘，使炉气中矿尘含量（标准状况下）降到 $0.2 \sim 0.5 \text{g/m}^3$，炉气送净化工序进行净化。沸腾焙烧炉的烧渣和上述除去的矿尘，均由埋刮板机送到渣尘贮斗，再由运渣车运走。

3. 沸腾焙烧炉

沸腾焙烧炉如图 3-2 所示。其炉体为钢壳，内衬耐火砖，炉内空间可分为空气室、沸腾层、上部燃烧空间三部分。

空气室也称为风室，鼓风机先经空气室将空气鼓入炉内，为使空气能均匀经过气体分布板进入沸腾层，空气室一般做成锥形。气体分布板为钢制花板（板上圆孔内插入风帽），其作用是使空气均匀分布并有足够的动能，这样有利于沸腾层的稳定操作。风帽的作用是使空气均匀喷入炉膛，保证炉截面上没有"死角"，同时也防止矿粒从板上漏入空气室。

沸腾层是矿料焙烧的主要空间，炉内温度以此处为最高，为防止温度过高而使矿料熔结，在沸腾层设有冷却装置来控制温度和回收热量。沸腾层的高度一般以矿渣溢流口高度为准。

上部燃烧空间的直径比沸腾层有所扩大，在此加入二次空气，使被吹起的矿料细粒在此空间内得

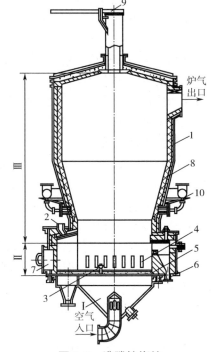

图 3-2 沸腾焙烧炉

1—炉壳；2—加料口；3—风帽；4—冷却器；
5—气体分布板；6—卸渣口；7—人孔；8—耐热材料；
9—放空阀；10—二次空气进口；
Ⅰ—空气室；Ⅱ—沸腾层；Ⅲ—上部燃烧空间

到充分燃烧，以确保一定的烧出率，同时降低气体流速，以减小吹出的矿尘量，减轻炉气除尘的负荷。

（二）炉气的净化

1. 炉气净化的工艺条件

硫铁矿经过焙烧得到的炉气中，除含有转化工序所需要的有用气体 SO_2、O_2 以及惰性气体 N_2 之外，还含有三氧化硫、水分、三氧化二砷、二氧化硒、氟化物及矿尘等有害物质，在进入

转化工序之前必须除去。

炉气中的矿尘不仅会堵塞设备与管道，而且会造成后序工序催化剂失活；砷和硒是催化剂的毒物；炉气中的水分及三氧化硫极易形成酸雾，不仅对设备产生严重腐蚀，而且很难被吸收除去。因此，在炉气送去转化之前，必须先对炉气进行净化，净化指标（均为标准状况下）如下：

砷$<0.001g/m^3$，水分$<0.1g/m^3$，酸雾$<0.03g/m^3$，尘$<0.005g/m^3$，氟$<0.001g/m^3$。

2.炉气净化的工艺流程

以硫铁矿为原料的接触法制酸装置的炉气净化流程有一个演变过程。

20世纪50年代以前，国内外普遍采用鲁奇酸洗流程，为与后来发展的各种净化流程区别，称其为"标准酸洗流程"。

随着沸腾焙烧的应用，入炉矿料粒径小、水分含量大，炉气中三氧化硫含量降低，湿含量及矿尘杂质含量增加，大量矿尘及杂质进入净化系统，在20世纪50年代后期到60年代初期，国内外开始采用水洗净化流程，有些工厂还将原塔式酸洗改为塔式水洗。当时，由于开发采用了一些体积小、效率高的洗涤设备（如文氏管等）取代了庞大的塔设备，从而出现了多种水洗净化流程。但由于水洗流程有大量污水排放，造成严重环境污染。目前，大量用水的水洗流程已被逐渐淘汰。

随着对环境保护的日益重视，从70年代开始，炉气湿法净化朝着封闭型稀酸洗涤方向转变。

（1）酸洗流程 比较典型的酸洗流程有标准酸洗流程、"两塔两电"酸洗流程、"两塔一器两电"酸洗流程及"文泡冷电"酸洗流程。

标准酸洗流程是以硫铁矿为原料的经典酸洗流程，由两个洗涤塔、一个增湿塔和两级电除雾器组成，故也称为"三塔两电"酸洗流程。

"两塔两电"酸洗流程与标准酸洗流程相似，只是省去了增湿塔，但所用洗涤酸的浓度较低。

"两塔一器两电"酸洗流程，也是在标准酸洗流程基础上发展起来的，其中的增湿塔用间接冷凝器代替，故称"两塔一器两电"酸洗流程。

"文泡冷电"酸洗流程是我国自行设计将水洗改为酸洗的净化流程，如图3-3所示。

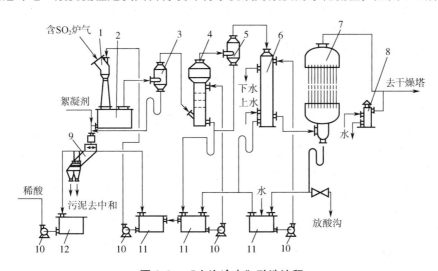

图3-3 "文泡冷电"酸洗流程

1—文氏管；2—文氏管受槽；3,5—复挡除沫器；4—泡沫塔；6—间接冷凝器；
7—电除雾器；8—安全水封；9—斜板沉降槽；10—泵；11—循环槽；12—稀酸槽

由焙烧工序来的 SO_2 炉气,首先进入文丘里洗涤器 1（文氏管）,用 15%~20% 的稀酸进行第一级洗涤,洗涤后的气体经复挡除沫器 3 除沫后进入泡沫塔 4,用 1%~3% 的稀酸进行第二级洗涤。经两级稀酸洗涤之后,矿尘、杂质被除去,炉气中部分 As_2O_3、SeO_2 凝固为颗粒被除掉,部分成为酸雾的凝聚中心,同时炉气中的 SO_3 也与水蒸气形成酸雾,在凝聚中心形成酸雾颗粒。两级稀酸洗涤之后的炉气,经复挡除沫器 5 除沫,进入列管间接冷凝器 6,使炉气进一步冷却,同时使水蒸气进一步冷凝,并且使酸雾粒径再进一步增大。由间接冷凝器 6 出来的炉气进入管束式电除雾器,借助于直流电场,使炉气中的酸雾被除去,净化后的炉气去干燥塔进行干燥。

文丘里洗涤器 1 的洗涤酸经斜板沉降槽 9 沉降循环酸中的污泥,经沉降后的清液循环使用,污泥自斜板底部放出,用石灰粉中和,与矿渣一起外运。

该流程用絮凝剂（聚丙烯酰胺）沉淀洗涤酸中的矿尘杂质,大大地减小了排污量（每吨酸的排污量仅为 25L）,达到封闭循环的要求,故此流程也称"封闭酸洗流程"。

（2）水洗流程　比较常用的水洗流程有下列几种。

① "文泡文"水洗流程　由文氏管、泡沫塔、文氏管组成,它具有设备小、操作方便、投资少的优点,但系统压降高。

② "文泡电"水洗流程　用电除雾器代替上述"文泡文"流程中的第二级文氏管,提高了对酸雾杂质的净化效率,系统压降也比"文泡文"流程要小。

③ "文文冷电"水洗流程　由两个文氏管、冷凝器、电除雾器组成,技术性能和适应能力都较好。

与酸洗流程相比,水洗流程设备少、投资省、净化效果较好,适用于砷、氟和矿尘含量高的炉气净化。其缺点是排放大量酸性污水,污水中含砷、硒、氟和硫酸等有害物质,如不经妥善处理会造成严重的公害。此外,炉气中的三氧化硫全部损失,二氧化硫不能全部回收,故硫的利用率低。因此,水洗流程已被逐渐淘汰。

（三）炉气的干燥

炉气干燥的任务是除去净化后炉气中的水分。炉气干燥的流程较为简单,如图 3-4 所示。炉气经净化后进入干燥塔,与塔顶喷淋下来的浓硫酸逆流接触,塔内装有填料以使气液接触均匀,炉气中的水分被硫酸吸收。干燥后的炉气经干燥塔顶部的捕沫器除去夹带的酸沫,然后去转化工序。

喷淋酸吸收水分后温度升高,出塔后经酸冷却器降温,再进循环槽由酸泵送往干燥塔。喷淋酸吸收炉气中的水分后被稀释,为维持一定的浓度,需由吸收工序引入 98.3% 硫酸,在循环槽与出干燥塔的酸混合。混合后酸量增多,多余的酸需送回吸收工序或作为成品酸送入酸库。

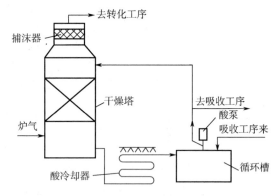

图 3-4　炉气干燥流程示意图

第二节 二氧化硫的催化氧化

一、二氧化硫催化氧化的基本原理

（一）SO₂催化氧化反应的化学平衡

SO₂氧化为三氧化硫的反应为：

$$SO_2 + \frac{1}{2}O_2 \rightleftharpoons SO_3 \qquad \Delta H_{298}^{\ominus} = -96.24 \text{kJ/mol} \qquad (3-7)$$

此反应是体积缩小的可逆放热反应。

1. 温度

当压力、炉气的起始组成一定时，降低温度，平衡转化率提高，温度越低，则平衡转化率越高。

2. 压力

二氧化硫氧化反应是体积缩小的反应，故压力增大可提高平衡转化率。但压力对平衡转化率的影响小于温度对平衡转化率的影响。

3. 炉气的起始组成

气体的起始组成中，SO₂体积含量越小或O₂的体积含量越大，平衡转化率越大。

（二）SO₂氧化的反应速率

二氧化硫在钒催化剂上氧化是一个比较复杂的过程，其机理尚无定论。

1. 温度

温度对SO₂氧化反应的速率有很大影响。由于该反应是可逆放热反应，所以存在最佳反应温度。表3-1是在原始气体成分（SO₂ 7%、O₂ 11%）、压力（101.3kPa）下，对应于不同转化率，该反应的最佳反应温度。

表3-1　在钒催化剂上二氧化硫氧化的最佳反应温度

转化率/%	60	65	70	75	80	85	90	94	96	97
最佳反应温度/℃	604	589	574	558	540	520	494	466	446	434

从表3-1中的数据可以看出，转化率越低，最适宜温度越高，也就是说，对应一定的起始组成，反应刚开始时，其最佳反应温度最高，随着反应的进行，其最佳反应温度越来越低。

2. 炉气的起始浓度

炉气中SO₂起始浓度增大，O₂的起始浓度则相应地降低，反应速率则随之减慢。为保持一定的反应速率，则希望炉气中SO₂起始浓度不要太高。

3. 气体扩散

该反应是一个气固相催化反应，扩散过程对反应速率也有一定影响，特别当温度较高、表面反应速率较大时，扩散的影响就更不可忽视。

扩散的影响又分为外扩散的影响和内扩散的影响。外扩散主要由气流速度所决定，实际生产中，二氧化硫气体通过催化剂床层的气流速度是相当大的，故外扩散的影响可忽略不计。内扩散主要取决于催化剂的内表面结构（或称催化剂孔隙的结构），催化剂的孔道愈细愈长，则扩散阻力愈大，内扩散的影响也愈大。如果催化剂的颗粒较小，这时的阻力主要来自表面反应，内扩散的影响可以不考虑。

（三）SO_2氧化催化剂

目前普遍采用钒催化剂。钒催化剂的活性组分是五氧化二钒。以碱金属（钾、钠）的硫酸盐作助催化剂，以硅胶、硅藻土、硅酸盐作载体。钒催化剂一般含 V_2O_5 5%～9%，K_2O 9%～13%，Na_2O 1%～5%，SiO_2 50%～70%，并含有少量 Fe_2O_3、Al_2O_3、CaO、MgO 及水分等。

引起钒催化剂中毒的主要毒物有砷、氟、酸雾及矿尘等。

二、二氧化硫催化氧化的生产工艺

（一）SO_2氧化的工艺条件

1. 反应温度

SO_2催化氧化的反应是可逆放热反应。可逆放热反应温度确定的原则可参见一氧化碳变换过程。

2. 二氧化硫的起始浓度

若增加炉气中 SO_2 的浓度，就相应地降低了炉气中氧的浓度，在这种情况下，反应速率会相应降低，为达到一定的最终转化率所需要的催化剂量也随之增加。因此从减少催化剂用量来看，采用低 SO_2 浓度是有利的。但是，降低炉气中 SO_2 浓度，将会使生产每吨硫酸所需要处理的炉气量增大，就要求增大生产设备的尺寸，或者使系统中各个设备的生产能力降低，从而使设备的折旧费用增加。因此，应当根据硫酸生产总费用最低的原则来确定二氧化硫的起始浓度，由经济核算可知，若采用普通硫铁矿为原料，对于"一转一吸"流程，当转化率为97.5%时，SO_2 浓度为7%～7.5%最适宜。若原料改变或具体生产条件改变，最佳浓度值亦将改变。例如，以硫黄为原料，SO_2 最佳浓度为8.5%左右；以含煤硫铁矿为原料，SO_2 最佳浓度小于7%，以硫铁矿为原料的"两转两吸"流程，SO_2 最佳浓度可提高到9.0%～10%，最终转化率仍能达到99.5%。

3. 最终转化率

最终转化率是硫酸生产的主要指标之一。提高最终转化率可以减少尾气中 SO_2 的含量，减轻环境污染，同时也可提高硫的利用率，但会导致催化剂用量和气体流动阻力增加。所以最终转化率也有个最佳值问题。

最终转化率的最佳值与所采用的工艺流程、设备和操作条件有关。一次转化一次吸收流程，在尾气不回收的情况下，当最终转化率为97.5%～98%时，硫酸的生产成本最低。如采用 SO_2 回收装置，最终转化率可以取得低些。如采用两次转化两次吸收流程，最终转化率则应控制在99.5%以上。

（二）SO_2催化氧化的工艺流程

二氧化硫氧化的工艺流程，根据转化次数来分有一次转化一次吸收流程（简称"一转一吸"

流程）和二次转化二次吸收流程（简称"两转两吸"流程）。

"一转一吸"流程主要的缺点是，SO_2 的最终转化率一般最高为 97%~98.5%，硫利用率不够高；排放的尾气中 SO_2 含量较高，若不回收利用，则污染严重。为此，人们在提高 SO_2 转化率方面，从催化转化反应热力学及动力学寻找答案，先后开发出"加压工艺""低温高活性催化剂"及"两转两吸"工艺等技术。但以"两转两吸"最为有效，该工艺基本上消除了尾气危害。

采用两次转化工艺时，催化剂装填段数以及如何分配前后两次转化的生产强度有多种选择。工艺流程的特征，可用第一、第二次转化段数和含 SO_2 气通过换热器升温的次序来表示。如图 3-5 所示的 3+1，Ⅲ、Ⅱ、Ⅳ、Ⅰ 流程，是指第一吸收塔前的第一次转化用三段催化剂，第一吸收塔后的第二次转化用一段催化剂；SO_2 气体先通过第Ⅲ换热器与第三段床层出口热气体换热升温，再进入第Ⅱ换热器与第二段床层出口热气体换热升温（并依次进入转化器第一段床层反应放热、第Ⅰ换热器冷却降温、第二段床层反应放热、第Ⅱ换热器冷却降温、第三段床层反应放热、第Ⅲ换热器冷却降温），然后进入第一吸收塔。从第一吸收塔出来的含少量 SO_2 的气体再依次进入第Ⅳ、第Ⅰ换热器升温后进入第四段床层反应（第四段床层出来的热气体经第Ⅳ换热器降温后去二次吸收）。

此外，常见的还有 3+1，Ⅳ、Ⅰ，Ⅲ、Ⅱ流程；3+1，Ⅲ、Ⅰ，Ⅳ、Ⅱ流程；2+2，Ⅱ、Ⅲ，Ⅳ、Ⅰ流程等。

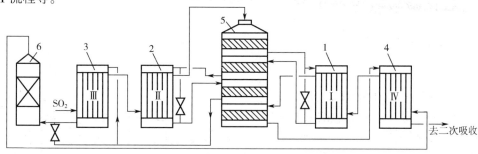

图 3-5　3+1，Ⅲ、Ⅱ，Ⅳ、Ⅰ二次转化流程

1—第一换热器；2—第二换热器；3—第三换热器；4—第四换热器；5—转化器；6—第一吸收塔

"两转两吸"流程与"一转一吸"流程比较，具有下述优点。

① 最终转化率比一次转化高，可达 99.5%~99.9%。因此，尾气中二氧化硫含量可低达 0.01%~0.02%，是"一转一吸"流程尾气中二氧化硫含量的 1/10~1/5，减少了尾气危害。

② 能够处理 SO_2 含量高的炉气。以焙烧硫铁矿为例，SO_2 起始浓度可提高到 9.5%~10%，与一次转化的 7%~7.5% 对比，同样设备可以增产 30%~40%。

③ "两转两吸"流程虽然投资比"一转一吸"流程高 10% 左右，但与"一转一吸"流程须再加上尾气回收的流程相比，总投资可降低 5% 左右，生产成本降低 3%。由于少了尾气回收工序，劳动生产率可以提高 7%。

"两转两吸"流程存在的缺点如下。

① 由于增设中间吸收塔，转化气温度由高到低再到高，整个系统热量损失较大。气体两次从 70℃ 左右升高到 420℃，换热面积较一次转化大。

② 两次转化较一次转化增加了一台中间吸收塔及几台换热器，流动阻力比一次转化流程增大 3.9~4.9kPa。

(三)二氧化硫转化器

二硫化碳转化器中发生的反应是可逆放热催化反应,与前述的CO变换反应和合成氨反应类似。所以反应器形式也类似,此处不再赘述。

第三节 三氧化硫的吸收及尾气的处理

一、三氧化硫吸收基本原理

炉气中的二氧化硫经催化氧化生成三氧化硫后,用硫酸水溶液吸收,则可制得硫酸或发烟硫酸。

$$nSO_3 + H_2O \longrightarrow H_2SO_4 + (n-1)SO_3 \quad \Delta H < 0 \tag{3-8}$$

上式中,当 $n<1$ 时,生成含水硫酸;当 $n=1$,生成无水硫酸;当 $n>1$ 时,生成发烟硫酸。硫酸生产中,产品酸通常有92.5%或98%的浓硫酸以及含游离 SO_3 20%或65%的发烟硫酸。

二、三氧化硫吸收生产工艺

(一)吸收的工艺条件

1.吸收酸浓度

吸收酸选择 98.3% H_2SO_4 时,可以使气相中 SO_3 的吸收率达到最大。吸收酸的浓度过高或过低均不适宜,见图3-6。

吸收酸浓度低于98.3%时,酸液面上 SO_3 的平衡分压较低(趋于0),但随着酸浓度的降低,水蒸气分压却逐渐增大。当气体中的 SO_3 分子向酸液表面扩散时,绝大部分被酸液吸收,其中有一部分与从酸液表面蒸发并扩散到气相主体中的水分子相遇,形成硫酸蒸气,然后在空间中冷凝产生细小的硫酸液滴(即酸雾)。酸雾很难完全分离,通常随尾气带走,排入大气。吸收酸浓度愈低,温度愈高,酸液表面上蒸发出的水蒸气量愈多,酸雾形成量愈大,因此,相应的 SO_3 损失也就愈多。

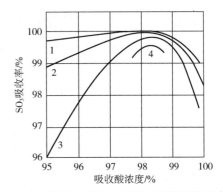

图3-6 吸收酸浓度、温度对吸收率的影响
1—60℃;2—80℃;3—100℃;4—120℃

吸收酸浓度高于98.3%时,液面上水蒸气平衡分压接近于零,而 SO_3 的平衡分压较高。吸收酸浓度愈大,温度愈高,SO_3 平衡分压愈大,气相中的 SO_3 不能完全被吸收,使吸收塔排出气体中的 SO_3 含量增加,随后亦在大气中形成酸雾。

上述两种情况都会恶化吸收过程,降低 SO_3 的吸收率,使尾气排放后可见到酸雾。但两种情况所具有的特征是有差异的,前者(酸浓度低于98.3%)是在吸收过程中产生的酸雾,因而,尾气烟囱出口处可见白色酸雾;而后者是在尾气离开烟囱后,尾气中的 SO_3 与大气中的水蒸气结合而形成酸雾,因此,只有尾气离开烟囱一段距离后,才逐渐形成白色酸雾。

2.吸收酸温度

吸收酸温度对SO_3吸收率的影响是明显的。在其他条件相同的情况下，吸收酸温度升高，由于酸液自身的蒸发加剧，使液面上的总蒸气压明显增加，从而降低吸收率。从图3-7可以看出，温度愈低，吸收率愈高，因此，从吸收率角度考虑，吸收酸温度低好。

但是，酸温度亦不是控制得越低越好，主要有两个原因：①进塔气体一般含有水分（规定<0.1g/m³），尽管进塔气温较高，如吸收酸温度很低，在传热传质过程中，不可避免地出现局部温度低于硫酸蒸气的露点温度，此时会有相当数量的酸雾产生；②由于气体温度较高以及吸收放热，会导致吸收酸有较大温升，为保持较低吸收酸温度，需大量冷却水冷却并需增大酸冷却器面积，导致硫酸成本不必要的升高。

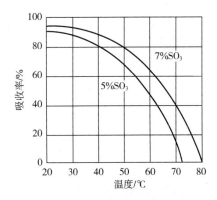

图3-7 三氧化硫吸收率与三氧化硫含量及吸收酸温度的关系

在酸液吸收SO_3时，如用喷淋式冷却器来冷却吸收酸，吸收酸温度应控制在60～75℃。

近年来，随着"两转两吸"工艺的广泛应用，以及低温余热利用技术的成熟，采用较高酸温和进塔气温的高温吸收工艺既可避免酸雾的生成，减小酸冷器的换热面积，又可提高吸收酸余热利用的价值。但要考虑设备和管道的防腐技术，因为吸收酸温度过高，会加剧硫酸对铁制设备和管道的腐蚀。即使采用新型防腐酸冷器亦会出现腐蚀加剧的情况。

3.进吸收塔气体的温度

在一般的吸收操作中，进塔气体温度较低有利于吸收。但在吸收SO_3时，并不是气体温度越低越好。因为转化气温度过低，更容易生成酸雾，尤其是炉气干燥不佳时。当炉气中水分含量（标准状况下）为0.1g/m³时，其露点为112℃，故一般控制入塔气体温度不低于120℃，以减少酸雾的生成。当炉气干燥程度较差时，则气体温度还应适当提高。

由于广泛采用"两转两吸"工艺以及回收低温热能的需要，吸收工序有提高第一吸收塔进口气温和酸温的趋势，即"高温吸收"工艺。这种工艺对于维护转化系统的热平衡、减小换热面积、节约并回收能量等方面是有利的。

（二）吸收工艺流程

1.吸收流程的配置

吸收工序一般由吸收塔、循环槽、酸泵和酸冷却器等组成。它们通常可组成三种不同的流程，如图3-8所示。

图3-8（a）流程的特点：酸冷却器设在泵后，酸流速较大，传热系数大，所需的换热面积较小，吸收塔基础高度相对较小，可节省基建费用；冷却器内酸的压力高，流速大，温度较高，腐蚀较严重，酸泵输送的酸是冷却前的热浓酸，酸泵的腐蚀较严重。图3-8（b）流程的特点：酸冷却器管内酸液流速小，需较大传热面积，塔出口到循环槽的液位差较小，可能会因酸液流动不畅而造成事故；冷却器内酸的压力小、流速小，酸对换热管的腐蚀较小。图3-8（c）流程的特点：酸的流速介于以上两种流程之间，传热较好；冷却器配置在泵前，酸在冷却器内流动一方面靠位差，另一方面靠泵的抽吸，管内受压较小，比较安全。

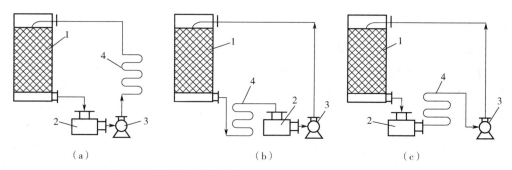

图 3-8 吸收塔、循环槽、酸泵、酸冷却器的连接方式图

1—吸收塔；2—循环槽；3—酸泵；4—酸冷却器

2.吸收的典型工艺流程

生产发烟硫酸时的干燥-吸收流程如图 3-9 所示。转化气经 SO_3 冷却器冷却后，先经过发烟硫酸吸收塔 1，再经 98.3%浓硫酸吸收塔 2。气体经吸收后通过尾气烟囱放空，或者送入尾气回收工序。吸收塔 1 用 18.6%或 20%（游离 SO_3）的发烟硫酸喷淋，吸收 SO_3 后其浓度和温度均有升高。吸收塔 1 流出的发烟硫酸在循环槽中与 98.3%硫酸混合，以保持发烟硫酸的浓度。混合后的发烟硫酸经酸冷却器 6 冷却后，其中一部分作为标准发烟硫酸送入发烟酸库，大部分送入吸收塔 1 循环使用。吸收塔 2 用 98.3%硫酸喷淋，塔底排出酸的浓度和温度也均上升，吸收塔 2 流出的酸在循环槽中与来自干燥塔的 93%硫酸混合，以保持 98.3%硫酸的浓度，经冷却器冷却后的 98.3%硫酸一部分送往发烟硫酸循环槽以稀释发烟硫酸，另一部分送往干燥酸循环槽以保持干燥酸的浓度，大部分送入吸收塔 2 循环使用，同时可抽出部分作为成品酸。

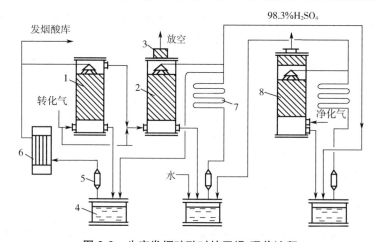

图 3-9 生产发烟硫酸时的干燥-吸收流程

1—发烟硫酸吸收塔；2—浓硫酸吸收塔；3—捕沫器；4—循环槽；5—泵；6,7—酸冷却器；8—干燥塔

该流程的干燥部分，参见图 3-4 之叙述。

尾气的处理

思考与练习

3-1 接触法生产硫酸有哪几个基本工序?以硫铁矿为原料,还需要哪几个辅助工序?

3-2 写出硫铁矿的焙烧反应,提高焙烧反应速率的途径有哪些?

3-3 简述沸腾焙烧炉中沸腾层温度、炉气中 SO_2 的浓度是如何确定的。

3-4 沸腾焙烧炉由哪几部分构成,其作用是什么?

3-5 简述沸腾焙烧工艺流程。

3-6 SO_2 炉气净化的目的是什么?除去杂质的方法是什么?

3-7 简述"文泡冷电"酸洗净化流程。

3-8 二氧化硫催化氧化反应有什么特点?如何提高 SO_2 的平衡转化率?

3-9 转化过程的工艺条件是如何确定的?

3-10 "两转两吸"转化流程中,"3+1,Ⅳ、Ⅰ—Ⅲ、Ⅱ"流程代表的意义是什么?

3-11 "两转两吸"流程与"一转一吸"流程相比有什么优缺点?

3-12 吸收三氧化硫时,吸收酸浓度和温度是如何确定的?

3-13 吸收工艺流程配置方式有哪几种?试述它们各自的特点。

第四章 烧碱与纯碱

第一节 烧碱

氢氧化钠，化学式为 NaOH，俗称烧碱、火碱、苛性钠，分子量 40.01，为一种具有很强腐蚀性的强碱，一般为片状或颗粒状，易溶于水（溶于水时放热）并形成碱性溶液，易吸取空气中的水蒸气（潮解）和二氧化碳（变质）。氢氧化钠是化学实验室中必备的化学品，其工业用途也非常广泛。纯品氢氧化钠是无色透明的固体，密度 2.130g/cm³，熔点 318.4℃，沸点 1390℃。工业品中含有少量的氯化钠和碳酸钠，是白色不透明的晶体，有块状、片状、粒状和棒状等，有时根据需要也可以水溶液出厂。

氢氧化钠溶于水、乙醇和甘油，不溶于丙醇、乙醚。在水处理中可作为碱性清洗剂，与氯、溴、碘等卤素发生歧化反应，与酸类起中和作用而生成盐和水。

烧碱的工业生产方法有苛化法和电解法。苛化法是用纯碱水溶液与石灰乳通过苛化反应生成烧碱；电解法是采用电解饱和食盐水溶液生成烧碱，并副产氯气和氢气，而氯气又可进一步加工成盐酸、聚氯乙烯、农药等化工产品，故电解法制碱属于氯碱工业。目前，电解法生产烧碱占绝对优势。

由于苛化法制碱现在已很少使用，本节主要介绍电解法生产烧碱。

电解法生产烧碱，根据电解槽结构、电极材料和隔膜材料的不同分为隔膜法、水银法和离子交换膜法。

隔膜法电解是利用多孔渗透性隔膜材料作隔层，把阳极产生的 Cl_2 与阴极产生的 NaOH 和 H_2 分开。

水银法的电解槽由电解室和解汞室组成。以汞作为阴极，钠离子放电还原为金属钠，并与汞作用生成钠汞齐。钠汞齐从电解室排出后，在解汞室中与水作用生成氢氧化钠和氢气。因为在电解室中产生氯气，在解汞室中产生氢氧化钠溶液和氢气，这就解决了将阳极产物和阴极产物隔开的关键问题。水银法的优点是制得的 NaOH 浓度较高，其质量分数可达 50%，不需蒸发浓缩；含盐质量分数约为 0.003%，产品质量好。但水银是有害物质，因此水银法已逐渐被淘汰。

离子交换膜法是应用化学性能稳定的全氟磺酸阳离子交换膜，用阳离子交换膜将电解槽的阳极室和阴极室隔开。由于阳离子交换膜的性能较好，不允许氯离子透过。该法所得烧碱纯度高，投资小，对环境污染小。因此，离子交换膜法制烧碱是氯碱工业的发展方向。

氯碱工业除具有原料易得、生产流程较短的优点外，还有能耗高、氨-碱平衡矛盾、腐蚀和污染严重的缺点。

图 4-1 为氯碱厂的主要组成示意图。

一、电解法制烧碱的基本原理

(一) 电解过程的基本原理

电解过程是电能转变为化学能的过程。当以直流电通过熔融态电解质或电解质水溶液时,产生离子的迁移和放电现象。

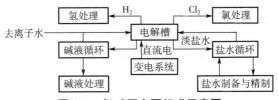

图4-1 氯碱厂主要组成示意图

1.法拉第第一定律

电解过程中,电极上所析出的物质的量与通过电解质的电量成正比,即与电流强度及通电时间成正比。

$$G = KQ = KIt \tag{4-1}$$

式中 G——电极上析出物质的质量,g 或 kg;
Q——通过的电量,A·s 或 A·h;
K——电化当量,g;
I——电流强度,A;
t——通电时间,s 或 h。

由上式可知,如果要提高电解生成物的产量,则要增大电流强度或延长通电时间。

2.法拉第第二定律

当直流电通过电解质溶液时,电极上每析出(或溶解)一化学当量的任何物质,所需要的电量是恒定的,在数值上约等于96500C,称为1法拉第(用 F 表示),即

$$1F = 96500C = 96500A·s = 26.8A·h$$

利用法拉第第二定律,可计算出通过1A·h电量时在电极上所析出物质的质量。该数值即为法拉第第一定律中的电化当量 K。当电解食盐水溶液时,1A·h 的电量理论上可生成

$$K_{Cl_2} = \frac{35.46}{26.8}g = 1.323g$$

$$K_{H_2} = \frac{1.008}{26.8}g = 0.0376g$$

$$K_{NaOH} = \frac{40.01}{26.8}g = 1.493g$$

电解时,根据电流强度、通电时间及运行电解槽数和电解质的电化当量,可计算出各物质在电极上的理论产量。

3.电流效率

实际生产过程中,由于在电极上不可避免地发生一系列副反应及电损耗,所以电量不能完全被利用,实际产量比理论产量低。两者之比称为电流效率,用 η 表示。

$$\eta = \frac{G_{实际产量}}{G_{理论产量}} \times 100\%$$

电流效率是电解生产中很重要的技术经济指标。电流效率越高,电流损失越小,同样电量获得的电解产物越多。现代氯碱厂,电流效率一般为95%~97%。

4.槽电压及电压效率

(1) 理论分解电压 $E_{理}$ 引起电解过程发生所必需的外加电压最小值称为理论分解电压。它在数值上等于阴阳两极的可逆平衡电位之差。

$$E_{理} = \varphi_{阳} - \varphi_{阴}$$

阴阳两极的电极电位可由能斯特方程求得

$$\varphi = \varphi^{\ominus} + \frac{RT}{nF} \ln \frac{\alpha_{氧化态}}{\alpha_{还原态}} \tag{4-2}$$

25℃时

$$\varphi = \varphi^{\ominus} + \frac{0.0592}{n} \lg \frac{\alpha_{氧化态}}{\alpha_{还原态}} \tag{4-3}$$

式中 φ——平衡电极电位，V；
$\varphi^{\ominus}$——标准平衡电极电位，V；
n——电极反应中的得失电子数；
$\alpha_{氧化态}$，$\alpha_{还原态}$——与电极反应相对应的氧化态和还原态物质的活度。

【例4-1】试计算 NaCl 水溶液的理论分解电压。已知进入阳极室的食盐水溶液的质量浓度为 265g/L，阴极电解液中含 NaOH 为 100g/L，NaCl 为 190g/L，氯气、氢气的压力均为 101.3kPa。采用石墨为阳极，钢丝网为阴极。

解 电极反应：

阳极 $2Cl^- \longrightarrow Cl_2 + 2e$ 阴极 $2H^+ + 2e \longrightarrow H_2$

由能斯特方程得

$$\varphi_{Cl_2/Cl^-} = \varphi^{\ominus}_{Cl_2/Cl^-} + \frac{RT}{2F} \ln \frac{p_{Cl_2}/p^{\ominus}}{c^2_{Cl^-}}$$

$$\varphi_{H^+/H_2} = \varphi^{\ominus}_{H^+/H_2} + \frac{RT}{2F} \ln \frac{c^2_{H^+}}{p_{H_2}/p^{\ominus}}$$

$$\varphi^{\ominus}_{Cl_2/Cl^-} = 1.3583V \qquad \varphi^{\ominus}_{H^+/H_2} = 0V$$

$$\frac{p_{Cl_2}}{p^{\ominus}} = 1 \qquad \frac{p_{H_2}}{p^{\ominus}} = 1$$

阳极 $\qquad c_{Cl^-} = \frac{265}{58.4} \text{mol/L} = 4.54 \text{mol/L}$

阴极 $\qquad c_{OH^-} = \frac{100}{40} \text{mol/L} = 2.5 \text{mol/L} \qquad c_{H^+} = \frac{K_w}{c_{OH^-}} = \frac{1 \times 10^{-14}}{2.5} \text{mol/L} = 0.4 \times 10^{-14} \text{mol/L}$

$$\varphi_{Cl_2/Cl^-} = \left(1.3583 + \frac{0.0592}{2} \lg \frac{1}{4.54^2}\right) V = 1.319 V$$

$$\varphi_{H^+/H_2} = \left[0 + \frac{0.0592}{2} \lg (0.4 \times 10^{-14})^2\right] V = -0.852 V$$

$$E_{理} = \varphi_{阳} - \varphi_{阴} = (1.319 + 0.852) V = 2.171 V$$

(2) 超电压 $E_{超}$（过电位） 由于实际电解过程并非可逆，存在浓差极化、电化学极化，使电极电位偏离平衡时的电极电位。其偏离平衡电极电位的值称为超电压。

超电压的大小与电极反应的性质、电流密度、电极材料等电解条件有关。Cl_2、H_2、O_2 在不同材料的电极上和不同电流密度下的过电位见表4-1。

表 4-1　超电压（Cl_2、H_2、O_2）与电极材料及电流密度的关系（298.15K）　　单位：V

电极产物	H_2（1mol/L H_2SO_4）			O_2（1mol/L NaOH）			Cl_2（NaCl 饱和溶液）		
电流密度/（A/m^2）	10	1000	10000	10	1000	10000	10	1000	10000
电极材料 海绵状铂	0.01	0.41	0.048	0.40	0.64	0.75	0.0058	0.028	0.08
平光铂	5	0.29	0.68	0.72	1.28	1.49	0.008	0.054	0.24
铁	0.24	0.82	1.29						
石墨	0.40	0.98	1.22	0.53	1.09	1.24		0.25	0.50
汞	0.60	1.07	1.12						

过电位虽然消耗一部分电能，但在电解技术上有很重要的应用。由于过电位的存在，电解过程可以按照人们预先的设计进行。阳极上发生的是氧化过程，电极电位越低越易失电子。因此，仅从标准电极电位来看，在氯碱工业中，Cl^-不可能在OH^-前先在阳极上放电，即阳极上OH^-放电并放出氧气，但由于过电位的存在，在阳极上获得的是氯气而不是氧气。

(3) 槽电压 $E_{槽}$　电解时电解槽的实际分解电压称为槽电压。槽电压不仅要考虑理论分解电压和超电压，还要考虑电流通过电解液以及电极、接点、导线等的电压降。所以，槽电压应为理论分解电压 $E_{理}$、超电压 $E_{超}$、电解液的电压降 $E_{液}$和电极、接点、导线等的电压降$\sum E_{降}$之和。

$$E_{槽} = E_{理} + E_{超} + E_{液} + \sum E_{降} \tag{4-4}$$

(4) 电压效率

$$电压效率 = \frac{E_{理}}{E_{槽}} \times 100\% \tag{4-5}$$

一般氯碱厂电解槽的电压效率在60%~65%。

（二）离子交换膜法制烧碱原理

离子交换膜法制烧碱与隔膜法制烧碱的根本区别在于离子交换膜法的阴极室和阳极室是用离子交换膜隔开。离子交换膜是一种耐腐蚀的磺酸型阳离子交换膜，它的膜体中有活性基团，活性基团是由带负电荷的固定离子（如SO_3^{2-}、—COO^-）和一个带正电荷的对离子（如Na^+）组成。磺酸型阳离子交换膜的化学结构式为：

$$R—SO_3^{2-}—H^+ (Na^+)$$

由于磺酸基团具有亲水性，膜可在溶液中溶胀，膜体结构变松，从而形成许多微细弯曲的通道，使其活性基团的对离子（如Na^+）可以与水溶液中同电荷的Na^+进行交换并透过膜，而活性基团的固定离子（SO_3^{2-}）具有排斥Cl^-和OH^-的能力，从而获得高纯度的氢氧化钠溶液。图4-2为离子交换膜示意图。

离子交换膜法制烧碱的原理如图4-3所示。饱和精盐水进入阳极室，去离子纯水进入阴极室。由于离子交换膜的选择渗透性，仅允许阳离子（Na^+）透过膜进入阴极室，而阴离子（Cl^-）却不能透过。所以，通电时H_2O中的H^+在阴极表面获得电子生成氢气，Na^+与H_2O中的OH^-生成NaOH；Cl^-则在阳极表面放电生成氯气逸出。电解时由于NaCl被消耗，食盐水浓度降低，变为淡盐水排出，NaOH的浓度可通过调节进入电解槽的去离子纯水量来控制。

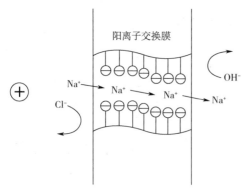 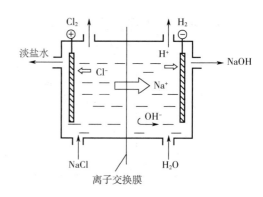

图 4-2　离子交换膜示意图　　　　图 4-3　离子交换膜法制烧碱原理示意图

1.离子交换膜的性能

离子交换膜的性能由离子交换容量（IEC）、含水率、膜电阻这三个主要特性参数决定。离子交换容量（IEC）以膜中每克干树脂所含交换基团的物质的量表示。含水率是指每克干树脂中的含水量，以百分比表示。膜电阻以单位面积的电阻表示，单位是 Ω/m^2。上述各种特性相互联系又相互制约。如为了降低膜电阻，应提高膜的离子交换容量和含水率。但为了改善膜的选择透过性，却要提高离子交换容量而降低含水率。

氯碱生产工艺中对离子交换膜的要求如下：

① 高度的物理和化学稳定性　食盐水电解条件恶劣，阳极侧是强氧化剂氯气、次氯酸根及酸性溶液。阴极侧是高浓度 NaOH，电解温度 85~90℃。在这样的条件下，离子交换膜应不被腐蚀、氧化，始终保持良好的电化学性能，并具有较好的机械强度和柔韧性。

② 具有较低的膜电阻　较低的膜电阻可以降低槽电压，降低电解能耗。

③ 具有很高的离子选择透过性　离子交换膜只能允许阳离子（Na^+）通过，不允许阴离子（OH^- 及 Cl^-）通过，否则会影响碱液的质量及氯气的纯度。

④ 具有较低的价格　目前我国生产用离子交换膜大多依赖进口。要降低价格，应大力研发高性能离子交换膜，力争离子交换膜国产化，一旦达到生产要求大力推广，就可以降低生产成本。

2.离子交换膜的种类

根据离子交换基团的不同，离子交换膜可分为全氟磺酸膜、全氟羧酸膜以及全氟羧酸/磺酸复合膜。

（1）全氟磺酸膜　全氟磺酸膜的主要特点是酸性强、亲水性好、含水率高、电阻小、化学稳定性好。由于磺酸膜固定离子浓度低，对 OH^- 的排斥能力小，致使 OH^- 的返迁移数量大，因此，电流效率<80%，且产品的 NaOH 浓度<20%。因可在阳极液内添加盐酸中和 OH^-，所以氯气质量好。

（2）全氟羧酸膜　全氟羧酸膜是一种弱酸性且亲水性小的膜，含水率低，且膜内的固定离子浓度较高，因此，产品的 NaOH 浓度可达 35%左右，电流效率可在 96%以上。其缺点是膜的电阻较大。

（3）全氟羧酸/磺酸复合膜　全氟羧酸/磺酸复合膜是一种性能比较优良的离子交换膜，见图 4-4 所示。使用时较薄的羧酸层面向阴极，较厚的磺酸层面向阳极，因此兼有羧酸膜和磺酸膜的优点。由于 R—COOH 的存在，可阻止 OH^- 返迁移到阳极室，确保了高的电流效率，电流效率可达 96%。又因 R—SO_3H 层的电阻低，能在高电流密度下运行，且阳极液可用盐酸中和，产品氯气中含氧量低，NaOH 浓度可达 33%～35%。

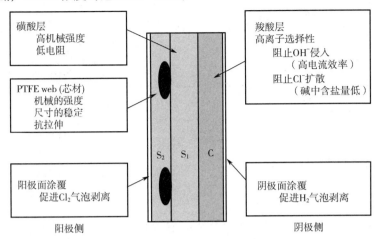

图 4-4 复合离子交换膜的结构组成

（三）盐水精制原理

工业原盐溶为盐水后，其中所含的杂质 Ca^{2+}、Mg^{2+}、SO_4^{2-} 和机械不溶杂质对电解是十分有害的。不溶性的机械杂质会堵塞电解槽上的微孔，降低隔膜的渗透性，恶化电解槽的运行。而钙盐和镁盐会与电解液中的物质起反应，生成沉淀物质，不仅消耗 NaOH，而且也会堵塞电解槽碱性侧隔膜的孔隙，降低离子交换膜的渗透性，SO_4^{2-} 过多会加剧石墨电极的腐蚀，缩短电极的使用寿命。因此，食盐水必须经过精制才能进入电解槽。

生产中，采用一次精制+二次精制除去食盐水中的杂质。一次精制也适用于隔膜法制烧碱。

一次精制过程如下：添加过量的 Na_2CO_3 和 NaOH 除去 Ca^{2+}、Mg^{2+} 杂质，为了控制 SO_4^{2-} 的含量，一般采用加入氯化钡的方法。其加入顺序及化学反应为：

$$(\text{先加入} Na_2CO_3) Ca^{2+} + CO_3^{2-} \longrightarrow CaCO_3 \downarrow$$

$$(\text{后加入 NaOH 和} BaCl_2) Mg^{2+} + 2OH^- \longrightarrow Mg(OH)_2 \downarrow$$

$$Ba^{2+} + SO_4^{2-} \longrightarrow BaSO_4 \downarrow$$

对于不溶性的机械杂质，主要通过澄清过滤的方法除去。为加速沉降，多采用高效有机高分子絮凝剂。目前，普遍采用的是聚丙烯酸钠。隔膜电解采用上述盐水一次精制即可达到要求，一般盐水中的 Ca^{2+}、Mg^{2+} 含量可降到 10mg/L 以下。

离子膜交换法电解，对盐水的质量要求更高，还需进行二次精制。进行二次精制时，将一次精制后的盐水首先通过微孔烧结碳素管过滤器过滤，然后通过二至三级的阳离子交换树脂处理，使 Ca^{2+}、Mg^{2+} 含量降到 20～30μg/L 以下。

钙镁离子吸附原理：

$$R\text{—}CH_2\text{—}N\begin{array}{c}CH_2C(=O)ONa\\CH_2C(=O)ONa\end{array} + Ca^{2+}(Mg^{2+}) \longrightarrow R\text{—}CH_2\text{—}N\begin{array}{c}CH_2C(=O)O\\CH_2C(=O)O\end{array}Ca(Mg) + 2Na^+$$

螯合树脂再生原理：

① 钙（镁）型树脂转变成氢型树脂

$$R-CH_2-N\begin{matrix}CH_2-C\overset{O}{\underset{O}{\diagdown}}\\CH_2-C\underset{O}{\overset{O}{\diagup}}\end{matrix}Ca(Mg)+2HCl \longrightarrow R-CH_2-N\begin{matrix}CH_2C\overset{O}{\diagdown}OH\\CH_2C\underset{O}{\diagup}OH\end{matrix} + CaCl_2(MgCl_2)$$

② 氢型树脂转变成钠型树脂

$$R-CH_2-N\begin{matrix}CH_2C\overset{O}{\diagdown}OH\\CH_2C\underset{O}{\diagup}OH\end{matrix} + 2NaOH \longrightarrow R-CH_2-N\begin{matrix}CH_2C\overset{O}{\diagdown}ONa\\CH_2C\underset{O}{\diagup}ONa\end{matrix} + 2H_2O$$

二、离子交换膜法制烧碱的工业生产方法

离子交换膜法电解食盐水的研究始于 20 世纪 50 年代，当初由于所选择的材料耐腐蚀性能差，一直未能获得实用性的成果，直到 1966 年美国杜邦（Du Pont）公司开发了化学稳定性好的全氟磺酸阳离子交换膜，即 Nafion 膜，离子交换膜法电解食盐水才有了实质性进展。日本旭化成公司于 1975 年建立了年产 4 万吨烧碱的电解工厂。

离子交换膜法制烧碱与传统的隔膜法、水银法相比，有如下特点：

① 投资省　离子交换膜法比水银法投资节省约 10%~15%，比隔膜法节省约 5%~25%。

② 出槽的碱液浓度高　出槽碱液浓度可达到 40%~50%。

③ 能耗低　目前离子交换膜法制碱吨碱直流电耗 2200~2300kW·h，比隔膜电解法可节约 150~250kW·h。总能耗与隔膜电解法制碱相比，可节约 20%~25%。

④ 产品碱质量好　离子交换膜法电解制碱出槽碱液中一般含 NaCl 为 20~35mg/L，质量分数为 50% 的成品 NaOH 中含 NaCl 一般为 45~75mg/L，质量分数为 99% 的固体 NaOH 含 NaCl<100×10^{-6}，可用于合成纤维、医药、水处理及石油化工等方面。

⑤ 氯气、氢气纯度高　离子交换膜法电解所得氯气纯度高达 98.5%~99%，含氧 0.8%~1.5%，含氢 0.1% 以下，能够满足氧氯化法聚氯乙烯生产的需要，也有利于液氯的生产；氢气纯度高达 99.99%，对合成盐酸和 PVC 生产提高氯化氢纯度极为有利。

⑥ 无污染　离子交换膜法电解可以避免水银和石棉对环境的污染。离子交换膜具有较稳定的化学性能，几乎无污染和毒害。

离子交换膜法电解虽具上述诸多优点，但也存在如下缺点：

① 离子交换膜制碱对盐水质量的要求远高于隔膜法，因此要增加盐水的二次精制，即增加设备的投资费用。

② 离子交换膜本身的费用也非常昂贵，并且容易损坏，需要精心维护，精心操作。

（一）离子交换膜电解槽

目前，工业生产中使用的离子交换膜电解槽形式很多，不管是哪一种槽，每台电解槽都是

由若干电解单元组成，每个电解单元由阳极、离子交换膜与阴极组成。

按供电方式的不同，离子交换膜电解槽分为单极式和复极式两大类，如图4-5、图4-6所示。

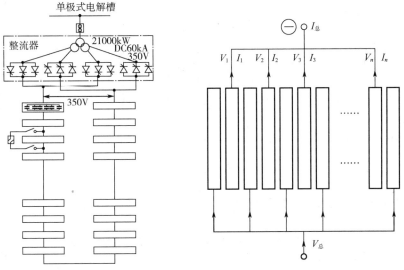

（a）单极式电解槽的直流供电方式　　（b）单极式电解槽中各单元槽的接电方式

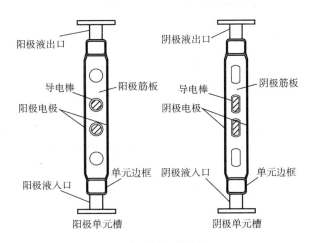

（c）单极式单元槽结构

图4-5　单极式电解槽示意图

单极式离子交换膜电解槽是指在一个单元槽上只有一种电极，即单元槽是阳极单元槽或阴极单元槽，不存在一个单元槽上既有阳极又有阴极的情况。单极式电解槽内各电解单元是并联的，因此，通过各个电解单元的电流之和就是通过整台单极电解槽的总电流，而各个电解单元的电压都等于该单极式电解槽的总电压。

复极式离子交换膜电解槽是指在一个单元槽上，既有阳极又有阴极（每台离子交换膜电解槽的最端头的端单元槽除外），是阴阳极一体的单元槽。复极式电解槽内各电解单元是串联的，各个单元的电流相等，而电解槽的总电压是各个电解单元的电压之和，所以每台复极式电解槽都是低电流高电压运转。

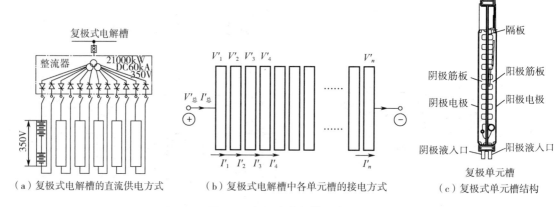

(a) 复极式电解槽的直流供电方式　　(b) 复极式电解槽中各单元槽的接电方式　　(c) 复极式单元槽结构

图 4-6　复极式电解槽示意图

单极式电解槽与复极式电解槽各有优缺点。其特性比较如表 4-2 所示。

表 4-2　单极式电解槽与复极式电解槽的特性比较

单极式电解槽	复极式电解槽
若干电解单元并联在一个单极式电解槽中，若干单极式电解槽串联在直流电路中；故对单极式电解槽来讲供电特性是高电流低电压，对电解单元来讲是低电流低电压	若干电解单元串联在一个复极式电解槽中，若干复极式电解槽并联在直流电路中；故对复极式电解槽来讲供电特性是低电流高电压，对电解单元来讲是低电流低电压
单极式电解槽之间要用铜排连接，耗铜量大，且有电压损失，约 30~50mV	复极式电解槽之间不用铜排连接，一般用复合板或其他方式，电压损失约 3~20mV
一台单极式电解槽发生故障，可以单独停下检查，其余电解槽仍可继续运转	一台复极式电解槽发生故障，需停下全部电解槽才能检修，影响生产
单极式电解槽检修拆装比较烦琐，但每个电解槽可以轮流检修	复极式电解槽检修拆装比较容易，但要同时进行
电解槽厂房占地面积大	电解槽厂房占地面积小
电解槽配件管件数量多	电解槽配件管件数量较少
设计电解槽时，可根据电流大小来增减电解单元数量	电解单元数量不能随意变动

目前世界上的离子交换膜电解槽类型很多，美国的 MGC 单极式电解槽和日本的旭化成复极式电解槽是较为典型的。

1．MGC 单极式电解槽

MGC 单极式电解槽由 6 个部件组成：端板和拉杆、阳极盘、阴极盘、铜电流分布器、连接铜排、离子交换膜，其装配图如图 4-7 所示。该槽在阳极与弹性阴极之间安放离子交换膜。阳极盘与阴极盘的背面有铜电流分布器，将串联铜排连接在铜电流分布器

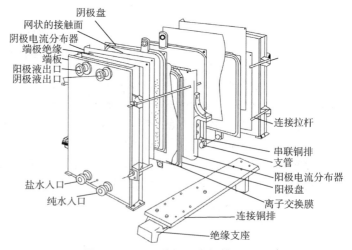

图 4-7　MGC 单极式电解槽装配图

和连接铜排上。整台电解槽由连接铜排支撑。连接铜排下面是绝缘支座。每台电解槽的阳极和阴极不超过 30 对。

2. 旭化成复极式电解槽

旭化成复极式电解槽是我国最早引进、使用较广泛的离子交换膜电解槽。该槽是板框压滤机式,如图 4-8 所示。

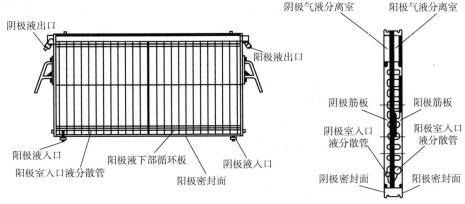

图 4-8 旭化成复极式电解槽结构

该槽阴、阳极的液体进口在单元槽的下部,出口均在上部。为减少气泡效应,在单元槽的上部均装有阴极堰板和阳极堰板。为防止电化学腐蚀,阳极侧密封面的进出口管均有防电化学腐蚀的涂层。

(二)盐水精制工艺流程

1. 盐水的一次精制

(1) 原盐溶化 原盐的溶解在化盐桶中进行,化盐用水来自洗盐泥的淡盐水和蒸发工段的含碱盐水。

(2) 粗盐水的精制 在反应槽内加入精制剂除去盐水中的钙镁离子和硫酸根离子。

(3) 浑盐水的澄清和过滤 从反应槽出来的盐水含有碳酸钙、氢氧化镁等悬浮物,加入助沉剂预处理后,在重力沉降槽或浮上澄清器中分离大部分悬浮物,最后经过滤成为一次精制盐水。

图 4-9 为盐水一次精制的工艺流程。原盐经皮带运输机送入溶盐桶 1,用原水、含盐杂水及含盐洗水进行溶解。饱和粗盐水经加热器 3 加热后流入反应槽 4,在此加入精制剂烧碱、纯碱、氯化钡,除去 Ca^{2+}、Mg^{2+} 及 SO_4^{2-}。然后进入混合槽 5,加入助沉剂(苛化淀粉或聚丙烯酸钠)聚沉,并自动流入澄清器 6 中分离已沉降下来的物质。从澄清器出来的盐水溢流到盐水过滤器 7 中(自动反洗式砂滤器),出来的一次精盐水经加热器加热到 70~80℃,送入重饱和器 9 中,在此蒸发析出精盐使盐水的浓度达到 320~325g/L(饱和浓度)。饱和一次精盐水经进一步加热后送入 pH 值调节槽 10,加入盐酸调整到 pH 值为 3~5,送入一次精盐水槽 11,再用泵送去二次精制。

2. 离子交换膜法的盐水二次精制

离子交换膜电解法对盐水质量要求较高,进入电解槽的盐水必须在一次精制的基础上增加二次精制工序。盐水二次精制时,将一次精制后的盐水首先通过微孔烧结碳素管过滤器过滤,然后通过二至三级的螯合树脂吸附与离子交换,最后达到离子交换膜电解工艺对盐水的质量要求,如图 4-10 所示。

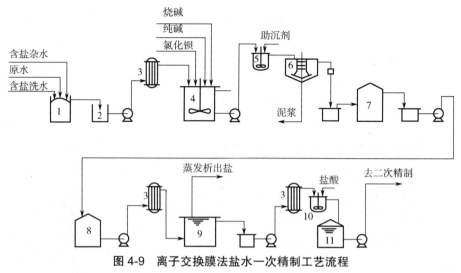

图 4-9　离子交换膜法盐水一次精制工艺流程

1—溶盐桶；2—粗盐水槽；3—蒸汽加热器；4—反应槽；5—混合槽；6—澄清器；
7—过滤器；8—中间贮槽；9—重饱和器；10—pH 值调节槽；11—一次精盐水槽

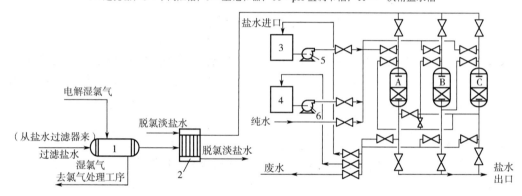

图 4-10　盐水二次精制工艺流程图

1—氯气冷却器；2—淡盐水热交换器；3—碱贮槽；4—酸贮槽；5—碱泵；6—酸泵；A，B，C—螯合树脂塔

碳素管过滤器结构示意图见 4-11，其工作过程：用泵将盐水和 α-纤维素配制成悬浮液送到过滤器中，并且不断循环，使碳素管表面涂上一层均匀的 α-纤维素（叫作预涂层），然后把一次精制盐水送入过滤器，同时把一定量的 α-纤维素送入过滤器。这样做的目的是利用 α-纤维素在水中的分散性，使过滤器生成的泥饼在返洗时碎成小块剥落。过滤器使用一段时间后，洗下的 α-纤维素用压缩空气吹除并弃之。

螯合树脂塔使用一段时间后需再生，再生一般采用盐水置换→去离子水返洗→利用氢氧化钠使氢型树脂转换成钠型树脂，再用去离子水返洗→盐水置换。再生后的螯合树脂可继续使用。

为彻底除去盐水中的游离氯和次氯酸盐，一般加入微量的亚硫酸钠或硫代硫酸钠。

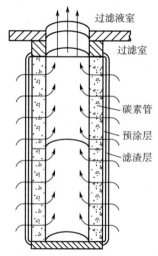

图 4-11　碳素管结构示意图

(三）离子交换膜法电解工艺流程

离子交换膜法电解工艺流程如图 4-12 所示。

在单极式电解槽阳极室加入二次精制盐水，在电解槽阴极室加入与碱浓度相当的纯水量控制产品浓度在 32.0%～32.5%指标范围内。在直流电作用下进行电解，电解槽阴极分离器溢出规定浓度的氢氧化钠产品，冷却后用泵送至用户。阴极分离器放出的氢气经处理后送用户，同时阳极分离器流出的淡盐水经调节 pH 值至 2 左右，使氯酸盐和次氯酸盐分解，析出的氯气并入总管，淡盐水经脱氯合格后送回化盐工序再使用；阳极分离器放出的氯气经洗涤、冷却、干燥后送用户。不合格氯气和事故氯自动切入事故氯除害塔，用 15.0%氢氧化钠循环吸收制成 10.0%次氯酸钠后综合利用。

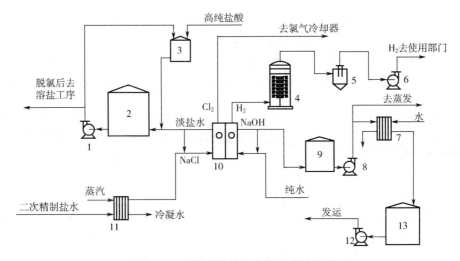

图 4-12 离子交换膜法电解工艺流程图

1—淡盐水泵；2—淡盐水贮槽；3—分解槽；4—氢气洗涤塔；5—水雾分离器；6—氢气鼓风机；7—碱冷却器；
8,12—碱泵；9—碱液受槽；10—离子交换膜电解槽；11—盐水预热器；13—碱液贮槽

（四）电解产品的后加工

1.电解碱液蒸发

电解碱液蒸发的主要目的，一是提高碱液的浓度，使其达到成品碱液浓度的要求；二是把电解碱液中未分解的氯化钠和烧碱分离开。氯化钠在氢氧化钠水溶液中的溶解度随着氢氧化钠含量的增加而明显减小。随着碱液中的水分大量蒸出，碱液浓度提高，氯化钠在碱液中的溶解度急剧下降，并结晶分离出来。

不同电解方法的电解液中氢氧化钠含量有很大差别。离子交换膜法得到的电解碱液，其氢氧化钠含量一般在 32%～35%，可作为高纯度烧碱使用，也可根据需要进行蒸发浓缩。

目前，氯碱厂的蒸发工序均以蒸汽为热源，流程按碱液和蒸汽的走向分为逆流蒸发和顺流蒸发两大类，按蒸汽利用的次数分为双效、三效、四效等多效蒸发。图 4-13 为三效顺流部分强制循环蒸发工艺流程。

加料泵 2 将电解液送入预热器 20 被二效、一效冷凝水预热，然后进入一效蒸发器自然循环加热蒸发。二、三效蒸发器用轴流泵强制循环加热蒸发。浓缩后的碱液靠压差和过料泵 5 依次流至下一效。三效蒸发后浓缩碱液排入贮槽，并冷却至 25～30℃。澄清后得浓碱液作为成品出厂。

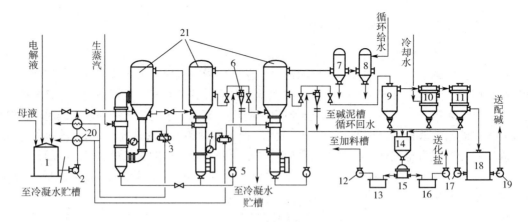

图 4-13 三效顺流部分强制循环蒸发工艺流程

1—电解液贮槽；2—加料泵；3—气水分离器；4—强制循环泵；5—过料泵；6—旋液分离器；7—捕沫器；
8—大气冷凝器；9—浓碱高位槽；10—碱液冷却器；11—中间槽；12—母液泵；13—母液槽；14—碱泥槽；
15—离心机；16—盐水回收槽；17—回收盐水泵；18—澄清器；19—打碱泵；20—预热器；21—蒸发器

二、三效蒸发结晶出来的盐浆，分别经旋液分离器 6 增稠后，经离心机 15 分离出氯化钠晶体，母液分别送至二、三效，固体盐用蒸汽冷凝水溶解为含氧化钠 270g/L 左右的含碱盐水送化盐工序。

蒸汽的走向为生蒸汽进一效蒸发器，一效、二效产生的二次蒸汽分别供给二效、三效加热用。三效产生的二次蒸汽经大气冷凝器 8 用真空抽出，并用水冷却。

为满足用户的特殊要求，以及方便运输和贮存，需对蒸发工序送出的液碱进一步浓缩除去水分生产固体烧碱。固碱的生产主要有间歇法锅式蒸煮和连续法膜式蒸发两种方法，间歇法由于劳动强度大、热利用率低，新建厂很少采用，而多采用连续法膜式蒸发生产工艺。

连续法膜式蒸发生产固碱在升膜或降膜情况下进行，一般采用熔盐进行加热。连续法膜式蒸发生产固碱分为两个阶段。

① 碱液从 45%~50%浓缩至 60%，这可在升膜蒸发器或降膜蒸发器中进行。加热源采用蒸汽或双效的二次蒸汽，并在真空下进行蒸发。

② 60%的碱液再通过升膜浓缩器或降膜浓缩器，以熔融盐为载热体，在常压下浓缩成熔融碱，最后经片碱机制成片状固碱。

熔融盐由 7%$NaNO_3$、40%$NaNO_2$、53%KNO_3 组成。开车前将这三种固体盐加入熔融槽内用电加热器加热至 180~200℃，使其成熔融状，然后用液下泵送入加热炉加热至 425℃左右，再送入升膜蒸发器或降膜蒸发器，与升膜蒸发器或降膜蒸发器中的碱液进行热交换后流入成品分离器夹套，最后回流到熔融液贮槽循环使用。

2. 氯气、氢气的处理

从电解槽出来的湿氯气和湿氢气，温度约 70~90℃，并被水蒸气所饱和。湿氯气对钢铁及大多数金属具有强烈的腐蚀性，但干燥的氯气腐蚀较小。所以湿氯气必须除水干燥，才便于后续使用。氢气的纯度虽然很高，但含有大量的碱雾和水蒸气，也需要进行处理。

氯气处理常用的方法是先将气体冷却，使大部分水汽冷凝而除去，然后用干燥剂进一步除水以达到氯气干燥的目的。干燥剂通常采用浓硫酸。中小型厂的泡沫干燥塔流程可使干燥后氯气的含水量达 3×10^{-4} 左右。大型厂的填料塔串联干燥流程可使干燥后氯气的含水量达 5×10^{-5} 左右。图 4-14 为中小型厂采用的泡沫干燥塔流程。

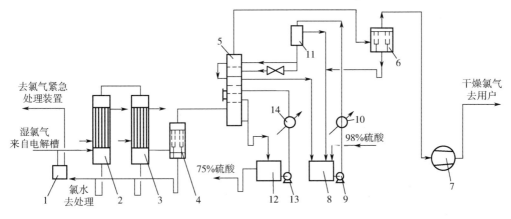

图 4-14 氯气处理流程（泡沫干燥塔流程）

1—安全水封；2—第一钛管冷却器；3—第二钛管冷却器；4—湿氯气除雾器；5—泡沫干燥塔；
6—硫酸除雾器；7—氯气透平压缩机；8—浓硫酸贮槽；9—浓硫酸循环泵；10—浓硫酸冷却器；
11—浓硫酸高位槽；12—稀硫酸贮槽；13—稀硫酸循环泵；14—稀硫酸冷却器

来自电解槽70～85℃的湿氯气进第一钛管冷却器2，以冷却水间接冷却至40℃以下，进入第二钛管冷却器3，用冷冻盐水使氯气温度降至12～15℃。经丝网湿氯气除雾器4去除雾滴后，进入泡沫干燥塔5与硫酸逆流鼓泡使其脱水。从塔顶出来的干燥氯气经硫酸除雾器6除去酸雾，然后由氯气透平压缩机7以0.15～0.2MPa的压力送出。

氢气的处理较为简单。来自电解槽的湿氢气经热交换器冷却降温至50℃左右后进入氢气洗涤塔，除去大部分固体杂质及水汽后，经罗茨鼓风机升压后送至用户。

3. 氯气的液化

氯气的液化有两个目的，一是液化后可制取高纯度的氯气，二是液化后体积大大缩小，便于远距离输送。

氯气的液化与温度及压力有关，高压低温易于液化。工业上常采用以下三种方法：

（1）高温高压法　氯气压力在1.4～1.6MPa之间，液化温度为常温。

（2）中温中压法　氯气压力在0.3～0.4MPa之间，液化温度控制在-5℃。

（3）低温低压法　氯气压力≤0.2MPa，液化温度＜-20℃。

生产方法的选择主要根据不同的要求。如果为了降低冷冻量的消耗，可采用中温中压法和高温高压法。但其安全技术要求高，设备和管线必须符合高压氯气的要求。如果从液氯的质量和安全考虑则以低温低压为宜。一般中小型厂采用纳氏泵输送氯气，其压力小于0.2MPa，因此采用低温低压法。而大型厂使用透平压缩机，其压力一般在0.3～0.4MPa，所以采用中温中压法。至于高温高压法国内很少使用。

4. 盐酸的生产

盐酸的生产可分为气态氯化氢的合成和水吸收氯化氢两个阶段。图4-15为绝热吸收法制

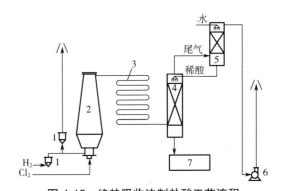

图 4-15 绝热吸收法制盐酸工艺流程

1—阻火器；2—合成炉；3—空气冷却塔；4—绝热吸收塔；
5—尾气吸收塔；6—鼓风机；7—盐酸贮槽

取盐酸的工艺流程。

氢气经过阻火器 1 后与原料氯气或液氯进入合成炉 2 下部的套管燃烧混合器，氯气进入内管，氢气进环隙管间。进炉氢气和氯气的配比为（1.05~1.1):1（摩尔比）。将氢气点燃后，使其在氯气中均衡燃烧，生成氯化氢气体，反应温度一般可达到 700~800℃。由于炉体散热，温度降到约 450℃进入空气冷却塔 3，继续被冷却到 130℃进入绝热吸收塔 4 与自塔顶进入的水逆流接触，生成的盐酸从塔底排出，再经冷却器冷却至常温，流入盐酸贮槽 7。

第二节　纯碱

纯碱即碳酸钠（Na_2CO_3），也称为苏打或碱灰，为无水、白色粉末，分子量 106，密度 2.533g/cm³，熔点 851℃，易溶于水并能与水生成 $Na_2CO_3 \cdot H_2O$、$Na_2CO_3 \cdot 7H_2O$ 和 $Na_2CO_3 \cdot 10H_2O$ 三种水合物，微溶于无水乙醇，不溶于丙酮。工业产品的纯度在 99% 左右，依堆积密度的不同，可分为超轻质纯碱、轻质纯碱和重质纯碱，其堆积密度分别为 0.33~0.44t/m³、0.45~0.69t/m³ 和 0.8~1.1t/m³。

纯碱是一种强碱弱酸盐，它的水溶液呈碱性，并能与强酸发生反应，如：

$$Na_2CO_3 + 2HCl \longrightarrow 2NaCl + H_2O + CO_2$$

在高温下，纯碱可分解为氧化钠和二氧化碳，反应式如下：

$$Na_2CO_3 \xrightarrow{\text{高温}} Na_2O + CO_2$$

另外，无水碳酸钠长期暴露于空气中能缓慢地吸收空气中的水分和二氧化碳，生成碳酸氢钠。

$$Na_2CO_3 + H_2O + CO_2 \longrightarrow 2NaHCO_3$$

纯碱是一种重要的基础化工原料，年产量在一定程度上可以反映出一个国家化学工业发展的水平。纯碱的主要用途，首先用于生产各种玻璃，制取各种钠盐和金属碳酸盐等化学品；其次用于造纸、肥皂和洗涤剂、染料、陶瓷、冶金、食品工业和日常生活。因此，纯碱在国民经济中占有极为重要的地位。我国是世界上最大的纯碱生产国与消费国。2009 年全国累计生产纯碱 1872 万吨，约占世界产量的 30%，与欧洲总产量基本持平，高于美国。2020 年我国纯碱产量 2812.4 万吨。

纯碱的工业生产有一个发展历程，18 世纪以前，碱的来源依靠天然碱和草木灰。随着欧洲产业革命的进展，需要大量的纯碱。1791 年，法国人吕布兰（N. Leblanc）提出用食盐、浓硫酸、木炭和石灰石制取纯碱的方法，目前已被淘汰；1861 年，比利时人索尔维（E. Solvay）提出氨碱法制纯碱，也称为索尔维法，至今仍在纯碱生产中广泛应用。1942 年，我国著名化学家制碱泰斗侯德榜先生首次提出了联合制碱法完整的工艺路线，因此这种方法也称为"侯氏制碱法"。该法原料利用率高、产品质量好、成本低，是目前工业化生产中采用的主要方法之一。除此之外，还有天然碱加工法等。

一、氨碱法制纯碱

氨碱法是目前工业制取纯碱的主要方法之一。其优点是：原料易得且价廉，生产过程中的氨可循环利用，损失较少，能够大规模连续生产，可得到较高质量的纯碱产品。但此法也存在一些缺点：原料利用率低，尤其是食盐的利用率仅为28%；同时排出大量废液、废渣，严重污染环境，尤其不便在内陆建厂；氨的回收循环复杂，母液中含有大量NH_4Cl，需用石灰乳使之分解，然后再蒸馏出氨，流程长、设备庞大、浪费能量。

氨碱法制纯碱的基本原理和生产工艺

二、联合制碱法

早在1938年，我国著名化学家侯德榜就对联合制碱的技术进行了研究，1942年提出了比较完整的联合制碱工艺方法。

联合制碱的示意图如图4-16所示。如由母液Ⅱ（MⅡ）开始，经过吸氨、澄清、碳化、过滤、煅烧即可制得纯碱，这一制碱过程称为"Ⅰ过程"。过滤重碱后的母液Ⅰ（MⅠ）经过吸氨、冷析、盐析、分离即可得到氯化铵，制取氯化铵的过程称为"Ⅱ过程"。两个过程构成一个循环，向循环系统中连续加入原料（氨、盐、水和二氧化碳），就能不断地生产出纯碱和氯化铵。

联合制碱法与氨碱法相比有下述优点：

① 原料利用率高，其中食盐利用率可高达90%以上。

② 不需要石灰石及焦炭，节约了原料、能量及运输等的消耗。

③ 纯碱部分不需要蒸氨塔、石灰窑、化灰机等繁重设备，缩短了流程。

④ 无大量废液、废渣排出，为在内地建厂创造了条件。

⑤ 建厂投资可省1/4，产品成本大幅度下降。

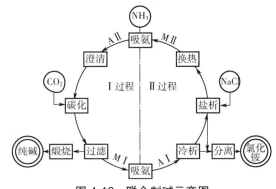

图4-16 联合制碱示意图

（一）联合制碱法生产纯碱和氯化铵的基本原理

1.联合制碱过程在相图上的表示

（1）四元相互体系相图 在无机化工生产中，四元水盐体系（独立组分数为4的水盐体系）主要分为两类。一类是由具有共同离子的三种盐和水构成的体系，如$NaCl$-Na_2SO_4-Na_2CO_3-H_2O体系。另一类是由两种能进行复分解反应的盐和水构成的体系，如纯碱生产中$NaCl$+$NH_4HCO_3 \longrightarrow NaHCO_3$+$NH_4Cl$，该反应在水溶液中进行，体系内有两个盐对（四种盐），其间有一个化学反应联系着，所以其独立组分数为5-1=4，是四元体系。这类四元体系又称为四元相互体系或四元盐对体系。

这种四元体系中几种盐之间的相平衡关系可用四元相互体系干盐图来表示（"干盐"与"干气"类似，设水含量为0），固定温度条件下，四元相互体系干盐图可以用正方形表示。盐的浓度用每摩尔总盐中各盐的物质的量表示。

纯碱生产反应体系中含四种离子，即Na^+、NH_4^+、Cl^-、HCO_3^-，由于溶液为电中性，设总盐计算基准为1mol，则有$M(Na^+)+M(NH_4^+)=M(Cl^-)+M(HCO_3^-)=M(总盐)=1mol$。钠离子的摩尔分数可表示为：

$$[Na^+] = \frac{M(Na^+)}{M(Na^+)+M(NH_4^+)} = \frac{M(Na^+)}{M(Cl^-)+M(HCO_3^-)} \quad (4-6)$$

同理，可以类推出$[NH_4^+]$、$[Cl^-]$、$[HCO_3^-]$的表达式，并有$[NH_4^+]=1-[Na^+]$，$[Cl^-]=1-[HCO_3^-]$。

图4-17就是这样一个Na^+、NH_4^+、Cl^-、HCO_3^-四元相互体系干盐图，图中A点是纯碳酸氢钠组成点，B点表示纯氯化钠组成点，C点为纯氯化铵组成点，D点为纯碳酸氢铵组成点。AB线代表碳酸氢钠与氯化钠的二元组成，BC线代表氯化钠与氯化铵的二元组成，CD线代表氯化铵与碳酸氢铵的二元组成，DA线代表碳酸氢铵与碳酸氢钠的二元组成。若组成点落在正方形对角线上，则表示体系由碳酸氢铵与氯化钠，以及碳酸氢钠与氯化铵混合而成。组成点在两对角线的交点上，则既可视为碳酸氢钠与氯化铵的等量混合，也可视为氯化钠与碳酸氢铵的等量混合。正方形相图中的某一点代表反应体系的四元组成。

（2）联合制碱循环过程 联合制碱是一个循环过程，因此在相图上，该生产过程必然是一闭合路线，见图4-17。

制碱原料液母液Ⅱ（Q_2点），经吸氨、碳化生成NH_4HCO_3，过程沿Q_2D线移到系统点N，析出$NaHCO_3$结晶，液固分离以后得到重碱结晶，液相组成沿AN线的延长线反向移到系统点Q_1（母液Ⅰ）。母液Ⅰ吸氨、碳化后生成一部分NH_4HCO_3，系统点移至R点，冷却时NH_4Cl析出，分离后液相组成达到L点，固体NH_4Cl经干燥得部分成品，在L点加入固体$NaCl$，到达M点。由于盐析作用，再析出部分NH_4Cl，液固分离后回到Q_2点（母液Ⅱ）。所以联碱生产在相图上是一个闭合循环过程，即$Q_2—N—Q_1—R—L—M—Q_2$。

2.氯化铵的结晶原理

氯化铵结晶工序是联合制碱生产过程的重要一环。它不单单是生产氯化铵的过程，并且与制碱过程密切联系，相互影响。

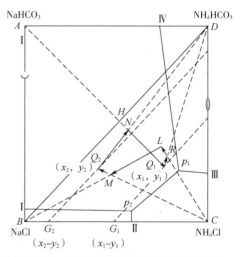

图4-17 联合制碱法生产循环示意相图

氨母液Ⅰ在结晶器中，借冷却作用和加入氯化钠的盐析作用使氯化铵结晶出来，同时获得合乎制碱要求的母液Ⅱ。

（1）冷析结晶原理 母液Ⅰ吸氨后成为氨母液Ⅰ，可使溶液中溶解度小的$NaHCO_3$和NH_4HCO_3转化成溶解度较大的Na_2CO_3和$(NH_4)_2CO_3$。所以吸氨母液在冷却时可以防止$NaHCO_3$和NH_4HCO_3的共析。应说明的是氯化铵和氯化钠的单独溶解度随温度的变化并不相同。如图4-18所示，氯化铵的溶解度是随温度降低而减小的，而氯化钠的溶解度受温度变化的影响不大，16℃时，两者溶解度相等。

（2）盐析结晶原理 由冷析结晶器出来的母液称为半母液Ⅱ，半母液Ⅱ中NH_4Cl是饱和的，而$NaCl$并不饱和，将固体$NaCl$加入半母液Ⅱ中，此时$NaCl$就会溶解。由于同离子效应使得NH_4Cl继续析出，这样既析出产品NH_4Cl又补充了原料盐$NaCl$。

在盐析过程中，氯化铵的结晶热、机械摩擦热及氯化钠带入显热三者之总和，远大于氯化钠的溶解热，所以盐析结晶的温度是升高的，一般比冷析结晶器温度高5℃左右。

盐析结晶过程中析出氯化铵的量，取决于结晶器内的温度和加入氯化钠的量。温度越低，析出氯化铵越多；加入氯化钠越多，析出氯化铵越多，母液Ⅱ中氯化钠的浓度也越高。

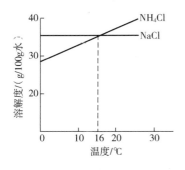 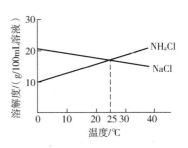

图 4-18　NH₄Cl 与 NaCl 的单独溶解度示意图　　图 4-19　NH₄Cl 与 NaCl 的共同溶解度示意图

在正常操作时，半母液Ⅱ中加入氯化钠的量受其在母液Ⅱ中溶解度的限制。氯化钠在母液Ⅱ中的溶解度与温度有关，母液Ⅱ温度越低，达到平衡时母液Ⅱ中氯化铵含量越低，氯化钠的饱和浓度越大（见图 4-19）。

实际生产中，由于氯化钠的粒度较大，以及氯化钠在盐析器内的停留时间短，固体氯化钠来不及溶解而混入氯化铵产品中，会降低氯化铵的质量。为了保证氯化铵产品的质量，实际工业生产中控制母液Ⅱ的氯化钠含量为饱和浓度的95%左右。

(3) 氯化铵结晶过程原理

① 过饱和度　过饱和度即指溶液过饱和的程度，一般用同一温度下的过饱和溶液浓度与饱和溶液浓度之差表示，或者用同一浓度时的饱和温度与过饱和温度之差表示。生产中，因温度可直接从温度计读出，过饱和度常以温度来表示。

对于不饱和溶液，在开始冷却时，只有温度下降而无结晶析出；继续冷却，溶液浓度刚好等于冷却温度下的饱和浓度，溶液成为饱和溶液，即将有结晶析出；继续降低温度，溶液浓度达到过饱和，溶液变为过饱和溶液，开始析出结晶。每种固体从过饱和溶液中析出所要求的过饱和度往往是不同的。

② 结晶的介稳区　过饱和状态是不稳定的，但在一定饱和度内，不经振动、落入灰尘或投入小粒晶体，又难于析出结晶。而只要上述三种情况之一发生都会引起结晶析出，溶液所处的这种状态称为介稳状态。如图 4-20 中 SS 线与 $S'S'$ 线之间的区域称为"介稳区"，在此区域内不析出或极少析出新晶核，而原有晶核可以长大。SS 线以下为不饱和区，在此区域内投入晶体便被溶解。$S'S'$ 线以上为"不稳区"，在此区域，晶核瞬间即可形成，形成大量粉状结晶。生产中为了制得大颗粒结晶，过饱和度应尽量控制在"介稳区"内，尽可能避免在"不稳区"内操作。

③ 影响氯化铵结晶粒度的因素　氯化铵结晶的关键，是如何产生较大的结晶颗粒，便于固液分离。溶液中析出结晶，可分为过饱和溶液的形成、晶核生成和晶核的成长三个阶段。为了得到较大的晶体，必

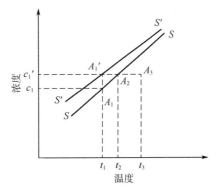

图 4-20　母液在不同温度下的介稳区

须避免同时大量析出晶核,而应使一定数量的晶核不断成长。影响结晶粒度的因素有以下几点:

a. 溶液成分　溶液的成分是影响结晶粒度的重要因素。实践证明,母液中氯化钠浓度越小,"介稳区"越宽。盐析结晶器中的母液,氯化钠浓度较大,使氯化铵结晶器"介稳区"缩小,操作容易超出"介稳区"而进入"不稳区",以致产生大量晶核,所以盐析结晶器氯化铵结晶的粒度比冷析结晶器的氯化铵粒度小。

b. 冷却速度　冷却是使氯化铵溶液产生过饱和度的主要手段之一。生产中如冷却速度过快,就会有较大的过饱和度出现,容易超越"介稳区"极限而析出大量晶核,不能得到大颗粒晶体,因而冷却速度不能太快。

c. 搅拌速度　适当增大搅拌速度可以降低过饱和度,使其不致超过过饱和极限,从而减小了大量析出晶核的可能。但过分激烈地搅拌将使"介稳区"缩小,也容易越出"介稳区"极限而生成细晶,同时容易使大粒结晶摩擦、撞击而破碎,所以搅拌速度要适当。

d. 晶浆固液比　母液过饱和度的消失还需要一定的结晶表面积。晶浆固液比高些,结晶表面就大些,过饱和度消失将较完全。这样不仅能使已有的结晶长大,而且可以防止过饱和度的积累,减少细晶,故应保持适当的固液比。

e. 结晶停留时间　结晶停留时间为结晶器内结晶盘存量与单位时间产量之比。在结晶器内,结晶颗粒停留时间长,有利于结晶颗粒的长大。当结晶器内晶浆固液比一定时,结晶盘存量也一定。因此当单位时间的产量小时,则停留时间就长,从而可获得大颗粒晶体。

(二) 联合制碱法纯碱和氯化铵的生产工艺

1. 联合制碱法的工艺条件

(1) 温度　碳化反应放热,降低温度,有利于生成碳酸氢钠和氯化铵,有利于产率的提高。但是,温度过低,反应速率就低,影响生产能力。实践证明,对于联合制碱碳化塔,塔中部(塔高度的 3/5 左右)温度较高,碳化塔中部的温度控制应不使氨和二氧化碳激烈地挥发而被碳化尾气带走,同时还应考虑生产上热量的平衡。因此,最高温度一般不超过 60℃。碳化塔的下部,采用间接冷却的方法降低碳化液的温度,一般控制碳化塔取出温度在 32~38℃ 为宜。

制铵过程中,一般控制 NH_4Cl 的冷析结晶温度不低于 5~10℃,盐析结晶温度在 15℃ 左右。

(2) 压力　制碱过程原则上可在常压下进行。但在碳化阶段,为强化吸收效果可以采用加压操作,碳化压力的选择与进入碳化塔的二氧化碳的浓度有关,浓度低可以采用较高压力。1.3MPa 或 0.7MPa 的变换气以及 0.45MPa 的水洗气都可以作为进入联合制碱碳化塔的气体。其他工序都可在常压下进行。制铵过程是析出结晶的过程,没有必要加压,故在常压下进行。

(3) 母液成分　联合制碱法生产纯碱和氯化铵,在母液循环过程中主要控制三个工艺指标,即三个比值,分别为 α 值、β 值和 γ 值。

① α 值　α 值是指氨母液 I 中游离氨 F (NH_3) 与二氧化碳的浓度之比,即

$$\alpha = c[F(NH_3)]/c(CO_2)$$

α 值在一定温度下应有一定的数值。α 值过低,重碳酸盐将与氯化铵共同析出,影响产品纯度,或者因二氧化碳分压过高使二氧化碳逸出。反之,若 α 值过高,即二氧化碳浓度低,虽可略微提高氯化铵的产量,但氨损失增大,同时恶化作业环境。一般情况下母液 I 中的 $c(CO_2)$ 因二氧化碳量来源固定可视为定值,而 α 值则与氯化铵结晶温度有关,如表 4-3 所示。

表 4-3　氨母液 I 的适当 α 值

结晶温度/℃	20	10	0	-10
α 值	2.35	2.22	2.09	2.02

由表 4-2 可知，结晶温度越低，要求维持的 α 值越小，即在一定的二氧化碳浓度下要求的吸氨量尽可能少。

② β 值　β 值是指氨母液 II 中游离氨 $F(NH_3)$ 与氯化钠的浓度之比，用下式表示：

$$\beta = c[F(NH_3)]/c(NaCl)$$

生产中适当提高 β 值有利于碳酸氢钠的生产，但是也要注意控制 β 值不能过高，因 $F(NH_3)$ 过高，碳化时将出现大量碳酸氢铵结晶，还会有部分氨被尾气和重碱带走，造成氨的损失。故要求氨母液 II 中 β 值控制在 1.04~1.12，即略大于理论数值（β=1）。

③ γ 值　γ 值是指母液 II 中钠离子浓度 $c(Na^+)$ 与固定氨浓度 $c(NH_3)$ 之比，即

$$\gamma = c(Na^+)/c(NH_3)$$

此值标志着加入氯化钠的多少。加入氯化钠越多，由于同离子效应，则母液 II 中结合氨浓度越低。γ 值越大，单位体积溶液的氯化铵产率也越大。但氯化钠的加入量受其溶解度的限制，加盐过多，多余的盐易带入氯化铵产品中，影响产品纯度。γ 值过低，氯化铵产率低。母液 II 中最大的钠离子浓度与盐析结晶器温度的关系（实验测得）如表 4-4 所示。

表 4-4　钠离子饱和浓度与 NH_4Cl 析出温度的关系

盐析温度/℃	10	11	12	13	14
Na^+ 饱和浓度/tt	77.3	76.7	76.1	75.5	74.9

注：1tt=1/20mol/L。

实际生产中，为了在提高氯化铵产率的同时又能够避免过量的氯化钠混杂于产品中，必须注意控制 γ 值在一定范围内。根据生产实践，当盐析结晶器溶液温度为 10~15℃时，γ 值一般控制在 1.5~1.8。

2.联合制碱法的工艺流程

联合制碱法有多种流程，按析出氯化铵温度的不同有深冷法（-5~-10℃）与浅冷法（5~15℃）之分。另外，依据加入原料（吸氨、加盐、碳化）的次数不同又有各种不同的工艺流程。中国的联合制碱生产，一般采用一次碳化、两次吸氨、一次加盐和冰机制冷的方法，如图 4-21 所示。

从盐析结晶器出来的母液 II（M II）经热交换器换热升温后进入母液 II 吸氨塔，吸收了合成氨来的氨气后的氨母液 II（A II）去碳化塔，在碳化塔中用合成氨来的 CO_2 和重碱煅烧生成的 CO_2 进行碳化，碳化后制得的重碱悬浆进入真空过滤机，固体重碱（NH_4HCO_3）经煅烧制得纯碱（Na_2CO_3）产品；真空过滤机滤出的母液 I（M I）进入母液 I 吸氨塔，吸收了合成氨来的氨气后成为氨母液 I（A I），氨母液 I 经热交换器与盐析结晶器出来的母液 II 换热降温后去冷析结晶器，在冷析结晶器中进一步用冷盐水冷却，氨母液 I 因温度降低满足 NH_4Cl 结晶过饱和度要求而析出 NH_4Cl 晶体，成长后的 NH_4Cl 结晶经晶浆取出管取出，送离心机分离，离心机分离出的半母液 II 去盐析结晶器，加入精制原盐 NaCl，在盐析结晶器中 NaCl 溶解，利用同离子效应使 NH_4Cl 结晶，成长后的 NH_4Cl 结晶经晶浆取出管取出，与冷析结晶器出来的晶浆一并进入离心分离器，离心分离出的固体 NH_4Cl 去沸腾干燥炉干燥后制得 NH_4Cl 产品，盐析结晶器溢流出来的母液 II 再次进行循环。

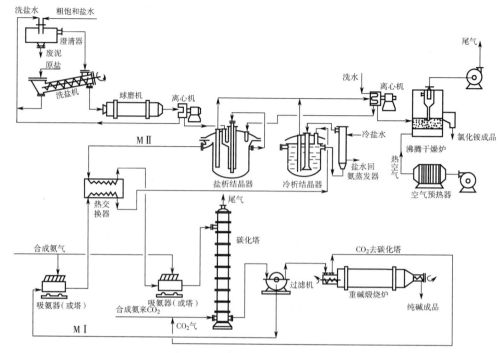

图 4-21 联合制碱生产流程图

知识拓展

烧碱与纯碱的发展历程

思考与练习

4-1 什么是过电压？它的存在对生产有何利弊？

4-2 离子交换膜法电解与隔膜法相比有什么特点？

4-3 试述离子交换膜法制碱原理。

4-4 盐水中的 Ca^{2+}、Mg^{2+} 含量偏高对离子交换膜有何影响？

4-5 如何进行盐水的二次精制？

4-6 一台离子交换膜电解槽，若通入电流 6500A，试计算理论上电解一昼夜后 Cl_2、H_2、$NaOH$ 的产量。

4-7 联合制碱法与氨碱法比较，有什么优点？

4-8 试画出联合制碱的示意流程。

4-9 联合制碱过程在相图上是如何循环的？

4-10 制碱循环过程中，纯碱产量与哪些因素有关？

4-11 什么是冷析结晶氯化铵？什么是盐析结晶氯化铵？各自基于什么原理？

4-12 影响氯化铵结晶的因素有哪些？怎样才能获得颗粒较大的氯化铵结晶？

4-13 联合制碱法生产纯碱过程中，温度和母液成分是如何确定的？

4-14 简述联合制碱法生产工艺流程。

第五章 碳一系列典型产品

1661年英国化学家波义耳（Robert Boyle），用黄杨木干馏提取出了甲醇物质。而后在1834年，法国化学家杜马（Jean-Baptiste André Dumas）和彼利哥（Eugène Péligot）用木材干馏的液体产品制得纯品甲醇。因甲醇最早是由木材干馏制得的，故至今甲醇仍然俗称木醇或木精。1857年，法国贝特洛（Berthelot）水解一氯甲烷制得甲醇。1892年，根据IUPAC命名法将甲醇称为methanol，沿用至今。

1923年德国巴登苯胺纯碱公司首先建成了一套以CO和H_2为原料年产300t的高压法甲醇合成装置，催化剂为锌铬催化剂，开拓了以合成气作为工业合成原料的生产史。1966年，英国卜内门化学公司（ICI）研制成功低压甲醇铜基催化剂，开发了低压甲醇合成工艺。1971年，德国鲁奇公司（Lurgi）开发了另一种低压甲醇合成工艺。

我国甲醇工业始于20世纪50年代，当时兰州、吉林、太原由苏联援建了高压甲醇生产装置。20世纪60~70年代南京化学工业公司研究院研制了合成氨联产甲醇的中压铜基催化剂，推动了我国合成氨联产甲醇工业的发展。70~80年代，四川维尼纶厂引进了ICI低压甲醇装置、山东齐鲁石化公司引进了Lurgi低压甲醇装置。随后，西南化工研究院开发了性能良好的低压甲醇催化剂，使我国的甲醇生产技术有了新的进步。90年代后，上海焦化厂年产20万吨和其他省市年产3~10万吨低压甲醇装置的建设，以及许多氮肥厂联醇装置的投产，使我国甲醇生产跃上新台阶。目前我国的甲醇产能还需提升以满足下游生产的需要。

甲醛是甲醇最重要的衍生物，也是一种重要的基本有机化工原料。甲醛是最简单的脂肪族醛。甲醛最早由俄国化学家于1859年通过亚甲基二乙酯水解制得，1868年才通过使用铂催化剂，用空气氧化甲醇合成了甲醛，但由于铂催化剂昂贵，没有实现工业化生产，一直到1886年和1910年分别用铜催化剂和银催化剂，才使甲醛生产实现了工业化。1910年，酚醛树脂的开发成功，使甲醛工业得到了迅猛发展。目前，世界上甲醛的生产基本都采用甲醇空气氧化法。

第一节 甲醇

甲醇是最简单的饱和醇，分子式为CH_3OH，分子量32.04。在常温常压下，甲醇是易流动、易挥发、易燃的无色透明液体，具有类似于酒精的气味。甲醇有很好的溶解能力，甲醇与水、乙醚、苯、酮以及大多数有机溶剂可按任意比例混合，但甲醇不能溶解脂肪。甲醇与水不形成共沸物，因此可用分馏的方法来分离甲醇和水。甲醇具有很强的毒性，内服10mL有失明的危险，30mL能致人死亡，故操作场所中甲醇允许浓度为0.05mg/L。甲醇蒸气与空气能形成爆炸性混合物，爆炸极限为6.0%~36.5%（体积分数）。

甲醇既是化工产品又是基本有机化工原料。它在基本有机化工中的用途仅次于乙烯、丙烯、苯。甲醇主要用于生产甲醛；其次是作为原料和溶剂，生产合成材料、农药、医药、染料和油漆；甲醇还可用于生产对苯二甲酸二甲酯、甲基丙烯酸甲酯；甲醇的辛烷值很高，可作汽油添加剂；甲醇是直接合成乙酸的原料；甲醇作为人工合成蛋白的原料开始受到重视。甲醇的其他用途还在不断被开发。

一、甲醇合成基本原理

（一）化学反应

合成气在催化剂的作用下合成甲醇，是工业化生产甲醇的主要方法。

主反应：

$$CO + 2H_2 \rightleftharpoons CH_3OH \tag{5-1}$$

$$CO_2 + 3H_2 \rightleftharpoons CH_3OH + H_2O \tag{5-2}$$

上面两个反应都是体积缩小的可逆放热反应。

副反应：

$$2CH_3OH \longrightarrow CH_3OCH_3 + H_2O \tag{5-3}$$

$$CH_3OH + nCO + 2nH_2 \longrightarrow C_nH_{2n+1}CH_2OH + nH_2O \tag{5-4}$$

$$CH_3OH + nCO + 2(n-1)H_2 \longrightarrow C_nH_{2n+1}COOH + (n-1)H_2O \tag{5-5}$$

$$CO + 3H_2 \longrightarrow CH_4 + H_2O \tag{5-6}$$

$$2CO + 2H_2 \longrightarrow CH_4 + CO_2 \tag{5-7}$$

$$2CO \longrightarrow C + CO_2 \tag{5-8}$$

以上介绍的只是几个主要副反应，副产物还可能进一步发生反应，生成烯烃、酯类、酮类等副产物。由于反应条件的变化，副产物的生成量在一个范围内波动。

甲醇合成是一个气-固相催化反应过程。

（二）催化剂

在合成甲醇的生产中，传统上选用的催化剂有两种：一种是以氧化锌为主的锌铬催化剂 $ZnO\text{-}Cr_2O_3$，一种是以氧化铜为主的铜基催化剂 $CuO\text{-}ZnO\text{-}Al_2O_3$ 或 $CuO\text{-}ZnO\text{-}Cr_2O_3$。

锌铬催化剂是最早用于工业合成甲醇的，1966年以前的甲醇合成基本上都采用锌铬催化剂。锌铬催化剂使用寿命长，活性温度范围宽，操作易控制，耐热性能好，抗毒性强，力学性能好。但因其活性温度高，必须在高压下操作，另外铬是重金属，对身体有害，因此目前逐步被淘汰。

铜基催化剂根据加入的助剂不同，可分为铜锌铬系列、铜锌铝系列和其他铜锌系列等。我国目前使用的 C301 型铜基催化剂为 $CuO\text{-}ZnO\text{-}Al_2O_3$ 三元催化剂，其大致组成为（质量分数）：Cu 45%~55%、ZnO 25%~35%、Al_2O_3 2%~6%。铜基催化剂只有经过还原，将催化剂组分中的 CuO 还原成 Cu（金属铜），并和组分中的 ZnO 熔固在一起，才具有活性，工业上常用氢气、一氧化碳等对铜基催化剂进行还原。

铜基催化剂使用一段时间后会失去活性，即所谓的"中毒"。催化剂中毒的原因很多，诸如有害物质（如 CS_2、H_2S、Cl_2、Br_2、P、As、Hg、Pb）、高温、催化剂风化或粉碎等。

为了延长催化剂的寿命和增强催化剂活性，在使用时应做好如下工作：

① 加强原料气净化，尽可能减少催化剂毒性物质入塔。
② 正确制定和严格执行催化剂还原方案。
③ 催化剂过筛、充装要减少撞击、搓擦。
④ 充填要均匀，防止颗粒偏析。
⑤ 控制合成塔的生产负荷，确保在催化剂活性温度下操作。

二、合成气制甲醇的工业生产方法

（一）工艺条件

在甲醇的生产中为了减少副反应，提高甲醇的收率，除选择适宜的催化剂外，还应考虑温度、压力、原料气组成与纯度以及空速的影响。

1. 温度

甲醇合成反应是一个可逆放热反应，提高反应温度可以增大反应速率，但不利于反应的平衡，同时，提高温度，也将使副反应加剧，这样既增加了分离困难，又导致催化剂表面积炭，降低催化剂的活性，因此，选择合适的操作温度至关重要。

生产中的操作温度由多种因素决定，尤其取决于催化剂的活性温度。对于 ZnO-Cr_2O_3 催化剂，最适宜温度为 653K 左右；对于 CuO-ZnO-Al_2O_3 催化剂，最适宜温度为 503~543K。一般情况下，随着反应的进行，催化剂活性降低，因此，为保证反应顺利进行，反应初期的温度稍低，随着时间推移，应逐步提高反应温度。

2. 压力

合成甲醇的反应是体积减小的反应，提高压力不仅有利于平衡向正反应方向移动，也有利于提高甲醇合成反应速率。但是提高压力要消耗能量，还受设备强度限制。另外生产中反应压力由于受到反应平衡限制，必须与反应温度相适应，如铜基催化剂的活性温度为 503~543K，低法合成甲醇的压力在 5~10MPa。

3. 原料气的组成与纯度

由合成甲醇的反应可知，理论上 $H_2:CO=2:1$（摩尔比）。生产中为了避免引起羰基铁积聚于催化剂表面而使其失去活性，CO 不能过量，一般采用氢气过量。氢气过量既可以防止或减少副反应的发生，提高粗甲醇浓度；又可带出反应热，防止催化剂局部过热，延长催化剂使用寿命。但过高的 H_2/CO 会降低设备的生产能力。对于采用铜基催化剂的低压合成法，一般控制 $H_2/CO=(2.2~3.0):1$。

二氧化碳的比热容较一氧化碳为高，其加氢反应的热效应却较小，所以若原料中含有一定量的 CO_2，可以降低反应器中的峰值温度，同时还可以抑制二甲醚的生成。对于低压法甲醇合成工艺，CO_2 含量为 5%（体积分数）时的甲醇收率最高。

原料气的纯度也影响甲醇的合成反应。原料气中的惰性物质 N_2 及 CH_4 会降低 H_2 及 CO_2 的分压，使反应的转化率降低，硫化氢等会使催化剂中毒，因此，原料进入合成塔之前，必须除掉其中的杂质。关于合成气的制备与净化，在第一章合成氨中已详细介绍，这里不再赘述。

4. 空速

合成甲醇的空速大小不仅影响原料的转化率，而且也影响生产能力和单位时间所放出的热量。一般来说，空速越小，接触时间越长，单程转化率越高，但单位时间内通过的气量就小，设备的生产能力大大下降。空速越大，催化剂生产强度越大，气体还可以将反应热及时移走，但同时也增大了动力消耗，并且由于循环气体量增大而使反应物浓度降低，增加了分离反应产物的费用。另外，空速增大到一定程度后，催化剂温度将不能维持稳定。

适宜的空速与催化剂活性、反应温度及进塔的气体组成有关。如使用铜基催化剂，空速控制在 $10000 \sim 20000 h^{-1}$ 比较适宜。

（二）工艺流程

1. 基本甲醇合成工艺流程

甲醇合成的工艺流程有多种，其改进与新催化剂的开发和应用以及净化技术的发展紧密相关。最早的甲醇合成工艺流程是应用锌铬催化剂的高压工艺流程，此法的特点是技术成熟，投资及生产成本较高。随着铜基催化剂的发展以及脱硫净化技术的进步，出现了低压工艺流程，但低压工艺较低的操作压力导致设备相当庞大，因此又出现了操作压力在 10MPa 左右的中压工艺流程。

甲醇合成工艺流程虽有多种，但是基本原理与步骤是一致的。图 5-1 是最基本的甲醇合成工艺流程示意图。新鲜原料气由压缩机 1 压到所需的合成压力后与从循环机 6 来的循环气混合，并分为两股，一股主线进入热交换器 2，将混合气预热到催化剂活性温度，进入合成塔 3，另一股副线不经过热交换器而是直接进入合成塔以调节进入催化层的温度。经反应后的高温气体进入热交换器 2 与冷原料气换热后，进一步在水冷却器 4 中冷却，然后在甲醇分离器 5 中分离出液态粗甲醇，送精馏工段制备精甲醇。为控制循环气中惰性气体的含量，分离出水和甲醇后的气体需小部分放空（或回收至前面造气工段），大部分进循环机增压后返回系统，重新利用未反应的气体。

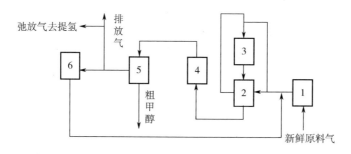

图 5-1 甲醇合成工艺流程示意图

1—新鲜原料气压缩机；2—热交换器；3—甲醇合成塔；4—水冷却器；5—甲醇分离器；6—循环机

2. 低压法工艺流程

自铜基催化剂面世及脱硫净化技术升级后，出现了低压工艺流程，可在低压（5MPa）下用合成气生产甲醇。

图 5-2 为以合成气为原料，低压合成甲醇的工艺流程。合成气进入合成压缩机（三段），压缩至压力略低于 5MPa，与循环气混合后在循环气压缩机 1 中增压至 5MPa，进入合成反应器 2，在催化床层中进行合成反应。此流程中合成反应器为原料激冷式绝热反应器，催化剂为铜基催化剂，操作压力为 5MPa，操作温度为 513～543K。由反应器出来的气体含甲醇 6%～8%，经热交换器 3 与合成气换热后进入水冷器 4，使产物甲醇冷凝，在甲醇分离器 5 中将液态甲醇水溶液与气体分离，再经粗甲醇中间贮槽 6 闪蒸去除溶解的气体，得到的反应产物粗甲醇送精制。甲醇分离器 5 分出的气体含大量氢气和一氧化碳，返回循环气压缩机 1 循环使用。为防止惰性气体积累，将部分循环气放空。

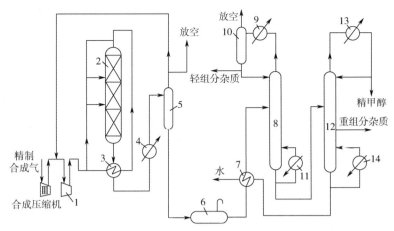

图 5-2 低压合成甲醇的工艺流程图

1—循环气压缩机；2—合成反应器；3，7—热交换器；4，9，13—水冷器；5—甲醇分离器；6—粗甲醇中间贮槽；
8—脱轻组分塔；10—分离器；11，14—再沸器；12—甲醇精馏塔

粗甲醇中除了含有约 8% 的甲醇外，还含有两大类杂质。一类是溶于其中的气体和易挥发的轻组分，如氢气、一氧化碳、二氧化碳、二甲醚、乙醛、丙酮、甲酸甲酯、羰基铁等；另一类是难挥发的重组分，如乙醇、高级醇、水分等。可用精馏装置进行精制。

粗甲醇首先进入第一精馏塔（脱轻组分塔），塔顶分出轻组分，经冷凝回收甲醇后的不凝气放空。塔釜液进入第二精馏塔（脱重组分塔），塔顶采出产品精甲醇，重组分乙醇、高级醇等在塔的加料板下 6~14 块板处侧线气相采出，水由塔釜采出经回收余热后送废水处理。

中压合成法是在低压法研究的基础上发展起来的，所用合成塔（合成反应器）与低压法相同，流程也与低压法相似。

（三）合成甲醇的主要设备

甲醇合成塔是甲醇合成的主要设备。其基本结构与合成氨塔相似。由外筒、内件和电加热器三部分组成。

高压甲醇合成塔根据冷管结构的不同可分为并流三套管式、并流双套管式、单管并流式、单管折流式等。

低压甲醇合成塔主要有 Lurgi 型甲醇合成塔和 ICI 激冷式合成塔。

1. Lurgi 型甲醇合成塔

如图 5-3 所示，Lurgi 型甲醇合成塔既是反应器又是废热锅炉。内部类似于一般的列管式换热器，列管内装催化剂，管外为沸腾水。甲醇合成反应放出的热很快被沸腾水移走。锅炉给水是自然循环的，这样通过控制沸腾水上的蒸汽压力，可以保持恒定的反应温度。这种塔的主要特点是采用管束式合成塔。合成塔温度几乎是恒定的，有效制止了副反应，并且由于温度恒定，催化剂没有超温的危险从而使催化剂寿命延长，利用反应热产生的中压蒸汽经过热后可带动透平压缩机，压缩机用过的低压蒸汽又送至甲醇精馏部分使用，故整个系统热利用率较好。但是，这种合成塔结构复杂，装卸催化剂不太方便。

2. ICI 激冷式合成塔

如图 5-4 所示，这种合成塔主要由塔体、气体喷头、菱形分布器构成。塔体为单层全焊结构，不分内、外件，故筒体为热壁容器，要求材料抗氢蚀能力强，强度高，焊接性好；气体喷头为四层

不锈钢的圆锥体组焊而成，固定于塔顶气体入口处，使气体均匀分布于塔内，喷头可以防止气流冲击催化床而损坏催化剂；菱形分布器埋于催化床中，并在催化床的不同高度平面上各装一组，全塔共装三组，它使激冷气和反应气体均匀混合，以调节催化床层的温度，是合成塔的关键部件。

菱形分布器由导气管与气体分布管两部分组成。导气管为双重套管，与塔外的激冷气总管相连，导气管的内套管上，每隔一定距离，朝下设有法兰接头，与气体分布管呈垂直连接。气体分布管由内外两部分组成，外部是菱形截面的气体分布混合管，它由四根长的扁钢和许多斜横着焊接于长扁钢上的短扁钢构成骨架，并在外面包上双层金属丝网，内层为粗网，外层为细网。内部是一根双套管，内套管朝下钻有一排小孔，外套管朝上倾斜着钻有两排小孔，内、外套管小孔间距为80mm。

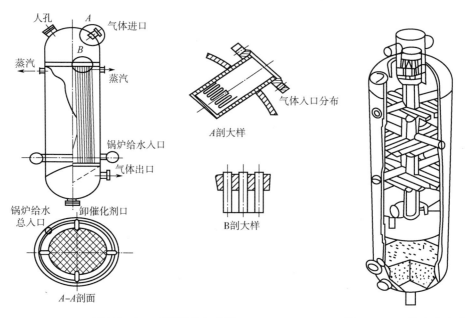

图 5-3　Lurgi 型甲醇合成塔　　　　图 5-4　ICI 激冷式合成塔

激冷气经导气管进入气体分布管内部后，自内套管的小孔流出，再经外套管小孔喷出，在混合管内和流过的热气流混合，从而降低气体温度并向下流动，在床层中继续反应。

在合成塔内，由于采用菱形分布器引入激冷气，气体分布均匀，床层的同平面温差很小，基本上能维持在等温下操作，从而延长催化剂的使用寿命。这种合成塔的另一个优点是催化剂装卸很方便。但是该合成塔温度控制不够灵敏，操作温度严重依赖于各段床层入口气体的温度，各段床层进口温度有小的变动，就会导致系统温度大的变化。这种温度的变化在一定程度上会影响合成塔的稳定操作。

甲醇生产过程中常见的异常现象及处理方法

第二节 甲醛的生产

甲醛（formaldehyde/ methanal）俗称蚁醛，是醛类中最简单的化合物，分子式为 HCHO，分子量为 30.03。甲醛在常温常压下是无色的窒息性气体。甲醛易溶于水，可形成各种浓度的水溶液，37%～40%（质量分数）的甲醛水溶液称为福尔马林。甲醛气体可燃，能与空气形成爆炸性混合物，爆炸极限为 7%～75%（体积分数）。

甲醛是一种高毒物质，由于本身具有一定潜伏期（一般为 3～15 年）故危害性持久，难以预防，已经被世界卫生组织确定为致癌和致畸形物质，被称为居室的"隐形杀手"，对儿童和孕妇的危害更大。甲醛在空气中的允许浓度为 $0.08mg/m^3$。

1. 甲醛的化学反应

甲醛分子中含有双键，化学反应能力很强，可以和许多物质发生反应。

① 分解反应　干燥的纯甲醛气体能在 100～380℃ 的条件下稳定存在，在 100℃ 以下时，甲醛缓慢分解成 CO 和 H_2，400℃ 以上时，分解速度加快。

② 氧化反应　甲醛非常容易被氧化成甲酸，甲酸可进一步被氧化为二氧化碳和水。

③ 还原反应　甲醛在金属或金属氧化物的催化作用下容易被氢气还原成甲醇。

④ 缩合反应　甲醛能自身发生缩合反应，除此之外，它还能和多种醛、醇、酚、胺等发生缩合反应。

⑤ 加成反应　甲醛能与烯烃及酚发生加成反应。其中，甲醛和烯烃在酸催化剂存在下发生加成反应，可由单烯烃制备双烯烃，并增加一个碳原子。如甲醛与异丁烯反应，生成的异戊二烯是合成橡胶的重要原料。

⑥ 甲醛和合成气在贵金属催化剂作用下反应可生成羟乙醛，进一步加氢生成乙二醇；甲醛、甲醇、乙醛和氨的混合物在硅铝催化剂及温度为 600℃ 的条件下可生成吡啶和 3-甲基吡啶。

⑦ 在适当催化剂（如三正丁胺）作用下，纯甲醛有很大的聚合能力，可得分子量高达数万至十几万的线型聚合物"聚甲醛"，它有很高的硬度，可代替金属材料。

2. 甲醛的用途

甲醛能发生多种化学反应，在工业上有广泛的用途，除可以单独作为产品使用外，大量甲醛用于制造酚醛树脂、脲醛树脂、合成橡胶、合成纤维、工程塑料等。福尔马林可作为消毒剂和防腐剂。甲醛在军事、民用、医药、农业等方面都有应用。

一、甲醇氧化制甲醛的生产原理

甲醛的生产方法主要有甲醇氧化法和甲烷氧化法。目前工业上大量采用的是甲醇氧化法。

甲醇氧化制甲醛的工艺路线又分为银法和铁钼法。银法也称为"甲醇过量法"或"氧化脱氢法"，于 1925 年实现工业化；铁钼法也称为"空气过量法"或"氧化法"，于 1952 年实现工业化。

（一）银法反应原理

1. 银法化学反应

在甲醇、空气和水蒸气的混合反应气中，甲醇的浓度高于爆炸极限浓度的上限（>36.5%），在银催化剂的作用下，甲醇经空气氧化生成甲醛。

主反应：

甲醇氧化反应：$CH_3OH + \frac{1}{2}O_2 \longrightarrow HCHO + H_2O \quad \Delta H_{298}^{\ominus} = -159 kJ/mol$ (5-9)

甲醇脱氢反应：$CH_3OH \rightleftharpoons HCHO + H_2 \quad \Delta H_{298}^{\ominus} = 284.2 kJ/mol$ (5-10)

水的合成反应：$H_2 + \frac{1}{2}O_2 \longrightarrow H_2O \quad \Delta H_{298}^{\ominus} = -248.2 kJ/mol$ (5-11)

甲醇的氧化反应是在200℃左右下才开始的，是一个强放热反应，放出的热量使催化床层的温度升高，反过来又使氧化反应不断加快。甲醇脱氢反应在低温下几乎不进行，当催化床温度达到600℃左右时，甲醇脱氢反应才较快进行，成为生成甲醛的主要反应，脱氢反应是一个可逆吸热反应，当甲醇脱氢放出的氢和混合气中的氧进一步结合生成水后，氢的分压大大降低，从而使甲醇脱氢反应不断地向生成甲醛的方向进行，提高了甲醛的收率。

式（5-9）、式（5-11）放出的热量，除满足式（5-10）所需及反应气体升温之外还有剩余，因此生产上在原料混合气中加入部分水蒸气，以便移走反应系统中多余的热量，同时起到稳定反应温度、避免催化剂过热、清除催化剂表面积炭、控制反应速率和反应深度的作用。

副反应：

甲醇完全燃烧反应：$CH_3OH + \frac{3}{2}O_2 \longrightarrow CO_2 + 2H_2O$ (5-12)

甲醇氢化反应：$CH_3OH + H_2 \longrightarrow CH_4 + H_2O$ (5-13)

甲醛氧化反应：$HCHO + \frac{1}{2}O_2 \longrightarrow HCOOH$ (5-14)

副反应不仅消耗原料甲醇，也是造成甲醛收率降低的主要原因。工业上为了避免这些副反应的发生，必须严格控制反应温度、进入反应器的气体组成、原料的纯度、接触时间等工艺参数，并要正确地选择设备材料。

2.银催化剂

较早使用的是浮石银催化剂，后发展到使用电解银催化剂。浮石银催化剂是通过硝酸银溶液浸泡，然后高温焙烧使硝酸银分解，将银负载于浮石上制备的。电解银催化剂的制备是将含银99.9%的原料银作为阳极，在硝酸银电解液中进行电解。阳极银发生氧化反应生成银离子，不断溶解于电解液中，而阴极不断还原银离子为金属银，并以微小颗粒沉积于阴极表面。

电解银催化剂的活性和选择性均比浮石银催化剂有明显提高，电解银催化剂的甲醇转化率可达90%，甲醛选择性可达91%以上。

（二）铁钼法反应原理

1.铁钼法化学反应

采用铁、钼、钒等金属氧化物作为催化剂，在甲醇、空气的混合反应气中，甲醇的浓度低于爆炸极限浓度的下限（<6%），在铁钼催化剂的作用下，甲醇经空气氧化生成甲醛。铁钼催化剂的活性温度低，主要发生式（5-9）的甲醇氧化反应，由于空气过剩，甲醇几乎全部转化。

主反应：

甲醇氧化反应：$CH_3OH + \frac{1}{2}O_2 \longrightarrow HCHO + H_2O \quad \Delta H_{298}^{\ominus} = -159 kJ/mol$ (5-9)

副反应：

甲醇完全燃烧反应：$CH_3OH + \frac{3}{2}O_2 \longrightarrow CO_2 + 2H_2O$ (5-12)

甲醛氧化反应：$\quad\quad\quad HCHO + \frac{1}{2}O_2 \longrightarrow HCOOH \quad\quad\quad\quad (5\text{-}14)$

甲醛氧化反应：$\quad\quad\quad HCHO + \frac{1}{2}O_2 \longrightarrow CO + H_2O \quad\quad\quad (5\text{-}15)$

对于平行副反应式（5-12）的抑制尚无有效的方法，但连串副反应式（5-14）、式（5-15）则可通过让反应产物急速冷却的方法加以控制。

采用铁钼氧化物为催化剂进行甲醇催化氧化生产甲醛，具有高转化率（接近100%）、高选择性和甲醇原料消耗低的特点，产品中仅含有<1%的未转化甲醇，而且生产中不需要加入水蒸气作为稀释剂，可以直接制得低醇高浓度甲醛。其技术经济的合理性和先进性与银法相比是显而易见的。

2.铁钼催化剂

对于甲醇氧化制甲醛的反应，若单独用铁氧化物作催化剂，虽活性较高但选择性太差，会生成大量二氧化碳；若单独用氧化钼作催化剂，反应选择性是较好的，但转化率太低。只有铁钼氧化物以适当的比例制成的催化剂，才能取得满意的效果。一般氧化铁：氧化钼=（15% ~ 20%）：（80% ~ 85%）。助催化剂的选择：加入少量铬（约0.2% ~ 0.3%）可稳定催化剂的操作，加入少量锰、铈、钴、锡、镍、钒可提高催化效果。载体的选择：一般选用适量的高岭土和硅藻土加入"铁钼氧化物"体系中，其质量分数约为30% ~ 50%，不仅能提高催化剂强度，而且可以抑制铁钼催化剂过高的活性，使反应进行得较为平缓易于控制。

铁钼催化剂活性稳定性好，一般可持续使用一年以上。

二、甲醛的生产方法

（一）工艺条件

1.温度

对于银法，升高温度对于脱氢反应有利，但温度过高容易引起深度氧化和产品的分解，当温度超过913K时，甲醛收率会急剧下降。对于铁钼法，要求在653K以下操作，适宜温度可由通入反应区的冷却水量、进入反应器的气体混合物的组成和量来确定。

2.原料气组成

进入反应器的混合气体组成，对反应结果和过程的控制有很大的影响。首先考虑生产安全，要求甲醇与空气的比例应该在爆炸范围以外；其次考虑甲醛收率，银法原料中配有水蒸气，氧醇摩尔比取0.39 ~ 0.4，通常每升甲醇蒸气和空气混合物中含甲醇约0.5g。铁钼法控制原料中甲醇在6%（体积分数）左右。

3.原料的纯度

原料气中的杂质会严重影响催化剂活性，因此应严格控制原料纯度。当原料中含硫时，硫会与催化剂形成不具活性的硫化银；含醛、酮时，则会发生树脂化甚至成炭，覆盖于催化剂表面；含五羰基铁时，在操作条件下析出的铁沉积在催化剂表面，促使甲醛分解。为此，原料应经过滤，以除去固体杂质，并在填料塔中用碱液（NaOH或Na_2CO_3）洗涤以除去SO_2和CO_2。为除去五羰基铁，可将蒸汽和气体混合物在反应前于200 ~ 300℃通过充满石英或瓷片的设备进行过滤。

4.接触时间

反应时间增加，有利于甲醇转化率的提高，但深度氧化、分解等副反应也随之增加，因此工业上大多采用短停留时间的快速反应方法。银法一般控制接触时间为 0.1s，铁钼法为 0.2～0.5s。

（二）工艺流程

银法甲醇氧化生产甲醛的工艺流程如图 5-5 所示。

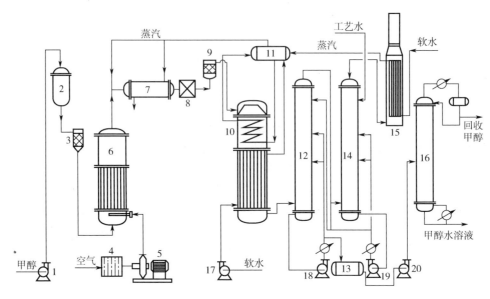

图 5-5　银法甲醇氧化制甲醛工艺流程图

1—甲醇泵；2—甲醇高位槽；3—甲醇过滤器；4—空气过滤器；5—鼓风机；6—蒸发器；7—过热器；
8—阻火器；9—过滤器；10—氧化反应器；11—汽包；12—第一吸收塔；13—甲醛贮槽；
14—第二吸收塔；15—尾气燃烧炉；16—脱醇塔；17—软水泵；18,19—循环泵；20—甲醛泵

原料甲醇用甲醇泵 1 连续送入甲醇高位槽 2，甲醇以一定流速流经甲醇过滤器 3，进入用水蒸气间接加热的蒸发器 6，同时，在蒸发器底部由鼓风机 5 送入已除掉灰尘及其他杂质的定量空气。空气鼓泡通过被加热到 45～50℃的甲醇液层时，被甲醇蒸气所饱和，每升甲醇蒸气和空气的混合物中甲醇含量约为 0.5g。为了控制氧化器内的温度，保证反应安全，在上述的甲醇蒸气和空气混合物中加入一定量的水蒸气，并通过过热器 7 加热到 105～120℃，以避免混合气中甲醇凝液的存在，因为若有甲醇液体进入催化剂层，即会因猛烈蒸发而使催化剂层发生翻动，即催化剂的"翻身"，破坏床层均匀性，造成操作不正常。

过热后的混合气，经阻火器 8 以阻止氧化反应器中可能发生燃烧时波及蒸发系统，再经过滤器 9 滤除含铁杂质，然后进入氧化反应器 10，在 380～650℃经银催化剂的作用，大部分甲醇转化为甲醛。为控制副反应的发生并防止甲醛分解，转化后的气体经氧化反应器下部的列管冷却器冷却到 80～100℃，进入第一吸收塔 12，将大部分甲醛吸收，未被吸收的气体由塔顶引出，再进入第二吸收塔 14 的底部，从塔顶加入一定量的冷水吸收甲醛，由第二吸收塔塔底采出稀甲醛溶液，由循环泵打入第一、第二吸收塔，作为吸收剂的一部分。自第一吸收塔塔底引出的吸收液经冷却器冷却后，即为含 10%甲醇的甲醛溶液，经循环泵 18、甲醛贮槽 13、甲醛泵 20 送入脱醇塔 16，由塔顶得到回收甲醇循环使用，塔釜为成品甲醛水溶液。第二吸收塔塔顶尾气送入尾气燃烧炉 15，经燃烧回收余热并产生一定量的蒸汽供甲醇配料使用，从而降低甲醛生产的能耗。

（三）合成甲醛的主要设备

甲醇氧化制甲醛的主要设备是氧化反应器。氧化反应器由两部分组成，上部是反应部分，在原料气入口处连接一锥形的顶盖，以使气体均匀分布，然后进入催化剂层进行反应。为防止催化剂层过热，在催化剂层中安装冷却蛇管，通入冷却水以带出部分反应热。在开车时，用电引火器来引发反应，以后借助反应热自发进行。反应情况可通过视孔观察。氧化反应器下部是一紫铜的列管式冷却器，管外通冷却水，从催化剂层出来的反应气体在这里迅速冷却至80～120℃，以免甲醛长时间处于高温而发生副反应。但也不能冷却到过低的温度，以免甲醛聚合，造成聚合物堵塞管道。

由于铁能促进甲醛分解，因此生产甲醛的设备和管道应尽量避免用铁制件，例如蒸发器是不锈钢或铜制的；氧化反应器用紫铜制成；反应器以后的所有设备和管路都由铝制成。

知识拓展

甲醇氧化法制醛的生产过程中常见的异常现象及处理方法

思考与练习

5-1 简述甲醇的主要物理、化学性质及甲醇的用途。

5-2 甲醇的合成机理是什么？

5-3 写出用合成气合成甲醇的主反应和副反应。

5-4 分析由合成气制甲醇的工艺条件。

5-5 合成甲醇的催化剂有哪几种？各有什么特点？

5-6 甲醇合成塔压力控制有哪些要点？

5-7 画出甲醇合成反应器的结构图并分析其优缺点。

5-8 画出甲醇合成的基本工艺流程并简述之。

5-9 何为粗甲醇？其主要成分有哪些？

5-10 粗甲醇为何要精制？如何精制？

5-11 画出三塔精馏工艺流程并简述之。

5-12 常见的精馏塔有哪几种？简述浮阀塔和丝网波纹填料塔的结构及其优缺点。

5-13 简述甲醛的主要物理和化学性质。

5-14 简述甲醛的主要用途。

5-15 简述银法生产甲醛的反应原理和影响因素。

5-16 画出银法生产甲醛的工艺流程并简述之。

5-17 写出铁钼法甲醛生产的主、副反应方程式。

5-18 为什么把铁钼法描述成"低醇浓甲醛"？它的生产过程具有哪些优越性？为什么？

5-19 查阅资料，画出低醇浓甲醛生产的工艺流程图并叙述。

5-20 合成甲醇反应器内装有 $5m^3$ 催化剂，反应混合物进料为 $68000m^3/h$（标准状况下），反应温度为 523K，反应压力为 5MPa。请计算空速和接触时间。

第六章 烃类热裂解制乙烯

乙烯（ethylene）是最简单的烯烃，分子式C_2H_4，熔点-169℃，沸点-103.7℃，是无色易燃气体。乙烯几乎不溶于水，难溶于乙醇，易溶于乙醚和丙酮。乙烯少量存在于植物体内，是植物的一种代谢产物，能促进果实成熟。

乙烯是由两个碳原子和四个氢原子组成的化合物。两个碳原子之间以双键连接，化学性质活泼。乙烯能与许多物质发生加成、共聚等反应，生成一系列重要的产物，如合成纤维、合成橡胶、合成树脂（聚乙烯及聚氯乙烯）、合成乙醇（酒精）。乙烯是化学工业的重要原料。乙烯还可用作水果和蔬菜的催熟剂，是一种已被证实的植物激素。

工业上获得乙烯的主要方法是将烃类热裂解。烃类热裂解法是将石油系烃类燃料（天然气、炼厂气、轻油、柴油、重油等）经高温作用，使烃类分子发生碳链断裂或脱氢反应，生成分子量较小的烯烃、烷烃和其他分子量不同的轻质或重质烃类。

乙烯是世界上产量最大的化学产品之一，乙烯工业是石油化工产业的核心，乙烯产品占石化产品的75%以上，在国民经济中占有重要的地位。世界上已将乙烯产量作为衡量一个国家石油化工发展水平的重要标志之一。

我国乙烯工业起步于20世纪50年代。1962年兰州化学工业公司建成投产5250t/a乙烯装置。1968年兰州化学工业公司建成投产36 kt/a乙烯装置。

2020年，全球共新增乙烯产能699万吨，总产能达1.97亿吨/年。其中，中国新增3450万吨产能，占全球新增产能的64%。预计到2025年底，我国乙烯产能将达到7350万吨。

烃类热裂解制乙烯的生产工艺主要由两部分组成：原料烃的热裂解和裂解产物的分离。本章将分别予以讨论。

第一节 热裂解过程

一、烃类热裂解的基本原理

（一）烃类裂解的反应规律

1. 烷烃的裂解反应

（1）正构烷烃的裂解反应　正构烷烃的裂解主要发生脱氢反应和断链反应。

正构烷烃的脱氢反应是C—H键断裂的反应，生成碳原子数相同的烯烃和氢气，其反应式为：

$$C_nH_{2n+2} \longrightarrow C_nH_{2n} + H_2$$

C_5 以上的正构烷烃可发生环化脱氢反应生成环烷烃。如正己烷脱氢生成环己烷。

$$\text{正己烷} \longrightarrow \text{环己烷} + H_2 \tag{6-1}$$

正构烷烃的断链反应是 C—C 键断裂的反应，反应产物是碳原子数较少的烷烃和烯烃，其通式为：

$$C_nH_{2n+2} \longrightarrow C_mH_{2m} + C_kH_{2k+2} \quad (m+k=n) \tag{6-2}$$

相同烷烃脱氢和断链的难易，可以从分子结构中的 C—C 和 C—H 键的键能大小判断。表 6-1 是正、异构烷烃的键能数据。

表 6-1 各种键能比较

碳氢键	键能/(kJ/mol)	碳碳键	键能/(kJ/mol)
H_3C—H	426.8	CH_3—CH_3	346
CH_3CH_2—H	405.8	CH_3—CH_2—CH_3	343.1
$CH_3CH_2CH_2$—H	397.5	CH_3CH_2—CH_2CH_3	338.9
$(CH_3)_2CH$—H	384.9	$CH_3CH_2CH_2$—CH_3	341.8
$CH_3CH_2CH_2CH_2$—H（伯）	393.2	$H_3C-\underset{\underset{CH_3}{\mid}}{\overset{\overset{CH_3}{\mid}}{C}}-CH_3$	314.6
$CH_3CH_2\underset{\underset{CH_3}{\mid}}{CH}$—H（仲）	376.6		
$(CH_3)_3C$—H（叔）	364	$CH_3CH_2CH_2$—$CH_2CH_2CH_3$	325.1
C—H（一般）	378.7	$CH_3CH(CH_3)$—$CH(CH_3)CH_3$	310.9

从表 6-1 的数据分析可得如下裂解规律：
① 相同烷烃碳氢键能大于碳碳键能，断链比脱氢容易。
② 碳链越长，键能越小，越易裂解。

由热力学知道，反应标准自由焓的变化 $\Delta G_T^\ominus$ 可作为反应进行的难易及深度的判据。表 6-2 给出了 C_6 以下正构烷烃在 1000K 下进行脱氢或断链反应的 $\Delta G^\ominus$ 值和 $\Delta H^\ominus$ 值。

表 6-2 中的数值可以说明以下反应规律：
① 烷烃裂解（脱氢或断链）是强吸热反应，脱氢反应比断链反应吸热值更高，这是由于 C—H 键能高于 C—C 键能所致。
② 断链反应的 $\Delta G^\ominus$ 为绝对值较大的负值，是不可逆过程，而脱氢反应的 $\Delta G^\ominus$ 是正值或为绝对值较小的负值，是可逆过程，受化学平衡限制。
③ 断链反应，从热力学分析 C—C 键断裂，在分子两端的优势比在分子中央要大；随着烷烃链的增长，在分子中央断裂的可能性有所加强。
④ 乙烷不发生断链反应，只发生脱氢反应，生成乙烯，甲烷在一般裂解温度下不发生变化。

总之，不论是从键能还是从 $\Delta G^\ominus$ 和 $\Delta H^\ominus$ 都说明断链比脱氢容易。

（2）异构烷烃的裂解反应　异构烷烃结构各异，其裂解反应差异较大，与正构烷烃相比有如下特点：
① C—C 键或 C—H 键的键能较正构烷烃的低，故容易裂解或脱氢。

② 脱氢能力与分子结构有关，难易顺序为伯碳氢＞仲碳氢＞叔碳氢。
③ 异构烷烃裂解所得乙烯、丙烯收率较正构烷烃裂解所得收率低得多，而氢气、甲烷、C_4 及 C_4 以上烯烃收率较高。
④ 随着碳原子数的增加，异构烷烃与正构烷烃裂解所得乙烯和丙烯收率的差异减小。

表 6-2　正构烷烃在 1000K 裂解时反应的 $\Delta G^\ominus$ 值和 $\Delta H^\ominus$ 值

项目	反应	$\Delta G^\ominus$（1000K）/（kJ/mol）	$\Delta H^\ominus$（1000K）/（kJ/mol）
脱氢	$C_nH_{2n+2} \longrightarrow C_nH_{2n}+H_2$		
	$C_2H_6 \longrightarrow C_2H_4+H_2$	8.87	144.4
	$C_3H_8 \longrightarrow C_3H_6+H_2$	−9.54	129.5
	$C_4H_{10} \longrightarrow C_4H_8+H_2$	−5.94	131.0
	$C_5H_{12} \longrightarrow C_5H_{10}+H_2$	−8.08	130.8
	$C_6H_{14} \longrightarrow C_6H_{12}+H_2$	−7.41	130.8
断链	$C_{m+n}H_{2(m+n)+2} \longrightarrow C_nH_{2n}+C_mH_{2m+2}$		
	$C_3H_8 \longrightarrow C_2H_4+CH_4$	−53.89	78.3
	$C_4H_{10} \longrightarrow C_3H_6+CH_4$	−68.99	66.5
	$C_4H_{10} \longrightarrow C_2H_4+C_2H_6$	−42.34	88.6
	$C_5H_{12} \longrightarrow C_4H_8+CH_4$	−69.08	65.4
	$C_5H_{12} \longrightarrow C_3H_6+C_2H_6$	−61.13	75.2
	$C_5H_{12} \longrightarrow C_2H_4+C_3H_8$	−42.72	90.1
	$C_6H_{14} \longrightarrow C_5H_{10}+CH_4$	−70.08	66.6
	$C_6H_{14} \longrightarrow C_4H_8+C_2H_6$	−60.08	75.5
	$C_6H_{14} \longrightarrow C_3H_6+C_3H_8$	−60.38	77.0
	$C_6H_{14} \longrightarrow C_2H_4+C_4H_{10}$	−45.27	88.8

2.烯烃的裂解反应

由于烯烃的化学活泼性，自然界石油系原料中基本不含烯烃。但在炼厂气中和二次加工油品中含一定量烯烃，作为裂解过程中的目的产物，烯烃也有可能进一步发生反应，所以为了能控制反应按人们所需的方向进行，必须了解烯烃在裂解过程中的反应规律，烯烃可能发生的主要反应有以下几种。

（1）断链反应　较大分子的烯烃裂解可断链生成两个较小的烯烃分子，其通式为：

$$C_{n+m}H_{2(n+m)} \longrightarrow C_nH_{2n} + C_mH_{2m} \tag{6-3}$$

例如：　$CH_2=CH-CH_2-CH_2-CH_3 \longrightarrow CH_2=CH-CH_3 + CH_2=CH_2$ 　　(6-4)

（2）脱氢反应　烯烃可进一步脱氢生成二烯烃和炔烃。例如：

$$C_4H_8 \longrightarrow C_4H_6 + H_2 \tag{6-5}$$

$$C_2H_4 \longrightarrow C_2H_2 + H_2 \tag{6-6}$$

（3）歧化反应　两个同一分子烯烃可歧化为两个不同烃分子。例如：

$$2C_3H_6 \longrightarrow C_2H_4 + C_4H_8 \tag{6-7}$$

$$2C_3H_6 \longrightarrow C_2H_6 + C_4H_6 \tag{6-8}$$

$$2C_3H_6 \longrightarrow C_5H_8 + CH_4 \tag{6-9}$$

(4) 双烯合成反应 二烯烃与烯烃进行双烯合成而生成环烯烃,进一步脱氢生成芳烃,通式为:

$$\text{[丁二烯]} + \text{[R-烯烃]} \longrightarrow \text{[R-环己烯]} \xrightarrow{-2H_2} \text{[R-苯]}$$

例如:

$$\text{[丁二烯]} + \text{[乙烯]} \longrightarrow \text{[环己烯]} \xrightarrow{-2H_2} \text{[苯]}$$

(5) 芳构化反应 六个或更多碳原子数的烯烃,可以发生芳构化反应生成芳烃,通式如下:

$$\text{[R-己三烯]} \xrightarrow{-2H_2} \text{[R-苯]} \tag{6-10}$$

3.环烷烃的裂解反应

环烷烃较相应的链烷烃稳定。环烷烃在一般裂解条件下可发生断链开环反应、脱氢反应、侧链断裂及开环脱氢反应,生成乙烯、丙烯、丁二烯、丁烯、芳烃、环烷烃、单环烯烃、单环二烯烃和氢气等产物。

例如环己烷:

$$\text{环己烷} \xrightarrow{\text{开环分解}} \begin{cases} C_2H_4 + C_4H_8 \\ C_2H_4 + C_4H_6 + H_2 \\ 2C_3H_6 \\ C_4H_6 + C_2H_6 \\ \frac{3}{2}C_4H_6 + \frac{3}{2}H_2 \end{cases}$$

$$\text{环己烷} \xrightarrow[-H_2]{\text{脱氢}} \text{[环己烯]} \xrightarrow{-H_2} \text{[环己二烯]} \xrightarrow{-H_2} \text{[苯]}$$

乙基环戊烷:

$$\text{[乙基环戊烷]} \xrightarrow{\text{侧链断裂}} \text{[甲基环戊烷]} + C_2H_4 \tag{6-11}$$

环烷烃裂解有如下规律:

① 侧链烷基比烃环易于断裂,长侧链的断裂反应一般从中部开始,离环近的碳键不易断裂;带侧链环烷烃比无侧链环烷烃裂解所得烯烃收率高。

② 环烷烃脱氢生成芳烃的反应优于开环生成烯烃的反应。

③ 五碳环烷烃比六碳环烷烃难裂解。

④ 环烷烃比链烷烃更易于生成焦油，产生结焦。

4. 芳烃的裂解反应

芳烃由于芳环的稳定性不易发生裂开芳环的反应，而主要发生烷基芳烃的侧链断裂和脱氢反应，以及芳烃缩合生成多环芳烃，进一步成焦的反应。所以，含芳烃多的原料油不仅烯烃收率低，而且结焦严重，不是理想的裂解原料。

（1）烷基芳烃的裂解　发生侧链脱烷基或断键反应，通式如下：

$$Ar-C_nH_{2n+1} \begin{cases} \longrightarrow ArH + C_nH_{2n} \\ \longrightarrow Ar-C_kH_{2k+1} + C_mH_{2m} \end{cases} \tag{6-12}$$

$$Ar-C_nH_{2n+1} \longrightarrow Ar-C_nH_{2n-1} + H_2$$

式中，Ar 为芳基；$n=k+m$。

（2）环烷基芳烃的裂解

① 发生脱氢和异构脱氢反应

$$2 \text{[四氢萘-R]} \longrightarrow \text{[萘-R}^1\text{]} + \text{[茚-R}^2\text{]} + R^3H \tag{6-13}$$

② 缩合脱氢反应

$$\text{[四氢萘-R}^1\text{]} + \text{[四氢萘-R}^2\text{]} \longrightarrow \text{[芘-R}^3\text{]} + R^4H + H_2 \tag{6-14}$$

（3）芳烃的缩合反应

$$\text{[萘-R}^1\text{]} + \text{[萘-R}^2\text{]} \longrightarrow \text{[芘-R}^3\text{]} + R^4H \tag{6-15}$$

5. 裂解过程中的结焦生炭反应

各种烃分解为碳和氢的 $\Delta G_f^\ominus$（1000K）都是绝对值很大的负值，说明它们在高温下都是不稳定的，都有分解为碳和氢的趋势。表 6-3 给出了某些烃完全分解的反应产物及其 $\Delta G_f^\ominus$（1000K）。

表 6-3　常见烃完全分解的反应产物和 $\Delta G^\ominus$

烃	烃分解为氢和碳的反应	反应的标准自由焓 $\Delta G_f^\ominus$（1000K）/(kJ/mol)	烃	烃分解为氢和碳的反应	反应的标准自由焓 $\Delta G_f^\ominus$（1000K）/(kJ/mol)
甲烷	$CH_4 \longrightarrow C+2H_2$	-19.18	丙烯	$C_3H_6 \longrightarrow 3C+3H_2$	-181.38
乙炔	$C_2H_2 \longrightarrow 2C+H_2$	-170.03	丙烷	$C_3H_8 \longrightarrow 3C+4H_2$	-191.38
乙烯	$C_2H_4 \longrightarrow 2C+2H_2$	-118.28	苯	$C_6H_6 \longrightarrow 6C+3H_2$	-260.71
乙烷	$C_2H_6 \longrightarrow 2C+3H_2$	-109.40	环己烷	$C_6H_{12} \longrightarrow 6C+6H_2$	-436.64

（1）烯烃经过炔烃中间阶段而生碳　裂解过程中生成的乙烯在 900～1000℃或更高温度下经过乙炔阶段而生碳。

$$CH_2=CH_2 \xrightarrow{-H} CH_2=CH\cdot \xrightarrow{-H} CH\equiv CH \xrightarrow{-H} CH\equiv C\cdot \xrightarrow{-H} \cdot C\equiv C\cdot$$
$$\xrightarrow{-H} C_n$$

(2) 经过芳烃中间阶段而结焦　高沸点稠环芳烃是馏分油裂解结焦的主要母体，裂解焦油中含大量稠环芳烃，裂解生成的焦油越多，裂解过程中结焦越严重。例如：

$$萘 \xrightarrow{-H} 二联萘 \xrightarrow{-H} 三联萘 \xrightarrow{-H} 焦$$

生碳结焦反应有下面一些规律：

① 在不同温度条件下，生碳结焦反应经历着不同的途径：在 900～1100℃或更高温度下主要是通过生成乙炔的中间阶段，而在 500～900℃主要是通过生成芳烃的中间阶段。

② 生碳结焦反应是典型的连串反应，随着温度的提高和反应时间的延长，不断释放出氢，残物（焦油）的氢含量逐渐下降，碳氢比、分子量和密度逐渐增大。

③ 随着反应时间的延长，单环或环数不多的芳烃转变为多环芳烃，进而转变为稠环芳烃，由液体焦油转变为固体沥青质，再进一步可转变为焦炭。

6. 各族烃的裂解反应规律

各族烃裂解生成乙烯、丙烯的能力有如下规律：

① 烷烃　正构烷烃在各族烃中最利于乙烯的生成。烯烃的分子量愈小，其总产率愈高，异构烷烃的烯烃总产率低于同碳原子数的正构烷烃，但随着分子量的增大，这种差别减小，但丙烯产率大于同碳原子数的正构烷烃。

② 烯烃　大分子烯烃裂解为乙烯和丙烯，烯烃能脱氢生成炔烃、二烯烃，进而生成芳烃。

③ 环烷烃　在通常裂解条件下环烷烃生成芳烃的反应优于生成单烯烃的反应。相对于正构烷烃来说，含环烷烃较多的原料丁二烯、芳烃的收率较高，而乙烯的收率较低。

④ 芳烃　无烷基的芳烃基本上不易裂解为烯烃；有烷基的芳烃，主要是烷基发生断碳键和脱氢反应，而芳环保持不裂开，可脱氢缩合为多环芳烃，从而有结焦的倾向。

各族烃的裂解容易程度有下列顺序：

$$正烷烃 > 异烷烃 > 环烷烃(六碳环 > 五碳环) > 芳烃$$

随着分子中碳原子数的增多，各族烃分子结构上的差别反映到裂解速度上的差异逐渐减弱。

（二）烃类裂解的反应机理

烃类裂解反应机理研究表明，裂解时发生的基元反应大部分为自由基反应。

1. F. O. Rice 的自由基反应机理

大部分烃类裂解过程包括链引发反应、链增长反应和链终止反应三个阶段。链引发反应是自由基的产生过程；链增长反应是自由基的转变过程，在这个过程中一种自由基的消失伴随着另一种自由基的产生，反应前后均保持着自由基的存在；链终止反应是自由基消亡生成分子的过程。

链的引发是在热的作用下，一个分子断裂产生一对自由基，每个分子由于键的断裂位置不同可有多个可能发生的链引发反应，这取决于断裂处相关键的解离能大小，解离能小的反应更易于发生。表 6-4 给出了三种简单烷烃可能的链引发反应。

表 6-4　三种烷烃可能的链引发反应

烷烃	可能的链引发反应	有关键的解离能/(kJ/mol)	发生此反应的可能性
C_2H_6	$C_2H_5-H \longrightarrow C_2H_5 \cdot + H \cdot$	410	小
	$CH_3-CH_3 \longrightarrow 2CH_3 \cdot$	368	大
C_3H_8	$C_3H_7-H \longrightarrow C_3H_7 \cdot + H \cdot$	396~410	小
	$CH_3-C_2H_5 \longrightarrow CH_3 \cdot + C_2H_5 \cdot$	354	大
C_4H_{10}	$C_4H_9-H \longrightarrow C_4H_9 \cdot + H \cdot$	381~396	小
	$CH_3-C_3H_7 \longrightarrow CH_3 \cdot + C_3H_7 \cdot$	350~357	大
	$C_2H_5-C_2H_5 \longrightarrow 2C_2H_5 \cdot$	345	大

烷烃分子在引发反应中断裂 C—H 键的可能性较小，因为 C—H 键的解离能比 C—C 键大。故引发反应的通式为 $R-R' \longrightarrow R \cdot + R' \cdot$，引发反应的活化能高，一般为 290~335kJ/mol。

链的增长反应包括自由基夺氢反应、自由基分解反应、自由基加成反应和自由基异构化反应，但以前两种为主。链增长反应中的夺氢反应通式如下：$H \cdot + RH \longrightarrow H_2 + R \cdot$，$R' \cdot + RH \longrightarrow R'H + R \cdot$。链增长反应中的夺氢反应的活化能不大，一般为 30~40kJ/mol。

链增长反应中的夺氢反应，对于乙烷裂解，情况比较简单，因为乙烷分子中可以被夺取的六个氢原子都是伯碳氢原子；对于丙烷，情况就比较复杂了，因为其分子中可以被夺取的氢原子不完全一样，有的是伯碳氢原子，有的是仲碳氢原子；异丁烷分子中可以被夺取的氢原子有伯碳氢原子和叔碳氢原子；而对于异戊烷，情况就更复杂了，因为烃分子中可以被夺取的氢原子，除了伯碳氢原子、仲碳氢原子以外，还有叔碳氢原子。见图 6-1。

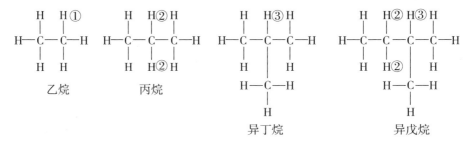

图 6-1　几种烷烃中的伯碳氢原子（①）、仲碳氢原子（②）、叔碳氢原子（③）

伯碳、仲碳、叔碳与氢原子构成的 C—H 键的解离能见表 6-5。

表 6-5　伯碳、仲碳、叔碳与氢原子构成的 C—H 键的解离能 D

烷烃	伯碳氢原子所构成的 C—H 键的 D 值/（kJ/mol）	仲碳氢原子所构成的 C—H 键的 D 值/（kJ/mol）	叔碳氢原子所构成的 C—H 键的 D 值/（kJ/mol）
乙烷	CH_3CH_2-H（410）	—	—
丙烷	$CH_3CH_2CH_2-H$（410）	$(CH_3)_2CH-H$（396）	—
正丁烷	—	$CH_3CH_2CH(CH_3)-H$（396）	—
异丁烷	$(CH_3)_2CHCH_2-H$（396）	—	$(CH_3)_3C-H$（381）

故在夺氢反应中被自由基夺走氢的容易程度按下列顺序递增：伯碳氢原子<仲碳氢原子<叔

碳氢原子。

与之对应,自由基从烷烃中夺取这三种氢原子的相对反应速率也按同样顺序递增,如表6-6所示。

表6-6 伯碳、仲碳、叔碳氢原子与自由基反应的相对速率

温度/℃	伯碳氢原子	仲碳氢原子	叔碳氢原子	温度/℃	伯碳氢原子	仲碳氢原子	叔碳氢原子
300	1.0	3.0	33.0	800	1.0	1.7	6.3
600	1.0	2.0	10.0	900	1.0	1.65	5.65
700	1.0	1.9	7.8	1000	1.0	1.6	5.0

链增长反应中的自由基的分解反应是自由基自身进行分解,生成一个烯烃分子和一个碳原子数比原来要少的新自由基,而使其自由基传递下去。

这类反应的通式如下:R· ⟶ R′· +烯烃,R· ⟶ H· +烯烃。

自由基分解反应的活化能比夺氢反应要大,而比链引发反应要小,一般为118~178kJ/mol。

2. 一次反应和二次反应

原料烃在裂解过程中所发生的反应是复杂的,一种烃可以平行地发生很多种反应,又可以连串地发生许多后继反应。所以裂解系统是一个平行反应和连串反应交叉的反应系统。从整个反应进程来看,属于比较典型的连串反应。

随着反应的进行,不断分解出气态烃(小分子烷烃、烯烃)和氢;而液体产物的氢含量则逐渐下降,分子量逐渐增大,以至结焦。

对于这样一个复杂系统,现在广泛应用一次反应和二次反应的概念来处理。一次反应是指原料烃在裂解过程中首先发生的原料烃的裂解反应,二次反应则是指一次反应产物继续发生的后继反应。从裂解反应的实际反应历程看,一次反应和二次反应并没有严格的分界线,不同研究者对一次反应和二次反应的划分也不尽相同。图6-2给出了日本平户瑞穗的数学模型中对轻柴油裂解时一次反应和二次反应的划分情况。

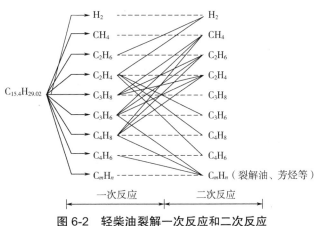

图6-2 轻柴油裂解一次反应和二次反应

注:——表示发生反应而生成的;-----表示未发生反应而遗留下来

一次反应:由原料经高温裂解生成目的产物乙烯、丙烯的反应(主要指脱氢和断链反应),这是希望发生的反应,在确定工艺条件、设计和生产操作中要千方百计设法促使一次反应的充分进行。

二次反应:由一次反应生成的产物乙烯、丙烯等进一步反应,直至生成焦、碳的反应,消耗目的产物乙烯、丙烯,不希望发生。

二次反应的危害:不仅多消耗原料,降低烯烃收率,增加各种阻力,严重时阻塞设备、管道,造成停工停产,对裂解操作和稳定生产都带来极不利的影响,所以要千方百计设法抑制其进行。

(三) 裂解原料的性质及评价

由于烃类裂解反应使用的原料是组成性质有很大差异的混合物,因此原料的特性无疑对裂解效果起着重要的决定作用,它是决定反应效果的内因,而工艺条件的调整和优化,仅是其外部条件。

1. 族组成

裂解原料油中各种烃,按其结构可以分为四大族,即链烷烃族（P）、烯烃族（O）、环烷烃族（N）和芳香族（A）。这四大族的族组成以 PONA 值（各族烃的质量含量）来表示,其含义如下:

P——烷烃 (paraffin), O——烯烃 (olefin), N——环烷烃 (naphtene), A——芳烃 (aromatics)。

根据 PONA 值可以定性评价液体燃料的裂解性能,也可以根据族组成通过简化的反应动力学模型对裂解反应进行定量描述,因此 PONA 值是一个表征各种液体原料裂解性能的有实用价值的参数。

一般原料中,链烷烃族（P）越多,乙烯收率越高;芳香族（A）越多,乙烯收率越低。乙烯收率: P>N>A。

2. 氢含量和碳氢比

氢含量可以用裂解原料中所含氢的质量分数 $w(H_2)$ 表示,也可以用裂解原料中 C 与 H 的质量比（称为碳氢比）表示。对纯组分氢含量 $w(H_2)$ 可表示为:

氢含量
$$w(H_2) = \frac{H}{12C+H} \times 100\% \tag{6-16}$$

碳氢比
$$\frac{C}{H} = \frac{12C}{H} \tag{6-17}$$

式中, H、C 分别为原料烃中的氢原子数和碳原子数。

氢含量顺序: P>N>A。

对于混合物中的氢含量 $w_m(H_2)$,可先求出每个纯组分的氢含量 $w_i(H_2)$,再与每个组分的质量分数 x_i 相乘之后求和,即 $w_m(H_2) = \sum x_i\, w_i(H_2)$。

裂解反应可使一定氢含量的裂解原料生成氢含量较高的 C_4 以下轻组分和氢含量较低的 C_5 以上的液体。从氢平衡可以断定,裂解原料的氢含量愈高,获得的 C_4 以下轻烃的收率愈高,相应乙烯和丙烯收率一般也较高。显然,根据裂解原料的氢含量既可判断该原料可能达到的裂解深度,也可评价该原料裂解所得 C_4 以下轻烃的收率。图 6-3 表示了裂解原料氢含量与乙烯收率的关系。由图 6-3 可见,当裂解原料氢含量低于 13% 时,可能达到的乙烯收率将低于 20%,这样的馏分油作为裂解原料是不经济的。

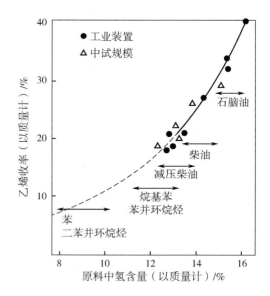

图 6-3 原料氢含量与乙烯收率的关系

3. 特性因数 K

特性因数 K 是表示烃类和石油馏分化学性质的一种参数,可表示如下:

$$K = \frac{1.216(T_B)^{1/3}}{d_{15.6}^{15.6}} \tag{6-18}$$

$$T_B = \left(\sum_{i=1}^{n}\varphi_i T_i^{1/3}\right)^3 \tag{6-19}$$

式中 T_B——立方平均沸点，K；

$d_{15.6}^{15.6}$——相对密度；

φ_i——i 组分的体积分数；

T_i——i 组分的沸点，K。

K 值以烷烃最高，环烷烃次之，芳烃最低，它反映了烃的氢饱和程度。乙烯和丙烯总体收率大体上随裂解原料特性因数 K 的增大而增加。

4. 关联指数（BMCI 值）

馏分油的关联指数（BMCI 值）表示油品中芳烃的含量。关联指数愈大，则油品中芳烃的含量愈高。

$$\text{BMCI} = \frac{48640}{T_V} + 473 d_{15.6}^{15.6} - 456.8 \tag{6-20}$$

式中 T_V——体积平均沸点，K；

$d_{15.6}^{15.6}$——相对密度。

试验表明：在深度裂解时，重质原料油的 BMCI 值与乙烯收率之间存在良好的线性关系（图 6-4）。因此，在柴油或减压柴油等重质馏分油裂解时，BMCI 值成为评价重质馏分油性能的一个重要指标。

将表征裂解原料的主要性能参数汇总于表 6-7，便于理解和使用。

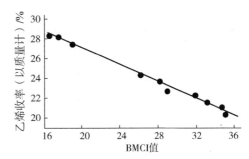

图 6-4 柴油裂解 BMCI 值与乙烯收率的关系

表 6-7 表征裂解原料性质的参数

参数名称	此参数说明的问题	获得此参数的方法或需知的数据	此参数适用于评价的原料	可获得较高乙烯产率的原料
族组成 PONA 值	能粗线条地从本质上表征原料的化学特征	分析测定	石脑油、柴油等	烷烃含量高、芳烃含量低的
氢含量和碳氢比	氢含量的大小反映原料潜在乙烯含量的大小	分析测定	各种原料都适用	氢含量高或碳氢比低的
特性因数 K	特性因数的高低反映原料芳香性的强弱	由 $d_{15.6}^{15.6}$ 和 T_B 计算	主要用于液体原料	特性因数高的
关联指数 BMCI	关联指数大小反映烷烃支链和直链比例的大小，反映芳香性的大小	由 $d_{15.6}^{15.6}$ 和 T_V 计算	柴油	关联指数小的

烃类化合物的芳香性按下列顺序递增：正构链烷烃 < 带支链烷烃 < 烷基单环烷烃 < 无烷基单环烷烃 < 双环烷烃 < 烷基单环芳烃 < 无烷基单环芳烃（苯）< 双环芳烃 < 三环芳烃 < 多环芳烃。烃类化合物的芳香性愈强，则 BMCI 值愈大。

5.原料烃的氢饱和度 Z

将原料烃表示为 C_nH_{2n+z},其中的 Z 表示原料烃的氢饱和度,Z 越大,氢含量越高,乙烯收率越高。

6.原料烃的分子量

原料烃的分子量越小,乙烯收率越高。例如:

乙烷分子量为 30,其乙烯单程收率约为 45%(质量分数);

柴油平均分子量为 200,其乙烯收率为 19%~23%(质量分数);

原油平均分子量为 310,其乙烯收率约为 17%(质量分数)。

7.原料烃的分子结构

表 6-8 列出了分子量相同或相近的几种烃的裂解结果。其中副产物未列入,产物收率是以转化了的原料为基准列出的。

表 6-8 分子量相同或相近的几种烃的裂解转化率(质量分数)和烯烃收率(质量分数)

烃	转化率/%	乙烯收率/%	丙烯收率/%	丁二烯收率/%	总烯收率/%
正己烷	90	44.0	20.2	4.4	68.6
2-甲基戊烷	85	24.2	28.6	4.4	57.2
3-甲基戊烷	95	16.0	31.8	3.7	51.5
环己烷	65	37.0	11.0	28.8	76.8
甲基环戊烷	35	18.3	33.2	7.8	59.3

由表 6-8 中的数据可知:正构烷烃生产乙烯最好;异构烷烃生产丙烯最好;环己烷是生产丁二烯最好的原料。

8.原料烃的密度

一般原料的密度越大,乙烯收率越低。

9.原料烃的平均沸点

一般原料的平均沸点越高,乙烯收率越低。

二、裂解生产过程的工艺参数和操作指标

1.裂解原料

烃类裂解反应使用的原料对裂解工艺过程及裂解产物起着重要的决定作用。裂解原料中氢含量越高,C_4 以下烯烃收率越高,因此,烷烃尤其是低碳烷烃是首选的原料。根据有关资料报道,原料中氢含量下降会造成乙烯收率下降,原料消耗、装置投资、能耗均随之增加。另外,随着原料分子量的增长,副产物增多,而副产物回收的收益对于乙烯生产成本影响很大,给分离工艺提出更为苛刻的要求,并由此增加装置的投资。

2.裂解温度和停留时间

(1)裂解温度 从自由基反应机理分析,在一定温度内,提高裂解温度有利于提高一次反应所得乙烯和丙烯的收率。理论计算 600℃ 和 1000℃ 下正戊烷和异戊烷一次反应的产品收率,结果如表 6-9 所示。

表 6-9　不同温度下正戊烷和异戊烷一次反应的产物收率

裂解产物组分	收率（以质量计）/%			
	正戊烷		异戊烷	
	600℃	1000℃	600℃	1000℃
H_2	1.2	1.1	0.7	1.0
CH_4	12.3	13.1	16.4	14.5
C_2H_4	43.2	46.0	10.1	12.6
C_2H_6	26.0	23.9	15.2	20.3
其他	17.3	15.9	57.6	50.6
总计	100.0	100.0	100.0	100.0

从裂解反应的化学平衡也可以看出，提高裂解温度有利于生成乙烯的反应，并可相对减少乙烯消失的反应，因而有利于提高裂解的选择性。

从裂解反应的化学平衡同样可以看出，裂解反应进行到反应平衡，烯烃收率甚微，裂解产物将主要为氢和碳。因此，裂解生成烯烃的反应必须控制在一定的裂解深度范围内。

根据裂解反应动力学，为使裂解反应控制在一定裂解深度范围内，就是使转化率控制在一定范围内。由于不同裂解原料的反应速率常数大不相同，因此，在相同停留时间条件下，不同裂解原料所需裂解温度也不相同。裂解原料分子量越小，其活化能和频率因子越高，反应活性越低，所需裂解温度越高。

在控制一定裂解深度条件下，可以有各种不同的裂解温度-停留时间组合。因此，对于生产烯烃的裂解反应而言，裂解温度与停留时间是一组相互关联不可分割的参数。而高温-短停留时间则是改善裂解反应产品收率的关键。

在某一停留时间下，存在一个最佳裂解温度，在此温度下，乙烯收率最高。

(2) 停留时间　管式裂解炉中物料的停留时间是裂解原料经过辐射盘管的时间。由于裂解管中裂解反应是在非等温变容的条件下进行，很难计算其真实停留时间。工程中常用如下几种方式计算裂解反应的停留时间。

① 表观停留时间　表观停留时间 t_B 定义如下：

$$t_B = \frac{V_R}{V} = \frac{SL}{V} \tag{6-21}$$

式中　V_R, S, L——分别为反应器容积、裂解管截面积及管长；
　　　V——单位时间通过裂解炉的气体体积。

表观停留时间表述了裂解管内所有物料（包括稀释蒸汽）在管中的停留时间。

② 平均停留时间　平均停留时间 t_A 定义如下：

$$t_A = \int_0^{V_R} \frac{dV}{\alpha_V V} \tag{6-22}$$

式中　α_V——体积增大率，是转化率、温度、压力的函数；
　　　V——原料气的体积流量。

近似计算

$$t_A = \frac{V_R}{\alpha'_V V'} \tag{6-23}$$

式中 α'_V——最终体积增大率;

V'——原料气在平均反应温度和平均反应压力下的体积流量。

在某一裂解温度下,存在一个最佳停留时间,在此停留时间下,乙烯收率最高。

(3) 裂解温度-停留时间效应

① 裂解温度-停留时间对裂解产品收率的影响 从裂解反应动力学可以看出,对给定原料而言,裂解深度(转化率)取决于裂解温度和停留时间。然而,在相同转化率下可以有各种不同的裂解温度-停留时间组合。因此,相同裂解原料在相同转化率下,由于裂解温度-停留时间不同,所得产品收率并不相同。

图 6-5 为石脑油裂解时,乙烯收率与裂解温度及停留时间的关系。由图 6-5 可见,为保持一定的乙烯收率,如缩短停留时间,则需要相应提高裂解温度。

裂解温度-停留时间对产品收率的影响可以概括如下:

a. 高温裂解条件有利于裂解反应中一次反应的进行,而短停留时间又可抑制二次反应的进行。因此,对给定裂解原料而言,在相同裂解深度条件下,高温-短停留时间的操作条件可以获得较高的烯烃收率,并可减少结焦。

b. 高温-短停留时间的操作条件可以抑制芳烃生成的反应,对给定裂解原料而言,在相同裂解深度下以高温-短停留时间操作所得裂解汽油的收率相对较低。

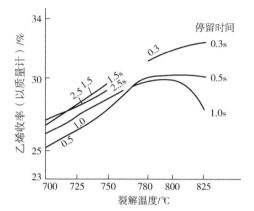

图 6-5 不同裂解温度下乙烯收率随停留时间的变化

c. 对给定裂解原料而言,在相同裂解深度下,高温-短停留时间的操作将使裂解产品中炔烃收率明显增加,并使乙烯/丙烯比及 C_4 中的双烯烃/单烯烃比增大。

② 裂解温度-停留时间的限制

a. 裂解深度对裂解温度-停留时间的限定 为获得较满意的裂解产品收率需要达到较高的裂解深度,而过高的裂解深度又会因结焦严重而使清焦周期急剧缩短。工程中常以 C_5 和 C_5 以上液相产品氢含量不低于 8% 为裂解深度的限度,由此,根据裂解原料性质可以选定合理的裂解深度。在裂解深度确定后,选定了停留时间则可相应确定裂解温度,反之,选定了裂解温度也可相应确定所需的停留时间。

b. 温度限制 对于管式炉中进行的裂解反应,为提高裂解温度就必须相应提高炉管管壁温度。炉管管壁温度受炉管材质限制。当使用 Cr25Ni20 耐热合金钢时,其极限使用温度低于 1100℃。当使用 Cr25Ni35 耐热合金钢时,其极限使用温度可提高到 1150℃。由于受炉管耐热程度的限制,管式裂解炉出口温度一般均限制在 950℃ 以下。

c. 热强度限制 炉管管壁温度不仅取决于裂解温度,也取决于热强度。在给定裂解温度下,随着停留时间的缩短,炉管热通量增加,热强度增大,管壁温度进一步上升。因此,在给定裂解温度下,热强度对停留时间是很大的限制。

3. 烃分压与稀释剂

(1) 压力对裂解反应的影响 从化学平衡角度分析,烃裂解的一次反应是分子数增多的过程,对于脱氢可逆反应,降低压力对提高乙烯平衡组成有利(断链反应因是不可逆反应,压力无影响）。烃聚合缩合的二次反应是分子数减少的过程，降低压力对提高二次反应产物的平衡组成不利，可抑制结焦过程。

从反应速率来分析，烃裂解的一次反应多是一级反应或可按拟一级反应处理，烃类聚合和缩合的二次反应多是高于一级的反应。压力不能改变反应速率常数 k，但降低压力能降低反应物浓度，所以对一次反应、二次反应都不利。但反应的级数不同影响有所不同，压力对高于一级的反应的影响比对一级反应的影响要大得多，也就是说降低压力可增大一次反应对于二次反应的相对速率，提高一次反应选择性。其比较列于表 6-10。

表 6-10　压力对裂解过程中一次反应和二次反应的影响

反应	化学热力学因素		化学动力学因素	
	反应后体积的变化	减小压力对提高平衡转化率是否有利	反应级数	减小压力对加快反应速率是否有利	减小压力对增大一次反应与二次反应的相对速率是否有利
一次反应	增大	有利（对断链反应无影响）	一级反应	不利	有利
二次反应	减小	不利	高于一级的反应	更不利	不利

所以降低压力可以促进生成乙烯的一次反应，抑制发生聚合的二次反应，从而减轻结焦的程度。

北京化工研究院通过实验数据关联得到：在一定裂解深度范围内，对相同裂解深度而言，烃分压的对数值与乙烯收率呈线性关系，见图 6-6。

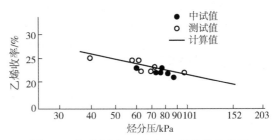

图 6-6　烃分压（p_{HC}）与乙烯收率的关系

图 6-6 所示的关系也可用下式表示：

$$y(C_2^=)=-10.5\lg p_{HC}+21.56 \tag{6-24}$$

（2）稀释剂对裂解反应的影响　由于裂解是在高温下操作的，不宜于用抽真空减压的方法降低烃分压，这是因为高温密封不易，一旦空气漏入负压操作的裂解系统，与烃气体形成爆炸混合物就有爆炸的危险。而且减压操作对以后分馏工序的压缩操作也不利，要增加能量消耗。所以，采取添加稀释剂以降低烃分压是一个较好的方法。这样，设备仍可在常压或正压下操作，而烃分压则可降低。稀释剂理论上讲可用水蒸气、氢气或任一种惰性气体，但目前较为成熟的裂解方法，均采用水蒸气作稀释剂，其原因如下：

① 裂解反应后通过急冷即可实现稀释剂与裂解气的分离，不会增加裂解气的分离负荷和难度。使用其他惰性气体为稀释剂时反应后均与裂解气混为一体，增加了分离难度。

② 水蒸气热容量大，使系统有较大热惯性，当操作供热不平稳时，可以起到稳定温度的作用，保护炉管，防止过热。

③ 抑制裂解原料所含硫对镍铬合金炉管的腐蚀，保护炉管。这是因为高温水蒸气具有氧化性，能将炉管内壁氧化成一层保护膜，这样一来既防止了裂解原料中硫对镍铬合金炉管的腐蚀，又防止了炉管中铁、镍对生碳反应的催化作用。

④ 脱除结炭，水蒸气对已生成的碳有一定的脱除作用（$H_2O + C \rightleftharpoons CO + H_2$）。

⑤ 减少炉管内结焦。

⑥ 其他原因，如廉价、易得、无毒等。

稀释剂用量用稀释比 q 表示。稀释比 q 为稀释剂与原料烃的重量之比。

水蒸气的稀释比不宜过大，因为它会使裂解炉生产能力下降，能耗增加，急冷负荷加大。水蒸气的稀释比与原料有关，见表 6-11。

表 6-11 水蒸气的稀释比与原料的关系

裂解原料	原料含氢量（质量分数）/%	结焦难易程度	稀释比（水蒸气/烃，kg/kg）
乙烷	20	较不易	0.25～0.4
丙烷	18.5	较不易	0.3～0.5
石脑油	14.16	较易	0.5～0.8
轻柴油	约 13.6	很易	0.75～1.0
原油	约 13.0	极易	3.5～5.0

4. 裂解深度

裂解深度是指裂解反应的进行程度。由于裂解反应的复杂性，很难以一个参数准确地对其进行定量的描述。根据不同情况，常常采用如下一些参数衡量裂解深度。

① 原料转化率　原料转化率 x 反映了裂解反应时裂解原料的转化程度。因此，常用原料转化率衡量裂解深度。

以单一烃为原料时（如乙烷或丙烷等），裂解原料的转化率 x 可由裂解原料反应前后的物质的量 n_0、n 来计算。

$$x = \frac{n_0 - n}{n_0} = 1 - \frac{n}{n_0} \tag{6-25}$$

混合轻烃裂解时，可分别计算各组分的转化率。馏分油裂解时，则以某一当量组分计算转化率，表征裂解深度。

② 甲烷收率 $y(C_1^0)$　裂解所得甲烷收率随着裂解深度的提高而增加，由于甲烷比较稳定，基本上不因二次反应而消失。因此，裂解产品中甲烷收率可以在一定程度上衡量反应的裂解深度。

③ 液体产物的氢含量和氢碳比（H/C）　随着裂解深度的提高，裂解所得氢含量高的 C_4 以下气态产物的产量逐渐增大。根据氢的平衡可以看出，裂解所得 C_5 以上的液体产品的氢含量和氢碳比 $(H/C)_L$ 将随裂解深度的提高而下降。馏分油裂解时，其裂解深度应以所得液体产物的氢含量不低于 8%[或氢碳比 $(H/C)_L$ 不低于 0.96]为限。当裂解深度过高时，可能结焦严重而使清焦周期大大缩短。

④ 裂解炉出口温度　在炉型已定的情况下，炉管排列及几何参数已经确定。此时，对给定裂解原料及负荷而言，炉出口温度在一定程度上可以表征裂解的深度，用于区分浅度、中度及深度裂解。

三、管式裂解炉及裂解工艺过程

（一）管式裂解炉

早在 20 世纪 30 年代就开始研究用管式裂解炉高温法裂解石油烃。20 世纪 40 年代美国首先建立管式裂解炉——裂解生产乙烯的工业装置。进入 20 世纪 50 年代后，由于石油化工的发展，世界各国竞相研究提高乙烯生产水平的工艺技术，并找到了通过高温-短停留时间的技术措施可以大幅度提高乙烯收率。20 世纪 60 年代初期，美目 Lummus 公司成功开发出能够实现高温-短停留时间的SRT（short residence time）-Ⅰ型炉，见图6-7。耐高温的铬-镍合金钢管可使管壁温度高达1050℃，从而奠定了实现高温-短停留时间的工艺基础。以石脑油为原料，SRT-Ⅰ型炉可使裂解出口温度提高到800~860℃，停留时间减少到0.25~0.60s，乙烯产率得到了显著的提高。应用Lummus公司SRT型炉生产乙烯的总产量约占全世界的一半。20世纪60年代末期以来，各国著名的公司如Stone＆Webster、Linde-Selas、Kellogg、Foster-Wheeler、三菱油化等都相继提出了自己开发的新型管式裂解炉。

1. 裂解炉的工作原理

以Lummus公司的SRT-Ⅰ型裂解炉为例（见图6-7），说明裂解炉的组成与工作原理。

（1）裂解炉的组成 对流室、辐射室、炉管、烧嘴、烟囱、挡板等。

（2）裂解炉的工作原理 裂解原料首先进入裂解炉的对流室升温，到一定温度后与稀释剂混合继续升温（升到600~650℃），然后通过挡板进入裂解炉的辐射室继续升温到反应温度（800~850℃）并发生裂解反应，最后高温裂解产物通过急冷换热器降温后，送到后续分馏塔。

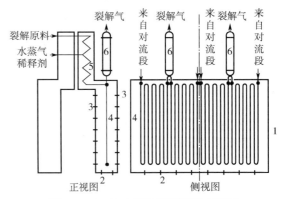

图6-7　SRT-Ⅰ型竖管裂解炉示意图

1—炉体；2—油气联合烧嘴；3—全体无焰烧嘴；
4—辐射段炉管（反应管）；5—对流段炉管；6—急冷锅炉

2. 裂解炉的炉型

裂解炉主要有管式裂解炉、蓄热式裂解炉、沙子裂解炉。

现在90%以上都采用管式裂解炉，它是间接传热的裂解炉。

制造管式裂解炉的公司有Lummus（SRT短停留时间炉）、Stone＆Webster（USC超选择性炉）、Linde-Selas（HS高选择性炉）、Kellogg（MSF毫秒炉）、Foster-Wheeler、日本三菱油化（倒梯台下吹式炉）等。

国内叫法有方箱炉、圆筒炉、门式炉、梯台炉等。

（1）Lummus公司的SRT型裂解炉（短停留时间裂解炉）

① 炉型　此炉为单排双辐射立管式裂解炉，已从早期的SRT-Ⅰ型发展到近期采用的SRT-Ⅵ型。SRT型裂解炉的对流段设置在辐射室上部的一侧，对流段顶部设置烟道和引风机。对流段内设置进料、稀释蒸汽和锅炉给水的预热。从SRT-Ⅲ型裂解炉开始，对流段还设置高压蒸汽过热，取消了高压蒸汽过热炉。在对流段预热原料和稀释蒸汽过程中，一般采用一次注入的方式将稀释蒸汽注入裂解原料。当裂解炉需要裂解重质原料时，也可采用二次注入稀释蒸汽的方式。

早期SRT型裂解炉多采用侧壁无焰烧嘴，为适应裂解炉烧油的需要，目前多采用侧壁烧嘴和底部烧嘴联合的烧嘴布置方案。通常，底部烧嘴最大供热量可占总热负荷的70%。

② 盘管结构　为进一步缩短停留时间并相应提高裂解温度，Lummus公司在20世纪80年代相继开发了SRT-Ⅳ型裂解炉和SRT-Ⅴ型裂解炉，其辐射盘管为多分支变径管，管长进一步缩短。其高生产能力盘管（HC型）为4程盘管，而高选择性盘管（HS型）则为双程盘管，SRT-Ⅴ型与SRT-Ⅳ型裂解炉辐射盘管的排列和结构相同，SRT-Ⅳ型裂解炉的辐射盘管为光管，而SRT-Ⅴ型裂解炉的辐射盘管为带内翅片的炉管。内翅片可以增大管内给热系数，降低管内传热的热阻，由此相应降低管壁温度，延长清焦周期。

采用双程辐射盘管可以将管长缩短到22m左右，其停留时间可缩短到0.2s，裂解选择性得到进一步改善。典型的SRT型裂解炉辐射盘管的排列特点和发展趋势如表6-12所示。不同辐射盘管裂解工艺性能见表6-13。

表6-12 SRT型裂解炉辐射盘管的排列特点

项目	SRT-Ⅰ	SRT-Ⅱ	SRT-Ⅲ
炉管排列			
程数	8P	6P33	4P40
管长/m	80~90	60.6	51.8
管径/mm	75~133	64　96　152 1程　2程　3~6程	64　89　146 1程　2程　3~4程
表观停留时间/s	0.6~0.7	0.47	0.38

项目	SRT-Ⅳ　SRT-Ⅴ	SRT-Ⅵ
炉管排列		
程数	2程（16~2）	2程（8~2）
管长/m	21.9	约21
管径/mm	41.6　116 1程　2程	>50　>100 1程　2程
表观停留时间/s	0.21~0.3	0.2~0.3

表6-13 不同辐射盘管裂解工艺性能

盘管	盘管1 （等径盘管）	盘管2 （分支变径管）
烃进料/(kg/h)	740	3190
出口气体温度/℃	875	833
初期最高管壁温度/℃	972	972
平均停留时间/s	0.09	0.16
压力降/kPa	15	12
平均烃分压/kPa	94	86
出口流速/(m/s)	277	227
出口质量流速/[kg/(m²·s)]	80	70
预测清焦周期/d	45	60

表6-14 不同SRT型裂解炉所得裂解产品收率
（质量分数）　　　单位：%

项目	SRT-Ⅲ	SRT-Ⅴ	SRT-Ⅵ
甲烷	18.3	17.4	17.35
乙烷	4.8	4.2	4.15
乙烯	27.95	30.0	30.3
丙烯	14.0	15.1	15.25
C_4	8.95	9.20	9.23
裂解汽油	19.16	17.56	17.29
燃料油	4.25	3.63	3.56
裂解气分子量	28.30	28.08	28.02

随着辐射盘管的改进，其裂解工艺性能随之改善，裂解的烯烃收率随之提高。以某全沸程石脑油为例，在不同炉型中裂解，在相同裂解深度下所得产品收率如表 6-14 所示。

(2) SRT 型裂解炉的优化及改进措施　裂解炉设计开发的根本思路是提高过程选择性和设备的生产能力，根据烃类热裂解的热力学和动力学分析，提高反应温度、缩短停留时间和降低烃分压是提高过程选择性的主要途径，延长清焦周期则是提高设备生产效率的关键所在。

在众多改进措施中，辐射盘管的设计是决定裂解选择性、烯烃收率、对裂解原料适应性的关键。改进辐射盘管的结构，成为管式裂解炉技术发展中最核心的部分。早期的管式裂解炉采用相同管径的多程盘管。其管径一般在 100mm 以上，管程多为 8 程以上，管长近 100 m，相应平均停留时间大约为 0.6~0.7s。

对一定直径和长度的辐射盘管而言，提高裂解温度和缩短停留时间均可增大辐射盘管的热强度，使管壁温度升高。换言之，裂解温度和停留时间均受辐射盘管耐热程度的限制。改进辐射盘管的金属材质是适应高温-短停留时间的有效措施之一。目前，广泛采用 25Cr35Ni 系列合金钢代替 25Cr20Ni 系列合金钢，耐热温度从 1050~1080℃提高到 1100~1150℃，这对提高裂解温度、缩短停留时间起到一定作用。

提高裂解温度并缩短停留时间的另一重要途径是改进辐射盘管的结构。20 多年来，相继出现了单排分支变径管、混排分支变径管、不分支变径管、单程等径管等不同结构的辐射盘管。辐射盘管结构尺寸的改进均着眼于改善沿盘管的温度分布和热强度分布，提高盘管的平均热强度，由此达到高温-短停留时间的操作条件。

根据反应前期和反应后期的不同特征，采用变径管，使入口端（反应前期）管径小于出口端（反应后期）管径，与等径管相比，这样可以缩短停留时间，提高传热强度、处理能力和生产能力。表 6-15 和表 6-16 给出了相应的分析和比较。

表 6-15　变径管的分析

项目	反应前期	反应后期
管径	较小	较大
压力降	反应前期由于反应转化率尚低，管内流体体积增大不多，以致线速度增大不多，由于管径小引起的压力降不严重，不致严重影响平均烃分压的增大	此时转化率较高，管内流体体积增大较多，以致线速度增大较多，由于管径小引起的压力降较严重，故采用较大管径为宜
热强度	由于原料升温，转化率增长快，需要大量吸热，所以要求热强度大，管径小可使比表面积增大，可满足此要求	转化率已较高，增长幅度不大了，对热强度要求不高了，管径大一些对传热的影响不显著
结焦趋势	转化率尚低，二次反应尚未发生，不致结焦，允许管径小一些	转化率已较高，二次反应已在发生，结焦可能性较大，用较大管径可延长操作周期
主要矛盾	加大热强度是主要矛盾，压力降和结焦是次要矛盾，故管径小是首位	避免压力降过大，防止结焦，延长操作周期是主要矛盾，传热是次要矛盾，故用较大直径

表 6-16　裂解炉采用等径反应管与变径反应管的比较[①]

反应管形式	每组管处理能力/(t/h)	管出口温度/℃	停留时间/s	热强度/[MJ/($m^2 \cdot h$)]	每组管最大生产能力（乙烯）/(t/a)	每台炉最大生产能力（乙烯）/(t/a)
SRT-Ⅰ型（等径）	2.75	835	0.6~0.7	251.2	5700	22800
SRT-ⅡHC（变径）	6.0	830	0.4~0.5	293~377	12500	50000

① 相同条件：裂解原料为全沸程石脑油，乙烯最大产率（质量分数）为 27%（单程）和 30.6%（乙烯循环）。

目前还有一些其他的裂解炉在使用，如 Stone & Webster（USC 超选择性炉）、毫秒炉或超短停留时间炉（USRT 炉）、Linde-Selas 混合管裂解炉（LSCC），在此不作介绍。

管式裂解炉裂解具有结构简单、操作容易和乙烯、丙烯收率较高等优点。其缺点是：对重质原料的适应性差；需要耐高温的合金管材和铸管技术。

（二）急冷换热器

为防止裂解二次反应增加，需要将裂解炉出口高温裂解气尽快冷却，通过急冷以终止其裂解反应。当裂解气温度降至 650℃ 以下时裂解反应基本终止。急冷有间接急冷和直接急冷之分。

1. 间接急冷

裂解炉出来的高温裂解气温度在 800~900℃ 左右，是一个高品位热源，利用价值高，因此，可用换热器进行间接急冷，回收高温热源的热量以产生蒸汽。用于此目的的换热器称为急冷换热器。急冷换热器与汽包所构成的产生高压蒸汽的系统称为急冷锅炉。也有将急冷换热器称为急冷锅炉或废热锅炉的，使用急冷锅炉有两个主要目的：一是终止裂解反应，二是回收热量。

2. 直接急冷

直接急冷的方法是在高温裂解气中直接喷入冷却介质，冷却介质被高温裂解气加热而部分汽化，由此吸收裂解气的热量，使高温裂解气迅速冷却。根据冷却介质的不同，直接急冷可分为水直接急冷和油直接急冷。直接急冷传热效果好，设备投入少，操作简单，系统阻力小，但会形成大量含油污水，油水分离困难，并且难以利用回收的热量。

因为间接急冷对能量利用较合理，可回收裂解气被急冷时所释放的热量，经济性较好，并且无污水产生，故工业上多用间接急冷。

间接急冷换热器的换热介质是裂解气和高压水，8.7~12MPa 的高压水经急冷换热器间接换热使裂解气骤冷，它使裂解气在 0.01~0.1s 的极短时间内，温度由约 800℃ 下降到接近露点。急冷换热器的运转周期应不低于裂解炉的运转周期。急冷换热器在操作过程中要注意如下两个要点：一是增大裂解气在急冷换热器中的线速度，以避免返混而使停留时间拉长造成二次反应；二是必须控制急冷换热器出口温度，要求裂解气在急冷换热器中冷却后的温度不低于其露点，因为一旦冷却到露点以下，裂解气中较重的组分就会冷凝下来，在急冷换热器管壁上形成缓慢流动的液膜，这样既影响传热又会因停留时间过长发生二次反应而结焦。

裂解原料的氢含量的高低，决定了裂解气露点的高低。对于体积平均沸点在 130~400℃ 的裂解原料油，其出口温度可按有关经验公式计算。

（三）裂解炉和急冷换热器的清焦

1. 裂解炉和急冷换热器的结焦判据

管式裂解炉辐射盘管和急冷换热器换热管在运转过程中有焦垢生成，必须定期进行清焦。对管式裂解炉而言，如下任一情况出现均应停止进料，进行清焦。

① 裂解炉辐射盘管管壁温度超过设计规定值。
② 裂解炉辐射段入口压力增加值超过设计值。
③ 燃料用量增加。
④ 出口乙烯收率下降。
⑤ 裂解炉出口温度下降。

⑥ 炉管局部过热（外表面颜色不均匀）等。

对于急冷换热器而言，如下任一情况出现均应对急冷换热器进行清焦。

① 急冷换热器出口温度超过设计值。

② 急冷换热器进出口压差超过设计值。

2. 裂解炉和急冷换热器清焦的方法

裂解炉辐射盘管的焦垢均可用蒸汽烧焦法、空气烧焦法或蒸汽-空气烧焦法进行清理。这些清焦方法的原理是：利用蒸汽或空气中的氧与焦垢反应而达到清焦的目的。

$$C + O_2 \longrightarrow CO_2 + Q \tag{6-26}$$

$$2C + O_2 \longrightarrow 2CO + Q \tag{6-27}$$

$$C + H_2O \longrightarrow CO + H_2 - Q \tag{6-28}$$

蒸汽-空气烧焦法是在裂解炉停止烃进料后，加入空气，对炉出口气进行分析，逐步加大空气量，当出口干气中 $CO+CO_2$ 含量低于 0.2%～0.5%（体积分数）后，清焦结束。

近来，越来越多的乙烯工厂采用空气烧焦法。此法是在蒸汽-空气烧焦法的基础上提高烧焦空气量和炉出口温度，并且逐步将稀释蒸汽量降为零，主要烧焦过程为纯空气烧焦。此法不仅可以进一步改善裂解炉辐射盘管的清焦效果，而且可使急冷换热器在保持锅炉给水的操作条件下获得明显的在线清焦效果。采用这种空气清焦方法，可以使急冷换热器水力清焦或机械清焦的周期延长到半年以上。

（四）裂解气的预分馏

1. 裂解气预分馏的目的与任务

裂解炉出口的高温裂解气先经急冷换热器冷却，再经急冷换热器用急冷油喷淋降温至 200～300℃，将急冷后的裂解气进一步冷却至常温，并在冷却过程中分馏出裂解气中的重组分（如燃料油、裂解汽油、水分），这个环节称为裂解气的预分馏。显然，裂解气的预分馏过程在乙烯装置中起着十分重要的作用。

裂解气预分馏要达到如下目的：

① 经预分馏处理，尽可能降低裂解气的温度，从而保证裂解气压缩机的正常运转，并降低裂解气压缩机的功耗。

② 裂解气经预分馏处理，尽可能分馏出裂解气中的重组分，减小进入深冷分离系统的进料负荷。

③ 在裂解气的预分馏过程中将裂解气中的稀释蒸汽以冷凝水的形式分离回收，再蒸发产生稀释蒸汽，从而大大减小污水排放量。

④ 在裂解气的预分馏过程中继续回收裂解气的低品位热量。通常，急冷油回收的热量用于产生稀释蒸汽，急冷水回收的热量用于深冷分离系统的工艺加热。

2. 预分馏工艺过程概述

（1）轻烃裂解装置裂解气的预分馏过程　轻烃裂解装置所得裂解气的重质馏分甚少，尤其乙烷和丙烷裂解时，裂解气中的燃料油含量甚微。此时，裂解气的预分馏过程主要是在裂解气进一步冷却过程中分馏裂解气中的水分和裂解汽油馏分。其过程如图 6-8 所示。

如图 6-8 所示，轻烃裂解装置中裂解炉出口高温裂解气，经急冷换热器（废热锅炉）回收热量副产高压蒸汽后，冷却至 200～300℃，然后进入水洗塔。在水洗塔中，塔顶用急冷水喷淋冷却裂解气。塔顶裂解气冷却至 40℃左右送至裂解气压缩机。塔釜分馏出裂解气中的大部分水分和裂解汽油。塔釜的油水混合物经油水分离器分离出裂解汽油和水，裂解汽油经汽油汽提塔汽提。而分离出的约 80℃水，一部分经冷却送至水洗塔塔顶作喷淋急冷水，另一部分则送稀释蒸汽发生器作稀释蒸汽。分离出的约 80℃的

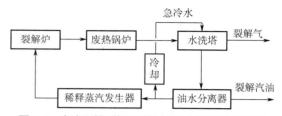

图 6-8 轻烃裂解装置裂解气预分馏流程示意图

水除部分用冷却水冷却（或空冷）外，还可用于深冷分离系统工艺加热，由此回收低品位热量。

(2) 馏分油裂解装置裂解气预分馏过程　馏分油裂解装置所得裂解气中含一定量的重质馏分，这些重质馏分与水混合后会因乳化而难于进行油水分离。因此，在馏分油裂解装置中，必须在冷却裂解气的过程中先将裂解气中的重质燃料油馏分分馏出来，分馏重质燃料油馏分之后的裂解气再进一步送至水洗塔冷却，并分离其中的水和裂解汽油。其流程如图 6-9 所示。

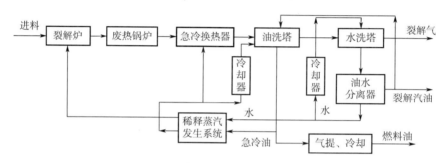

图 6-9　馏分油裂解装置裂解气预分馏过程示意图

如图 6-9 所示，馏分油裂解装置中裂解炉出口高温裂解气，经急冷换热器（废热锅炉）回收热量后，再经急冷换热器用急冷油喷淋降温至 220～300℃。冷却后的裂解气进入油洗塔（或称预分馏塔），塔顶用裂解汽油喷淋，塔顶温度控制在 100～110℃，保证裂解气中的水分从塔顶带出。塔釜温度则随裂解原料的不同而控制在不同水平，石脑油裂解时塔釜温度大约为 180～190℃，轻柴油裂解时则控制在 190～200℃。塔釜所得燃料油产品，一部分经气提并冷却后作为裂解燃料油产品，另外一部分（作为急冷油）送至稀释蒸汽系统作为产生稀释蒸汽的热源。经稀释蒸汽发生系统冷却的急冷油，大部分送至急冷换热器以喷淋高温裂解气，少部分急冷油进一步冷却后作为油洗塔中段回流。

油洗塔塔顶裂解气进入水洗塔，塔顶用急冷水喷淋，塔顶裂解气降至 40℃左右送入裂解气压缩机。塔釜出料约 80℃，在此可分馏出裂解气中的大部分水和裂解汽油。塔釜油水混合物经油水分离后，一部分水经冷却后送入水洗塔作为塔顶喷淋用水（称为急冷水），另一部分水则送至稀释蒸汽发生系统生产蒸汽，供裂解炉使用。油水分离所得裂解汽油馏分，一部分送至油洗塔作为塔顶喷淋用油，另一部分则作为产品采出。

3.裂解汽油与裂解燃料油

(1) 裂解汽油　烃类裂解副产的裂解汽油包括 C_5 和沸点在 204℃以下的所有裂解副产物，作为乙烯装置的副产品，其中 C_4 馏分<0.5%（质量分数）。

裂解汽油经一段加氢可作为高辛烷值汽油组分，如需经芳烃抽提分离芳烃产品，则应进行两段加氢，脱出其中的硫、氮，并使烯烃全部饱和。

也可以将裂解汽油完全加氢，加氢后分为加氢 C_5 馏分、C_6~C_8 中心馏分、C_9~204℃馏分。此时，加氢 C_5 馏分可返回循环裂解，C_6~C_8 中心馏分则是芳烃抽提的原料，C_9 馏分可作为歧化生产芳烃的原料。也可以将裂解汽油先分为 C_5 馏分、C_9 馏分、C_6~C_8 中心馏分，然后仅对 C_6~C_8 中心馏分进行加氢处理，由此，可使加氢处理量减小。裂解汽油的组成与原料油性质及裂解条件有关。典型裂解汽油的组成如表 6-17 所示。

表 6-17 裂解汽油的组成举例

裂解原料		大庆油		胜利油			
		石脑油	轻柴油	石脑油	加氢焦化汽油	轻柴油	减压柴油
裂解汽油收率（质量分数）/%		15.76	17.80	24.60	19.40	18.30	18.80
裂解汽油组成（质量分数）/%	C_5 及轻组分	25.51	18.61	15.45	14.72	14.21	15.96
	C_6~C_8 非芳烃	9.78	6.29	29.88	10.05	11.21	11.70
	苯	37.75	30.93	19.11	32.73	33.33	29.78
	甲苯	14.85	18.34	13.41	18.81	18.58	18.62
	二甲苯和乙苯	2.92	6.57	9.15	7.30	8.20	9.04
	苯乙烯	3.55	4.21	2.85	3.70	2.73	2.66
	C_9~204℃馏分	5.64	15.05	10.15	12.96	11.47	12.24
合计		100.00	100.00	100.00	100.00	100.00	100.00

(2) 裂解燃料油　烃类裂解副产的裂解燃料油是指沸点在 200℃以上的重组分。其中沸程在 200~360℃ 的馏分称为裂解轻质燃料油，相当于柴油馏分，其中大部分为杂环芳烃，烷基萘含量较高，可作为脱烷基制萘的原料。沸程在 360℃以上的馏分称为裂解重质燃料油，相当于常压重油馏分，除作燃料外，由于裂解重质燃料油的灰分低，是生产炭黑的良好原料。

4. Lummus 裂解及预分馏工艺流程

图 6-10 为 Lummus 轻柴油裂解工艺流程图，此流程包括原料油供给和预热系统、热裂解和高压水蒸气系统、急冷油和燃料油系统、急冷水和稀释水蒸气系统。

(1) 原料油供给和预热系统　原料油由泵 2 从贮槽 1 抽出，经预热器 3 和 4 分别与过热的急冷水和急冷油进行热交换，然后进入裂解炉 5 的对流段进一步预热。原料油的供给必须稳定连续，因此原料油泵需有备用泵及自动切换装置。

(2) 热裂解和高压水蒸气系统　预热过的原料油与稀释水蒸气混合，再在裂解炉对流段预热到一定温度，最后进入裂解炉的辐射室进行裂解。炉管出口的高温裂解气迅速进入急冷换热器 6，终止裂解反应后再依次进入油急冷器 8 和油洗塔 9。

急冷换热器的给水先在对流段预热并局部汽化后送入高压汽包 7，然后靠自然对流流入急冷换热器 6 中，产生 11MPa 的高压水蒸气，去对流段过热。

(3) 急冷油和燃料油系统　裂解气在油急冷器 8 中用急冷油直接喷淋冷却，然后与急冷油一起进入油洗塔 9，塔顶出来的裂解气为氢、气态烃、裂解汽油、稀释蒸汽和酸性气体。

裂解轻柴油从油洗塔 9 的侧线采出，经汽提塔 13 汽提其中的轻组分后作为裂解轻柴油产品，用泵 15 引出。裂解轻柴油含有大量烷基萘，是制萘的好原料，称为制萘馏分。油洗塔 9 塔釜为重质燃料油。

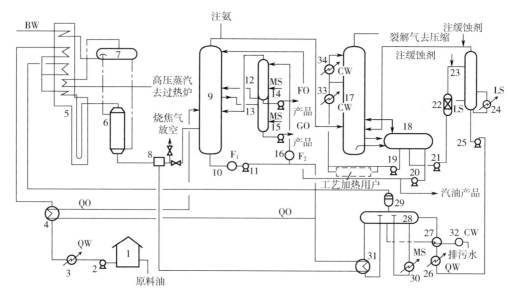

图 6-10 轻柴油裂解工艺流程图

1—原料油贮槽；2—原料油泵；3,4—原料油预热器；5—裂解炉；6—急冷换热器；7—汽包；8—油急冷换热器；9—油洗塔；10—急冷油过滤器；11—急冷油循环泵；12—燃料油汽提塔；13—裂解轻柴油汽提塔；14—燃料油输送泵；15—裂解轻柴油输送泵；16—燃料油过滤器；17—水洗塔；18—油水分离器；19—急冷水循环泵；20—汽油回流泵；21—工艺水泵；22—工艺水过滤器；23—工艺水汽提塔；24—再沸器；25—稀释蒸汽发生器给水泵；26,27—预热器；28—稀释蒸汽发生器汽包；29—分离器；30—中压蒸汽加热器；31—急冷油加热器；32—排污水冷却器；33,34—急冷水冷却器；QW—急冷水；CW—冷却水；MS—中压水蒸气；LS—低压水蒸气；QO—急冷油；BW—锅炉给水；GO—轻柴油；FO—燃料油

自油洗塔塔釜采出的重质燃料油，一部分经汽提塔 12 汽提其中的轻组分后，作为重质燃料油产品用泵 14 送出，大部分则用作循环急冷油。循环急冷油分两股进行冷却，一股在预热器 4 预热原料轻柴油之后返回油洗塔中段；另一股进急冷油加热器 31 用来生产低压稀释蒸汽，急冷油本身被冷却后送至油急冷器 8 作为急冷介质，对裂解气进行冷却。

急冷油的黏度与油洗塔塔釜温度及裂解深度有关，为了保证急冷油系统的稳定操作，要求控制急冷油的运动黏度并过滤其中的焦粒，故在急冷油系统中配置了急冷油过滤器 10 和燃料油过滤器 16。

(4) 急冷水和稀释水蒸气系统　在油洗塔 9 中脱除了重质燃料油和裂解轻柴油后的裂解气，由塔顶采出并进入水洗塔 17，塔顶和中段用急冷水喷淋，使裂解气冷却，其中一部分稀释水蒸气和裂解汽油冷凝下来。冷凝下来的油水混合物由塔釜引至油水分离器 18，分离出的水一部分供工艺加热用，冷却后的水再经急冷水冷却器 33、34 冷却后作为水洗塔 17 的中段和塔顶回流，此部分水称为急冷循环水。另一部分相当于稀释水蒸气水量的工艺水由泵 21 经工艺水过滤器 22 送入汽提塔 23，汽提出的轻烃回水洗塔 17，以确保汽提塔 23 塔釜水中含油少于 10^{-4}。此工艺水由稀释蒸汽发生器给水泵 25 输送，先经急冷水预热器 26 和排污水预热器 27 预热，然后送入稀释蒸汽发生器汽包 28，再分别由中压蒸汽加热器 30 和急冷油加热器 31 加热汽化产生稀释蒸汽，经气液分离后送入裂解炉。这种稀释蒸汽循环使用，既节约了新鲜的锅炉给水，又减小了污水的排放量。该流程的污水排放量只是重质燃料油汽提塔 12 和裂解轻柴油汽提塔 13 的汽提蒸汽量。

油水分离器 18 分离出的汽油，一部分通过汽油回流泵 20 送至油洗塔 9 作为塔顶回流循环使用，另一部分作为裂解汽油产品送出。

脱除绝大部分水蒸气和少部分裂解汽油的裂解气，温度约为 313K，送至深冷分离的压缩系统。裂解气逐步冷却时，其中的酸性气体逐步溶解于冷凝水中，形成腐蚀性酸性溶液。为了防止酸性腐蚀，在相应的部位注入缓蚀剂。常用的缓蚀剂有氨、碱液等碱性物质。

第二节　裂解气的净化

裂解气中含有 H_2S、CO_2、H_2O、C_2H_2、C_3H_4、CO 等气体杂质，其含量见表 6-18。杂质来源：原料中带来；裂解反应过程生成；裂解气处理过程引入。

表 6-18　裂解气中杂质的含量（体积分数）　　　　　单位：%

裂解原料 \ 杂质	CO、CO_2、H_2S	C_2H_2	C_3H_4	H_2O
石脑油	0.32	0.41	0.48	4.98
轻柴油	0.27	0.37	0.54	0.48
减压柴油	0.36	0.46	0.48	6.15

这些杂质的含量虽不大，但对深冷分离过程是有害的，也会降低产品乙烯、丙烯的品质，所以必须脱除这些杂质，对裂解气进行净化。

一、酸性气体的脱除

（一）酸性气体脱除的基本原理

1. 酸性气体杂质的来源

裂解气中的酸性气体主要是 H_2S、CO_2 和其他气态硫化物。它们主要来自以下几个方面：

① 气体裂解原料带入的气体硫化物和 CO_2。

② 液体裂解原料中所含的硫化物（如硫醇、硫醚、噻吩、二硫化物等）在高温下与氢及水蒸气反应生成的 H_2S、CO_2。

③ 裂解原料烃和炉管中的结炭与水蒸气反应生成的 CO、CO_2。

④ 当裂解炉中有氧进入时，氧与烃类反应生成 CO_2。

2. 酸性气体杂质的危害

裂解气中的酸性气体对裂解气分离装置以及乙烯和丙烯的衍生物加工装置都有很大危害。对裂解气分离装置而言，CO_2 会在低温下结成干冰，造成深冷分离系统设备和管道堵塞；而 H_2S 将造成设备腐蚀，使加氢脱炔催化剂和甲烷化催化剂中毒。对于下游加工装置而言，氢气、乙烯、丙烯产品中的酸性气体含量不合格可使下游加工装置的聚合过程或催化反应过程的催化剂中毒，也可能严重影响产品质量。

因此，在裂解气精馏分离之前，需将裂解气中的酸性气体脱除干净。

裂解气压缩机入口裂解气中的酸性气体含量约为 0.2%～0.4%（物质的量分数），一般要求将裂解气中的 H_2S、CO_2 的含量分别脱除至 1×10^{-6} 以下。

3. 酸性气体杂质的脱除方法

(1) 碱洗法脱除酸性气体　碱洗法是用 NaOH 为吸收剂，通过 NaOH 与裂解气中的酸性气体发生化学反应达到脱除酸性气体的目的。其反应如下：

$$CO_2 + 2NaOH \longrightarrow Na_2CO_3 + H_2O \tag{6-29}$$

$$H_2S + 2NaOH \longrightarrow Na_2S + 2H_2O \tag{6-30}$$

上述两个反应的化学平衡常数很大，在平衡产物中 H_2S、CO_2 的分压几乎可降到零，因此可使裂解气中的 H_2S、CO_2 的含量降到 1×10^{-6}（物质的量分数）以下。因为发生的是不可逆反应，NaOH 吸收剂不可再生。此外，为保证酸性气体的精细净化，碱洗塔釜液中应保持 NaOH 含量在 2% 左右，因此，碱耗量较高。

(2) 乙醇胺法脱除酸性气体　用乙醇胺作吸收剂除去裂解气中的 H_2S、CO_2 是一种物理吸收和化学吸收相结合的方法，所用的吸收剂主要是一乙醇胺（MEA）和二乙醇胺（DEA）。在使用过程中一般将这两种（或三种，还可加三乙醇胺）乙醇胺的混合物（不分离）配成 30% 左右的水溶液（乙醇胺溶液，因为乙醇胺中含有羟基官能团，溶于水）。

以一乙醇胺为例，在吸收过程中它能与 H_2S、CO_2 发生如下反应：

$$2HOC_2H_4NH_2 + H_2S \rightleftharpoons (HOC_2H_4NH_3)_2S \tag{6-31}$$

$$(HOC_2H_4NH_3)_2S + H_2S \rightleftharpoons 2HOC_2H_4NH_3HS \tag{6-32}$$

$$2HOC_2H_4NH_2 + CO_2 + H_2O \rightleftharpoons (HOC_2H_4NH_3)_2CO_3 \tag{6-33}$$

$$(HOC_2H_4NH_3)_2CO_3 + CO_2 + H_2O \rightleftharpoons 2HOC_2H_4NH_3HCO_3 \tag{6-34}$$

$$2HOC_2H_4NH_2 + CO_2 \rightleftharpoons HOC_2H_4NHCOONH_3C_2H_4OH \tag{6-35}$$

以上反应是可逆反应，在温度低、压力高时有利于反应向右进行，并放热；在温度高、压力低时有利于反应向左进行，并吸热。因此，吸收液在常温加压条件下吸收裂解气中的 H_2S 和 CO_2，在低压加热条件下解吸，释放出 H_2S、CO_2，吸收液得以再生，可重复使用。

(3) 醇胺法与碱洗法的比较　醇胺法与碱洗法的比较如下：

① 醇胺法对裂解气中酸性杂质的吸收不如碱洗法彻底，一般醇胺法处理后裂解气中酸性气体的体积分数仍达 30×10^{-6}～50×10^{-6}，还需用碱洗法进一步脱除，使 H_2S、CO_2 的体积分数均低于 1×10^{-6}，以满足乙烯生产的要求。

② 醇胺虽可再生循环使用，但由于挥发和降解，仍有一定损耗。由于醇胺与羰基硫、二硫化碳的反应是不可逆的，当这些硫化物含量高时，吸收剂损失很大。

③ 醇胺水溶液呈碱性，但当有酸性气体存在时，溶液的 pH 值急剧下降，从而对碳钢设备产生腐蚀，尤其在酸性气体浓度高且温度也高的部位（如换热器、汽提塔及再沸器）腐蚀更为严重。因此，醇胺法对设备材质要求高，投资相应较大。

④ 醇胺溶液可吸收丁二烯和其他双烯烃，吸收了双烯烃的吸收剂在高温下再生时易生成聚合物，这样既造成系统结垢，又损失了丁二烯。

通过上述比较可知：醇胺法的主要优点是吸收剂可循环使用，当酸性气体含量较高时，从吸收液的消耗和废水处理量来看，醇胺法明显优于碱洗法；碱洗法的优点是吸收完全，但不可再生，废水量大。因此，一般情况下乙烯装置均采用碱洗法脱除裂解气中的酸性气体，只有当酸性气体含量较高（如裂解原料硫体积分数超过0.2%）时，为减少碱耗量以降低生产成本，可考虑采用醇胺法预脱裂解气中的酸性气体，但仍需要碱洗法进一步做精细脱除。

（二）酸性气体脱除的工艺流程

1. 碱洗工艺流程

碱洗可以采用一段碱洗，也可以采用多段碱洗。为提高碱液利用率，目前乙烯装置大多采用多段（两段或三段）碱洗。

即使是在常温操作条件下，在有碱液存在时，裂解气中的不饱和烃仍会发生聚合，生成的聚合物将聚集于塔釜。这些聚合物为液体，但与空气接触易形成黄色固态，通常称为"黄油"。"黄油"的生成可能造成碱洗塔塔釜和废碱罐的堵塞，而且也为废碱液的处理造成麻烦。由于"黄油"可溶于富含芳烃的裂解汽油，因此，常常采用注入裂解汽油的方法分离碱液池中的"黄油"。

图6-11为两段碱洗工艺流程。裂解气压缩机三段出口裂解气经冷却并分离冷凝液后，再由37℃预热至42℃，进入碱洗塔，该塔分三段，Ⅰ段水洗段为泡罩塔板，Ⅱ段和Ⅲ段为碱洗段填料层，裂解气经两段碱洗后，再经水洗段水洗后进入压缩机四段吸入罐。新鲜碱液中NaOH含量为18%~20%，以保证Ⅰ段循环碱液NaOH含量为10%~15%，Ⅱ段循环碱液NaOH含量为5%~7%，Ⅲ段循环碱液NaOH含量为1%~3%。部分Ⅱ段循环碱液补充到Ⅲ段循环碱液中，以平衡塔釜排出的废碱。

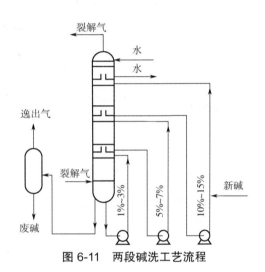

图6-11 两段碱洗工艺流程

碱洗塔操作工艺条件如下：

① 温度选择常温（30~40℃）。温度升高，裂解气中酸性气体平衡分压增大，脱除不净；温度降低，反应速率降低，碱液黏度增加，且生成的盐在废碱液中的溶解度下降，结晶，流动阻力增大，造成阻塞，操作费用增加，故选常温。

② 压力选择中压（1MPa左右）。压力升高，裂解气中酸性气体分压增大，溶解度增大，脱除彻底；但压力太高，设备材质要求升高，能耗增加，会有部分重组分被脱除，且生成的盐在废碱液中的溶解度下降，结晶，造成阻塞，故选中压。

③ 碱液浓度选择18%~20%。浓度太小酸性气体脱不净，浓度太高造成浪费且碱液黏度增大，生成的盐在废碱液中的溶解度下降，结晶，造成阻塞，故选18%~20%。

2. 乙醇胺法工艺流程

图6-12是Lummus公司采用的乙醇胺法脱除酸性气体的工艺流程。乙醇胺加热至45℃后送入吸收塔顶部，裂解气中的酸性气体大部分被乙醇胺溶液吸收，然后将裂解气送入碱洗塔进一步净化。吸收了H_2S、CO_2的富液，由吸收塔釜底采出，在富液中注入少量洗油（裂解汽油）以溶解富液中的重质烃及聚合物。富液经分离器分离洗油后，送到汽提塔进行解吸。汽提塔中解吸出的酸性气体经塔顶冷却并回收冷凝液后放空。解吸后的贫液再返回吸收塔进行吸收。

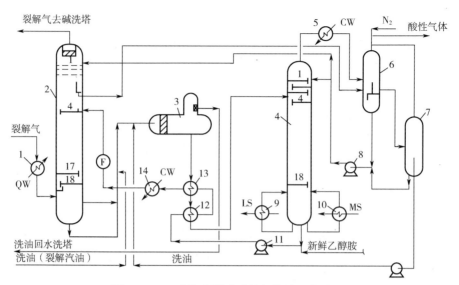

图 6-12 乙醇胺法脱除酸性气体的工艺流程

1—加热器；2—吸收塔；3—分离器；4—汽提塔；5—冷却器；6,7—分离罐；
8—回流泵；9,10—再沸器；11—胺液泵；12,13—换热器；14—冷却器

二、脱水

（一）脱水的基本原理

1. 水的来源

主要来源有稀释剂、水洗塔、脱酸性气体过程。

2. 水的危害

裂解气经预分馏处理后进入裂解气压缩机，在压缩机入口裂解气中的水分为入口温度和压力条件下的饱和水含量。在裂解气压缩过程中，随着压力的升高，可在段间冷凝过程中分离出部分水分。通常，裂解气压缩机出口压力为 3.5～3.7MPa，裂解气冷却至 15℃ 左右送入低温分离系统，此时，裂解气中饱和水含量为 $(600 \sim 700) \times 10^{-6}$。这些水分带入低温分离系统会造成设备和管道的堵塞，除水分在低温下结冰造成冻堵外，在加压和低温条件下，水分还会与烃类生成白色结晶水合物，如 $CH_4 \cdot 6H_2O$、$C_2H_6 \cdot 7H_2O$、$C_3H_8 \cdot 8H_2O$。这些水合物也会在设备和管道内积累进而造成堵塞，因此需要进行干燥脱水处理。为避免低温系统冻堵，通常要求将裂解气中水含量（质量分数）降至 1×10^{-6} 以下，即进入低温分离系统的裂解气露点在 -70℃ 以下。

3. 水的脱除方法

裂解气中的水含量不高，但要求脱水后物料的干燥度很高，因此均采用吸附法进行干燥。常用的干燥剂有硅胶、活性炭、活性氧化铝、分子筛等。

分子筛：由氧化硅和氧化铝形成的多水化合物的结晶体，在使用时将其活化，脱去结合的水，使其形成均匀的孔隙，这些孔有筛分分子的能力，故称分子筛。

氧化硅和氧化铝的摩尔比不同，会形成不同的分子筛，有 A、X、Y 型，每个类型又包括很多种，如 A 型有 3A、4A、5A 等。

分子筛的吸附特性（规律）：

① 根据分子大小不同进行选择性吸附，如 4A 分子筛可吸附水、甲烷、乙烷分子，而 3A 分子筛只能吸附水、甲烷分子，不能吸附乙烷分子。

② 根据分子极性不同进行选择性吸附，由于分子筛是极性分子，优先吸附极性分子水（水是强极性分子）。

③ 根据分子的饱和程度不同进行选择性吸附，分子不饱和程度越大，越易被吸附，如分子筛对以下三种物质吸附的容易程度：乙炔＞乙烯＞乙烷。

④ 根据分子的沸点不同进行选择性吸附，一般沸点越高，越易被吸附。

（二）分子筛脱水与再生工艺流程

可以用图 6-13 说明裂解气干燥与分子筛再生的操作过程。

裂解气干燥用 3A 分子筛作吸附剂，分子筛填充在两台干燥器中，一台进行裂解气的脱水操作，另一台进行分子筛再生或备用。裂解气经过压缩在进入冷冻之前，首先进入干燥器，自上而下通过分子筛床层。干燥后的裂解气去冷冻系统深冷。

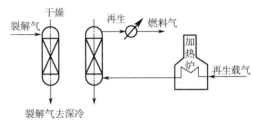

图 6-13　裂解气干燥与分子筛再生

分子筛再生时自下而上通入加热的甲烷、氢馏分，开始时应缓慢加热，以除去大部分水分和烃类，并且不致造成烃类聚合，然后逐步升温至 503K 左右，以除去残余水分。再生后的干燥器通过冷却后温度降到吸附温度，可重新用来干燥裂解气。

三、脱除炔烃和 CO

（一）脱除炔烃和 CO 的基本原理

1. 炔烃和 CO 的来源

裂解气中的炔烃主要是裂解过程中生成的，CO 主要是生成的焦炭通过水煤气反应转化生成。裂解气中的乙炔富集于 C_2 馏分中，甲基乙炔和丙二烯富集于 C_3 馏分中。通常 C_2 馏分中乙炔的物质的量分数为 0.3%～1.2%，甲基乙炔和丙二烯在 C_3 馏分中的物质的量分数为 1%～5%。在 Kellogg 毫秒炉高温超短停留时间的裂解条件下，C_2 馏分中乙炔的物质的量分数可达 2.0%～2.5%，C_3 馏分中的甲基乙炔和丙二烯的物质的量分数可达 5%～7%。

2. 炔烃和 CO 的危害

乙烯和丙烯产品中所含炔烃对乙烯和丙烯的衍生物生产过程带来麻烦。炔烃可能影响催化剂寿命，恶化产品质量，使聚合过程复杂化，产生不希望的副产品，形成不安全因素，积累爆炸等。因此，大多数乙烯和丙烯的衍生物的生产均对原料乙烯和丙烯中的炔烃含量提出较严格的要求。通常，要求乙烯产品中乙炔的物质的量分数低于 $5×10^{-6}$。而对丙烯产品而言，则要求甲基乙炔的物质的量分数低于 $5×10^{-6}$，丙二烯的物质的量分数低于 $1×10^{-5}$。CO 会使加氢脱炔催化剂中毒，要求 CO 在乙烯产品中的物质的量分数低于 $5×10^{-6}$。

3. 炔烃和 CO 的脱除方法

（1）甲烷化法脱 CO　由于 CO 会使加氢脱炔催化剂中毒，所以首先要脱除 CO。脱除方法是，在 250~300℃、3MPa、Ni 催化剂条件下，加氢使 CO 转化成甲烷和水并放出大量的热。反应如下：

$$CO + 3H_2 \longrightarrow CH_4 + H_2O + Q$$

(2) 催化加氢脱炔和溶剂吸收脱炔　乙烯生产中常采用的脱乙炔方法是溶剂吸收法和催化加氢法。溶剂吸收法是使用溶剂吸收裂解气中的乙炔以达到净化目的，同时也回收一定量的乙炔。催化加氢法是将裂解气中的乙炔加氢使其成为乙烯或乙烷，由此达到脱除乙炔的目的。溶剂吸收法和催化加氢法各有优缺点。目前，在不需要回收乙炔时，一般采用催化加氢法；当需要回收乙炔时，则采用溶剂吸收法。实际生产装置中，建有回收乙炔的溶剂吸收系统的工厂，往往同时设有催化加氢脱炔系统，两个系统并联以具有一定的灵活性。

① 催化加氢法脱炔　利用催化剂将裂解气中的炔烃脱除，选择催化加氢脱炔具有以下特点：

a. 能将有害的炔烃转化成有用的烯烃。

b. 不会给裂解系统带入新杂质。

在裂解气中的乙炔进行选择催化加氢时有如下反应发生。

主反应：

$$C_2H_2 + H_2 \xrightarrow{K_1} C_2H_4 + \Delta H_1 \tag{6-36}$$

副反应：

$$C_2H_2 + 2H_2 \xrightarrow{K_2} C_2H_6 + \Delta H_2 \tag{6-37}$$

$$C_2H_4 + H_2 \longrightarrow C_2H_6 + (\Delta H_2 - \Delta H_1) \tag{6-38}$$

$$mC_2H_2 + nC_2H_4 \longrightarrow \text{低聚物（绿油）} \tag{6-39}$$

当反应温度升高到一定程度时，还可能发生生成 C、H_2 和 CH_4 的裂解反应。

乙炔加氢转化为乙烷的化学平衡常数远远大于乙炔加氢转化为乙烯的化学平衡常数，加氢反应有生成乙烷的倾向。此外，乙烯加氢转化为乙烷的反应速率比乙炔加氢转化为乙烯的反应速率快 10~100 倍。因此，在乙炔催化加氢过程中，催化剂的选择性将是影响加氢脱炔效果的重要指标。

要求催化剂具有下列性质：

a. 对乙炔的吸附能力要远大于对乙烯的吸附能力。

b. 能使吸附的乙炔迅速发生加氢生成乙烯的反应。

c. 生成乙烯的脱附速率远大于进一步加氢生成乙烷的速率。

对裂解气中的甲基乙炔和丙二烯进行选择性催化加氢时反应如下：

主反应：

$$CH_3—C \equiv CH + H_2 \longrightarrow C_3H_6 + 165 \text{kJ/mol} \tag{6-40}$$

$$CH_2 = C = CH_2 + H_2 \longrightarrow C_3H_6 + 173 \text{kJ/mol} \tag{6-41}$$

副反应：

$$C_3H_6 + H_2 \longrightarrow C_3H_8 + 124 \text{kJ/mol} \tag{6-42}$$

$$nC_3H_4 \longrightarrow (C_3H_4)_n \text{（低聚物即绿油）} \tag{6-43}$$

在 C_3 馏分中炔烃加氢转化为丙烯的反应平衡常数比丙烯加氢转化为丙烷的反应平衡常数

大。因此，丙炔加氢时比乙炔加氢更易获得高的选择性。但是，随着温度的升高，丙烯加氢转化为丙烷的反应以及低聚物（绿油）生成的反应将加快，丙烯损失相应增加。

② 溶剂吸收法脱炔　使用选择性溶剂将 C_2 馏分中的少量乙炔选择性吸收到溶剂中，从而实现脱除乙炔的目的。由于使用选择性吸收乙炔的溶剂，可以在一定条件下再把乙炔解吸出来，因此，溶剂吸收法脱除乙炔的同时可回收到高纯度的乙炔。

溶剂吸收法在早期曾是乙烯装置脱除乙炔的主要方法，随着加氢脱炔技术的发展，逐渐被催化加氢法取代。然而，随着乙烯装置的大型化，尤其随着裂解技术向高温短停留时间发展，裂解副产乙炔量相当可观，乙炔回收更具吸引力。因此，溶剂吸收法在近几年又引起了广泛关注，不少已建有加氢脱炔的乙烯装置，也纷纷建设溶剂吸收装置以回收乙炔。以 300 kt/a 乙烯装置为例，以石脑油为原料时，在高深度裂解条件下，常规裂解每年可回收乙炔约 6700 t，毫秒炉裂解时每年可回收乙炔达 11500t。

选择性溶剂应对乙炔有较高的溶解度，且对其他组分溶解度较低，常用的溶剂有二甲基甲酰胺（DMF）、N-甲基吡咯烷酮（NMP）和丙酮。除溶剂吸收能力和选择性外，溶剂的沸点和熔点也是选择溶剂的重要指标。低沸点溶剂较易解吸，但损耗大，且易污染产品。高沸点溶剂解吸时需低压高温条件，但溶剂损耗小，且可获得较高纯度的乙炔产品。

（二）脱炔工艺流程

1.催化加氢脱炔工艺

该工艺分为前加氢和后加氢。前加氢是在脱甲烷塔之前，利用裂解气中的氢对炔烃进行选择性加氢，以脱除其中的炔烃，所以又称为自给氢催化加氢过程。后加氢是指是在脱甲烷塔之后，将裂解气中的 C_2 馏分和 C_3 馏分分开，再分别对 C_2 馏分和 C_3 馏分进行催化加氢，以脱除乙炔、甲基乙炔和丙二烯。

前加氢催化剂分钯系和非钯系两类。用非钯催化剂脱炔时，对进料中杂质（硫、CO、重质烃）的含量限制不严格，但其反应温度高，加氢选择性不理想，加氢后残余乙炔一般高于 10×10^{-6}，乙烯损失达 1%～3%。钯系催化剂对原料中杂质含量限制很严格，通常要求硫含量低于 5×10^{-6}。钯系催化剂反应温度较低，乙烯损失可降至 0.2%～0.5%，加氢后残余乙炔可低于 5×10^{-6}。

目前后加氢催化剂，对于脱乙炔过程主要使用钯系催化剂。大多采用钴（Co）、镍（Ni）、钯（Pd）作活性组分，用铁（Fe）和银（Ag）作助催化剂，用分子筛或 $\alpha\text{-}Al_2O_3$ 作载体。

前加氢与后加氢的对比如下：

① 前加氢　设在脱甲烷塔前进行加氢脱炔的叫作前加氢，又叫作自给加氢，即利用裂解气中自带的氢气对裂解气中的炔烃加氢。不需外加氢气，流程简单，能量利用合理，但乙烯损失较大，不能保证丙炔和丙二烯脱净，且当催化剂性能较差时，副反应剧烈，选择性差，不仅造成乙烯和丙烯损失，严重时还会导致反应温度失控，床层飞温，威胁生产安全。

② 后加氢　设在脱甲烷塔后，将 C_2 馏分、C_3 馏分分开后分别进行加氢。可按需外加氢气，操作易于控制，加氢选择性好，催化剂寿命长，乙烯和丙烯几乎不损失，产品纯度高，不易发生飞温的问题，但需一套氢气净化和供给系统，能量利用和流程布局均不如前加氢。

2.加氢工艺流程

以后加氢过程为例，进料中乙炔的物质的量分数高于 0.7%，一般采用多段绝热床或等温反应器。图 6-14 为 Lummus 公司采用的两段绝热床加氢工艺流程。如图所示，脱乙烷塔塔顶回流罐中未冷凝 C_2 馏分经预热并配入氢之后进入第一段加氢反应器，反应后的气体经段间冷却后进入第二段加氢反应器。反应后的气体经冷却后送入绿油塔,在此用乙烯塔抽出的 C_2 馏分吸收绿油。脱除绿油后的 C_2 馏分经干燥后送入乙烯精馏塔。

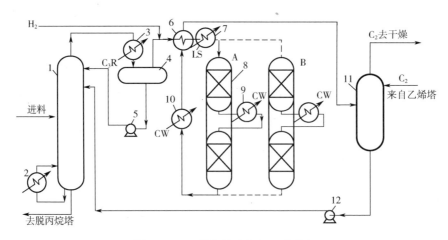

图 6-14 两段绝热床加氢工艺流程

1—脱乙烷塔；2—再沸器；3—冷凝器；4—回流罐；5—回流泵；6—换热器；7—加热器；
8—加氢反应器；9—段间冷却器；10—冷却器；11—绿油吸收塔；12—绿油泵

两段绝热反应器设计时,通常使运转初期在第一段转化乙炔 80%,其余 20% 在第二段转化；而在运转后期,随着第一段加氢反应器内催化剂活性降低,逐步过渡到第一段转化 20%,第二段转化 80%。

3.溶剂吸收法脱除乙炔

图 6-15 给出了 Lummus 公司 DMF 溶剂吸收法脱乙炔的工艺流程。本法制得的乙炔纯度可达 99.9% 以上,脱炔后乙烯产品中乙炔含量低至 1×10^{-6},产品回收率 98%。

溶剂吸收法与催化加氢法相比,投资大体相同,公用工程消耗也相当。因此,在需要乙炔产品时,则选用溶剂吸收法；当不需要乙炔产品时,则选用催化加氢法。

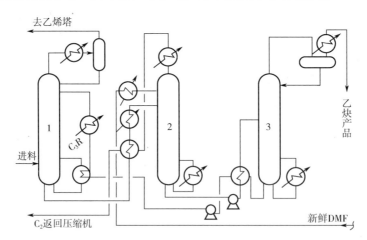

图 6-15 DMF 溶剂吸收法脱乙炔工艺流程

1—乙炔吸收塔；2—稳定塔；3—汽提塔

第三节　裂解气的精馏分离

一、裂解气的分离原理

裂解气中除了目的产物乙烯、丙烯外，还有很多其他组分，要对其进行分离。分离要求主要取决于对产品的进一步加工要求或产品的用途。

（一）分离方法简介

1.油吸收精馏分离

利用 C_3（丙烯、丙烷）、C_4（丁烯、丁烷）作为吸收剂，将裂解气中除了 H_2、CH_4 以外的其他组分全部吸收下来，然后再根据各组分相对挥发度不同，将其一一分开。此法得到的裂解气中烯烃纯度低，操作费用高（动力消耗大），一般适用于小规模生产，其操作温度高（-70℃左右），可节省大量的耐低温钢材和冷量。

2.深冷分离

工业上一般将冷冻温度在-100℃以下的叫深冷,冷冻温度在-100℃与-50℃之间的操作叫中冷,冷冻温度在-50℃以上的叫浅冷。深冷分离是将裂解气冷却到-100℃以下,此时裂解气中除了 H_2、CH_4 以外的其他组分全部被冷凝下来，然后再根据各组分相对挥发度不同，将其一一分开。深冷分离方法所得的烯烃纯度高、收率高，是常用的精馏分离方法。

3.其他分离方法

其他分离方法有中冷分离（在-100℃与-50℃之间进行分离）、浅冷分离（在-50℃以上进行分离）、分子吸附分离（利用吸附的方法将烯烃吸附）、络合分离（将烯烃形成络合物）、半透膜分离（利用膜分离）等。

本节主要介绍深冷分离法。

（二）深冷分离的主要设备

① 脱甲烷塔　将 H_2、CH_4 与 C_2 及比 C_2 更重的组分分开的塔。
② 脱乙烷塔　将 C_2 及比 C_2 更轻的组分与 C_3 及比 C_3 更重的组分分开的塔。
③ 脱丙烷塔　将 C_3 及比 C_3 更轻的组分与 C_4 及比 C_4 更重的组分分开的塔。
④ 脱丁烷塔　将 C_4 及比 C_4 更轻的组分与 C_5 及比 C_5 更重的组分分开的塔。
⑤ 乙烯精馏塔　将乙烯与乙烷分开的塔。
⑥ 丙烯精馏塔　将丙烯与丙烷分开的塔。
⑦ 冷箱　在脱甲烷系统中，有些换热器、冷凝器、节流阀等的温度很低，为了防止散冷，减小与环境接触的表面积，将这些冷设备集装成箱，此箱即为冷箱。

（三）深冷分离的工艺分类

① 前冷工艺（流程）冷箱在脱甲烷塔之前的工艺（流程），也叫前脱氢工艺（流程）。
② 后冷工艺（流程）冷箱在脱甲烷塔之后的工艺（流程），也叫后脱氢工艺（流程）。

二、深冷分离流程

(一) 深冷分离的三种典型流程

1. 顺序深冷分离流程

如图 6-16 所示。

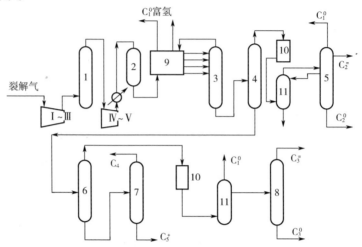

图 6-16　顺序深冷分离流程

1—碱洗塔；2—干燥器；3—脱甲烷塔；4—脱乙烷塔；5—乙烯精馏塔；
6—脱丙烷塔；7—脱丁烷塔；8—丙烯精馏塔；9—冷箱；10—加氢脱炔反应器；11—绿油塔

2. 前脱乙烷深冷分离流程

如图 6-17 所示。

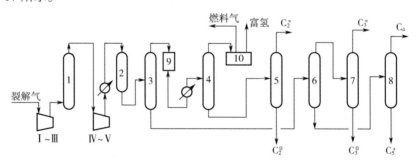

图 6-17　前脱乙烷深冷分离流程

1—碱洗塔；2—干燥器；3—脱乙烷塔；4—脱甲烷塔；5—乙烯精馏塔；
6—脱丙烷塔；7—丙烯精馏塔；8—脱丁烷塔；9—加氢脱炔反应器；10—冷箱

3. 前脱丙烷深冷分离流程

如图 6-18 所示。

(二) 三种典型流程的异同点

对于上述三种代表性流程的比较列于表 6-19。

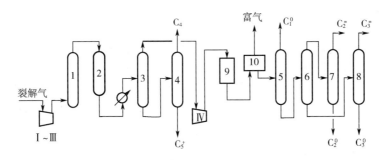

图 6-18　前脱丙烷深冷分离流程

1—碱洗塔；2—干燥器；3—脱丙烷塔；4—脱丁烷塔；5—脱甲烷塔；
6—脱乙烷塔；7—乙烯精馏塔；8—丙烯精馏塔；9—加氢脱炔反应器；10—冷箱

表 6-19　深冷分离三大代表性流程的比较

比较项目	顺序流程	前脱乙烷流程	前脱丙烷流程
装置性能	技术较成熟，稳定可靠，产品质量能保证，国内有生产经验	已投产，有一定经验	操作要求较严
操作中的问题	脱甲烷塔居首，釜温低，不易堵再沸器	脱乙烷塔居首，压力高，釜温高，若 C_4 以上烃含量高，二烯烃在再沸器聚合，影响操作且损失丁二烯	脱丙烷塔居首，置于压缩机段间除去 C_4 以上烃，再送入脱甲烷塔、脱乙烷塔，可防止二烯烃聚合
对原料的适应性	不论裂解气是轻、是重，都能适应	不能处理含丁二烯多的裂解气，最适合含 C_3、C_4 烃较多但丁二烯少的气体，如炼厂气分离后裂解的裂解气	因脱丙烷塔居首，可先除去 C_4 及更重的烃，故可处理较重裂解气，对含 C_4 烃较多的裂解气，此流程更能体现出其优点
冷量消耗	全馏分进入脱甲烷塔，加重脱甲烷塔的冷冻负荷，消耗高品位的冷量多，冷量利用不够合理	C_3、C_4 不在脱甲烷塔冷凝，而在脱乙烷塔冷凝，消耗低品位的冷量，冷量利用合理	C_4 烃在脱丙烷塔冷凝，冷量利用比较合理
热量消耗	后加氢气体是由脱乙烷塔顶部气相出料 C_2 馏分，加热量少	若后加氢，气体是由脱甲烷塔釜底液相出料，需加热汽化，热量消耗多	若用前加氢，气体来自压缩机四段出口，可利用压缩功，节省热量
机械功消耗	后加氢需设第二脱甲烷塔或侧线出料的乙烯精馏塔，有返回压缩机的循环气，需多消耗机械功	如用后加氢，也有顺序流程同样的问题	不设第二脱甲烷塔，几乎无循环气，可节省机械功
分子筛干燥负荷	分子筛干燥是放在流程中压力较高温度较低的位置，对吸附有利，容易保证裂解气的露点，负荷小	情况同顺序流程	由于脱丙烷塔移在压缩机三段出口，分子筛干燥只能放在压力较低的位置，且三段出口 C_3 以上重烃不能较多地被冷凝下来，影响分子筛吸附性能，所以负荷大，费用大
塔径大小	因全馏分进入脱甲烷塔，负荷大，深冷塔直径大，耐低温合金使用量最多	因脱乙烷塔已除去 C_3 以上烃，甲烷塔负荷轻，直径小，可节省耐低温合金钢。而脱乙烷塔因压力高，提馏段液体表面张力小，脱乙烷塔直径大	情况介于前两个流程之间
设备多少	流程长，设备多	视采用加氢方案不同而异	采用前加氢时设备较少

1.相同点

均采用了先易后难的分离顺序,即先分开不同碳原子数的烃(相对挥发度大),再分开相同碳原子数的烷烃和烯烃(乙烯与乙烷的相对挥发度较小,丙烯与丙烷的相对挥发度很小,难于分离);产品塔(乙烯精馏塔、丙烯精馏塔)均并联置于流程最后,这样物料中组分接近二元系统,物料简单,可确保这两个主要产品的纯度,同时也可减少分离损失,提高烯烃收率。

2.不同点

加氢脱炔位置不同;流程排列顺序不同;冷箱位置不同。

(三) 分离流程的主要评价指标

1.乙烯回收率

对于现代乙烯工厂,乙烯回收率高低对工厂的经济性有很大影响,它是评价分离装置是否先进的一项重要技术经济指标。为了分析影响乙烯回收率的因素,先讨论乙烯分离的物料平衡,见图 6-19。由图 6-19 可见,乙烯回收率为 97%。乙烯损失有如下 4 处:

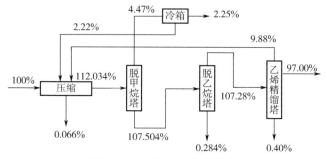

图 6-19 乙烯分离物料平衡

① 冷箱尾气 (C_1^0、H_2) 中带出损失,占乙烯总量的 2.25%。

② 乙烯精馏塔釜液乙烷中带出损失,占乙烯总量的 0.4%。

③ 脱乙烷塔釜液 C_3 馏分中带出损失,占乙烯总量的 0.284%。

④ 压缩段间凝液带出损失,占乙烯总量的 0.066%。

正常操作②③④项损失是很难避免的,而且损失量也较小,因此影响乙烯回收率高低的关键是尾气中的乙烯损失。

2.能量的综合利用水平

关于能量的综合利用水平的评价,要针对主要能耗设备加以分析,找出主要矛盾,不断加以改进,降低能耗提高能量综合利用水平。表 6-20 给出了深冷分离系统冷量消耗分配。

脱甲烷塔和乙烯精馏塔既是保证乙烯回收率和乙烯产品质量(纯度)的关键设备,又是冷量主要消耗所在(消耗冷量占总数的 88%)。

表 6-20 深冷分离系统冷量消耗分配

塔系	制冷消耗量分配	塔系	制冷消耗量分配
脱甲烷塔(包括原料气制冷)	52%	其余塔	3%
乙烯精馏塔	36%	总计	100%
脱乙烷塔	9%		

(1) 脱甲烷塔 脱除裂解气中的氢和甲烷,是裂解气分离装置中投资最大、能耗最多的环节。在深冷分离装置中,需要在 -90℃ 以下的低温条件下进行氢和甲烷的脱除,其冷冻功耗约占全装置冷冻功耗的 50% 以上。

对于脱甲烷塔而言,其轻关键组分为甲烷,重关键组分为乙烯。塔顶分离出的甲烷轻馏分中的乙烯含量应尽可能低,以保证乙烯的回收率。而塔釜产品则应使甲烷含量尽可能低,以确保乙烯产品质量。

脱甲烷塔的操作温度和操作压力取决于裂解气组成和乙烯回收率。对于确定的裂解气组成,乙烯回收率要求越高,则要求塔压和塔温越低。从避免采用过低制冷温度考虑,应尽可能采用较高的操作压力。但是随着操作压力的提高,甲烷对乙烯的相对挥发度降低,当操作压力达4.4MPa时,甲烷对乙烯的相对挥发度接近于1,难于进行甲烷和乙烯分离。因此,脱甲烷塔操作压力必须低于此临界压力。

工业上将脱甲烷塔操作压力在3.0~3.2MPa的工艺过程称为高压脱甲烷,在1.05~1.25MPa的称为中压脱甲烷,在0.6~0.7MPa的称为低压脱甲烷。降低脱甲烷塔操作压力可以达到节能的目的,目前大型装置逐渐采用低压法,但是由于操作温度较低材质要求高,增加了甲烷制冷系统,投资可能增大,且操作复杂。

(2) 冷箱　冷箱是低温换(热)冷设备,温度范围为-160~-100℃。冷箱的用途是,依靠低温来回收乙烯,制取富氢和富甲烷馏分。由于冷箱在流程中的位置不同,可分为后冷和前冷两种。

① 后冷　是将冷箱放在脱甲烷塔之后,通过降温回收脱甲烷塔塔顶出料中的乙烯,由于冷箱的作用可使装置的乙烯回收率从95%提高到97%,同时获得富甲烷馏分和富氢馏分。此时裂解气是经脱甲烷塔精馏后才脱氢故亦称为后脱氢工艺。

② 前冷　是将冷箱放在脱甲烷塔之前,用冷箱冷冻脱甲烷塔的进料,通过冷凝将裂解气中大部分氢和部分甲烷分离,使脱甲烷塔进料中的H_2/CH_4比下降,同时减少了脱甲烷塔的进料量,从而提高乙烯回收率,节约能耗。该过程亦称为前脱氢工艺。

目前大型乙烯装置多采用前冷工艺,后冷工艺逐渐被取代。

(3) 乙烯精馏塔　C_2馏分经加氢脱炔后,到乙烯精馏塔进行精馏,塔顶得产品乙烯,塔釜液为乙烷。塔顶乙烯纯度要求达到聚合级。此塔设计和操作的好坏,与乙烯产品的产量和质量有直接关系。由于乙烯精馏塔温度仅次于脱甲烷塔,所以冷量消耗占总制冷量的比例也较大,约为38%~44%,对产品的成本有较大的影响。乙烯精馏塔在深冷分离装置中是一个比较关键的塔。

乙烯精馏塔大体可分成两类;一类是低压乙烯精馏塔,塔的操作温度低;另一类是高压乙烯精馏塔,塔的操作温度较高。

乙烯精馏塔进料中$C_2^=$和C_2^0占99.5%以上,所以乙烯精馏塔可以看作是二元精馏系统。当塔顶乙烯纯度要求达99.9%左右时,如果塔的压力分别为0.6MPa和1.9MPa,则塔顶温度分别为-67℃和-29℃。

乙烯精馏塔操作压力的确定需要经过详细的技术经济比较。它是由制冷的能量消耗,设备投资,产品乙烯要求的输出压力以及脱甲烷塔的操作压力等因素决定的。根据综合比较来看,两种塔的动力消耗接近相等,高压乙烯精馏塔虽然塔板数多,但可用普通碳钢,优点多于低压法,如脱甲烷塔采用高压,则乙烯精馏塔的操作压力也以高压为宜。

乙烯精馏塔与脱甲烷塔不同,乙烯精馏塔精馏段塔板数较多,回流比大。较大的回流比对乙烯精馏塔的精馏段是必要的,但是对提馏段来说并非必要。因此,近年来采用中间再沸器的办法来回收冷量,可省冷量约17%,这是乙烯精馏塔的一个改进。例如乙烯精馏塔压力为1.9MPa,塔底温度为-5℃,可在接近进料板处提馏段设置中间再沸器,引出物料的温度为-23℃,该物料可用于冷却分离装置中某些物料,相当于回收了-23℃温度级的冷量。

一般乙烯精馏塔:塔板数70~110,回流比4~5,相对挥发度1.7左右。

乙烯精馏塔的改进如下:

① 在提馏段设中间再沸器回收冷量。

② 乙烯精馏塔塔顶脱甲烷，在精馏段侧线（从上第 8 块板处）出产品聚合级乙烯，一个塔起两个塔的作用。

乙烯生产的安全操作

乙烯生产新技术

思考与练习

6-1 简述正构烷烃的裂解反应规律。

6-2 简述裂解过程中生碳反应的规律。

6-3 简述自由基反应机理。

6-4 简述二次反应的危害。

6-5 为什么要控制裂解原料的氢含量？

6-6 在原料确定的情况下，为了获取最佳裂解效果，应选择什么样的工艺参数（停留时间、压力）？为什么？

6-7 提高裂解温度的技术关键是什么？应解决什么问题才能最大限度提高裂解温度？

6-8 为了降低烃分压，通常加入稀释剂，试分析采用水蒸气作稀释剂的原因。

6-9 为什么可用液体产物的氢含量和氢碳比作为衡量裂解深度的参数？

6-10 Lummus 公司的 SRT 型裂解炉由 Ⅰ 型发展到 Ⅴ 型，它的主要改进是什么？采取的措施是什么？遵循的原则是什么？下一步将怎么改进（请大胆设想）？

6-11 裂解气出口的急冷操作目的是什么？可采取的方法有几种？哪种较好？为什么？

6-12 裂解气进行预分离的目的和任务是什么？裂解气中要严格控制的杂质有哪些？这些杂质存在的危害有哪些？用什么方法除掉这些杂质？这些处理方法的原理是什么？

6-13 简述结焦抑制剂的作用。

6-14 三种典型裂解气深冷分离流程的共同点是什么？

6-15 对于一个已建好的脱甲烷塔，H_2/CH_4 对乙烯回收率有何影响？采用前冷工艺对脱甲烷塔分离有何好处？

6-16 为什么乙烯回收率是分离流程的主要评价指标？

6-17 为什么脱甲烷塔的操作要在加压下进行？

6-18 何谓"冷箱"？冷箱的作用是什么？前冷工艺和后冷工艺的区别是什么？

6-19 何谓非绝热精馏？精馏塔设置中间冷凝器或中间再沸器的目的是什么？

6-20 乙烯生产中有哪些急救措施？

6-21 化工生产中为什么要严格遵守操作规程？

6-22 查询有关文献资料，简述目前国内外研发的乙烯生产新技术。

6-23 查阅资料，搞清楚"乙烷蒸汽裂解制乙烯"工艺中蒸汽的作用。

第七章　碳二系列典型产品

碳二产品是指含有两个碳原子的化合物，如乙烷、乙烯、乙炔、乙醇、乙醛、乙酸、环氧乙烷、乙二醇等。这些化合物都可以作为化工原料。乙烷、乙烯、乙炔是煤化工及石油化工产品。本章主要介绍碳二系列典型产品中的乙醛、乙酸、环氧乙烷、乙酸乙烯（酯）、氯乙烯等产品的制造工艺。

第一节　乙烯络合催化氧化制乙醛

乙醛（acetaldehyde）又名醋醛，是一种无色易流动液体，有刺激性气味，熔点-121℃，沸点20.8℃，相对密度0.804~0.811，可与水及乙醇等有机物质互溶。乙醛天然存在于圆柚、梨子、苹果、覆盆子、草莓、菠萝、干酪、咖啡、橙汁、朗姆酒中，具有辛辣、醚样气味，稀释后具有果香、咖啡香、酒香、青香。乙醛易燃易挥发，其蒸气与空气能形成爆炸性混合物，爆炸极限4.0%~57.0%（体积分数）。

乙醛是二碳试剂，可以用来制造乙酸、乙醇、乙酸乙酯、丁醇、2-乙基己醇等重要的基本有机化工原料及产品，被广泛用于医药、化学纤维和合成纤维、塑料、农药、香料等工业。表7-1是工业用乙醛的质量标准。

表 7-1　工业用乙醛标准（HG/T 5149—2017）

项目	指标	
	优等品	一等品
色度号（铂-钴色号）/Hazen 单位	≤10	≤15
乙醛的质量分数/%	≥99.6	≥99.2
乙醇的质量分数[①]/%	≤0.10	
酸的质量分数（以乙酸计）/%	≤0.05	≤0.10
水的质量分数/%	≤0.10	≤0.15
不挥发物的质量分数/%	≤0.10	
三聚乙醛的质量分数/%	供需双方协商	

① 乙醇氧化法控制此项指标，其他工艺不控制此项指标。

一、乙醛的生产原理

（一）乙炔水合法

乙炔和水在汞催化剂或非汞催化剂作用下，直接水合得到乙醛。

$$C_2H_2 + H_2O \longrightarrow CH_3CHO \tag{7-1}$$

该方法以乙炔为原料，乙炔主要由电石水解得到，耗电量巨大，并且有汞害问题，已逐渐被其他方法所取代。

（二）乙醇脱氢法（或称为乙醇氧化脱氢法）

乙醇蒸气在 300~480℃下，以银、铜或银-铜合金的网或粒作催化剂，由空气氧化脱氢制得乙醛。

$$2CH_3CH_2OH + O_2 \longrightarrow 2CH_3CHO + 2H_2O \tag{7-2}$$

乙醇氧化脱氢法技术成熟，乙醛产率可达到 95%，但由于乙醇来源成本高，因此此方法的发展受到限制。

（三）烷烃氧化法

该方法用丙烷-丁烷直接气相氧化，由于该方法受原料纯度等因素影响，氧化产物复杂，产品分离困难，乙醛产率低，所以一直没有大的发展。

（四）乙烯直接氧化法

乙烯直接氧化法（又称为乙烯络合催化氧化法）制乙醛是 20 世纪 50 年代末开发的技术。该方法主要原料为乙烯、氧气，生产的主要产品是乙醛，同时生产副产品巴豆醛，由于具有原料丰富，乙烯价廉，工艺过程简单，工艺条件温和，乙醛选择性高的特点，一经实现工业化，很快便成为乙醛的主要生产方法。

乙烯直接氧化法反应分为三步。

（1）乙烯羰基化

$$H_2C = CH_2 + PdCl_2 + H_2O \longrightarrow CH_3CHO + Pd + 2HCl \tag{7-3}$$

（2）钯的再氧化

$$Pd + 2CuCl_2 \longrightarrow PdCl_2 + 2CuCl \tag{7-4}$$

（3）氯化亚铜的氧化反应

$$4CuCl + O_2 + 4HCl \longrightarrow 4CuCl_2 + 2H_2O \tag{7-5}$$

下面主要介绍乙烯直接氧化法。

二、乙醛的工业生产

乙烯直接氧化法又分为一步法与二步法。

（一）乙烯一步法生产乙醛

一步法工艺是指上述三步反应在同一反应器中进行，用氧气作氧化剂，又称为氧气法。

乙烯、氧气在装有 $CuCl_2$、$PdCl_2$ 及盐酸水溶液所组成的催化剂的反应器中发生气液相反应，生成粗乙醛气体。$PdCl_2$ 是主催化剂，$CuCl_2$ 是 Pd 再氧化成 $PdCl_2$ 的氧化剂。其中氯化钯和盐酸混合液作为催化剂循环使用，生成的粗乙醛气体经吸收、萃取、精馏后得到高纯度的成品乙醛。

1.工艺流程

图 7-1 为一步法生产乙醛工艺流程图。新鲜乙烯与循环气混合后从反应器底部通入，新鲜氧气从反应器侧线送入，原料在反应器内反应后得到的混合物经反应器上部的导管进入除沫器，气体速度降低，并且在顶部冷凝液作用下气液分离，气体自除沫器顶部逸出，催化剂溶液自除沫器底部循环回反应器。自除沫器顶部逸出的含有产物乙醛的气体，经第一冷凝器将大部分水蒸气冷凝下来，凝液返回除沫器顶部。自第一冷凝器出来的气体再进入第二、第三冷凝器，将乙醛和高沸点副产物冷凝下来，未凝气进入水吸收塔，自顶部喷淋下的水将未凝乙醛气吸收，吸收液和第二、第三冷凝器的冷凝液汇合后一起进入粗乙醛贮槽。吸收塔顶部出来的气体（主要含乙烯和少量氧气以及少量惰性气体），大部分循环使用，小部分排至火炬。

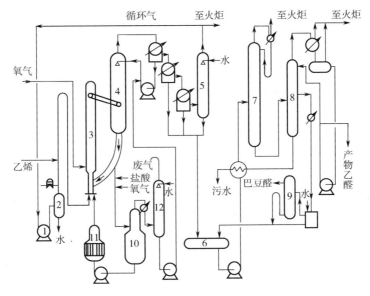

图 7-1 一步法生产乙醛工艺流程图

1—水环泵；2—水分离器；3—反应器；4—除沫器；5—水吸收塔；6—粗乙醛贮槽；
7—脱轻组分塔；8—乙醛精馏塔；9—巴豆醛塔；10—分离器；11—分级塔；12—水洗塔

粗乙醛贮槽中的粗乙醛水溶液首先进入脱轻组分塔（精馏）除去低沸点的氯甲烷、氯乙烷及溶解的二氧化碳和乙烯等，为了减少乙醛损失，在脱轻组分塔顶部加入水吸收轻组分中残留的少量乙醛。从脱轻组分塔底部出来的粗乙醛溶液进入乙醛精馏塔，产品乙醛自水溶液中蒸出，塔中上部侧线分离出巴豆醛等副产物。

为了保证催化剂溶液高活性，需及时引出一部分催化剂溶液进行再生。将一部分催化剂溶液自除沫器底部循环管中引出，通入氧气并补充盐酸，使一价铜离子被氧化，然后减压降温进入分离器，在分离器中，含乙醛的水溶液汽化后从顶部逸出进入水洗塔，从水洗塔底部出来的乙醛水溶液送回除沫器顶部。分离器底部的催化剂溶液进入分解器，经加压和通蒸汽升温将草酸铜氧化分解，最后送回反应器。

2.反应器

乙烯络合催化氧化一步合成乙醛的反应是一个气液相反应，传质过程对反应速率有显著影响。因此选择反应器时，要求气液相间有充分的接触表面且有良好的传质条件，催化剂溶液有充分的轴向混合以达到整个反应器内浓度均一，并能将反应热及时移出。工业上选用的是具有循环管的鼓泡塔反应器，结构如图 7-2 所示。原料乙烯和循环气的混合气与氧气分别鼓泡通入塔内，由于反应是在沸腾状态下进行，因此整个反应器充满气液混合物。这种气液混合物经反应器上部侧线进入除沫器，借助气液混合物流速减小并降温，使催化剂溶液沉降下来，经循环管回流至反应器。

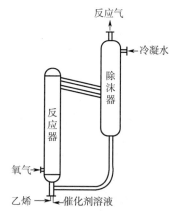

图 7-2 氧化反应器与除沫器

鼓泡塔反应器是在塔体下部装上分布器，将气体分散在液体中进行传质、传热的一种塔式反应器。这种反应器具有结构简单、无机械传动部件、易密封、传热效率高、操作稳定、操作费用低等优点，被广泛应用于加氢、脱硫、烃类氧化、烃类卤化、费托合成、废气和废水处理、煤的液化及菌种培养等工业过程。

应用最为广泛的鼓泡塔反应器，其基本结构是内部为盛液体的空心圆筒，底部装有气体分布器，壳外装有夹套或其他形式的换热器，或设有扩大段、液滴捕集器等，如图 7-3 所示。

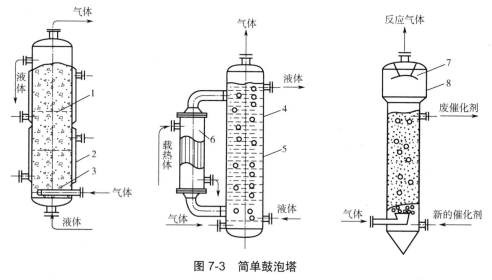

图 7-3 简单鼓泡塔

1—气体再分布板；2—夹套；3—气体分布器；4—塔体；5—挡板；6—塔外换热器；7—液体捕集器；8—扩大段

为了增加气液相接触面积和减少返混，可在塔内的液体层中放置填料，这种塔称作填料鼓泡塔。它和一般的填料塔不同，一般填料塔中的填料不浸泡在液体中，只是在填料表面形成液层，填料之间的空隙是气体。而填料鼓泡塔中的填料是浸没在液体中，填料中的空隙全是鼓泡液体。这种塔的大部分反应空间被惰性填料所占据，传质效率较低，如中间设有隔板的多段鼓泡塔。

结构较为复杂的鼓泡塔是气体升液式鼓泡塔，如图 7-4 所示。这种鼓泡塔与简单空床鼓泡塔的不同之处在于塔内装有一根或几根气升管。依靠气体分布器将气体输送到气升管的底部，在气升管中形成气液混合物，此混合物的密度小于气升管外液体的密度，因此气液混合物向上流动，气升管外的液体向下流动，使液体在反应器内循环流动。这种鼓泡塔中气流的搅动比简单鼓泡塔激烈得多，因此可以用于处理不均一的液体。

（二）乙烯二步法生产乙醛

二步法工艺是指羰基化反应和氧化反应分别在不同的反应器中进行，用空气作氧化剂，又称空气法。

反应在 1.0～1.2MPa、105～110℃条件下操作，乙烯转化率达 99%，且原料乙烯纯度达 60%以上即可用空气代替氧气。由于乙烯和空气不在同一反应器中接触，可避免爆炸危险。

二步法工艺的特点是催化剂溶液的氧化度呈周期性变化，在羰基化反应器中，入口氧化度高，出口氧化度低。另外，二步法采用管式反应器，需要用钛管，同时流程长，钛材消耗比一步法高。但二步法用空气作氧化剂，避免了空气分离制氧过程，减少了投资和操作费用。

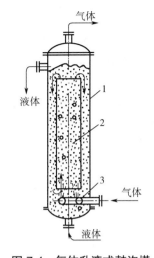

图 7-4　气体升液式鼓泡塔

1—筒体；2—气升管；3—气体分布器

1.二步法工艺流程

二步法反应部分工艺流程如图 7-5 所示。原料气乙烯与催化剂溶液在羰基化反应器中进行反应生成乙醛。反应后含有产品乙醛的催化剂溶液随即进入闪蒸塔泄压，泄压过程中乙醛和水迅速汽化并从塔顶蒸出，进入初馏塔进一步与夹带的催化剂溶液分离。经初馏塔回收的催化剂溶液由塔釜出来返回闪蒸塔，与闪蒸塔分出的催化剂溶液汇合，由塔釜引出与空气混合后进入氧化反应器反应。在氧化反应器中，催化剂溶液中的氯化亚铜被氧化为氯化铜，被氧化后的催化剂进入分离器与剩余的空气分离后，大部分再送入羰基化反应器，小部分送入再生器进行再生，然后回到系统。

由初馏塔塔顶蒸出的含乙醛馏分冷凝后进入脱轻组分塔，脱去低沸物，然后进入乙醛精馏塔，进一步脱去高沸物，从乙醛精馏塔塔顶引出产物乙醛。初馏塔塔顶未凝气体送入脱气塔，回收的液体返回初馏塔，气体经火炬放空。

从分离器中分离出的不凝气（主要是为反应空气和氮气）送入洗涤塔和脱气塔，回收夹带的催化剂溶液和乙醛。洗涤后的气体经火炬放空，液体返回初馏塔。

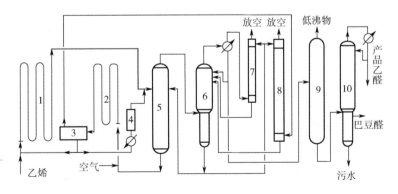

图 7-5　二步法工艺流程图

1—羰基化反应器；2—氧化反应器；3—分离器；4—再生器；5—闪蒸塔；
6—初馏塔；7—脱气塔；8—洗涤塔；9—脱轻组分塔；10—乙醛精馏塔

2.管式反应器

管式反应器主要用于气相或液相连续反应过程,有单管和多管之分,多管中又有多管平行连接和多管串联连接两种形式。单管(直管或盘管)式反应器因其传热面积较小,一般仅适用于热效较小的反应过程。多管式反应器具有比表面积大、有利于传热的优点,其中多管串联式,物料流速大,传热系数较大;多管平行连接式,虽然物料流速较低,传热系数较小,但压力损失小。几种典型的管式反应器如图 7-6 所示。

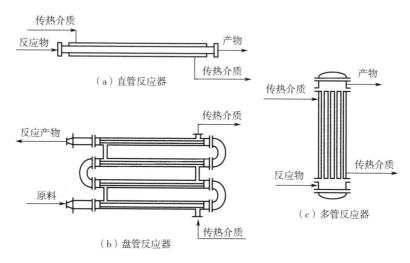

图 7-6 连续操作的管式反应器

由于管式反应器能承受较高的压力,故用于加压反应尤为合适。管式反应器中物料的返混程度小,反应物浓度高,因而反应速率较快,这在许多场合下是有利的,使得管式反应器得到了广泛的应用。均相管式反应器的应用实例有石油烃裂解制乙烯、丙烯;硫酸催化环氧乙烷水合生产乙二醇等。管式反应器还广泛用于气固和液固非均相催化反应过程,例如以氯化氢、乙炔为原料,以氯化汞为催化剂(活性炭为载体)的氯乙烯合成过程;以乙烯为原料,以银为催化剂的环氧乙烷合成过程等。

3.安全生产

(1) 危险警告 产品乙醛是无色、易挥发、低闪点易燃液体,具有刺激性、致敏性,尤其对眼睛、皮肤和呼吸道有强烈的刺激作用。乙醛沸点为 20.8℃,闪点为-39℃,乙醛蒸气在空气中爆炸范围的体积分数为 4.0%~57.0%,甚至其低温蒸气也能与空气形成爆炸性混合物。其蒸气比空气重,可能沿地面移动,造成远处着火。

原料乙烯具有较强的麻醉作用。吸入高浓度乙烯可立即引起意识丧失,无明显的兴奋期,但吸入新鲜空气后,可很快苏醒。乙烯对眼及呼吸道黏膜有轻微刺激性。液态乙烯可致皮肤冻伤。慢性影响:长期接触,可引起头昏、全身不适、乏力、思维不集中,个别人有胃肠道功能紊乱。乙烯在常温、常压下为气体,在空气中爆炸范围的体积分数为 2.7%~36.0%。

巴豆醛、盐酸气对人体有毒、有害。

氧化反应是一个剧烈的放热过程,如果控制失调,会突然造成超温超压,严重时可造成恶性事故。氧化反应的循环气中乙烯的含量在其爆炸上限以上,当乙烯和纯氧配比失控就可能形成爆炸性混合物,由反应热引起着火爆炸事故。

(2) 安全措施

① 乙醛　工业乙醛泄漏时，应撤离危险区域，尽可能切断火源、泄漏源。尽量将泄漏液收集在可密闭容器中，用砂土或惰性吸收剂吸收残液，并转移到安全场所，不要冲入下水道、排洪沟等限制性空间。着火时，用砂土、抗溶性泡沫、二氧化碳、干粉灭火，用水灭火无效。要避免乙醛与皮肤接触，如溅到皮肤上和眼睛里，应迅速用大量流动的清水或生理盐水冲洗至少15min，然后就医；如吸入，应迅速脱离现场至空气新鲜处休息，必要时就医；发生误服后，饮足量温水，催吐，就医。

② 乙烯　操作注意事项：密闭操作，全面通风。操作人员必须经过专门培训，严格遵守操作规程。建议操作人员穿防静电工作服。远离火种、热源，工作场所严禁吸烟。使用防爆型的通风系统和设备。防止气体泄漏到工作场所空气中。避免与氧化剂、卤素接触。在传送过程中，钢瓶和容器必须接地和跨接，防止产生静电。搬运时轻装轻卸，防止钢瓶及附件破损。配备相应品种和数量的消防器材及泄漏应急处理设备。

储存注意事项：储存于阴凉、通风的库房。远离火种、热源。库温不宜超过30℃。应与氧化剂、卤素分开存放，切忌混储。采用防爆型照明、通风设施。禁止使用易产生火花的机械设备和工具。储区应备有泄漏应急处理设备。

泄漏应急处理：迅速撤离泄漏污染区人员至上风处，并进行隔离，严格限制出入。切断火源。建议应急处理人员戴自给正压式呼吸器，穿防静电工作服。尽可能切断泄漏源。合理通风，加速扩散。喷雾状水稀释。如有可能，将漏出气用排风机送至空旷地方或装设适当喷头烧掉。漏气容器要妥善处理，修复、检验后再用。

③ 氧化反应器　投料前要检查反应系统的设备、容器及其附属管线，必须用氮气充分吹扫与置换，氧含量小于0.2%，可燃物含量小于0.1%。应经常对投料比按正常工艺控制指标进行检查，发现异常的温度、压力变化时提醒操作人员查找原因，及时处理，还应注意对各指示仪表和调节操作机构的准确性和灵敏情况进行检查，防止误指示和操作失灵的故障发生。反应器顶部的防爆膜，每年需更换一次，每半年或检修时应检查执行情况，并做好记录。

④ 其他部位　监督装置中特别是氧化反应器系统的事故越限报警信号和安全联锁系统，必须有专人负责定期检查、调试并做记录，确保紧急情况下能自动动作、安全停车。禁止随意解除系统自动氮气吹扫、可燃气排火炬燃烧的报警信号和安全联锁装置。

对装置中高冰点物料冰醋酸、粗乙醛、催化剂等的防冻、防凝措施，如：蒸汽加热伴管的接通和排除堵料用的氮气吹扫设施，进行经常性的检查，防止管道和设备堵塞。

应注意检查保安氮气贮罐的压力，应保持在2.0~2.2MPa，发现不足时，要督促立即补充，以便事故状态下应急使用。

第二节　乙酸的生产

乙酸，又称醋酸，分子式为$C_2H_4O_2$，分子量为60.05，无色透明液体，有刺激性气味，熔点为16.604℃，沸点为117.9℃。纯品在低于16.6℃时呈冰状晶体，故称冰醋酸（冰乙酸）。其闪点为43℃，自燃点为516℃，其蒸气易着火，并能和空气形成爆炸性混合物，爆炸极限为5.4%~16%（体积分数）。

乙酸是极重要的基本有机化学品，是醋酸纤维素、对苯二甲酸、醋酸酯等多种产品的原料，广泛应用于几乎所有工业领域，在未来较长时间内，也许还没有一种有机酸可取代它的位置。冰醋酸还用作酸化剂、增香剂和食品香料。工业用冰乙酸的质量标准见表7-2。

表7-2 工业用冰乙酸标准（GB/T 1628—2020）

项目	指标	
	Ⅰ型	Ⅱ型
色度号（铂-钴色号）/Hazen 单位	≤10	≤10
乙酸（质量分数）/%	≥99.8	≥99.5
水分（质量分数）/%	≤0.15	≤0.20
甲酸（质量分数）/%	≤0.03	≤0.05
乙醛（质量分数）/%	≤0.02	≤0.03
蒸发残渣（质量分数）/%	≤0.005	≤0.01
铁（Fe，质量分数）/%	≤0.00004	≤0.0002
高锰酸钾时间/min	≥120	≥30
丙酸（质量分数）/%	≤0.05	≤0.08

注：根据用户对产品质量的要求分为Ⅰ型和Ⅱ型产品。

一、乙酸的生产原理

早在公元前，人类已能用酒经各种醋酸菌氧化发酵制醋，19世纪后期，发现将木材干馏可以获得醋酸（acetic acid），1911年，在德国建成了世界上第一套乙醛氧化合成醋酸的工业装置。合成醋酸的方法虽然很多，但工业上采用的生产方法主要有甲醇羰基化法、乙烯直接氧化法、乙烷直接氧化法、合成气直接制乙酸法等。

（一）甲醇羰基化法

目前全球80%以上的乙酸是通过甲醇羰基法化合成的。以一氧化碳和甲醇为原料，在高压和钴催化剂存在下合成乙酸（巴斯夫公司）以及在低压和铑催化剂（孟山都公司）或铱基催化剂（BP公司）存在下合成乙酸。该方法主要有高压法和低压法两种技术，高压法收率为90%，而低压法收率可达99.5%。高压法生产成本高且收率较低，故已经逐渐被低压法取代。

(1) 主反应

$$CH_3OH + CO \longrightarrow CH_3COOH \tag{7-6}$$

(2) 副反应

$$CH_3COOH + CH_3OH \rightleftharpoons CH_3COOCH_3 + H_2O \tag{7-7}$$

$$CO + H_2O \longrightarrow CO_2 + H_2 \tag{7-8}$$

$$2CH_3OH \rightleftharpoons CH_3OCH_3 + H_2O \tag{7-9}$$

由于生成醋酸甲酯和二甲醚的反应是可逆反应，在低压羰基化条件下如将生成的副产物循环回反应器，则都能羰基化生成醋酸，故使用铑催化剂进行低压羰基化，副反应很少，以甲醇为基础生成醋酸选择性可高达99%。CO变换的副反应，在羰基化条件下，尤其是在温度高、催化剂浓度高、甲醇浓度低时，容易发生。故以CO为基准，生成醋酸的选择性仅为90%。

(3) 反应机理与催化剂　1968年美国孟山都（Monsanto）公司发明的可溶性羰基铑-碘催化

剂体系为近代羰基合成制醋酸工业树立了一块里程碑。该催化剂的主要成分是三碘化铑，助催化剂是碘甲烷，由铑、一氧化碳、碘共同构成催化剂活性中间体二碘二羰基铑$[Rh(CO)_2I_2]^-$。铑基催化剂更容易与碘甲烷反应，生成的$[CH_3Rh(CO)_2I_3]^-$比$[CH_3Co(CO)_4]^-$更活泼，更容易发生一氧化碳插入反应，而乙酰碘更容易从$[CH_3CORh(CO)_2I_3]^-$中消失，因此铑基催化剂比钴基催化剂活性高。这就决定了铑-碘催化剂体系的羰基化法要比高压法生产工艺条件温和，反应效率更高，副产物主要是CO_2、H_2等，产品纯度更高。

图 7-7 是铑-碘催化的甲醇羰基化反应机理。

但由于铑的价格昂贵，铑回收系统费用高且步骤复杂，人们仍在开发甲醇羰基合成法的改进工艺与其他催化剂。后来有采用铱（Ir）为催化剂，铱（Ir）价格便宜一些，不过催化剂用量比铑多。另外，还有对非稀有金属的研究，如钴（Co）、镍（Ni）等的催化剂研究，都没有成功的工业化运用，并且这类催化剂的活性远远不如铑（Rh）、铱（Ir）之类。各大公司的甲醇羰基合成制醋酸的核心技术就是其中的催化剂体系。

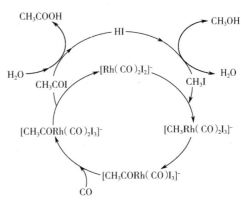

图 7-7　铑-碘催化的甲醇羰基化反应机理

（二）乙烯直接氧化法

乙烯直接氧化法工艺由乙烯不经乙醛直接氧化为乙酸，以负载钯的催化剂为基础（含有 3 种组分），反应在多管夹套反应器中进行，反应温度为 150～160℃。当采用由 Pd、杂多酸和硅钨酸组成的 3 组分催化剂时，乙酸、乙醛和 CO_2 的单程选择性分别为 85.5%、8.9%、5.2%，大部分乙醛循环回反应器以提高碳的利用率和乙酸总收率。与乙醛氧化法相比，该法投资省、工艺简单、废水排放少，主要适用于生产规模为 50～100 kt/a 的装置，有可能成为特定地区和环境下生产乙酸的可选技术之一。

（三）乙烷直接氧化法

乙烷价格较低，因此在经济性方面，乙烷直接氧化制乙酸工艺与甲醇羰基合成工艺具有竞争的可能性。该工艺还具有安全环保、乙酸产品纯度高等特点，适宜在有廉价乙烷原料的地区工业化应用。乙烷选择性催化氧化最早由 UCC（Union Carbide Corporation）公司于 20 世纪 80 年代开发并投入中试。由乙烷催化氧化生产乙酸具有较好的选择性，该工艺称为 Ethoxene 工艺，除生成乙酸外，还生成少量乙烯作为联产品。

（四）合成气直接制乙酸

合成气直接制乙酸技术与甲醇羰基化技术相比，无须提纯 CO 或采购甲醇，并且在制作过程中不含碘化物，从而降低了对特殊金属材料的需求。与甲醇羰基化技术相比，该技术有望显著降低生产成本，提高经济效益。

二、乙酸生产工艺

甲醇羰基化法生产乙酸与其他工艺相比，总成本较低，尤其当生产规模较大时。

(一) 工艺条件

甲醇低压羰基化合成乙酸，主要工艺条件包括温度、压力和反应液组成等。

1. 反应温度

温度升高，有利于提高主反应速率，但主反应是放热反应，温度过高，会降低主反应的选择性，副产物明显增多。因此，适当的反应温度，对于保证良好的反应效果非常重要。结合催化剂活性，甲醇低压羰基化反应最佳反应温度为175℃，一般控制在130~180℃。

2. 反应压力

甲醇羰基化合成乙酸是一个气体体积减小的反应，压力增加有利于反应向生成乙酸的方向进行，有利于提高一氧化碳的吸收率。但是，升高压力会增加设备投资费用和操作费用。因此，实际生产中，操作压力控制在3.0MPa。

3. 反应液组成

主要指乙酸和甲醇浓度。乙酸和甲醇的物质的量比一般控制在1.44:1，如果物质的量比<1，乙酸收率低，副产物二甲醚生成量大幅度提高。反应液中水的含量也不能太少，水含量太少影响催化剂活性，使反应速率下降。

(二) 工艺流程

甲醇低压羰基化合成乙酸的工艺流程主要包括反应和精制单元、轻组分回收单元以及催化剂制备及再生单元。其工艺流程见图7-8和图7-9。

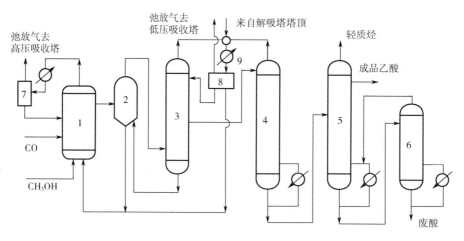

图7-8 甲醇低压羰基化合成乙酸的工艺流程

1—反应器；2—闪蒸槽；3—脱轻组分塔；4—脱水塔；5—脱重组分塔；
6—废酸汽提塔；7—气液分离器；8—轻组分冷凝槽；9—轻组分冷凝器

1. 反应和精制单元

甲醇羰基化是一个气液相反应，采用鼓泡塔反应器，催化剂溶液泵入反应器中。甲醇经预热到185℃后进入反应器底部，从压缩机来的CO从反应器下部的侧面进入，控制反应温度为130~180℃，总压为3.0MPa，CO分压为1.0~1.5MPa。反应后的物料从反应器上部侧线进入闪蒸槽，闪蒸压力至200kPa左右，使气体混合物与含催化剂的母液分离，闪蒸槽下部母液返回反应器中。含有乙酸、水、碘甲烷和碘化氢的气体混合物从闪蒸槽顶部出来进入精制部分的脱轻

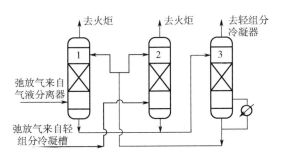

图 7-9 轻组分回收单元工艺流程

1—高压吸收塔；2—低压吸收塔；3—解吸塔

组分塔。反应器顶部排出来的 CO_2、H_2、CO 和 CH_3I 进入冷凝器，冷凝液经气液分离器分离不凝气体后重新返回反应器，不凝气作为弛放气送轻组分回收单元。

精制单元由四塔组成，即脱轻组分塔、脱水塔、脱重组分塔和废酸汽提塔。来自闪蒸槽顶部的含 CH_3COOH、H_2O、CH_3I、HI 的气体混合物进入脱轻组分塔，塔顶蒸出物经冷凝器冷凝，冷凝液（CH_3I）返回反应器中，不凝尾气送往轻组分回收单元，HI、H_2O 和乙酸组合而成的高沸点混合物和少量铑催化剂从脱轻组分塔塔釜排出再返回闪蒸槽。含水乙酸由侧线出料进入脱水塔上部，在脱水塔顶部蒸出的水还含有 CH_3I、轻质烃和少量乙酸，进入冷凝器，冷凝液经轻组分冷凝槽返回反应器，不凝气送轻组分回收单元。脱水塔塔底主要是含有重组分的乙酸，送往脱重组分塔，塔顶蒸出轻质烃，含有丙酸和重质烃的物料从塔底送入废酸汽提塔，塔上部侧线得到成品乙酸。在废酸汽提塔顶部进一步蒸出乙酸，这部分乙酸返回脱重组分塔底部，汽提塔底部排出的重质废酸送去废液处理单元。

另外，为保证产品中碘含量合格，在脱水塔中要加少量甲醇使 HI 转化为 CH_3I，在脱重组分塔进口添加少量 KOH 使碘离子以 KI 形式从塔釜排出。

2.轻组分回收单元

从气液分离器出来的弛放气进入高压吸收塔，而由轻组分冷凝槽送来的弛放气进入低压吸收塔，分别用乙酸吸收其中的 CH_3I。高压吸收塔的操作在加压下进行，压力为 2.74MPa。未吸收的尾气主要含 CO、CO_2 和 H_2，送火炬焚烧。从高压吸收塔和低压吸收塔塔釜排出的富含 CH_3I 的两股乙酸溶液合并进入解吸塔。解吸出来的 CH_3I 蒸气送到精制部分的轻组分冷凝器，冷凝后返回反应器，吸收液乙酸由塔底排出，循环返回高压吸收塔和低压吸收塔中。

3.催化剂制备和再生

由于贵金属铑的稀缺及其络合物在溶液中的不稳定性，铑催化剂的配制、合理使用与再生回收是生产过程的主要部分。

三碘化铑在含 CH_3I 的乙酸水溶液中，在 80~150℃和 0.2~1.0MPa 下与 CO 反应逐步转化而溶解，生成二碘二羰基铑络合物，以 $[Rh(CO)_2I_2]^-$ 阴离子形式存在于此溶液中。氧、光照或过热都能促使其分解为碘化铑而沉淀析出，造成生产系统中铑的严重流失。故催化剂循环系统内必须经常保持足够的 CO 分压与适宜的温度，保持反应液中的铑浓度在 10^{-4}~10^{-2}mol/L，正常操作下每吨产品乙酸的铑消耗量在 170mg 以下。

一般催化剂使用一年后其活性下降，必须进行再生处理。方法是用离子交换树脂脱除其他金属离子，或使铑络合物受热分解沉淀而回收铑。铑的回收率极高，故生产成本和经济效益得以保证。

助催化剂 CH_3I 的制备方法是，先将碘溶于 HI 水溶液中，通入 CO 作还原剂，在一定压力、温度下使碘还原为 HI，然后在常温下与甲醇反应而得到 CH_3I。

第三节 乙烯催化氧化制环氧乙烷

环氧乙烷（ethylene oxide，EO）是一种最简单的环醚，属于杂环类化合物，是重要的石化产品。环氧乙烷在低温下为无色透明液体，易溶于水、醇、醚及大多数有机溶剂，沸点为 10.4℃，分子量为 44.05，密度为 0.8711g/mL。环氧乙烷在常温下为无色带有醚刺激性气味的气体，气体的蒸气压高，30℃时可达 141kPa，这种高蒸气压决定了环氧乙烷熏蒸消毒时穿透力较强。环氧乙烷有毒，在空气中的爆炸极限（体积分数）为 2.6%～100%。

环氧乙烷是乙烯衍生物中仅次于聚乙烯和聚氯乙烯的第三大重要有机化工原料，20%以上的乙烯用于生产环氧乙烷。环氧乙烷除部分用于制造非离子表面活性剂、氨基醇、乙二醇醚外，主要用来生产乙二醇，乙二醇是制造聚酯树脂的主要原料，也大量用作抗冻剂。

环氧乙烷是继甲醛之后出现的第 2 代化学消毒剂，至今仍为最好的冷消毒剂之一，也是目前四大低温灭菌技术（低温等离子体灭菌、低温甲醛蒸气灭菌、环氧乙烷灭菌、戊二醛灭菌）中最重要的一员。工业用环氧乙烷的质量标准见表 7-3。

表 7-3 工业用环氧乙烷标准（GB/T 13098—2006）

项目	指标	
	优等品	合格品
环氧乙烷的质量分数/%	≥99.95	≥99.90
总醛（以乙醛计）的质量分数/%	≤0.003	≤0.01
水的质量分数/%	≤0.01	≤0.05
酸（以乙酸计）的质量分数/%	≤0.002	≤0.010
二氧化碳的质量分数/%	≤0.001	≤0.005
色度号（铂-钴色号）/Hazen 单位	≤5	≤10

一、环氧乙烷的生产原理

（一）氯乙醇法

1859 年，法国化学家武兹（Wurtz）首先以氯乙醇与氢氧化钾作用生成了环氧乙烷，该法经过不断的改进，发展成为早期用于工业生产的氯醇法技术。

1914 年工业上已开始以 Wurtz 的氯醇法生产环氧乙烷。1925 年 UCC（Union Carbide Corporation，联合碳化物公司）以氯醇法建成了世界上第一个商业生产环氧乙烷的工厂。

氯醇法的生产原理是首先由氯气和水进行反应生成次氯酸，乙烯经次氯酸化生成氯乙醇，然后氯乙醇与氢氧化钙发生皂化反应生成环氧乙烷粗产品，再经分馏、精制得环氧乙烷产品。

氯醇法的特点是使用时间比较早，乙烯的利用率较高。但是，其生产过程中存在消耗大量氯气、设备腐蚀现象严重、生产成本高、污染大、危险性大、产品纯度低等不利因素，还有副产物的处理难度大、污水 COD 值高处理困难、生产现场脏乱、对人体危害极大等缺点，现已逐渐被其他方法所取代。

（二）乙烯直接氧化法

工业上采用乙烯直接氧化法生产环氧乙烷的工艺目前主要分为两种：一种是空气氧化法，另一种是氧气氧化法。

1931年法国催化剂公司的Lefort发现：乙烯和氧在适当载体的银催化剂上作用可生成环氧乙烷，并取得了空气直接氧化制取环氧乙烷的专利。与此同时，美国UCC公司亦积极研究乙烯直接氧化法制备环氧乙烷技术，并于1937年建成第一个空气直接氧化法生产环氧乙烷的工厂。

以氧气直接氧化法生产环氧乙烷的技术是由壳牌公司(Shell)于1958年首次实现工业化的。该法技术先进，适宜大规模生产，生产成本低，产品纯度可达99.99%，而且生产设备体积小，放空量小。氧气直接氧化法排出的废气量只相当于空气氧化法的2%，相应的乙烯损失也少。氧气直接氧化法的流程比空气直接氧化法短，设备少，建厂投资可减少15%～30%，用纯氧作氧化剂可提高进料的浓度和选择性，其生产成本约为空气直接氧化法的90%。同时，氧气氧化法比空气氧化法的反应温度低，有利于延长催化剂的使用寿命。因此，近年来新建的大型装置均采用氧气氧化法。

当今世界范围内氧气直接氧化制环氧乙烷的生产中，技术较为先进的专利商是壳牌(Shell)和美国科学设计(SD)，使用这两家公司技术生产出的环氧乙烷占有非常大的市场份额。另外，拥有环氧乙烷直接氧化法生产技术的还有美国陶氏（Dow）公司，日本触媒化学公司，意大利SNAM、Montedison公司和德国Hüls公司等。

1.化学反应

乙烯氧化反应按氧化程度不同可以分为选择（部分）氧化和深度（完全）氧化两种情况。乙烯分子中的碳碳双键（C＝C）具有明显的反应活性，在通常氧化条件下，乙烯分子链很容易被破坏，发生深度氧化而生成二氧化碳和水；而在特定氧化条件下，可实现碳碳双键的选择性氧化，从而生成目的产物环氧乙烷。

目前工业上乙烯直接氧化生产环氧乙烷的最佳催化剂是银催化剂，除了生成目的产物之外，还生成副产物二氧化碳、水及少量的甲醛和乙醛等。

主反应：

$$H_2C=CH_2 + \frac{1}{2}O_2 \longrightarrow H_2C\underset{\diagdown O\diagup}{\text{—}}CH_2 + 106.9 \text{kJ/mol} \qquad (7\text{-}10)$$

主要副反应：

$$H_2C=CH_2 + 3O_2 \longrightarrow 2CO_2 + 2H_2O + 1312 \text{kJ/mol} \qquad (7\text{-}11)$$

生成CO_2和H_2O副反应的反应热是主反应的十几倍。另外的副反应还会生成甲醛、乙醛等。

因此，生产中必须严格控制反应的工艺条件，以防止副反应加剧，否则，势必引起操作条件恶化，最终造成恶性循环，甚至发生催化剂床层"飞温（run away）"现象，即由于催化剂床层大量积聚热量造成催化剂床层温度突然飞速上升的现象，而使正常生产遭到破坏。

2.反应机理与催化剂

乙烯和氧的混合气进入催化剂床层后，氧吸附在银表面，部分发生解离，所以在催化剂表面存在分子氧和原子氧。早期的研究认为，发生氧化反应的是分子氧。按照这种假设，催化反应选择性的极限值为85.7%。Jomoto等的研究结果表明，在吸附态氧原子上生成反应中间体，中间体再异构化生成EO或乙醛。Stegelmann等认为反应经过一个共同的中间体——金属氧环

（见图7-10）。

Oyama等认为，金属氧环中，Ag—O键的强度越弱，越可能生成EO，催化剂的选择性越高。Ozbek等认为，催化剂的选择性取决于金属氧环上C—Ag键和O—Ag键结合力的差异。Yokozaki等提出了乙烯在银催化剂上环氧化的三环模型（见图7-11）。这些研究工作均否定了分子氧机理，破除了银催化剂选择性的极限。

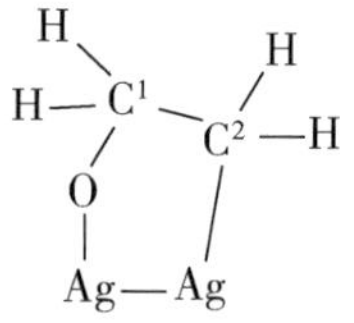

图7-10 催化反应的中间体

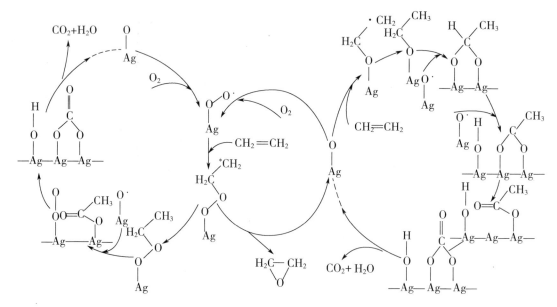

图7-11 乙烯催化环氧化反应的三环模型

在乙烯直接氧化法生产环氧乙烷过程中，原料乙烯的消耗费用占环氧乙烷生产成本的70%左右。因此，提高经济效益的关键是降低原料乙烯的单耗，其最佳措施就是开发高性能的催化剂。目前，工业上使用的催化剂均为银催化剂。银催化剂活性、选择性和稳定性的提高，主要取决于助催化剂元素的添加、载体结构及组成的改进和催化剂制备方法的完善等因素。

（1）载体　载体的功能主要是提高活性组分银的分散度，防止银的微小晶粒在高温下烧结。我们知道，银的熔点比较低（962℃），银晶粒表面原子在500℃即具有流动性。乙烯直接氧化生产环氧乙烷过程中存在强放热的副反应，催化剂在使用过程中受热后银晶粒长大，活性表面减少，使催化剂活性下降，使用寿命缩短。因此，工业上对载体的要求是热稳定性好、化学惰性、孔隙率大、比表面积低、孔分布范围窄、机械强度高等。

银催化剂所用的载体有碳化硅、氧化镁、氧化锆、烧结氧化铝和硅铝化合物及α-氧化铝等，一般比表面积为0.3～0.4m²/g。目前，工业采用的载体大部分是α-氧化铝或硅铝化合物。制备α-氧化铝载体的原料主要包括：三水氧化铝、α-一水氧化铝（勃姆石）、α-氧化铝粉末或一定细度的颗粒。

载体的制备方法通常是在各种原料氧化铝水合物中加添加剂及黏结剂，捏合、挤压成形后干燥，然后高温煅烧。

制备载体时所需的添加剂及其作用是：①在高温下能分解的无机物或有机物（如碳酸氢铵、草酸铵、蔗糖、淀粉等），其作用是增大孔容；②钡与钙的氧化物，可用来调节比表面积；③氟化合物，可以使载体孔分布集中在一个窄的范围内。

制备载体时所需的黏结剂包括：①无机黏土类及胶体氧化硅类；②无机酸或有机酸等。

(2) 助催化剂 研究表明，碱金属、碱土金属和稀土元素等具有助催化剂作用，而且两种或两种以上的助催化剂具有协同作用，其效果优于单一组分。添加助催化剂，不仅能够提高反应速率和环氧乙烷的选择性，而且可以使最佳反应温度下降，防止银晶粒烧结失活，延长催化剂使用寿命。

Shell 公司在 20 世纪 70 年代开发出了以碱金属（主要为铯）作助催化剂的银催化剂，该催化剂的选择性显著提高。碱金属的作用是使载体表面酸性中心中和，以减少副反应的发生。此后，世界环氧乙烷生产所用银催化剂都添加了碱金属或碱土金属元素以提高催化剂选择性。Shell 公司银催化剂含有铯、氟、锡等元素，载体为水合氧化铝，采用不同的浸渍液，其催化性能得到改善，Shell 公司的含铼银催化剂在添加硫、钼、钨、铬及锆的情况下，催化剂初活性和初选择性得以提高。UCC 公司的银催化剂的助催化元素包括碱金属、碱土金属、锰、钨、钼、钽、钛、锆、铬、钪等。

(3) 催化剂的制备 银催化剂的制备方法有两种，早期采用黏接法或涂覆法，现在采用浸渍法。

20 世纪 50~60 年代，银催化剂一般为涂层型，涂层型催化剂是以氧化银沉淀浆液涂裹在载体表面而制成的，所用载体为莫来石和刚玉球。

20 世纪 60 年代以后，催化剂制备均采用浸渍法，并得到不断的改进。该法一般采用水或有机溶剂溶解有机银（如羧酸银）及有机胺构成的银胺络合物作银浸渍液，该浸渍液中也可溶解有助催化剂组分，将载体浸渍其中，经过后处理制得催化剂。SD 提出的催化剂制备方法是用新癸酸银的烃溶液浸渍载体，然后焙烧，再用铯的甲醇溶液浸渍。当今工业所用银催化剂以 Shell、SD 和 UCC 三家公司为代表，其性能见表 7-4。

表 7-4 银催化剂主要性能比较

项目	Shell 公司	SD 公司	UCC 公司
催化剂型号	S859	S1105	1285
银（质量分数）/%	14.5±0.4	8~9	14±0.4
空速/h^{-1}	4000	4460	3800
时空收率/[kg/(h·L 催化剂)]	0.205	0.195	0.194
寿命/a	2~4	3~5	5
最初的选择性/%	81.0	82.5	82.0
两年后的选择性/%	78.2	78.7~79.1	78.8

目前，中国石化北京化工研究院燕山分院是国内研制 EO 银催化剂的唯一单位，该院研制的 YS-7、YS-8520、YS-8810 银催化剂在国内取得了良好的工业应用业绩，这 3 种银催化剂均具有活性高、稳定性好、适用的工艺条件宽等特点。

YS-7 银催化剂于 2000 年投入工业应用，最高选择性达 82%。

YS-8520 银催化剂于 2009 年投入工业应用，最高选择性达 84%，适用于反应器入口 CO_2 含量≤3%（体积分数，下同）、时空产率不超过 230kg/(h·m³ 催化剂) 的 EO/EG 装置。该催化剂在中国石化天津分公司 EO/EG 装置[反应器入口 CO_2 含量 2%~3%、时空产率 217 kg/(h·m³ 催化剂)]上使用 3 年半，乙烯单耗（相对于 1 t 当量 EO，下同）约为 780kg。YS-8520 银催化剂具有较高的选择性，可替代 YS-7 银催化剂在生产负荷不太苛刻的 EO/EG 装置上应用。

YS-8810 银催化剂于 2011 年投入工业应用，最高选择性达 89%以上，适用于反应器入口 CO_2 含量≤1%、时空产率不超过 200 kg/（h·m³ 催化剂）的 EO/EG 装置。该催化剂在中国石化上海石油化工股份有限公司 2 号 EO/EG 装置[反应器入口 CO_2 含量 0.5%～1%、时空产率 180kg/（h·m³ 催化剂）]上使用 3 年，最高选择性超过 89%，乙烯单耗显著降低。该催化剂在装置上的运行结果表明，YS-8810 银催化剂的初活性很高，选择性保持在 88%以上的时间长达 20 个月。在生产负荷较低的 EO/EG 装置上使用该催化剂，可大幅降低原料消耗，提高经济效益。

二、环氧乙烷的工业生产

（一）工艺条件

1.原料气纯度

对原料乙烯的纯度要求是其物质的量分数应大于 98%，同时必须严格控制有害杂质的含量。例如，对于硫和硫化物、砷化物以及卤化物等会使催化剂中毒的杂质，要求硫化物含量低于 $1×10^{-6}$g/L，氯化物含量低于 $1×10^{-6}$g/L。乙烯中所含的丙烯在反应中易生成乙醛、丙酮、环氧丙烷等，其他烃类还会造成催化剂表面积炭，因此原料乙烯中要求 C_3 以上烃类含量低于 $1×10^{-5}$g/L。原料气中氢气和一氧化碳也应控制在较低浓度，要求氢气含量低于 $5×10^{-6}$g/L，因为它们在反应条件下容易被氧化。对于空气氧化法生产过程，空气净化是为了除去对催化剂有害的杂质。氧气氧化法生产过程中，氧气中的杂质主要为氮气及氢气，虽然二者对催化剂无害，但含量过高会使放空气体增加而导致乙烯放空损失增加。

2.原料气的配比

原料气中乙烯和氧气的配比将直接影响生产的安全和经济效益。由于乙烯与氧气混合易形成爆炸性的气体，因此，乙烯与氧气的配比受爆炸极限浓度的制约。

氧气浓度过低，乙烯转化率低，反应后尾气中乙烯含量高，设备生产能力受影响。随着氧气浓度的提高，转化率提高，反应速率加快，设备生产能力提高，但单位时间释放的热量增多，如果不能及时移出，就会造成"飞温"，所以生产中必须严格控制氧气的浓度。

同样，乙烯浓度也有一个适宜值，因为乙烯浓度不仅和氧气浓度存在比例关系，会影响反应的转化率、生产能力及选择性，而且还存在放空损失问题。对于具有循环的乙烯环氧化过程，进入反应器的原料是由新鲜原料气和循环气混合而成，因此，循环气中的一些组分也构成了原料气的组成。例如，二氧化碳对环氧化反应有抑制作用，但是适当的 CO_2 含量有利于提高反应的选择性，且可提高氧气的爆炸极限浓度，故在循环气中允许含有一定量的二氧化碳，一般控制其体积分数为 7%左右。循环气中若含有环氧乙烷，则对催化剂有钝化作用，使催化剂活性明显下降，故应严格限制循环气中环氧乙烷的含量。

原料气的配比还与所用氧化剂有关。采用不同的氧化剂，进入反应器的原料混合气的组成要求也不同。用空气作氧化剂时，由于空气中有近 4 倍于氧气体积的氮气，势必造成尾气放空时乙烯的损失较大（其损失占原料乙烯的 7%～10%）。因此，在空气氧化法中乙烯浓度不宜过高，一般控制其体积分数（下同）为 5%左右，氧气浓度为 6%左右。当以纯氧为氧化剂时，为使反应不致太剧烈，仍需采用稀释剂（氮气），进反应器的混合气中，氧气的浓度为 8%左右，乙烯的浓度为 5%～30%。近年来，有些工业生产装置改用甲烷作稀释剂，甲烷不仅导热性能好，而且甲烷的存在还可以提高氧气的爆炸极限浓度，有利于氧气允许浓度增加。实践表明，用甲烷作稀释剂时，还可提高环氧乙烷收率，提高反应选择性。

3.反应温度

对于乙烯直接氧化反应,其主反应(即生成 EO 的反应)与深度氧化副反应(即生成 CO_2 和 H_2O 的反应)之间存在激烈竞争,解决这一问题的技术关键是反应温度。

研究表明,主反应的活化能比副反应的活化能低。因此,反应温度升高,可加快主反应速率,而副反应速率增加更快,即反应温度升高,乙烯转化率提高,选择性下降,反应放热量增大,如不能及时有效地移出反应热,便会产生"飞温"现象,影响生产正常进行。实验表明,在银催化剂作用下,乙烯在373K时环氧化产物几乎全部是环氧乙烷,但在此温度下反应速率很慢,没有工业生产意义。

工业生产中,综合考虑反应速率、选择性、反应热的移出以及催化剂的性能等因素,一般选择反应温度为493~573K,适宜的反应温度还与催化剂的活性温度范围有关,在催化剂使用初期,催化剂活性较高,为防止催化剂过热,延长其使用时间,宜选择温度范围的下限,随着使用时间增长,催化剂活性逐渐下降,为保持生产稳定,宜相应提高反应温度。

另外,生产中的反应温度应严格自动控制,使其波动控制在±0.5K范围,并有自动保护装置。因为反应温度稍有升高,强放热的副反应就会剧烈加快,进而造成反应温度迅速升高,引起恶性循环,导致反应过程失控。

4.操作压力

由生产原理可知,乙烯直接氧化过程的主反应是气体分子数减少的反应,而深度氧化副反应是气体分子数不变的反应。因此,采用加压操作理论上对主反应有利。而主反应的平衡常数在298K时为10^4级别,523K时为10^5级别,依然很大,反应可视为不可逆反应。由此可见,压力对反应平衡的影响无实际意义。

目前工业上采用1~3MPa操作压力,其主要作用在于提高乙烯和氧气的分压,从而加快反应速率,提高收率。提高操作压力的缺点是提高了对反应器的材质、反应热的导出以及催化剂的活性和使用寿命等的要求。

5.空间速率

空间速率是影响反应转化率和选择性的重要因素之一。空间速率增大,反应混合气与催化剂的接触时间缩短,使转化率降低,同时深度氧化副反应减少,反应选择性提高。

空间速率的确定取决于催化剂类型、反应器管径、温度、压力、反应物浓度、乙烯转化率、时空收率及催化剂寿命等许多因素,这些因素是相互关联的。当其他条件确定之后,空间速率的大小主要取决于催化剂性能(即催化剂活性高可采用高空间速率,催化剂活性低则采用低空间速率),提高空间速率既有利于反应器的传热,又能提高反应器的生产能力。工业生产中空间速率的操作范围一般为 4000~8000h^{-1}。

6.致稳剂(又称稀释剂)

在乙烯直接氧化法生产环氧乙烷装置中加入致稳剂,既可缩小原料混合气的爆炸浓度范围,又可使混合气具有较高的比热容以移走部分反应热。过去大多使用氮气作致稳剂,现在工业装置上一般采用甲烷作致稳剂,这是因为甲烷致稳较氮气致稳可提高原料气中氧气的最高允许浓度,而且甲烷的比热容是氮气比热容的1.35倍,因此可提高移热效率。

7.抑制剂

抑制剂的作用主要是抑制乙烯深度氧化生成二氧化碳和水等副反应的发生,以提高反应选择性。这类抑制剂主要是有机卤化物,如二氯乙烷等。生产中抑制剂的加入方式也在不断改进,早期是加到催化剂中,目前的工业过程一般是将二氯乙烷以气相形式加入反应物料之中。

(二) 工艺流程

乙烯直接氧化生产环氧乙烷的工艺流程,由于所采用的氧化剂不同而分为空气氧化法和氧气氧化法两种。两种方法的工艺流程各有特点,空气氧化法的安全性较好,而氧气氧化法具有反应选择性好、乙烯单耗低、催化剂生产能力大、投资省、能耗低等特点,因此新建工厂大都采用氧气氧化法,只有生产规模小时才采用空气氧化法。目前,Shell、SD 及 UCC 三家公司为直接氧化法生产技术的主要拥有者,其中 UCC 公司是全球最大的环氧乙烷生产商。

乙烯直接氧化法生产环氧乙烷的工艺流程如图 7-12 所示。该流程可分为乙烯环氧化反应和环氧乙烷的回收精制两大部分。

原料乙烯经加压后分别与稀释剂甲烷、循环气汇合进入原料混合器 1 中与氧气迅速而均匀混合达到安全组成,再加入微量抑制剂(二氯乙烷)。原料混合气与反应后的气体换热,预热到一定温度,进入装有银催化剂的列管式固定床反应器 2。反应器操作压力为 2.02MPa,反应温度为 498~548K,空间速率为 4300h^{-1} 左右。乙烯单程转化率为 12%,对环氧乙烷的选择性为 79.6%。反应器采用加压热水沸腾移热,并副产高压蒸汽。

反应后的气体可用来生产中压蒸汽并预热原料混合气,而自身冷却到 360K 左右,进入环氧乙烷吸收塔 4。该塔顶部用来自环氧乙烷解吸塔 7 的循环水喷淋,吸收反应生成的环氧乙烷。

未被吸收的气体中含有许多未反应的乙烯,其大部分作为循环气经循环压缩机升压后返回反应器循环使用。为防止原料气中的氮气和烃类杂质在系统中积累,可在循环压缩机升压前弛放一部分送去焚烧。为保持反应系统中二氧化碳含量小于 9%,需把部分气体送二氧化碳脱除系统处理,脱除 CO_2 后再返回循环系统。

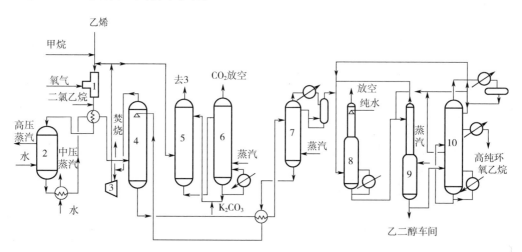

图 7-12 乙烯直接氧化生产环氧乙烷的工艺流程

1—原料混合器;2—反应器;3—循环压缩机;4—环氧乙烷吸收塔;5—二氧化碳吸收塔;
6—碳酸钾再生塔;7—环氧乙烷解吸塔;8—环氧乙烷再吸塔;9—乙二醇原料解吸塔;10—环氧乙烷精馏塔

从环氧乙烷吸收塔底部排出的环氧乙烷水溶液进入环氧乙烷解吸塔 7,目的是将产物环氧乙烷通过汽提从水溶液中解吸出来。解吸出来的环氧乙烷、水蒸气及轻组分进入该塔冷凝器,大部分水及重组分冷凝后返回环氧乙烷解吸塔，未冷凝气体与乙二醇原料解吸塔顶部蒸气及环氧乙烷精馏塔顶部馏出液汇合后，进入环氧乙烷再吸收塔 8。环氧乙烷解吸塔釜液可作为环氧乙烷吸收塔 4 的吸收剂。在环氧乙烷再吸收塔中，用冷的工艺水作为吸收剂，对解吸后的环氧乙烷进行再吸收，二氧化碳与其他不凝气体从塔顶排空，釜液中环氧乙烷的体积分数约为 8.8%，进入乙二醇原料解吸塔。在乙二醇原料解吸塔中，用蒸汽加热进一步汽提，除去水溶液中的二氧化碳和氮气，釜液即可作为生产乙二醇的原料或再精制为高纯度的环氧乙烷产品。在环氧乙烷解吸塔中，由于少量乙二醇的生成，具有起泡趋势，易引起液泛，生产中要加入少量消泡剂。环氧乙烷精馏塔 10 以直接蒸汽加热，上部脱甲醛，中部脱乙醛，下部脱水。靠塔顶侧线采出含量（质量分数）大于 99.99% 的高纯度环氧乙烷产品，中部侧线采出含少量乙醛的环氧乙烷并返回乙二醇原料解吸塔，塔釜液返回精制塔中部，塔顶馏出含有甲醛的环氧乙烷，返回乙二醇原料解吸塔以回收环氧乙烷。

第四节　乙烯气相氧化法制乙酸乙烯酯

乙酸乙烯酯又称为醋酸乙烯酯，是一种无色透明的可燃性液体，具有醚的特殊气味，沸点为 72.5℃，不溶于脂肪烃，微溶于水，易与醇、醚、乙醛、醋酸等互溶。乙酸乙烯酯易燃，其蒸气与空气可形成爆炸性混合物，在空气中的爆炸极限为 2.65%~38%（体积分数）。它遇明火、高热能引起燃烧爆炸；与氧化剂能发生强烈反应；极易受热、光或微量的过氧化物作用而聚合，含有抑制剂的商品与过氧化物接触也能猛烈聚合。其蒸气比空气重，能在较低处扩散到相当远的地方，遇明火会引着回燃。它可与水、甲醇、异丙醇、环己烷等形成共沸物。

乙酸乙烯酯是饱和酸和不饱和醇的简单酯，其化学结构的特点是含有不饱和双键，因而具有发生加成反应和聚合反应的能力。

乙酸乙烯酯的主要用途是作为聚合物单体，制造聚乙酸乙烯酯和聚乙烯醇。前者用于黏合剂，后者可用作维尼纶纤维的原料、黏合剂、土壤改良剂等。还能与各种烯基化合物如乙烯、氯乙烯、丙烯腈等共聚，所得共聚物是优良的高分子材料，用途广泛。

中国是世界上最大的乙酸乙烯酯生产国家，2020 年大陆地区生产能力为 2750kt/a，约占世界总生产能力的 35.30%。其次是美国，生产能力为 1855kt/a，约占总生产能力的 23.81%；再次是中国台湾省，生产能力为 800kt/a，约占总生产能力的 10.27%。

世界乙酸乙烯酯的生产能力主要集中在塞拉尼斯（Celanese）公司、中国石油化工集团有限公司、大连化学公司、安徽皖维高新材料有限公司、可乐丽公司、陶氏杜邦公司以及 Millennium 公司等生产企业，2020 年来自这七大乙酸乙烯酯生产企业的生产能力合计达到 5940kt/a，约占世界总生产能力的 76.25%。塞拉尼斯公司是目前世界上最大的乙酸乙烯酯生产厂家，2020 年生产能力为 1575kt/a，约占世界总生产能力的 20.22%，分别在美国、德国、中国大陆和新加坡建有生产装置；其次是中国石油化工集团有限公司，生产能力为 1220kt/a，约占总生产能力的 15.66%，分别在四川、北京、上海、宁夏建有生产装置；再次是大连化学公司，生产能力为 1150kt/a，约占总生产能力的 14.76%，分别在中国台湾省和新加坡建有生产装置。工业用乙酸乙烯酯的质量标准见表 7-5。

表 7-5 工业用乙酸乙烯酯技术要求（SH/T 1628.1—2014）

项目	指标		
	优等品	一等品	合格品
外观	无色透明，无机械杂质		
密度（20℃）/（g/cm^3）	0.930～0.934	0.930～0.934	0.929～0.935
色度号（铂-钴色号）/Hazen 单位	≤5	≤10	≤15
蒸发残渣/（mg/kg）	≤50	≤100	≤200
酸度（以乙酸计）/（mg/kg）	≤40	≤100	≤200
醛（以乙醛计）/（mg/kg）	≤200	≤300	≤500
水分/（mg/kg）	≤400	≤600	≤10000
纯度（质量分数）/%	≥99.8	≥99.6	≥99.4
乙酸甲酯/（mg/kg）	由供需双方商定	—	—
乙酸乙酯/（mg/kg）	由供需双方商定	—	—
苯/（mg/kg）	≤20		
活性度/min	由供需双方商定		
阻聚剂（对苯二酚）/（mg/kg）			

一、乙酸乙烯酯的生产原理

乙酸乙烯酯生产技术是从乙炔法发展起来的，并逐步向乙烯法过渡。目前，工业上生产乙酸乙烯酯的方法主要有乙炔法和乙烯法。在全球的乙酸乙烯酯生产工艺中，使用乙烯法的生产能力约占总产能的 70%，乙炔法约占 30%。

（一）乙烯法

乙烯法有液相法和气相法。乙烯液相法是乙烯和氧混合气进料，在主催化剂氯化钯、氯化铜和助催化剂醋酸钠、醋酸钾的作用下，在 100～130℃、3～4MPa 条件下反应得到乙酸乙烯酯。由于催化剂体系中的氯离子对设备及管道腐蚀严重，目前该方法已经被淘汰。乙烯气相法是乙烯、氧和醋酸蒸气进料，在催化剂作用下，在 100～200℃、0.6～0.8 MPa 条件下反应得到乙酸乙烯酯。乙烯气相法具有乙烯原料清洁干净、产品杂质较少、蒸汽消耗低、工艺流程较短、设备腐蚀程度较轻、工艺性和经济性较好等优点，不足之处是乙酸的单程转化率较低，只有 15%～20%，其生产成本受石油价格影响较大。目前工业生产工艺主要有 Bayer 法、USI 法和 Leap 流化床工艺等。

（二）乙炔法

乙炔法生产乙酸乙烯酯主要包括电石乙炔法和天然气乙炔法。电石乙炔法具有技术成熟、工艺技术简单、投资相对较少、单台设备产能大以及催化剂易得等优点，缺点是生产成本高、能耗大、对环境的污染较为严重。该技术在国外发达国家或地区已经被淘汰。由于我国煤炭资源丰富，石油储量相对不足，乙炔气相法一直是我国生产乙酸乙烯酯的主要方法。相比电石乙炔法，天然气乙炔法原料来源具有清洁性、生产过程污染小、原子利用率高、热能利用充分、副反应比较少、符合绿色发展的要求，缺点是投资和生产难度较大，生产原料乙炔的成本较高，目前只有中国石化四川维尼纶厂采用该方法进行生产。

本节主要介绍乙烯气相催化氧化法生产乙酸乙烯酯。

（三）乙烯气相催化氧化法生产乙酸乙烯酯的反应原理

1. 化学反应

乙烯气相催化氧化法生产乙酸乙烯酯是采用贵金属钯、金和碱金属盐作为催化剂，乙烯、醋酸和氧呈气相在催化剂表面接触反应，其反应方程式为：

$$2CH_2=CH_2 + 2CH_3COOH + O_2 \longrightarrow 2CH_3COOCH=CH_2 + 2H_2O \quad \Delta H_{298}^{\ominus} = -146.5 kJ/mol \tag{7-12}$$

主要副反应是乙烯完全氧化生成 CO_2，其反应方程式为：

$$CH_2=CH_2 + 3O_2 \longrightarrow 2CO_2 + 2H_2O \quad \Delta H_{298}^{\ominus} = -1340 kJ/mol \tag{7-13}$$

此外，还有少量乙醛、乙酸乙酯及其他副产物生成。

在反应过程中少量 CO_2 的存在有利于反应热的排出，确保安全生产和抑制乙烯转化为 CO_2 的反应。乙烯气相催化氧化反应由于受爆炸极限的影响，乙烯的配料比很大，因而乙烯的单程转化率不高，大量的原料气需要多次循环反应。这样循环气中 CO_2 的含量可能高达30%以上，所以必须连续抽出一部分循环气，经脱除 CO_2 后再返回反应器，以防止 CO_2 积累。

在工业生产过程中常用热碳酸钾溶液来脱除循环气中的 CO_2，其过程是使热碳酸钾溶液在加压下吸收 CO_2，碳酸钾转变成碳酸氢钾，当把溶液减压并加热时，碳酸氢钾立即分解放出 CO_2 生成碳酸钾，可重新循环使用。

$$K_2CO_3 + CO_2 + H_2O \longrightarrow 2KHCO_3 \tag{7-14}$$

富液中的碳酸氢钾，当溶液减压后，只需少量水蒸气供热，就可分解出 CO_2，热量消耗不大。

2. 催化剂

乙烯气相催化氧化合成乙酸乙烯酯所用的催化剂为固体，而原料乙烯、氧气和醋酸均是气体，乙烯气相催化氧化反应属于气固相非均相催化反应。

乙烯气相法合成乙酸乙烯酯所需的主催化剂（活性组分）为双组分金属，如Pd-Au。金属钯（Pd）主要是提高合成乙酸乙烯酯反应的催化活性，而金属金（Au）主要对反应的选择性和产率有一定程度的改善。由于金属钯和金属金的成本较高，不能在工业上大规模推广，因此，有很多研究者正在研究用其他金属作为乙烯气相法合成乙酸乙烯酯催化剂的主催化剂，如铜、镉、钒等。

乙烯气相法合成乙酸乙烯酯的催化剂一般采用二氧化硅为载体，它具有比表面积大、孔道多、稳定性高、耐酸、成本低等优点。乙酸乙烯酯催化剂在工业上应用时需要长时间与醋酸接触，因此，具有较好的抵抗醋酸侵蚀的能力是作为催化剂载体的一个重要条件。

SiO_2 载体的碱度不能维持 Pd-Au 合金的稳定性。因此，通常需要添加阳离子（如 K^+）作为助催化剂，如通过加入醋酸钾，提高吸附能力。在双金属 Pd-Au 催化剂上加入醋酸钾化合物，使乙烯与醋酸反应生成乙酸乙烯酯的速率提高了10倍，选择性提高了20%。

二、乙酸乙烯酯的工业生产

(一) 工艺条件

1. 反应温度

温度是影响反应的主要因素。反应温度对空时收率和选择性的影响如图 7-13 所示。温度升高可增大反应速率，但由于乙烯深度氧化的副反应速率也同时大大加快，使反应选择性显著下降。过高的温度反而使空时收率降低，温度过低反应速率下降，虽然选择性较高，但空时收率和转化率都较低。当使用钯-金-醋酸钾-硅胶催化剂时，反应温度一般控制在 165~180℃。

2. 反应压力

由于主反应是物质的量减少的气相反应，故加压有利于反应的进行，并可提高设备的生产能力。从图 7-14 可以看出，随着压力的增加空时收率和选择性均增加。但压力过大，设备投资费用也要增加。综合考虑经济和安全因素，工业生产中的反应压力为 0.8MPa 左右。

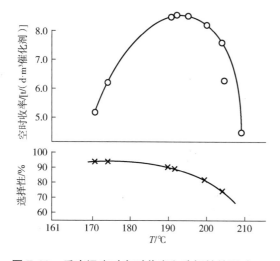

图 7-13 反应温度对空时收率和选择性的影响　　图 7-14 乙烯压力对空时收率和选择性的影响

3. 空速

如图 7-15 所示，乙烯转化率随空速减小而提高，选择性随空速减小而下降。从生产角度考虑，空速低，空时收率低，即产量小，这是我们不希望的。空速增大，乙烯转化率虽下降，但选择性和空时收率提高，并有利于反应热的移出；但空速过大，原料不能充分反应，转化率大大降低，会使循环量大幅度增加。所以，必须综合考虑各方面的因素，选择适宜的空速。在工业生产过程中空速一般控制在 1200~1800h^{-1}。

4. 原料气配比

原料气的配比受乙烯和氧气的爆炸极限制约，同时也对反应结果产生很大影响。

(1) 乙烯和氧气的配比　按照化学计量方程式乙烯和氧气的摩尔比应为 2:1，但由于受反应条件下爆炸极限浓度所限，实际生产中乙烯是大大过量的。一般采用乙烯与氧气的摩尔比为 (9~15):1。研究表明，乙烯分压高，不仅可以加快乙酸乙烯酯的生成速率，并且可抑制完全氧化副反应的进行。氧气分压高（小于爆炸极限浓度），虽也可加快乙酸乙烯酯的生成速率，但也加快了完全氧化副反应的速率，使反应选择性下降，并导致催化剂寿命缩短，故氧气分压不宜过高。乙烯与氧气的配比选择还与系统反应压力有关，当反应压力为 0.8MPa 时，乙烯与氧气的摩尔比取 (12~15):1 为宜。所以，在反应过程中有大量未反应的原料气需循环使用。

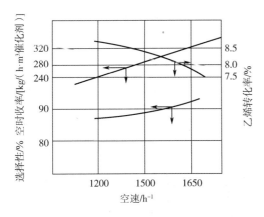
图 7-15　空速对空时收率、选择性及乙烯转化率的影响

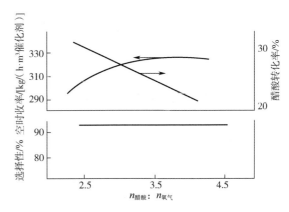
图 7-16　醋酸与氧气的配比对反应的影响

(2) 醋酸和氧气的配比　醋酸与氧气的配比对反应的影响如图 7-16 所示。从图中可以看出，在一定的范围内，当醋酸与氧气的摩尔比增大时，乙酸乙烯酯的空时收率增加，但醋酸转化率却明显下降，而醋酸转化率的降低会导致醋酸分离回收负荷增大。因此，需综合考虑各方面的因素确定一个适宜的值。在工业生产过程中，在 0.8MPa 的反应压力下，乙烯、氧气和醋酸的配比范围是 (12~15):1:(3~4)（摩尔比）。

(3) 水和二氧化碳　原料中存在适量的水，可提高催化剂的活性，并可减轻醋酸对设备的腐蚀，因此，在生产过程中采用含水醋酸。一般控制反应气中的含水量约 6%（物质的量分数）。二氧化碳是反应的副产物，存在于循环气中，适量二氧化碳的存在既有利于反应热的移出，又可抑制乙烯的深度氧化反应，且使物料爆炸范围缩小，提高生产安全性。

必须指出，为了防止催化剂中毒在生产过程中要严格控制乙烯原料中卤素、硫、一氧化碳、炔烃、胺、芳香烃及腈等物质的含量；为了防止对有关设备的腐蚀，醋酸中的甲酸含量也要加以控制。

（二）工艺流程

乙烯气相氧化法生产乙酸乙烯酯的工艺流程如图 7-17 所示。

含乙烯的循环气用压缩机升压至稍高于反应压力，和新鲜乙烯充分混合后一同进入醋酸蒸发器 1 的下部，与蒸发器上部流下的醋酸逆流接触。已被醋酸蒸气饱和的气体从蒸发器的顶部出来用过热蒸汽加热到稍高于反应温度后进入氧气混合器 2，与氧气急速均匀地混合，达到规定的含氧浓度，并严格防止局部氧气过量，以防爆炸。从氧气混合器导出的原料气，在配管中途添加喷雾状的醋酸钾溶液后进入列管式固定床反应器 3。列管中装填钯-金催化剂，管间走中压热水，原料气在给定的温度压力条件下与催化剂接触进行反应，放出的反应热被管间的热水所吸收并汽化产生中压蒸汽。反应产物含乙酸乙烯酯、CO_2、水和其他副产物，以及未反应的乙烯、醋酸、氧气和惰性气体，从反应器底部导出。

反应产物分步冷却到 40℃ 左右，进入吸收塔 5，塔顶喷淋冷醋酸，把反应气体中的乙酸乙烯酯加以捕集。从塔顶出来的未反应原料气大部分经压缩机升压后重新参加反应，小部分去循环气精制部分，脱除 CO_2 进行净化。

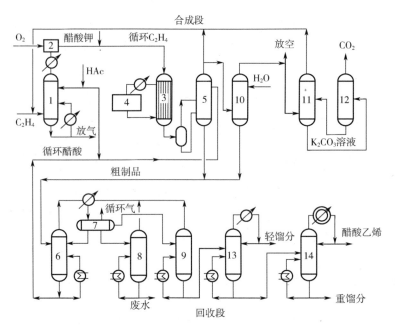

图 7-17 乙烯气相氧化法生产乙酸乙烯酯的工艺流程

1—醋酸蒸发器；2—氧气混合器；3—反应器；4—冷却系统；5—吸收塔；6—初馏塔；7—脱气槽；8—汽提塔；
9—脱水塔；10—水洗塔；11—CO_2吸收塔；12—解吸塔；13—脱轻馏分塔；14—脱重馏分塔

来自吸收塔的小部分循环气，含 CO_2 达 15%～30%，先进入水洗塔 10，在塔中部再用醋酸洗涤一次除去其中少量的乙酸乙烯酯，塔顶喷淋少量的水，洗去气体中夹带的醋酸，以免在 CO_2 吸收塔 11 中消耗过多的碳酸钾。水洗后的循环气一部分放空，以防止惰性气体积累，其余部分进入 CO_2 吸收塔 11，在 0.6～0.8MPa、100～120℃条件下与 30%的碳酸钾溶液逆流接触以脱除气体中的 CO_2，经过吸收处理后的气体 CO_2 含量降至 4%左右，经冷凝、干燥除去水分后再回循环压缩机循环利用。

反应生成的乙酸乙烯酯、水和未反应的醋酸一起作为反应液送至初馏塔 6，塔底分出醋酸循环使用。塔顶出来的蒸气经冷凝后送脱气槽 7 进行降压，并脱除溶解在反应液中的乙烯等气体，此气体也循环使用。

反应液在脱气槽 7 中分为两层，下层液主要是水，送汽提塔 8 回收少量的乙酸乙烯酯，釜液作为废水排出。上层液为含水的粗乙酸乙烯酯，送脱水塔 9 进行脱水，然后进脱轻馏分塔 13，除去低沸物后再进脱重馏分塔 14，塔顶蒸气经冷凝后即得质量达聚合级要求的乙酸乙烯酯精品。

纯乙酸乙烯酯的聚合能力很强，在常温下就能缓慢聚合，形成的聚合物易堵塞管道，影响正常操作。因此，在纯乙酸乙烯酯存放或受热的情况下，必须加入阻聚剂，如对苯二酚、二苯胺、醋酸铵等。

第五节 乙烯氧氯化法制氯乙烯

氯乙烯（vinyl chloride，VC），在常温常压下是一种无色有乙醚香味的气体，沸点为 259.3K，临界温度为415K，临界压力为512MPa。氯乙烯易燃，闪点低于-17.8℃，与空气容易形成爆炸混合物，其爆炸范围为4%~21.7%（体积分数），在加压下更易爆炸，贮运时必须注意容器的密闭及氮封，并应添加少量阻聚剂。氯乙烯易溶于丙酮、乙醇、二氯乙烷等有机溶剂，微溶于水，在水中的溶解度是0.001g/L。

氯乙烯具有麻醉作用，在20%~40%的含量下，会使人立即致死，在10%的含量下，1h内呼吸由急促而逐渐缓慢，最后微弱以致停止呼吸。人对氯乙烯的嗅觉感知浓度为$2.4g/m^3$，长期接触低浓度氯乙烯会使消化系统、皮肤组织、神经系统等产生多种症状，特别是对肝脏造成影响。空气中氯乙烯最高允许浓度为$30mg/m^3$。

氯乙烯是分子内包含氯原子的不饱和化合物。由于双键的存在，氯乙烯的主要用途是生产聚氯乙烯（polyvinylchloride, PVC），PVC制品广泛应用于国民经济和人民生活的各个领域。

目前氯乙烯的工业生产方法主要分为两种：电石乙炔法和乙烯氧氯化法。

(1) 电石乙炔法　电石乙炔法是由电石生产乙炔，然后在催化剂存在下乙炔加氯化氢生产氯乙烯，该方法于1930年实现工业化。工业上常采用气相法生产，催化剂为氯化汞。该法技术成熟，流程简单，副产物少，产品纯度高。电石乙炔法采用的氯化汞毒性较大，存在环境污染问题；同时电石制取过程耗电量大。

总体上由于受我国富煤、贫油、少气的资源条件限制，目前我国有相当多的企业，特别是煤炭资源丰富地区的企业，由于在资源（电石以焦炭与氧化钙为原料生产）、能耗、人力成本等方面都具有一定的优势，因此，电石乙炔法仍有存在的价值和必要。其反应方程式如下：

$$CaC_2 + 2H_2O \longrightarrow Ca(OH)_2 + C_2H_2$$

$$C_2H_2 + HCl \xrightarrow{HgCl_2} CH_2CHCl$$

(2) 乙烯氧氯化法　随着氯乙烯需求量的增加，人们致力于寻找生产氯乙烯更廉价的原料来源。随着石油化学工业的发展，在20世纪50年代初期乙烯成为生产氯乙烯更经济、更合理的原料，实现了由乙烯和氯气生产氯乙烯的工业生产路线。该工艺包括乙烯直接氯化生产二氯乙烷及二氯乙烷裂解生产氯乙烯。

随后，人们注意到在二氯乙烷的裂解过程中，除生成氯乙烯外还生成氯化氢。由此，工业界想到由氯化氢连同乙炔生产工艺一起生产氯乙烯。

20世纪50年代后期，开发出了乙烯氧氯化工艺以适应不断增长的对氯乙烯的需求。在这个过程中，乙烯、氧气和氯化氢反应生成二氯乙烷和直接氯化过程结合在一起，两者所生成的二氯乙烷一并进行裂解得到氯乙烯，这种生产方法称为乙烯平衡氧氯化法。

乙烯平衡氧氯化法生产工艺，现在是已工业化的、生产氯乙烯单体最先进的技术，该方法具有反应器生产能力大、生产效率高、生产成本低、单体杂质含量少、环境友好和可连续化操作等优点。乙烯平衡氧氯化法将是氯乙烯生产的发展方向。

一、乙烯平衡氧氯化法制氯乙烯的生产原理

乙烯平衡氧氯化法生产氯乙烯主要包括三个过程，分别是乙烯直接氯化生成二氯乙烷、二氯乙烷裂解生成氯乙烯和氯化氢、乙烯氧氯化生成二氯乙烷。

乙烯直接氯化：

$$CH_2=CH_2 + Cl_2 \longrightarrow ClCH_2CH_2Cl \tag{7-15}$$

乙烯氧氯化：

$$CH_2=CH_2+2HCl+\frac{1}{2}O_2\longrightarrow ClCH_2CH_2Cl+H_2O \qquad (7-16)$$

二氯乙烷裂解：

$$ClCH_2CH_2Cl\longrightarrow CH_2=CHCl+HCl \qquad (7-17)$$

总反应式：

$$2CH_2=CH_2+Cl_2+\frac{1}{2}O_2\longrightarrow 2CH_2=CHCl+H_2O \qquad (7-18)$$

其工艺流程见图 7-18。

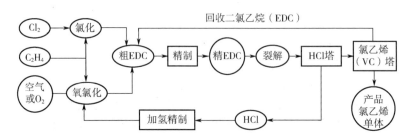

图 7-18　乙烯平衡氧氯化法生产氯乙烯的工艺流程

从图 7-18 可以看到，采用乙烯平衡氧氯化法生产氯乙烯，其原料就是乙烯、氯气与空气（氧气），下面分别对三个过程的反应原理及工艺条件进行讨论。

（一）乙烯直接氯化

乙烯和氯气在三氯化铁的催化下，反应生成 1,2-二氯乙烷。

主反应：

$$CH_2=CH_2+Cl_2\longrightarrow ClCH_2CH_2Cl+171.5kJ/mol \qquad (7-15)$$

副反应：

$$ClCH_2CH_2Cl+Cl_2\longrightarrow ClCH_2CHCl_2+HCl \qquad (7-19)$$

$$ClCH_2CHCl_2+Cl_2\longrightarrow Cl_2CHCHCl_2+HCl \qquad (7-20)$$

乙烯中的少量甲烷和微量丙烯亦可发生氯代反应和加成反应生成相应的副产物。

乙烯直接氯化反应可以在气相中进行，也可以在液相中进行，但由于该反应放热量大，气相法很难将反应热传递出去，所以一般在液相中进行，生产中主要采用中间产物 1,2-二氯乙烷作为反应溶剂。

（二）乙烯氧氯化

乙烯、氧气和氯化氢在氯化铜催化剂的作用下，在 215～225℃条件下生成 1,2-二氯乙烷。
主反应：

$$CH_2=CH_2+2HCl+\frac{1}{2}O_2\longrightarrow ClCH_2CH_2Cl+H_2O+263.6kJ/mol \qquad (7-16)$$

副反应：

$$CH_2=CH_2+2O_2\longrightarrow 2CO+2H_2O \qquad (7-21)$$

$$CH_2=CH_2+3O_2\longrightarrow 2CO_2+2H_2O \qquad (7-22)$$

$$CH_2=CH_2 + HCl \longrightarrow CH_3CH_2Cl \quad (7\text{-}23)$$

$$ClCH_2CH_2Cl \xrightarrow{-HCl} CH_2=CHCl \xrightarrow{+2HCl+\frac{1}{2}O_2} ClCH_2CHCl_2 + H_2O \quad (7\text{-}24)$$

还有一些其他的氯代衍生物副产物的副反应,在控制一定的工艺条件下,这些副产物的生成量占二氯乙烷的1%以下。

(三) 二氯乙烷裂解

经精制后的二氯乙烷,在裂解炉中发生热裂解反应,生成氯乙烯与氯化氢,反应为吸热反应。

主反应:

$$ClCH_2CH_2Cl \longrightarrow CH_2=CHCl + HCl - 79.5 kJ/mol \quad (7\text{-}17)$$

副反应:

$$CH_2CHCl \longrightarrow CH\equiv CH + HCl \quad (7\text{-}25)$$

$$CH_2CHCl + HCl \longrightarrow CH_3CHCl_2 \quad (7\text{-}26)$$

$$ClCH_2CH_2Cl \longrightarrow H_2 + 2HCl + 2C \quad (7\text{-}27)$$

$$nCH_2CHCl \xrightarrow{聚合} +CH_2-CHCl+_n \quad (7\text{-}28)$$

二、乙烯氧氯化法制氯乙烯的生产工艺

(一) 工艺条件

(1) 乙烯直接氯化工艺条件

① 反应温度 乙烯液相氯化反应是放热反应,反应温度过高,会使甲烷氯化等反应加剧,对主反应不利;反应温度过低,反应速率相应变慢,也不利于反应。一般反应温度控制在110℃左右。

② 反应压力 从乙烯直接氯化的反应方程式可看出,加压对反应是有利的。但在生产实际过程中,若压力过高,则氯气无法加入,反应不能顺利进行。由于原料氯加压困难,故反应一般在0.2~0.3MPa下进行。

③ 原料配比 乙烯与氯气的摩尔比常采用1.1:1.0。略过量的乙烯可以保证氯气反应完全,使氯化液中游离氯的含量降低,减轻对设备的腐蚀并有利于后处理。同时,可以避免氯气和原料气中的氢气直接接触而引起的爆炸危险。在生产过程中控制尾气中的氯含量不大于0.5%,乙烯含量小于2%。

④ 催化剂 乙烯液相氯化反应的催化剂常用$FeCl_3$。加入$FeCl_3$的主要作用是抑制取代反应,促进乙烯和氯气的加成反应,减少副反应,增加氯乙烯的收率。

(2) 乙烯氧氯化工艺条件

① 催化剂 乙烯平衡氧氯化制二氯乙烷需在催化剂存在的条件下进行。工业常用催化剂是以$\gamma\text{-}Al_2O_3$为载体的$CuCl_2$催化剂。根据$CuCl_2$催化剂的组成不同,可分为单组分催化剂、双组分催化剂、多组分催化剂。近年来,发展了非铜催化剂。

② 反应温度 乙烯平衡氧氯化反应是强放热反应,反应热可达263kJ/mol,因此反应温度的控制十分重要。升高温度对反应有利,但温度过高,乙烯深度氧化反应加速,CO和CO_2的生成量增多,副产物三氯乙烷的生成量也增加,反应的选择性下降。温度升高,催化剂的活性组

分 $CuCl_2$ 挥发流失快，催化剂的活性下降快，寿命短。一般在保证 HCl 的转化率接近全部转化的前提下，反应温度以低一些为好。但当反应温度低于物料的露点时，HCl 气体就会与体系中生成的水形成盐酸，对设备造成严重的腐蚀。因此，反应温度一般控制在 220~300℃。

③ 反应压力　常压或加压反应皆可，压力一般在 0.1~1.0MPa。压力的高低要根据反应器的类型而定，流化床宜于低压操作，固定床为了克服流体阻力，反应压力宜高一些。当用空气进行氧氯化反应时，反应气体中含有大量的惰性气体，为了使反应气体保持相当的分压，常用加压操作。

④ 原料配比　按乙烯氧氯化反应方程式的计量关系，$n(C_2H_4):n(HCl):n(O_2)=1:2:0.5$。在正常操作情况下乙烯稍过量，氧过量 50% 左右，以使 HCl 转化完全。实际原料配比为：$n(C_2H_4):n(HCl):n(O_2)=1.05:2:(0.75~0.85)$。若 HCl 过量，则过量的 HCl 会吸附在催化剂表面，使催化剂颗粒胀大，使密度减小。如果采用流化床反应器，床层会急剧升高，甚至发生节涌现象，以致不能正常操作。乙烯稍过量，可保证 HCl 完全转化，但过量太多，尾气中 CO 和 CO_2 的含量增加，使选择性下降。氧的用量若过多，也会发生上述现象。

⑤ 原料气纯度　原料乙烯纯度越高，氧氯化产品中杂质就越少，这对二氯乙烷的提纯十分有利。原料气中的乙炔、丙烯和 C_4 烯烃含量必须严格控制，因为它们都能发生氧氯化反应，乙炔会生成四氯乙烯、三氯乙烯等杂质，丙烯会生成 1,2-二氯丙烷，C_4 烯烃会生成 1,2-二氯丁烷等多氯化物，使产品的纯度降低而影响后加工。原料气 HCl 主要由二氯乙烷裂解得到，一般要进行除炔处理。

⑥ 停留时间　要使 HCl 接近全部转化，必须有较长的停留时间，但停留时间过长会出现收率下降的现象。这可能是由于在较长的停留时间里发生了连串副反应，二氯乙烷裂解产生 HCl 和氯乙烯。在低空速下操作时，适宜的停留时间一般为 5~10s。

(3) 二氯乙烷裂解工艺条件

① 原料纯度　在裂解原料二氯乙烷中若含有抑制剂，则会减慢裂解反应速率并促进生焦。在裂解原料二氯乙烷中能起强抑制作用的杂质是 1,2-二氯丙烷，当其含量为 0.1%~0.2% 时，二氯乙烷的转化率就会下降 4%~10%。如果提高裂解温度以弥补转化率的下降，则副反应和生焦量会更多，而且 1,2-二氯丙烷的裂解产物氯丙烯具有更强的抑制裂解作用。杂质 1,1-二氯乙烷对裂解反应也有较弱的抑制作用。其他杂质如二氯甲烷、三氯甲烷等，对反应基本无影响。铁离子会加速深度裂解副反应，因此原料中铁含量要求不大于 $1×10^{-4}$。水对反应虽无抑制作用，但为了防止对炉管的腐蚀，水含量应该控制在 $5×10^{-6}$ 以下。

② 反应温度　二氯乙烷裂解是吸热反应，提高反应温度对反应有利。温度在 450℃ 时，裂解反应速率很慢，转化率很低，当温度升高到 500℃ 左右时，裂解反应速率显著加快。但反应温度过高，二氯乙烷深度裂解和氯乙烯分解、聚合等副反应也相应加速，当温度高于 600℃ 时，副反应速率将显著大于主反应速率。因此，反应温度的选择应从二氯乙烷转化率和氯乙烯收率两方面综合考虑，一般为 500~550℃。

③ 反应压力　二氯乙烷裂解是体积增大的反应，提高压力对反应平衡不利。但在实际生产过程中常采用加压操作，其原因是加压可保证物流畅通，维持适当的空速，使温度分布均匀，避免局部过热。加压有利于抑制分解生碳的副反应，提高氯乙烯收率。加压还有利于降低产品分离温度，节省冷量，提高设备的生产能力。目前，工业生产采用的有低压法（<0.6MPa）、中压法（1MPa）和高压法（>1.5MPa）几种。

（二）工艺流程

（1）乙烯直接氯化生产二氯乙烷的工艺流程　乙烯液相氯化生产二氯乙烷，催化剂为 $FeCl_3$。早期开发的乙烯直接氯化流程，大多采用低温工艺，反应温度控制在 53℃ 左右。低温氯化法反应所释放出的大量热量没有得到充分利用，而且反应产物夹带出的催化剂需经水洗处理，洗涤水需经汽提回收利用，故能耗较大。反应过程中需不断地补加催化剂，产生的污水还需专门处理。为此，开发出高温氯化工艺，使反应在接近二氯乙烷沸点的条件下进行。二氯乙烷的沸点为 83.5℃，当反应压力为

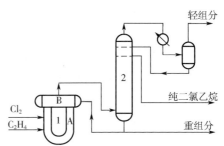

图 7-19　乙烯直接氯化（高温氯化法）
生产二氯乙烷的工艺流程

1—反应器；2—精馏塔；A—U 形循环管；B—分离器

0.2~0.3MPa 时，反应温度可控制在 110℃ 左右。反应热靠二氯乙烷的蒸出带至反应器外，生成 1mol 二氯乙烷，大约可产生 6.5mol 二氯乙烷蒸气。由于在液相沸腾条件下反应，未反应的乙烯和氯气会被二氯乙烷蒸气带走，而使二氯乙烷的收率下降。为了解决此问题，高温氯化反应器设计成一个 U 形循环管和一个分离器的组合体。高温氯化法制取二氯乙烷的工艺流程如图 7-19 所示。

乙烯和氯气通过喷嘴在 U 形管 A 上升段底部进入反应器 1，溶解于氯化液中立即进行反应生成二氯乙烷，由于该处有足够的静压，可以防止反应液沸腾。至上升段的 2/3 处，反应已基本完成，然后液体继续上升并开始沸腾，所形成的气液混合物进入分离器 B。离开分离器的二氯乙烷蒸气进入精馏塔 2，塔顶引出包括少量未转化成二氯乙烷的轻组分，经塔顶冷凝器冷凝后，送入气液分离器。气相送尾气处理系统，液相作为回流返回精馏塔塔顶。塔顶侧线获得产品二氯乙烷。塔釜重组分中含有大量的二氯乙烷，大部分返回反应器，小部分送二氯乙烷-重组分分离系统，分离出三氯乙烷、四氯乙烷后，二氯乙烷仍返回反应器。

高温氯化法的优点是二氯乙烷收率高，反应热得到利用。由于反应器中二氯乙烷是气相出料，不会将催化剂带出，所以不需要洗涤脱除催化剂，也不需要补充催化剂，反应过程中没有污水排放。尽管如此，这种类型的反应器也要严格控制循环速度，循环速度太低会导致反应物分散不均匀和局部浓度过高，循环速度太高则可能使反应进行得不完全导致原料转化率下降。

与低温氯化法相比，高温氯化法可使能耗大大降低，原料利用率接近 99%，二氯乙烷纯度可超过 99.99%。

（2）以空气作为氧化剂的流化床乙烯氧氯化制二氯乙烷的工艺流程　流化床乙烯氧氯化制二氯乙烷的工艺流程如图 7-20 所示。来自二氯乙烷裂解装置的氯化氢预热至 170℃ 左右，与 H_2 一起进入加氢反应器 1，在载于氧化铝上的钯催化剂存在的条件下，进行加氢精制，使其中所含的有害杂质乙炔选择加氢为乙烯。原料乙烯也预热到一定的温度，然后与氯化氢混合后一起进入流化床反应器 3。氧化剂空

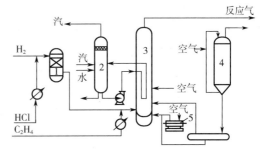

图 7-20　流化床乙烯氧氯化制二氯乙烷的工艺流程

1—加氢反应器；2—汽水分离器；3—流化床反应器；
4—催化剂贮槽；5—空气压缩机

气则由空气压缩机 5 送入流化床反应器。三者在分布器中混合后进入催化床层发生氧氯化反应，放出的热量借冷却管中热水的汽化而移走。反应温度则通过调节汽水分离器 2 的压力进行控制。在反应过程中需不断向流化床反应器内补加催化剂，以补偿催化剂的损失。

二氯乙烷的分离和精制部分的工艺流程如图 7-21 所示。自流化床反应器顶部出来的反应气含有反应生成的二氯乙烷，副产物 CO_2、CO 和少量其他氯代衍生物，以及未转化的乙烯、氧、氯化氢及惰性气体，还有主、副反应生成的水。此反应气进入骤冷塔 1 用水喷淋骤冷至 90℃并吸收气体中的氯化氢，洗去夹带出来的催化剂粉末。产物二氯乙烷以及其他氯代衍生物仍留在气相中，从骤冷塔塔顶逸出，在冷凝器中冷凝后流入分层器 4，与水分层分离后即得粗二氯乙烷。分出的水循环回骤冷塔。

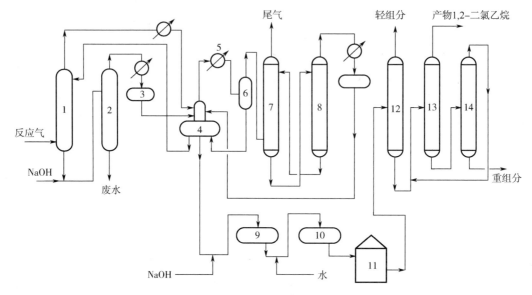

图 7-21 二氯乙烷的分离和精制部分的工艺流程

1—骤冷塔；2—废水汽提塔；3—受槽；4—分层器；5—低温冷凝器；6—气液分离器；7—吸收塔；8—解吸塔；
9—碱洗罐；10—水洗罐；11—粗二氯乙烷贮槽；12—脱轻组分塔；13—二氯乙烷塔；14—脱重组分塔

从分层器出来的气体再经低温冷凝器 5 冷凝，回收二氯乙烷及其他氯代衍生物，不凝气体进入吸收塔 7，用溶剂吸收其中尚存的二氯乙烷等氯代衍生物后，含乙烯 1% 左右的尾气排出系统。溶有二氯乙烷等组分的吸收液在解吸塔 8 中进行解吸。将低温冷凝器和解吸塔回收的二氯乙烷一并送至分层器 4。

自分层器 4 出来的粗二氯乙烷经碱洗罐 9 碱洗、水洗罐 10 水洗后进入粗二氯乙烷贮槽 11，然后在 3 个精馏塔中实现精制分离。第一个塔为脱轻组分塔 12，以分离出轻组分；第二个塔为二氯乙烷塔 13，主要得到成品二氯乙烷；第三个塔为脱重组分塔，在减压下操作，对高沸物进行减压蒸馏，从中回收部分二氯乙烷。精制的二氯乙烷作为裂解制氯乙烯的原料。

骤冷塔塔底排出的水吸收液中含有盐酸和少量二氯乙烷等氯代衍生物，经碱中和后进入废水汽提塔 2 进行水蒸气汽提，回收其中的二氯乙烷等氯代衍生物，冷凝后进入分层器 4。

二氯乙烷的分离和精制部分排放的尾气中尚含有 1% 左右的乙烯，不再循环使用，故乙烯消耗定额较高，且有大量被排放的废气污染空气，需经处理。

(3) 二氯乙烷裂解制氯乙烯的工艺流程 由乙烯液相氯化和氧氯化获得的二氯乙烷，在管式炉中进行裂解得产物氯乙烯。管式炉的对流段设置有原料二氯乙烷的预热管，反应管设置在辐射段。二氯乙烷裂解制氯乙烯的工艺流程如图7-22所示。

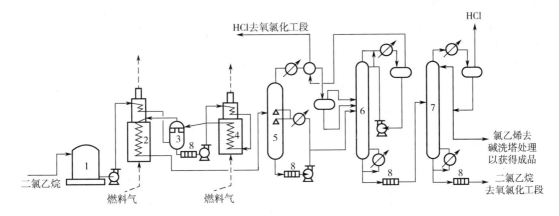

图7-22　二氯乙烷裂解制氯乙烯的工艺流程

1—贮槽；2—裂解炉；3—气液分离器；4—蒸发器；5—骤冷塔；6—氯化氢塔；7—氯乙烯塔；8—过滤器

用定量泵将精二氯乙烷从贮槽1送入裂解炉2的预热段，借助裂解炉烟气将二氯乙烷物料加热到一定的温度，此时有一小部分物料未汽化。将所形成的气液混合物送入气液分离器3，未汽化的二氯乙烷经过滤器8过滤后送至蒸发器4的预热段，然后进蒸发器的汽化段汽化，最后再返回气液分离器3。已汽化的二氯乙烷经气液分离器3顶部进入裂解炉2的辐射段。在0.558MPa和500～550℃条件下，二氯乙烷在裂解炉中进行裂解获得氯乙烯和氯化氢。裂解气出炉后，在骤冷塔5中迅速降温并除炭。为了防止盐酸对设备的腐蚀，急冷剂不用水而用二氯乙烷，在此，未反应的二氯乙烷会部分冷凝。出塔气体再经冷却冷凝，然后气液混合物一并进入氯化氢塔6，塔顶采出主要为氯化氢，经制冷剂冷冻冷凝后送入贮罐，部分作为本塔塔顶回流，其余送至氧氯化部分作为乙烯氧氯化的原料。骤冷塔塔底液相主要含二氯乙烷，还含有少量的冷凝氯乙烯和溶解氯化氢，这股物料经冷却后，部分送入氯化氢塔进行分离，其余返回骤冷塔作为喷淋液。

氯化氢塔的塔釜出料，主要为氯乙烯和二氯乙烷，还含有微量氯化氢，该混合液送入氯乙烯塔7，塔顶馏出的氯乙烯用碱脱除微量氯化氢后，即得纯度为99.9%的成品氯乙烯。

塔釜流出的二氯乙烷经冷却后送至氧氯化工段，进行精制后，再返回裂解装置。

思考与练习

7-1　乙烯氧化生产乙醛一步法与二步法各有什么特点？

7-2　乙烯氧化生产乙醛一步法与二步法工艺，它们的反应温度、压力、氧化剂和乙烯转化率有何不同？

7-3　反应工艺条件对甲醇低压羰基化合成醋酸有什么影响？

7-4　乙烯环氧化生产环氧乙烷工艺条件选择的依据是什么？

7-5　乙烯环氧化生产环氧乙烷过程中，为什么需要使用致稳剂（又称稀释剂）？使用何种致稳剂？

7-6　说明乙酸乙烯酯的主要用途。

7-7　乙烯气相催化氧化合成乙酸乙烯酯所用的催化剂由哪几部分组成？各部分起什么

作用？

7-8 乙烯气相催化氧化合成乙酸乙烯酯过程中，主要副反应是乙烯完全氧化生成二氧化碳和水，副产物二氧化碳对反应有什么影响？工业上采用什么方法去除二氧化碳？

7-9 乙烯气相催化氧化合成乙酸乙烯酯过程中，原料配比为什么采用乙烯过量？

7-10 说明氯乙烯的主要用途。

7-11 叙述乙烯氧氯化法生产氯乙烯的反应原理，并写出各步反应方程式。

7-12 乙烯氧氯化法生产氯乙烯的工艺过程中，氧氯化生产二氯乙烷所用的氯化氢来自哪里？为什么氯化氢需要净化处理？

7-13 乙烯氧氯化法生产氯乙烯的工艺过程中，乙烯直接氯化生产二氯乙烷的工艺采用高温（反应温度控制在110℃左右）比采用低温（反应温度控制在53℃左右）有什么优点？

第八章 碳三系列典型产品

碳三产品是指含有三个碳原子的化合物,如丙烷、丙烯、丙炔、丙醇、丙醛、丙烯腈、丙酮、丙烯酸、环氧丙烷等,这些化合物都可以作为化工原料。丙烷、丙烯是煤化工及石油化工产品,特别是丙烯可用来合成一系列碳三化合物。本章主要介绍碳三系列典型产品中的丙烯腈及丙烯酸等产品的制造工艺。

第一节 丙烯氨氧化制丙烯腈

丙烯腈在常温下是无色透明液体,味甜,微臭,沸点为77.5℃,凝固点为-83.3℃,闪点为0℃,自燃点为481℃。丙烯腈可溶于有机溶剂如丙酮、苯、四氯化碳、乙醚和乙醇中,与水部分互溶,20℃时,丙烯腈在水中的溶解度为7.3%(质量分数),水在丙烯腈中的溶解度为3.1%(质量分数)。其蒸气与空气可形成爆炸混合物,爆炸极限为3.05%~17.5%(体积分数)。丙烯腈和水、苯、四氯化碳、甲醇、异丙醇等会形成二元共沸混合物,和水的共沸点为71℃,丙烯腈-水二元共沸物中丙烯腈的含量为88%(质量分数),在有苯乙烯存在的条件下,还能形成丙烯腈-苯乙烯-水三元共沸混合物。

丙烯腈有毒,能灼伤皮肤,低浓度时刺激黏膜,长时间吸入其蒸气能引起恶心、呕吐、头晕、疲倦等,因此,在生产、贮存和运输过程中,应采取严格的安全防护措施。工作场所内的丙烯腈允许质量浓度为0.002mg/L。工业用丙烯腈的质量标准见表8-1。

表8-1 工业用丙烯腈标准(GB/T 7717.1—2008)

项目	指标		
	优等品	一等品	合格品
外观①	透明液体,无悬浮物		
色度号(铂-钴色号)/Hazen 单位	≤5	≤5	≤10
密度(20℃)/(g/cm^3)	0.800~0.807		
酸度(以乙酸计)/(mg/kg)	≤20	≤30	—
pH 值(5%的水溶液)	6.0~9.0		
滴定值(5%的水溶液)/%	≤2.0	≤2.0	≤3.0
水分(质量分数)/%	≤0.20~0.45	≤0.20~0.45	≤0.20~0.60
总醛(以乙醛计)/(mg/kg)	≤30	≤50	≤100
总氰(以氢氰酸计)/(mg/kg)	≤5	≤10	≤20
过氧化物(以过氧化氢计)/(mg/kg)	≤0.20	≤0.20	≤0.40

项目	指标		
	优等品	一等品	合格品
铁/(mg/kg)	≤0.10	≤0.10	≤0.20
铜/(mg/kg)	≤0.10	≤0.10	—
丙烯醛/(mg/kg)	≤10	≤20	≤40
丙酮/(mg/kg)	≤80	≤150	≤200
乙腈/(mg/kg)	≤150	≤200	≤300
丙腈/(mg/kg)	≤100	—	—
噁唑/(mg/kg)	≤200	—	—
甲基丙烯腈/(mg/kg)	≤300	—	—
丙烯腈（质量分数）/%	≥99.5	—	—
沸程（在 0.10133MPa 下）/℃	74.5~79.0		
阻聚剂（对羟基苯甲醚）/(mg/kg)	35~45		

① 取 50~60mL 试样，置于清洁、干燥的 100mL 具塞比色管中，在日光或日光灯透射下，用目视法观察。

丙烯腈分子中有碳碳双键（C=C）和氰基（—C≡N）两种不饱和键，化学性质很活泼，能发生聚合、加成、水解、醇解等反应。

聚合反应发生在丙烯腈的双键上，纯丙烯腈在光的作用下就能自聚。所以，在成品丙烯腈中通常要加入少量阻聚剂，如对甲氧基苯酚（阻聚剂 MEHQ）、对苯二酚、氯化亚铜和胺类化合物等。除自聚外，丙烯腈还能与苯乙烯、丁二烯、乙酸乙烯酯、氯乙烯、丙烯酰胺等中的一种或几种发生共聚反应，由此可制得各种合成纤维、合成橡胶、塑料、涂料和黏合剂等。

丙烯腈是生产三大合成材料（塑料、合成纤维、合成橡胶）的重要单体，目前主要用它生产聚丙烯腈纤维（商品名叫作"腈纶"），其次用于生产 ABS 树脂（丙烯腈-丁二烯-苯乙烯的共聚物）和合成橡胶（丙烯腈-丁二烯共聚物）。丙烯腈水解所得的丙烯酸是合成丙烯酸树脂的单体。丙烯腈电解加氢、偶联制得的己二腈，是生产尼龙-66 的原料。

丙烯腈的生产方法如下：

(1) 环氧乙烷法　1893 年在实验室中用环氧乙烷法制得丙烯腈，1930 年实现工业化。该方法以环氧乙烷与氢氰酸为原料，经两步合成丙烯腈。

$$H_2C \underset{O}{-} CH_2 + HCN \xrightarrow[50~60℃]{Na_2CO_3} CH_2-CH_2CN \xrightarrow[200~220℃]{MgCO_3} CH_2=CHCN + H_2O \quad (8-1)$$
$$\phantom{H_2C - CH_2 + HCN \xrightarrow{Na_2CO_3}}\ OH$$

该方法的生产技术易掌握，产品纯度高，但原料不易得到，价格昂贵。

(2) 乙醛法　该方法以乙醛与氢氰酸为原料，同样经两步合成丙烯腈。

$$CH_3CHO + HCN \xrightarrow[10~20℃]{NaOH} CH_3-\underset{OH}{CH}-CN \xrightarrow[600~700℃]{H_3PO_4} CH_2=CHCN + H_2O \quad (8-2)$$

(3) 乙炔法　1952 年以后，世界各国相继建立了乙炔与氢氰酸合成丙烯腈的工厂。此方法比以上两种方法技术先进，工艺过程简单，但丙烯腈分离、提纯较为困难，且需大量电能生产电石。虽然这一方法曾被世界各国普遍采用，但生产发展受到地区资源的限制。

$$HC \equiv CH + HCN \xrightarrow[80~90℃]{CuCl_2-NH_4Cl-HCl} H_2C=\underset{H}{C}-CN \quad (8-3)$$

由于以上生产方法原料贵，需用剧毒的 HCN 为原料引进—CN，生产成本高，因此限制了丙烯腈生产的发展。

(4) 丙烯氨氧化法　1959 年美国索亥俄 (Sohio) 公司由丙烯经氨氧化一步合成丙烯腈的研究取得成功，1960 年投入了工业化生产。丙烯氨氧化生产丙烯腈的方法可采用石油炼制和石油裂解制乙烯装置副产的丙烯为原料，原料便宜易得，并对丙烯纯度要求不严，工艺流程简单，产品质量较高，投资省，成本低，副产物也有用途，因此，受到世界各国的极大重视，不仅很快取代了其他丙烯腈生产方法，而且使丙烯腈生产进入了高速发展阶段。

$$2CH_2=CHCH_3+2NH_3+3O_2 \longrightarrow 2CH_2=CHCN+6H_2O \qquad (8-4)$$

(5) 丙烷氨氧化法　以英国 BP 公司、日本三菱化成公司为代表的主要丙烯腈生产商开始了以丙烷为原料的生产丙烯腈的技术开发工作。该技术主要合成工艺有两种：一种是 BP 公司开发的丙烷直接氨氧化法，即在特定的催化剂下，以纯氧为氧化剂，同时进行丙烷氧化脱氢和丙烯氨氧化反应；另一种是英国 BOC 与三菱化成公司开发的独特循环工艺，主要是丙烷氧化脱氢后生成丙烯，然后再以常规氨氧化法生产丙烯腈，其主要特点是采用烃的选择性吸附分离体系及循环工艺，可将循环物流中的惰性气体和碳氧化物选择性除去，原料丙烷和丙烯 100%回收，从而降低了生产成本。

$$C_3H_8+NH_3+2O_2 \longrightarrow H_2C=CHCN+4H_2O \qquad (8-5)$$

丙烷氨氧化法总投资较高，但是丙烷价格比丙烯低，因此单从原料成本上看丙烷氨氧化法比丙烯氨氧化法更有前景。研究资料介绍，丙烷氨氧化法有望比丙烯氨氧化法降低 30%的生产成本。

尽管目前尚处于研究阶段，开发高效的催化剂是关键，但是丙烷价格低廉、容易得到，不久的将来丙烷氨氧化法有望实现工业化生产，前景乐观。

一、丙烯氨氧化法生产丙烯腈的反应原理

(一) 主、副反应

主反应：
$$2CH_2=CHCH_3+2NH_3+3O_2 \longrightarrow 2CH_2=CHCN+6H_2O \qquad (8-4)$$

副反应：
$$CH_2=CHCH_3+3NH_3+3O_2 \longrightarrow 3HCN+6H_2O \qquad (8-6)$$

生成的氢氰酸的质量约占丙烯腈质量的 1/6。

$$2CH_2=CHCH_3+3NH_3+3O_2 \longrightarrow 3CH_2CN+6H_2O \qquad (8-7)$$

生成的乙腈的质量约占丙烯腈质量的 1/7。

$$CH_2=CHCH_3+O_2 \longrightarrow CH_2=CHCHO+H_2O \qquad (8-8)$$

生成的丙烯醛的质量约占丙烯腈质量的 1/100。

$$2CH_2=CHCH_3+9O_2 \longrightarrow 6CO_2+6H_2O \qquad (8-9)$$

生成的二氧化碳的质量约占丙烯腈质量的 1/4。

上述副反应都是强放热反应，尤其是深度氧化反应。在反应过程中，副产物的生成，必然

降低目的产物的收率。这不仅浪费了原料，而且使产物组成复杂化，给分离和精制带来困难，并影响产品质量。为了减少副反应，提高目的产物的收率，除考虑工艺流程合理和设备强化外，关键在于选择适宜的催化剂。所采用的催化剂必须使主反应具有较低的活化能，这样可以使反应在较低的温度下进行，使热力学上更有利的深度氧化等副反应在动力学上受到抑制。

（二）催化剂

工业上用于丙烯氨氧化反应的催化剂主要有两大类：一类是复合酸的盐类（钼系），如磷钼酸铋、磷钨酸铋等；另一类是重金属的氧化物或者几种金属氧化物的混合物（锑系），如 Sb、Mo、Bi、V、W、Ce、U、Fe、Co、Ni、Te 的氧化物，或者 Sb 与 Sn 的氧化物的混合物、Sb 与 U 的氧化物的混合物等。

我国目前采用的主要是第一类催化剂。钼系代表性的催化剂有美国 Sohio 公司的 C-41、C-49 及我国的 MB-82、MB-86。一般认为，其中 Mo-Bi 是主催化剂，P-Ce 是助催化剂，助催化剂具有提高催化剂活性和延长催化剂寿命的作用。按质量计，Mo-Bi 占活性组分的大部分，单一的 MoO_3 虽有一定的催化活性，但选择性差，单一的 Bi_2O_3 对生成丙烯腈无催化活性，只有两者的组合才表现出较好的活性、选择性和稳定性。单独使用 P-Ce 时，不能对反应加速或加速极少，但当它和 Mo-Bi 配合使用时，能改进 Mo-Bi 催化剂的性能。一般来说，助催化剂的用量在 5% 以下。载体的选择也很重要，由于反应是强放热的，所以在工业生产过程中采用流化床反应器，流化床反应器要求催化剂强度高、耐磨性能好，故采用粗孔微球形硅胶作为催化剂的载体。

二、丙烯氨氧化法生产丙烯腈的生产工艺

（一）工艺条件

1.反应温度

温度是影响丙烯氨氧化的一个重要因素。当反应温度低于 350℃ 时，几乎不生成丙烯腈。要获得丙烯腈的高收率，必须将反应温度控制在较高的水平。温度的变化对丙烯的转化率、丙烯腈的收率、副产物乙腈和氢氰酸的收率以及催化剂的空时收率都有影响。

当反应温度升高时，丙烯转化率、丙烯腈收率都明显地增加，而副产物乙腈和氢氰酸收率也有所增加。随着反应温度的升高，丙烯腈的收率和乙腈的收率都会出现一个最大值。丙烯腈收率的最大值所对应的温度大约为 460℃，乙腈收率的最大值所对应的温度大约为 417℃，所以生产过程中通常在 430~450℃ 进行操作。另外，在 457℃ 以上反应时，丙烯易于与氧作用生成大量 CO_2，放热较多，反应温度不易控制。再者，过高的温度也会降低催化剂的稳定性。

2.原料的纯度

原料丙烯是从烃类裂解气或催化裂化气中分离得到的，其中可能含有 C_2 烃、丙烷和 C_4 烃，也可能存在硫化物。丙烷和其他烷烃对反应没有影响，它们的存在只是稀释了原料的浓度，实际上含丙烯 50% 的丙烯-丙烷馏分也可作为原料使用。乙烯因没有活泼的 α-H，在氨氧化反应中不如丙烯活泼，一般情况下，少量乙烯的存在对反应无不利影响。但丁烯或更高级烯烃比丙烯易被氧化，它们的存在会给反应带来不利影响，会消耗原料中的氧，甚至造成缺氧而使催化剂活性下降。正丁烯氧化生成甲基乙烯酮(沸点 80℃)，异丁烯氨氧化生成甲基丙烯腈(沸点 90℃)，它们的沸点与丙烯腈沸点接近，会给丙烯腈的精制带来困难。因此，必须控制丙烯中丁烯或更高级烯烃的含量。硫化物的存在，会使催化剂活性下降，应预先脱除。

3. 反应压力

丙烯氨氧化生产丙烯腈是体积略增大的反应，降低压力可增大反应的平衡转化率。但是，提高压力可增大气体的相对密度，相应地可提高设备的生产能力。实验表明，加压反应的效果不如常压理想。这可能是由于加压对副反应更有利，反而降低了丙烯腈的收率。因此，一般采用常压操作，适当加压只是为了克服后部设备及管线的阻力。一般压力控制在 0.14～0.16MPa。

4. 原料组成

合理的原料配比是保证丙烯腈合成反应稳定、副反应少、消耗定额低以及操作安全的重要因素。因此，严格控制投入反应器的各物料流量是很重要的。

（1）氨与丙烯的摩尔比（氨比） 在实际投料过程中发现，当氨比小于理论值（1）时，有较多的副产物丙烯醛生成，故氨的用量至少等于理论值。但氨用量过多也不经济，既增加了氨的消耗量，又增加了硫酸的消耗量，因为过量的氨要用硫酸去中和，所以又加重了氨中和塔的负担。因此，氨与丙烯的摩尔比应控制在理论值或略大于理论值，一般取氨比为 1.1～1.2。

（2）氧气与丙烯的摩尔比（氧比） 丙烯氨氧化所需的氧气是由空气带入的。目前，工业上实际采用的氧气与丙烯的摩尔比为 2～2.5（大于理论值 1.5）。采用大于理论值的氧比，主要是为了保护催化剂，不致让催化剂因缺氧而失活，反应时若在短时间内因缺氧造成催化剂活性下降，可在 540℃下通入空气使其再生，恢复活性。但若催化剂长期在缺氧条件下操作，虽经再生，活性也不可能全部恢复。因此，在生产过程中应保持反应后气体中有 2%（体积分数）的氧气。但空气过多也会带来一些问题，如使丙烯浓度下降，影响反应速率，从而降低反应器的生产能力；促使反应产物离开催化剂床层后，继续发生深度氧化反应，使选择性下降；使动力消耗增加；使反应器流出物中的产物浓度下降，影响产物的回收。因此，空气用量应有一个适宜的值。

（3）丙烯与水蒸气的摩尔比（水比） 丙烯氨氧化的主反应并不需要水蒸气参加，但根据该反应的特点，在原料中加入一定量的水蒸气有多种好处。如可促使产物从催化剂表面解吸出来，从而避免丙烯腈深度氧化。若不加入水蒸气，原料混合气中丙烯与空气的比例正好处于爆炸范围内，加入水蒸气对保证生产安全有利。水蒸气的比热容较大，又是一种很好的稀释剂，加入水蒸气可以带走大量的反应生成热，使反应温度易于控制。加入水蒸气对催化剂表面的积炭有清除作用。另外，水蒸气的加入势必降低设备的生产能力，增加动力消耗。当催化剂活性较高时，可不加水蒸气。因此，工业发展趋势是改进催化剂性能，以便少加或不加水蒸气。从目前的工业生产情况来看，当丙烯与水蒸气的摩尔比为 1:3 时，综合效果较好。

5. 接触时间

丙烯氨氧化反应是气固相催化反应，反应是在催化剂表面进行的。因此，原料气和催化剂必须有一定的接触时间，使原料气能尽量转化成目的产物。一般来说，适当增加接触时间，可以提高丙烯的转化率和丙烯腈的收率，而副产物乙腈、氢氰酸和丙烯醛的收率变化不大，这对生产是有利的。但是，增加接触时间是有限度的，过长的接触时间会使丙烯腈深度氧化的机会增大，反而使丙烯腈收率下降。同时，过长的接触时间，会降低设备的生产能力，而且会由于尾气中氧含量降低而造成催化剂活性下降。接触时间一般为 5～10s。

（二）工艺流程

图 8-1 为丙烯氨氧化法合成丙烯腈的工艺流程。

原料丙烯经蒸发器 29 蒸发，氨经蒸发器 28 蒸发后，进行过热、混合，从流化床底部经气体分布板进入反应器 1，原料空气经过滤由空气压缩机送入反应器 1 锥底，原料在催化剂作用下，在流化床反应器中进行氨氧化反应。反应尾气经过旋风分离器 2 捕集生成气夹带的催化剂颗粒，然后进入尾气冷凝器 3 用水冷却，再进入急冷塔 4。氨氧化反应放出大量的热，为了保持床层温度稳定，反应器中设置了一定数量的 U 形冷却管，通入高压热水，借水的汽化移走反应热。

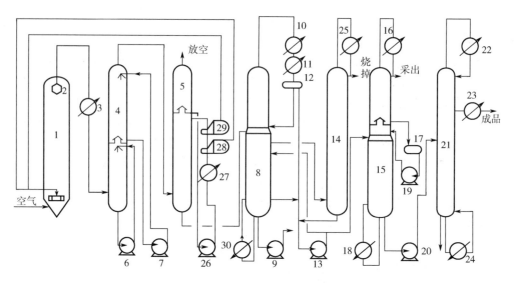

图 8-1　丙烯氨氧化法合成丙烯腈的工艺流程

1—反应器；2—旋风分离器；3, 10, 11, 16, 22, 25—塔顶气体冷凝器；4—急冷塔；5—水吸收塔；6—急冷塔釜液泵；
7—急冷塔上部循环泵；8—回收塔；9, 20—塔釜液泵；12, 17—分层器；13, 19—油层抽出泵；14—乙腈塔；
15—脱氰塔；18, 24, 30—塔底再沸器；21—成品塔；23—成品塔侧线抽出冷却器；26—吸收塔侧线采出泵；
27—吸收塔侧线冷却器；28—氨蒸发器；29—丙烯蒸发器

反应后的气体进入急冷塔 4，通过高密度喷淋的循环水将气体冷却降温。反应器流出物料中尚有少量未反应的氨，这些氨必须除去。因为在氨存在条件下，碱性介质中会发生一些不希望发生的反应，如氢氰酸的聚合、丙烯醛的聚合、氢氰酸与丙烯醛加成为氰醇、氢氰酸与丙烯腈加成为丁二腈，以及氨与丙烯腈反应生成氨基丙腈等，生成的聚合物会堵塞管道，而各种加成反应会导致产物丙烯腈和副产物氢氰酸的损失。因此，冷却的同时需向塔中加入硫酸以中和未反应的氨。工业上采用的硫酸浓度为 1.5%（质量分数）左右，中和过程也是反应物料的冷却过程，故急冷塔也叫氨中和塔。反应物料经急冷塔除去未反应的氨并冷却至 40℃左右后，进入水吸收塔 5，利用合成气体中的丙烯腈、氢氰酸和乙腈等产物与其他气体在水中溶解度相差很大的原理，用水作吸收剂回收合成产物。通常合成气体由塔釜进入，水由塔顶加入，使它们进行逆流接触，以提高吸收效率。吸收产物后的吸收液应不呈碱性，含有氰化物和其他有机物的吸收液由吸收塔釜液泵送至回收塔 8。其他气体自塔顶排出，所排出的气体要求丙烯腈和氢氰酸含量均小于 2×10^{-5}。

丙烯腈的水溶液含有多种副产物，其中包括少量的乙腈、氢氰酸和微量丙烯醛、丙腈等。在众多杂质中，乙腈和丙烯腈的分离最困难。因为乙腈和丙烯腈沸点仅相差 4℃，若采用一般的精馏法，据估算精馏塔要有 150 块以上的塔板，这样高的塔设备不宜用于工业生产中。目前在工业生产中，一般采用共沸精馏，在塔顶得到丙烯腈与水的共沸物，塔底则为乙腈和大量的水。

利用回收塔 8 对吸收液中的丙烯腈和乙腈进行分离，由回收塔侧线气相抽出的含乙腈和水蒸气的混合物送至乙腈塔 14，以回收副产品乙腈；乙腈塔顶蒸出的乙腈与水蒸气的混合物经冷凝、冷却后送至乙腈回收系统回收或者烧掉。乙腈塔釜液经提纯可得含少量有机物的水，这部分水再返回到回收塔 8 中作补充水用。从回收塔顶部蒸出的丙烯腈、氢氰酸、水等混合物经冷凝、冷却后进入分层器 12 中，依靠密度差将上述混合物分为油相和水相，水相中含有一部分丙烯腈、氢氰酸等物质，由泵送至脱氰塔 15 以脱除氢氰酸，并回收塔釜含有少量重组分的水送至废水处理系统。

含有丙烯腈、氢氰酸、水等物质的物料进入脱氰塔 15 中，通过再沸器加热，使轻组分氢氰酸从塔顶蒸出，经冷凝、冷却后送去再加工。由脱氰塔侧线抽出的丙烯腈、水和少量氢氰酸的混合物在分层器 17 中分层，富水相送往急冷塔或回收塔回收氰化物，富丙烯腈相再由泵送回本塔进一步脱水，塔釜纯度较高的丙烯腈料液由泵送到成品塔 21。

由成品塔顶部蒸出的蒸汽经冷凝后进入塔顶作回流，由成品塔塔釜抽出的含有重组分的丙烯腈料液送入急冷塔中回收丙烯腈，由成品塔侧线液相抽出的成品丙烯腈经冷却后送往成品中间罐。

（三）丙烯氨氧化反应器

丙烯氨氧化是强放热反应，反应温度较高，而催化剂的适宜活性温度范围比较窄，固定床反应器很难满足要求，因此工业上一般采用流化床反应器，以便及时排出热量。尽管近年来新型流化床反应器的研究一直在进行，以实现减少返混、提高单程收率和简化结构的目标，但目前工业上仍使用 Sohio 流化床技术。反应器结构如图 8-2 所示。

流化床反应器按其外形和作用分为三个部分，即床底段、反应段和扩大段。床底段为反应器的下部，许多流化床的底部呈锥形，故又称锥形体，此部分有气体进料管、防爆孔、催化剂放出管和气体分布板等部件。床底段主要起原料气预分配的作用，气体分布板除使气体均匀分布外，还承载催化剂的堆积。反应段是反应器的中间部分，其作用是为化学反应提供足够的反应空间，使化学反应进行完全。催化剂受气体的吹动而呈流化状，主要集中在这一部分，催化剂粒子在此段的聚集密度最大，故又称浓相段，为排出反应放出的热量，在浓相段设置一定数量的垂直 U 形管，管中通入高压软水，利用水的汽化带出反应热，产生的蒸汽可作热源。扩大段是指反应器上部比反应段直径稍大的部分，其中安装了串联成二级或三级的旋风分离器，它的主要作用是回收气体离开反应段时带出的一部分催化剂。在扩大段中催化剂的聚集密度较小，故也称为稀相段。

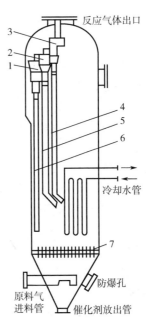

图 8-2 丙烯氨氧化流化床反应器结构图

1—第一级旋风分离器；2—第二级旋风分离器；3—第三级旋风分离器；4—三级料腿；5—二级料腿；6—一级料腿；7—气体分布板

流化床中的气体分布板有三个作用：①支承床层上的催化剂；②使气体均匀分布在床层的整个截面上，创造良好的流化条件；③导向作用，气流通过分布板后，造成一定的流动曲线轨迹，加强了气固相的混合与搅动，可抑制气固相"聚式"流化，有利于保持床层良好的起始流化条件和床层的稳定操作。生产实践证明，对自由床或浅床，如果气体分布板设计不合理，对流化床反应器的稳定操作影响甚大。

丙烯-氨混合气体分配管与空气分布板之间有适当的距离，形成一个催化剂的再生区，可使催化剂处于高活性的氧化状态，丙烯和氨气与空气分别进料，可使原料混合气的配比不受爆炸极限的限制，比较安全，因而不需要用水蒸气作稀释剂，对保持催化剂活性和延长催化剂寿命，以及对后处理过程减少含氰污水的排放量都有好处。

垂直 U 形管组不仅移走了反应热，维持适宜的反应温度，而且还起到破碎流化床内气泡，改善流化质量的作用。

在流化床反应器扩大段设置的旋风分离器，一级旋风分离器回收的催化剂颗粒较大，数量较多，沿下料管通到催化剂层底部，下料管末端有堵头，二级旋风分离器和三级旋风分离器的下料管通到催化剂层的上部（二级旋风分离器稍往下一点），在下料管末端设置翼阀，以防止气体倒吹。当下料管内催化剂积蓄到一定数量，其重量超出翼阀外部施加的压力时，翼阀便自动开启，让催化剂排出。为了防止下料管被催化剂堵塞，在各下料管上、中、下段，需测量料位高度，并向下料管中通入少量空气以松动催化剂。由于反应后的气体中含氧量很少，催化剂从扩大段进入旋风分离器最后流回反应器的过程中，容易造成催化剂被还原而降低活性，因此，在下料管中通入空气也起到再生催化剂，恢复其活性的作用。

（四）安全生产要点

1.氨氧化反应器

① 预热升温投料前，必须进行系统气密性试压，经氮气置换使氧气含量低于 2%，否则不准点火升温和投料。

② 投料升温时，要检查投料程序是否正确，一定按照先投空气再投氨，待器内氧气含量降至 7% 以下，再逐渐投入丙烯的顺序进行，以防止丙烯过早进入反应器与过量氧气发生激烈燃烧而飞温，致使催化剂和设备被烧坏。

③ 生产过程中需经常对原料气的混合比例和催化剂床层温度进行检查。其中床层温度不能超过 450℃，发现异常要及时查找原因并进行处理。要防止丙烯投料过量造成飞温或投料比例失常形成爆炸性混合气体。

④ 反应器的高压冷却水是平衡反应热量的重要手段，其供水压力是重要的工艺指标之一，必须经常检查。发现不正常现象时要迅速处理，防止烧坏水管（高压蒸汽锅炉）或由此而引起其他事故。

2.丙烯腈精制部分

① 机泵区及塔系的静、动密封点是正常生产中应经常检查和严密监视的部位，发现泄漏和有不正常现象时，必须迅速采取措施进行处理，不准在泄漏和不正常的情况下继续生产，以防止中毒、污染环境及形成爆炸性混合物。

② 丙烯腈、氢氰酸等物料有自聚性质（国内某丙烯腈装置曾有自聚爆炸事故教训），要注意对回收塔、脱氢氰酸塔系统操作温度的检查和按规定添加阻聚剂，防止高温自聚而堵塞设备和管道。

③ 要经常检查急冷塔的硫酸铵母液浓度,发现超过正常值22%时,要及时调整处理,防止浓度过高硫酸铵结晶使系统堵塞。

④ 为防止接触剧毒物料中毒(泵区抢修中曾发生多次沾染剧毒物料,造成中毒和死亡事故),对机泵的抢修要严格进行安全措施的检查。其主要内容包括:关闭泵出入口及旁路阀,泵内物料排放至废液回收槽,通入清水冲洗泵内物料并用氮气吹扫,作业人员佩戴防护用具,监护人员和救护器材到位,拆机泵螺栓时要避开接口。上述措施未执行前,禁止开始抢修作业。

⑤ 要定期对塔系统的避雷接地、易燃可燃高电阻率物料的设备管道静电接地、电气设备的外壳接地等安全保护设施进行检查,发现隐患和缺陷要及时消除和整改。

3.火炬和焚烧炉

① 火炬常明线在生产投料前要检查是否已点燃及正常生产中有无熄火现象,发现熄火要立即查明原因及时恢复正常状态。氢氰酸、氰化钠(或丙酮氰醇)装置突然故障时,要防止大量剧毒物料排空造成的环境污染、中毒、爆炸着火等事故。

② 要经常对焚烧炉的燃烧情况进行检查和监视,防止因燃料油中带水或残液残渣中含水过多造成熄火和可能发生的复燃,防止炉膛爆鸣或爆炸。

第二节 丙烯酸的生产

丙烯酸,化学式为$C_3H_4O_2$($CH_2CHCOOH$),分子量为72.06,有刺激性气味的无色液体,酸性较强,有腐蚀性。丙烯酸能与水、乙醇和乙醚完全互溶,能溶于苯、丙酮、氯仿等。其熔点为13.5℃,沸点为140.9℃,密度为1.0611g/cm³。

丙烯酸是最简单的不饱和羧酸,分子由一个乙烯基和一个羧基组成,化学性质活泼,烯烃双键易聚合而成透明白色粉末,还原时生成丙酸;与盐酸加成时生成2-氯丙酸。工业用丙烯酸的质量标准见表8-2。

表8-2 工业用丙烯酸标准(GB/T 17529.1—2008)

项目	指标		
	精丙烯酸型	丙烯酸型	
		优等品	一等品
丙烯酸的质量分数/%	≥99.5	≥99.2	≥99.0
色度号(铂-钴色号)/Hazen单位	≤10	≤15	≤20
水的质量分数/%	≤0.15	≤0.10	≤0.20
总醛的质量分数/%	≤0.001	—	
阻聚剂[4-甲氧基苯酚(MEHQ)]的质量分数/×10⁻⁴	200±20(可与用户协商制定)		

丙烯酸可发生羧酸的特征反应,与醇反应也可得到相应的酯类。最常见的丙烯酸酯包括丙烯酸甲酯、丙烯酸乙酯、丙烯酸丁酯和丙烯酸-2-乙基己酯。丙烯酸及其酯类自身或与其他单体混合后,会发生聚合反应生成均聚物或共聚物。通常可与丙烯酸共聚的单体包括酰胺类、丙烯腈、苯乙烯和丁二烯等。这类聚合物可用于生产各种塑料、涂层、黏合剂、弹性体、地板擦光剂及涂料。

1843年，首先发现丙烯醛可被氧化生成丙烯酸。1931年，美国罗姆-哈斯公司开发成功氰乙醇水解制丙烯酸工艺。1939年，德国人W.J.雷佩发明了乙炔羰基化法制丙烯酸，1954年在美国建立了工业装置。与此同时还成功地开发了丙烯腈水解制丙烯酸工艺。自1969年美国联合碳化物公司建成以丙烯氧化法制丙烯酸工业装置后，各国相继采用此法进行生产。近年来，丙烯氧化法在催化剂和工艺方面有了许多改进，已成为生产丙烯酸的主要方法。

一、丙烯酸的生产原理

（一）氰乙醇法

该法以氯乙醇或环氧乙烷和氰化钠或氢氰酸为原料，反应生成氰乙醇，氰乙醇在硫酸存在下于175℃水解生成丙烯酸。

$$HOCH_2CH_2Cl+NaCN \longrightarrow HOCH_2CH_2CN+NaCl \quad (8-10)$$

或

$$\triangle O + HCN \longrightarrow HOCH_2CH_2CN \quad (8-11)$$

$$HOCH_2CH_2CN+H_2O+H_2SO_4 \longrightarrow CH_2=CHCOOH+NH_4HSO_4 \quad (8-12)$$

由于此法使用剧毒的氰化物，且必须在过量硫酸存在下进行反应，有大量废物（硫酸及硫酸氢铵）产生，限制了它的推广应用。

（二）乙炔羰基化法

高压雷佩法，将溶于四氢呋喃中的乙炔，在溴化镍和溴化铜组成的催化剂存在下，与一氧化碳和水反应，制得丙烯酸。此法的特点是：用四氢呋喃为溶剂，可以减小高压处理乙炔的危险；同时催化剂不用原雷佩法所用的羰基镍，只需用镍盐。将丙烯与空气及水蒸气按一定摩尔比混合，在钼-铋等复合催化剂存在下，反应温度为310~470℃，常压氧化制得丙烯醛，收率达90%。再将丙烯醛与空气及水蒸气按一定摩尔比混合，在钼-钒等复合催化剂存在下，反应温度为300~470℃，氧化制得丙烯酸，收率可达98%。此法分为一步法和两步法：一步法是丙烯在一个反应器内氧化生成丙烯酸；两步法是丙烯先在第一反应器内氧化生成丙烯醛，丙烯醛再进入第二反应器氧化生成丙烯酸。两步法根据反应器结构，又分为固定床法和流化床法两种。丙烯酸的工业生产方法中，氰乙醇法、高压雷佩法已经基本被淘汰。

$$HC\equiv CH+H_2O+CO \longrightarrow CH_2=CHCOOH \quad (8-13)$$

（三）丙烯腈水解法

丙烯腈先以硫酸水解生成丙烯酰胺的硫酸盐，再水解生成丙烯酸，副产硫酸氢铵。此法在美国罗姆-哈斯公司得到了很大发展。第一步水解温度为90~100℃，向丙烯腈中加入稍稍过量的55%~85%的硫酸，1h后丙烯腈即完全转化；然后加水进行第二次水解，并将反应温度提高到125~135℃，水解产物经减压蒸馏而得丙烯酸。此法实际上是早期氰乙醇法的发展。由于水解后生成的副产品酸性硫酸氢铵处理困难，原料丙烯腈的价格较贵，因而影响生产成本。

（四）丙烯氧化法

丙烯直接氧化法是生产丙烯酸及其酯类的最新方法。由于原料丙烯价廉易得，反应催化剂的活性和选择性高,因此,自 1969 年实现工业化以来得到了迅速发展,各国新建的丙烯酸及丙烯酸酯装置大都采用此法生产。目前该法在丙烯酸生产中占主要地位,基本已取代其他生产方法。

丙烯直接氧化生产丙烯酸有一步法和两步法之分。一步法具有反应装置简单、工艺流程短、只需一种催化剂、投资少等优点;但却存在以下几个突出缺点。

① 一步法是在一个反应器内和一种催化剂上进行两个氧化反应,强制一种催化剂去适应两个不同反应的要求,影响了催化作用的有效发挥,丙烯酸收率低。

② 把两个反应合并为一步进行,反应热效应大。要降低反应放热量,只能通过降低原料丙烯的浓度来实现,因此生产能力低。

③ 催化剂寿命短,导致经济上不合理。

鉴于以上原因,目前工业上主要采用两步法生产,即第一步丙烯被氧化生成丙烯醛,第二步丙烯醛被氧化生成丙烯酸。

丙烯与空气及水蒸气按一定摩尔比混合,在钼-铋系复合催化剂存在下,氧化制得丙烯醛,再将丙烯醛与空气及水蒸气按一定摩尔比混合,在钼-钒-钨系复合催化剂存在下,氧化制得丙烯酸。此法根据反应器结构,又分为固定床法和流化床法两种。除美国索亥俄法采用流化床外,其他都采用列管式固定床。

丙烯两步氧化制丙烯酸的主反应可用下列两式表示。

$$CH_2=CHCH_3+O_2 \longrightarrow CH_2=CHCHO+H_2O \qquad \Delta H_{298}^\ominus=-340.6\text{kJ/mol} \qquad (8\text{-}14)$$

$$CH_2=CHCHO+\frac{1}{2}O_2 \longrightarrow CH_2=CHCOOH \qquad \Delta H_{298}^\ominus=-254.2\text{kJ/mol} \qquad (8\text{-}15)$$

从反应方程式可知,反应属强放热反应。因此,及时有效地移出反应热是反应过程中的突出问题。除主反应之外,还有大量副反应发生,其主要副产物有一氧化碳和二氧化碳等深度氧化物以及乙醛、乙酸、丙酮。因而,提高反应选择性和目的产物收率也是非常重要的。要达到这一目的,必须在反应过程中使用高活性、高选择性催化剂。由于生产丙烯酸是分步进行的,所以每步反应所用催化剂也是不同的。

第一步反应为丙烯氧化制丙烯醛,所用催化剂大多为 Mo-Bi-Fe-Co 系,再加入少量其他元素,并以钼酸盐的形式表现出催化活性。作为助催化剂的元素很多,但各种催化剂均具有以下共同点:

① Bi 原子含量低,一般 Mo 原子与 Bi 原子之比为 12∶(1~2)。

② 在大多数催化剂中添加 Fe、Ni、Co、W、Sn、Sb、Sr、Mn、Si、P 等元素,可大大提高催化剂活性。

③ 在催化剂中添加少量碱金属及 Te 等元素,可提高丙烯醛的选择性。

催化剂的活性不仅与活性组分有关,还与载体及催化剂的制备方法有关。催化剂载体主要有二氧化硅、氧化铝、刚玉、碳化硅等。由于该反应是强放热反应,因此要求载体比表面要低,孔径要大,导热性能要好。

第二步反应为丙烯醛氧化制丙烯酸,目前采用的催化剂均为 Mo-V-Cu 系。通常需要在 Mo-V-Cu 系催化剂中添加助催化剂,使用较多的是 W,另外还有 Fe、Cr、Sr、As、Zn 等。

载体的选择对丙烯酸的选择性有较大的影响,常用的载体有碳化硅、硅与 $\alpha\text{-}Al_2O_3$。

二、丙烯酸的工业生产

(一) 工艺条件

丙烯氧化生产丙烯酸,主要工艺条件包括反应温度、原料组成和空间速率等。

1. 反应温度

温度是影响反应过程的重要因素之一，温度升高，氧化反应速率加快，但副反应速率也加快，反应选择性受到影响。丙烯氧化制丙烯酸的两步反应均为放热反应，但两步反应所需反应温度不完全相同。工业上控制第一反应器（生成丙烯醛的反应）温度较高，为 320~340℃；第二步反应温度较低，为 280~300℃。

2. 原料组成

为了保持催化剂处于氧化状态，保证氧化反应正常进行，进料氧气与丙烯配比不能小于某定值。但是，氧气浓度过高，又容易进入爆炸范围。工业生产中解决这一矛盾的办法是在进料混合物中配入水蒸气，因为水蒸气的存在可缩小丙烯-空气混合物的爆炸极限范围。一般进料中丙烯的体积分数为 6%~9%，水蒸气为 20%~50%，其余为空气。加入水蒸气的另一个作用是加速产物丙烯醛和丙烯酸的脱附速率，抑制聚合副反应，阻止炭在催化剂上沉积，从而提高反应选择性。此外，水蒸气还具有导出反应热，使反应温度易于控制调节的作用。

现在丙烯氧化制丙烯酸生产中多采用尾气循环工艺。由于循环反应尾气中含有饱和水蒸气和少量未反应的丙烯（体积分数为 4%~5%），因而尾气循环使用可大大降低水蒸气消耗，减少污水排放量，并可降低原料丙烯消耗定额，提高丙烯酸收率。反应系统中的水蒸气少了，后面吸收塔的热负荷也可降低，而且可得到浓度较高的丙烯酸溶液。

3. 空间速率

空速的选择影响反应气体在催化剂床层的停留时间，即影响反应效果。空速偏高，则停留时间过短，反应不完全，丙烯转化率和丙烯酸收率都低。反之，空速偏低，造成反应物在催化剂床层停留时间过长，易发生过氧化反应，副产物增多，反应选择性降低。因此，适宜的空速需综合考虑多方面因素，通过技术经济评价来合理选择。工业生产中常用的空速为：第一反应器 $1450h^{-1}$，第二反应器 $1650h^{-1}$。

（二）工艺流程

丙烯氧化生产丙烯酸常用列管式固定床反应器，管内装填催化剂，管间采用熔盐（或煤油）循环移出反应热，其工艺流程如图 8-3 所示。

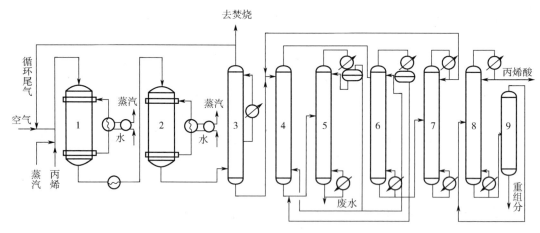

图 8-3 丙烯氧化生产丙烯酸的工艺流程

1—第一反应器；2—第二反应器；3—吸收塔；4—萃取塔；5—溶剂回收塔；
6—溶剂分离塔；7—脱轻组分塔；8—丙烯酸精馏塔；9—丙烯酸回收塔

原料丙烯（纯度在90%以上）、水蒸气和空气及循环尾气按一定配比混合后进入第一反应器1，并在反应器上部利用反应放出的热量将其预热后进入催化剂床层，在Mo-Bi-Fe-Co系催化剂作用下发生部分氧化反应生成丙烯醛，反应温度控制在320~340℃。为使反应温度均匀，采用熔盐在反应管间强制循环移出反应热，并通过熔盐废热锅炉产生蒸汽，以回收余热。

生成气含丙烯醛、少量丙烯酸以及副反应生成的一氧化碳和二氧化碳等，出第一反应器经冷却进入第二反应器2。第二反应器也是列管式固定床反应器，管内有Mo-V-Cu系催化剂。在第二反应器中，丙烯醛被进一步氧化成丙烯酸，反应温度控制在280~300℃。反应放出的热量采用热煤油在管间强制循环移出，并通过煤油废热锅炉产生蒸汽而予以回收。

第二反应器出口气体送入吸收塔3的下部，用丙烯酸水溶液吸收，其温度从250℃降到80℃左右。吸收后尾气中含有少量未反应的丙烯、丙烯醛、乙醛等有机物和不溶性气体，约50%尾气返回反应器进料系统循环使用，其余尾气送废气催化焚烧装置。吸收塔底部流出的丙烯酸水溶液含丙烯酸20%~30%（质量分数），送分离工段进行分离精制。

粗丙烯酸水溶液用溶剂萃取分离，所用萃取剂对丙烯酸应有高选择性。常用的萃取剂为乙酸丁酯、二甲苯或二异丁基酮。

自吸收塔底部出来的丙烯酸水溶液进入萃取塔4的顶部，与自塔底部进入的萃取剂充分接触。萃取液（丙烯酸和萃取剂形成的溶液）从塔顶部出来，进入溶剂分离塔6；萃余液（含有机物与萃取剂杂质的水溶液）送溶剂回收5。萃取液在溶剂分离塔6中进行减压蒸馏，保持较低的操作温度，以减少生成聚合物和二聚物，要求塔顶蒸出的溶剂不含丙烯酸，以便循环作为萃取剂。塔顶蒸出的少量水与萃余液合并，经溶剂回收塔5回收萃取剂后釜液排至废水处理装置。

溶剂分离塔的釜液送入脱轻组分塔7，塔顶蒸出的低沸物（乙酸、少量丙烯酸、水和溶剂）经分离乙酸（图中未表明）后返回萃取塔4，以回收少量丙烯酸。脱轻组分塔7的釜液送入丙烯酸精馏塔8，塔顶得到丙烯酸成品（酯化级），釜液送入丙烯酸回收塔9。塔9蒸出的轻组分返回丙烯酸精馏塔，重组分（釜液）作为锅炉燃料。

在分离回收操作中，丙烯酸的主要损失是生成二聚物或三聚物。如果能保持较温和的条件（例如涉及产品分离的各塔均采用减压蒸馏），缩短停留时间，并在每一步骤（如溶剂分离塔、脱轻组分塔、精馏塔的操作）中都加入阻聚剂，则可以减少损失，丙烯酸回收率可达95%。

（三）反应器选择

丙烯氧化制丙烯酸技术从20世纪50年代开始研究开发，至今已经有了长足的发展，从起初的一步氧化法发展到如今的二步氧化法。就二步氧化法而言，其氧化催化剂经历了不断改进和性能不断提高的过程。新型催化剂的选择性和转化率不断提高，催化剂使用寿命不断延长，丙烯单耗不断下降，特别是国内同类催化剂的开发和应用有了长足的发展。

丙烯气相氧化制丙烯酸生产过程可通过一步或两步完成，反应器可以是移动床、固定床或流化床。而两个串联的固定床反应器因具有丙烯转化完全、丙烯酸选择性高的优点而被广泛采用，目前这种反应体系的丙烯酸收率一般可达93%以上。

随着催化剂性能改进、丙烯酸产量提升和反应操作条件优化等方面的不断创新，两段固定床气相氧化工艺已非常成熟，深受欢迎。由于丙烯化学性质活泼，为防止过高的催化反应活性而导致的副产物增加、丙烯酸收率降低、催化剂结焦等后果，应该将催化剂的活性限制在一个适当的水平，以缓和反应条件、改善产物结构、延长其使用寿命。

丙烯氧化制丙烯酸气固相固定床反应器结构见图8-4，其优点较多，主要表现在以下几个方面。

① 在生产操作中，除床层极薄和气体流速很低的特殊情况外，床层内气体的流动皆可看成是理想置换流动，在完成同样生产能力时，所需要的催化剂用量和反应器体积较小。

② 气体停留时间可以严格控制，温度分布可以调节，因而有利于提高化学反应的转化率和选择性。

③ 催化剂不易磨损，可以较长时间连续使用。

④ 适宜于在高温高压条件下操作。

由于固体催化剂在床层中静止不动，相应地产生一些缺点。

① 催化剂载体往往导热性不良，气体流速受压降限制又不能太大，造成床层中传热性

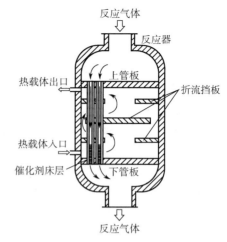

图 8-4 丙烯氧化制丙烯酸固定床反应器示意图

能较差，也给温度控制带来困难。对于放热反应，在换热式反应器的入口处，因为反应物浓度较高，反应速率较快，放出的热量往往来不及移走，而使物料温度升高，这又促使反应以更快的速率进行，放出更多的热量，物料温度继续升高，直到反应物浓度降低，反应速率减慢，传热速率超过反应放热速率时，温度才逐渐下降。所以在放热反应时，通常在换热式反应器的轴向存在一个最高的温度点，称为"热点"。如设计或操作不当，则在强放热反应时，床内热点温度会超过工艺允许的最高温度，甚至失去控制而出现"飞温"。此时，对反应的选择性、催化剂的活性和寿命、设备的强度等均极为不利。

② 不能使用细粒催化剂，否则流体阻力增大，破坏正常操作，催化剂的活性内表面得不到充分利用。

③ 催化剂的再生、更换均不方便。

固定床反应器虽有缺点，但可在结构和操作方面做出改进，且其优点是主要的，因此仍不失为气固相反应器中的主要形式，在化学工业中得到了广泛的应用。例如石油炼制工业中的裂化、重整、异构化、加氢精制等；无机化学工业中的合成氨、硫酸、天然气转化等；有机化学工业中的丙烯氧化制丙烯酸、乙烯氧化制环氧乙烷、乙烯水合制乙醇、乙苯脱氢制苯乙烯、苯加氢制环己烷等，这些工业过程中都采用了固定床反应器。

（四）高纯丙烯酸生产

随着丙烯酸工业的发展，丙烯酸的消费结构也发生了很大的变化。以前，两步法制得的粗丙烯酸绝大部分用于生产各种丙烯酸酯类产品，现在主要用于生产高吸水性树脂。粗丙烯酸或聚合级丙烯酸由于醛类等杂质的含量较高，因为醛类等杂质对人类的皮肤有较强的刺激性，而高吸水性树脂主要应用于婴儿纸尿裤等个人卫生用品，因此需要将粗丙烯酸进行再提纯，以适应产品应用需要。

目前，由粗丙烯酸（CAA）生产高纯丙烯酸（glacial acrylic acid, GAA）的工艺主要有精馏法和熔融结晶法两种。熔融结晶法生产工艺发展较晚，但是目前有后来居上的发展趋势。

采用精馏法制备高纯丙烯酸时，由于粗丙烯酸中的一些杂质（如丙烯醛）的沸点与丙烯酸十分接近，需先添加一种化学品将这些杂质转化成沸点更高的物质，然后再进行精馏以脱除这些杂质。

采用熔融结晶法除去醛类等杂质，不用添加任何化学品，只需将粗丙烯酸降温至熔点附近，丙烯酸以结晶形式析出从而实现与所含杂质的分离。采用熔融结晶法分离提纯丙烯酸有许多优点，如在结晶点的低温下丙烯酸不易产生聚合，生产过程节省了阻聚剂，设备也不易因聚合而发生堵塞现象。

（五）安全生产

由于氧化反应的原料丙烯属易燃易爆气体，其在空气中的爆炸极限为 3.1%~11.5%（体积分数）。同时，丙烯的氧化反应又属较强的放热反应，所以避免反应气体组成进入爆炸区，防止系统温度失控，对工艺装置的稳定运转和人员、设备的安全有特别重要的意义。

丙烯与氧气混合后会形成一定的爆炸区域，如图 8-5 所示。图中的纵坐标为丙烯的体积分数（%），横坐标为氧气的体积分数（%）。图中的爆炸区的大小随体系温度、稀释气体的种类等因素而变化。丙烯氧化反应的正常操作点并不在爆炸区域内（注：在这里，"操作点"

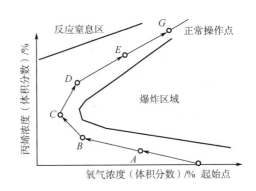

图 8-5 丙烯爆炸区及开车曲线

指一段反应器入口气体组成在以氧气浓度和丙烯浓度表示的坐标系中的位置），但由于生产装置开车不可能瞬间达到满负荷，它是一个负荷逐步提高的过程。具体到丙烯氧化装置的开车，它是个反应器入口的丙烯浓度慢慢提高并逐步向正常操作点逼近的过程。为了保证安全，操作点的变化轨迹就必须绕过爆炸区域，如图中 $A \sim G$ 曲线所示。

为严格控制反应系统操作温度，一方面要求在运转时选择适宜的反应温度并严格控制其波动范围，另一方面要特别注意催化剂床层的热点温度，将热点温度与正常反应温度的差值控制在安全范围内，以避免"飞温"现象的发生。特别是对于一、二段分离布局的反应器，要采取有效措施将一段催化剂床层出口的反应气体温度迅速降至 260℃ 以下，以抑制丙烯醛的自动深度氧化。

对于反应器入口的组成，除了由中控分析人员定期取样分析气体组成外，设置在线组成分析仪表会大大提高监测能力。

对于系统温度的监测，由在系统各控制点设置的温度计（大多为热电偶式）完成，其中，催化剂床层的温度测量，由按不同深度、不同方位插于床层截面中心点的热电偶来完成。

为了对操作人员或监控系统发现的异常尽快做出反应，应设置装置的快速自动切断、隔离和停止以及惰性气体快速充入系统（即联锁装置）。

思考与练习

8-1 丙烯氨氧化法生产丙烯腈过程中，有哪些化学反应发生？

8-2 丙烯氨氧化法生产丙烯腈过程中，原料配比和反应温度对收率有什么影响？为什么在原料中加入水蒸气？

8-3 流化床中的气体分布板有哪些作用？

8-4 丙烯氧化法生产丙烯酸过程中，为什么采用二步氧化法？

8-5 酯化级丙烯酸再进一步精制得到高纯丙烯酸，工业上一般采用哪几种方法？

第九章 碳四系列典型产品

碳四产品是指含有四个碳原子的化合物。碳四系列产品主要有丁二烯、顺丁烯二酸酐、聚丁烯、二异丁烯、仲丁醇、甲乙酮等,它们都是有机化学工业的重要原料。本章主要介绍碳四系列典型产品中的丁二烯及顺丁烯二酸酐等产品的制造工艺。

第一节 丁二烯的生产

丁二烯(butadiene),通常是指1,3-丁二烯(1,3-butadiene),又名二乙烯、乙烯基乙烯,结构式为$CH_2=CH-CH=CH_2$,分子量为54.092。其同分异构体为1,2-丁二烯,结构式为$CH_2=C=CH-CH_3$,至今尚未发现其工业用途。

丁二烯在常温常压下呈气态,密度为$1.84g/cm^3$,沸点为-4.5℃,熔点为-108.9℃,闪点为-78℃,自燃点为415℃。丁二烯易燃,遇火星和高温有燃烧爆炸危险,在空气中的爆炸极限为1.40%~16.30%(体积分数),易自聚。丁二烯微溶于水和醇,易溶于苯、甲苯、乙醚、氯仿、四氯化碳、汽油、无水乙腈,N,N-二甲基甲酰胺、N-甲基吡咯烷酮、糠醛、二甲基亚砜等有机溶剂。丁二烯具有毒性,低浓度下能刺激黏膜和呼吸道,高浓度具有麻醉作用。工作场所空气中允许的丁二烯最高浓度为0.1mg/L。

丁二烯用途广泛,主要用于生产高分子材料,其中90%以上的丁二烯用来生产合成橡胶。例如丁二烯和苯乙烯共聚可生产丁苯橡胶;丁二烯在催化剂作用下可发生定向聚合反应生成顺丁橡胶;丁二烯与丙烯腈共聚生成丁腈橡胶等。另外,丁二烯与苯乙烯、丙烯腈三元共聚可生成ABS树脂;丁二烯与苯乙烯在不同的条件下,可生产BS和SBS等产品。工业用丁二烯的质量标准见表9-1。

表9-1 工业用丁二烯标准(GB/T 13291—2008)

项目	指标		
	优等品	一等品	合格品
外观	透明液体,无悬浮物		
1,3-丁二烯的质量分数/%	≥99.5	≥99.3	≥99.0
二聚物(以4-乙烯基环己烯计)/(mg/kg)	≤1000		
总炔/(mg/kg)	≤20	≤50	≤100
乙烯基乙炔/(mg/kg)	≤5	≤5	—
水/(mg/kg)	≤20	≤20	≤300

一、丁二烯的生产原理

工业上获取丁二烯的方法主要有以下三种。

（一）丁烷或丁烯催化脱氢制取丁二烯

该法采用碳四烃（正丁烷、正丁烯）为原料，在高温下进行催化脱氢生成丁二烯。反应式为：

$$CH_3CH_2CH_2CH_3 \longrightarrow CH_2=CH-CH=CH_2 + 2H_2 \qquad (9-1)$$

$$CH_3CH_2CH=CH_2 \longrightarrow CH_2=CH-CH=CH_2 + H_2 \qquad (9-2)$$

（二）丁烯氧化脱氢制取丁二烯

该法采用空气为氧化剂，丁烯和空气在水蒸气存在下通过固体催化剂，发生氧化脱氢反应而生成丁二烯。

氧化脱氢法于1965年开始工业化，它开辟了从碳四馏分中获取丁二烯的新途径，而且较以前丁烯催化脱氢法有许多显著优点。因此，该方法被科学界和企业界所重视，并已逐渐取代了丁烯催化脱氢法。

1. 主反应

$$C_4H_8 + \frac{1}{2}O_2 \longrightarrow C_4H_6 + H_2O \qquad \Delta H_{298}^{\ominus} = -128.2 \text{kJ/mol} \qquad (9-3)$$

正丁烯在催化剂作用下氧化脱氢制丁二烯。不同结构的异构体，反应速率不同，其相对速率大小次序如下：

1-丁烯 > 顺-2-丁烯 > 反-2-丁烯

但在反应条件下，后两种异构体迅速异构化为1-丁烯，因此异构体的组成并不影响反应速率。

2. 副反应

$$C_4H_8 + 6O_2 \longrightarrow 4CO_2 + 4H_2O \qquad \Delta H_{298}^{\ominus} = -2552 \text{kJ/mol} \qquad (9-4)$$

$$C_4H_8 + 4O_2 \longrightarrow 4CO + 4H_2O \qquad \Delta H_{298}^{\ominus} = -1405 \text{kJ/mol} \qquad (9-5)$$

$$C_4H_8 + \frac{2}{3}O_2 \longrightarrow \frac{4}{3}C_3H_6O \qquad \Delta H_{298}^{\ominus} = -288.1 \text{kJ/mol} \qquad (9-6)$$

$$C_4H_8 + O_2 \longrightarrow 2CH_3CHO \qquad \Delta H_{298}^{\ominus} = -332.0 \text{kJ/mol} \qquad (9-7)$$

$$C_4H_8 + \frac{3}{2}O_2 \longrightarrow \text{（呋喃）} + 2H_2O \qquad \Delta H_{298}^{\ominus} = -519.9 \text{kJ/mol} \qquad (9-8)$$

上述副反应都是强放热反应，尤其是深度氧化反应。丁烯进行氧化脱氢反应时，还会生成部分醛、酮类含氧化合物，这些副产物对于以制备丁二烯为目标的氧化脱氢反应是不利的。因此，自从第一代Mo-Bi-P系催化剂问世以来，又先后开发了Sn-Sb、Sb-U以及Fe-Co-Ni-Mo-P-K系催化剂，还有尖晶石系Fe-Cr-Zn催化剂，其目的是抑制副产物的生成，提高目的产物的选择性和收率。

3. 催化剂

工业应用的正丁烯氧化脱氢催化剂主要有两大系列。

① 钼酸铋系列催化剂 是以 Mo-Bi 氧化物为基础的二组分或多组分催化剂，初期用的 Mo-Bi 氧化物二组分和 Mo-Bi-P 氧化物三组分催化剂，但活性和选择性都较低，后经改进，发展为六组分、七组分或更多组分混合氧化物催化剂，例如 Mo-Bi-P-Fe-Ni-K 氧化物、Mo-Bi-P-Fe-Co-Ni-Ti 氧化物等，催化活性和选择性均有明显的提高。在适宜的操作条件下，采用六组分混合氧化物催化剂，正丁烯转化率可达 66%，丁二烯选择性为 80%，这类催化剂中 Mo 的氧化物或 Mo-Bi 氧化物是主要活性组分，其余氧化物为助催化剂，用以提高催化剂活性、选择性和稳定性。常用的载体是硅胶。这类催化剂的主要不足之处是副产较多的含氧化合物（尤其是有机酸），污染环境。

② 铁酸盐尖晶石系列催化剂 $ZnFe_2O_4$、$MnFe_2O_4$、$MgFe_2O_4$、$ZnCrFeO_4$ 和 $Mg_{0.1}Zn_{0.9}Fe_2O_4$（原子比）等铁酸盐具有尖晶石型（$\overset{+2}{A}\overset{+3}{B_2}O_4$）结构的氧化物，是 20 世纪 60 年代后期开发的一类正丁烯氧化脱氢催化剂。据研究，在该类催化剂中 α-Fe_2O_3 的存在是必要的，否则催化剂活性会很快下降。铁酸盐尖晶石系列催化剂具有较高的催化活性和选择性，含氧副产物少，转化率可达 70%，选择性达 90% 或更高。

③ 其他类型 主要有以 Sb 或 Sn 的氧化物为基础的混合氧化物催化剂。例如 Sb_2O_3-SnO_2 等。中国兰州化学物理所研制的是 Sn-P-Li[各原子比为 2∶1∶（0.6~1.0）]催化剂，正丁烯转化率达 95% 左右，丁二烯选择性为 89%~94%，丁二烯收率为 85%~90%，但含氧化合物含量较高，占正丁烯总量的 3%~5%。

（三）从烃类裂解制乙烯的副产物碳四馏分中抽提丁二烯

此法是在裂解碳四馏分中加入某种溶剂，使丁二烯分离出来，因使用的溶剂不同，名称也不同。如以乙腈为溶剂，进行碳四馏分抽提丁二烯，称为乙腈法；以二甲基甲酰胺为溶剂，则称为二甲基甲酰胺法等。

无论是裂解气深冷分离得到的碳四馏分，还是经丁烯氧化脱氢反应得到的粗丁二烯，均是以碳四各组分为主的烃类混合物，其组成见表 9-2，由表中数据可知，各种来源的碳四馏分中，主要含有丁烷、正丁烯、异丁烯、丁二烯，它们都是重要的化工原料。但在通常情况下，工业上需要的是具有一定纯度的碳四单一组分。例如聚合级丁二烯的纯度（质量分数）要求在 99.0% 以上，因此，碳四馏分的分离就显得非常重要。

表 9-2 不同来源碳四馏分的组成（质量分数）

组 分	炼厂气/%	轻油裂解气/%	煤油柴油裂解气/%	氧化脱氢气/%
总碳三	1.1	1.5	0.43	—
异丁烷	35.3	1.8	1.00	—
正丁烷	8.1	6.9	0.97	20.07
异丁烯	17.9	21.0	26.4	—
正丁烯	11.0	3.5	2.76	27.43
顺-2-丁烯	12.0	14.6	20.90	—
反-2-丁烯	15.5	4.6	5.07	—
丁二烯	—	44.5	40.10	52.47
总炔烃	—	0.6	1.00	—
总碳五	0.5	1.5	0.82	0.023

碳四馏分的分离与碳二、碳三馏分的分离相比较，其最大的特点是各组分之间的相对挥发度很小，使分离变得更加困难。在通常条件下，采用普通精馏方法欲将其分离是不可能的。因此，工业生产中均采用在碳四馏分中加入一种溶剂进行萃取的特殊精馏来实现对碳四各组分的分离。

萃取精馏是向原料液中加入第三组分（称为萃取剂或溶剂），增大原体系组分之间的相对挥发度，使它们易于精馏分离。萃取精馏常用于分离各组分挥发度差别很小的溶液。

从碳四馏分中抽提丁二烯，所用的乙腈、N-甲基吡咯烷酮、N,N-二甲基甲酰胺等溶剂的极性比碳四馏分的极性高，使碳四馏分中各组分的相对挥发度按炔烃 < 二烯烃 < 单烯烃 < 丁烷的顺序排列。利用这一规律就可以用不同的工艺流程将它们一一分开，以满足不同工艺的要求。由表 9-3 和表 9-4 可见，加入萃取剂之前相对挥发度最小的顺-2-丁烯只有 0.805；加入萃取剂之后，由于萃取剂对丁二烯有选择性溶解能力，从而使丁二烯变得较难挥发，相对来说顺-2-丁烯变得较易挥发，其相对挥发度增大到 1.47～1.66（含水 4% 的糠醛除外），其他碳四馏分的相对挥发度也都有改变。

表 9-3 碳四馏分中各组分的沸点和相对挥发度

组分	异丁烷	异丁烯	1-丁烯	丁二烯	正丁烷	反-2-丁烯	顺-2-丁烯
沸点/℃	−11.7	−6.9	−6.3	−4.4	−0.5	0.9	3.7
相对挥发度（在−51.59℃、0.686MPa 下）	1.180	1.030	1.013	1.000	0.886	0.845	0.805

表 9-4 加入萃取剂后碳四各组分的相对挥发度

组分	萃取剂			
	乙腈	含水 4% 的糠醛（在−51.59℃、0.686MPa 下）	30% 左右的二甲基甲酰胺	N-甲基吡咯烷酮
异丁烷	—	2.600	—	—
1-丁烯	—	1.718	3.39	—
丁二烯	1.00	1.00	1.00	1.00
正丁烷	—	2.020	—	—
反-2-丁烯	—	1.190	2.35	—
顺-2-丁烯	1.47	1.065	1.63	1.66
异丁烯	—	1.666	3.39	—

选择萃取剂的主要原则如下：

① 选择性高　加入萃取剂后能大幅度地改变被分离组分间的相对挥发度。

② 挥发性小　具有比被分离组分高得多的沸点，且不与其中各组分形成共沸物，以便于分离回收，萃取剂损耗少。

③ 萃取剂与被分离组分间有足够的互溶度　即两者能良好地混合，使其在每层塔板上都充分发挥萃取剂的作用，并且不发生化学反应。

④ 化学稳定性好　在高温下不分解，没有腐蚀性，无毒或低毒，从而使其在生产过程中安

全、可靠,并有利于环境保护。

⑤ 萃取剂应价廉、易得。

目前,有些工厂采用乙腈为萃取剂,因为乙腈是氨氧化法生产丙烯腈的副产物,价廉易得,且具有化学稳定性好、对碳钢无腐蚀、毒性小等特点。也有一些工厂采用 N,N-二甲基甲酰胺(简称 DMF),因为它对丁二烯的溶解度和选择性均比乙腈为优,沸点也较高,损耗小,丁二烯回收率高达 98%,但来源不如乙腈广泛。

二、丁二烯的工业生产

(一)丁烯氧化脱氢生产丁二烯

(1) 丁烯氧化脱氢生产丁二烯的工艺条件　工艺条件与采用的催化剂和反应器有关,现以铁酸盐尖晶石催化剂及绝热式反应器为例讨论正丁烯氧化脱氢制取丁二烯的工艺条件选择。

① 反应温度　由于氧化脱氢是放热的,因此出口温度会明显高于进口温度,两者温差可达 220℃或更大。适宜的反应温度范围一般为 327~547℃。对铁酸盐尖晶石催化剂而言,由于完全氧化副反应的活化能小于主反应,可以在反应温度上限操作,而不致严重影响反应的选择性。例如,即使出口温度高达 547℃以上,丁二烯选择性仍可高达 90%以上。但反应温度太高,生成的炔、醛类副产物增多,导致选择性下降,而且高温下醛、炔等缩聚,会使催化剂失活速率加快。

② 压力　反应器的进口压力虽然对转化率影响甚微,但对选择性有影响。进口压力升高,选择性下降,因而收率也下降。因此希望在较低压下操作,并要求催化剂床层的阻力降应尽可能小,所以采用径向绝热床反应器将更适宜。选择性下降的原因可能是原料、中间产物和丁二烯等在催化剂表面滞留时间过长,发生降解或完全氧化。

③ 原料的纯度　正丁烯的 3 个异构体在铁酸盐尖晶石催化剂上的脱氢反应速率和选择性虽有差异,但差别不大。因此,原料中 3 个异构体的组成分布对工艺条件的选择影响不大。

原料中异丁烯的量要严格控制,因原料中异丁烯容易占据催化剂的活性位,影响正丁烯与催化剂活性位接触,使催化剂的催化活性下降。异丁烯易被氧化,使氧的消耗量增加,并影响反应温度的控制。

C_3 或 C_3 以下烷烃的性质稳定,不易被氧化,但其含量太高会影响反应器的生产能力,在操作条件下也有可能少量被氧化生成 CO_2 和水。

④ 原料的配比　合理的原料配比是保证丁烯氧化脱氢制丁二烯反应稳定、副反应少、消耗定额低以及操作安全的重要因素。因此,严格控制投入反应器的各物料流量是很重要的。

a.氧气与正丁烯用量的摩尔比(氧比)　一般采用空气为氧化剂,由于丁二烯的收率与所用氧气量有直接关系,故氧气与正丁烯用量的摩尔比要严格控制。氧气与正丁烯用量的摩尔比对反应转化率、选择性和收率有影响。一般氧气与正丁烯用量的摩尔比在一定范围内(如 0.52~0.68)增加,转化率增加,选择性下降,由于转化率增加幅度较大,丁二烯收率也是增加的,但超过一定范围(如 >0.68),丁二烯收率则开始下降。反应选择性下降的原因主要是随着 O_2/n-C_4H_8 的增加,生成的副产物如乙烯基乙炔、甲基乙炔、甲醛、乙醛和呋喃等含氧化合物增加,完全氧化生成 CO_2 和水的速率加快。

b.水蒸气与正丁烯用量的摩尔比(水比)　水蒸气的存在可以提高丁二烯的选择性,其反应选择性随 H_2O/n-C_4H_8 的增加而增大,直至达到最大值。水蒸气的存在也加快了反应速率,这是由于在丁烯氧化脱氢反应体系中,水可以起到稀释反应原料、转移反应热使反应体系温度平稳、延长催化剂寿命的作用。

对每个特定的 $O_2/n\text{-}C_4H_8$，都有一个最佳 $H_2O/n\text{-}C_4H_8$，$O_2/n\text{-}C_4H_8$ 高，最佳 $H_2O/n\text{-}C_4H_8$ 也高。如上所述，$O_2/n\text{-}C_4H_8$ 也只能在一定范围内选择。如当 $O_2/n\text{-}C_4H_8$ 为 0.52 时，$H_2O/n\text{-}C_4H_8$ 的最佳用量比为 12。

⑤ 正丁烯的空速　正丁烯的空速在一定范围内变化，对选择性影响甚微。一般空速增加，需相应提高进口温度，以保持一定的转化率。工业上正丁烯质量空速（GHSV）为 $600h^{-1}$ 或更高。

(2) 丁烯氧化脱氢生产丁二烯的工艺流程　丁烯氧化脱氢生产丁二烯的工艺流程因所采用的催化剂和反应器形式不同可分为两类，即采用流化床反应器的丁烯氧化脱氢工艺流程和采用固定床反应器的丁烯氧化脱氢工艺流程。

① 流化床反应器生产丁二烯的工艺流程　目前，国内流化床反应器进行丁烯氧化脱氢生产丁二烯，均采用 H-198 铁酸盐尖晶石催化剂，其工艺流程如图 9-1 所示。

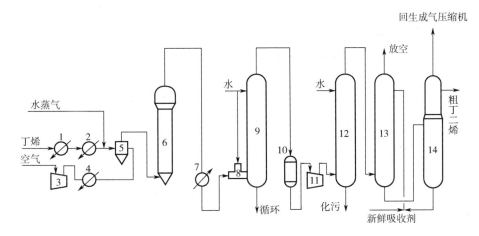

图 9-1　流化床丁烯氧化脱氢工艺流程

1—丁烯蒸发器；2—丁烯过热器；3—空气压缩机；4—空气过滤器；5—旋风混合器；6—流化床反应器；7—废热锅炉；
8—淬冷器；9—水冷塔；10—过滤器；11—生成气压缩机；12—洗醛塔；13—油吸收塔；14—解吸塔

原料丁烯经蒸发和过热与水蒸气混合后，进入旋风混合器 5。空气经空气压缩机压缩并预热到一定温度，从空气压缩机另一方向进入旋风混合器。丁烯：水：氧的配料比为 1：10：0.7（摩尔比），充分混合后的气体由底部进入流化床反应器 6，在催化剂作用下进行丁烯氧化脱氢反应。反应过程利用床层内部换热器控制反应温度在 355～370℃ 范围内。反应生成气进入反应器上部二级旋风分离器，将气流夹带的催化剂颗粒分离并返回反应器。为了终止二次反应，生成气迅速送废热锅炉 7 急冷，并回收部分热量，副产蒸汽供进料配比用。

离开废热锅炉的反应气体进入淬冷器 8 和水冷塔 9 进一步降温，并洗去夹带的催化剂粉尘。由塔底出来的水进入沉降槽，将催化剂粉尘沉降后，水循环使用。反应气体由塔顶引出，经过滤后进入生成气压缩机 11 升压至 1.1MPa 左右，以增加吸收过程传质推动力。升压后的气体送入洗醛塔 12，用水洗去其中所含醛、酮等含氧化合物，塔釜废水送化污池进行处理。

自洗醛塔顶部出来的反应气进入油吸收塔 13，与塔上部进入的 60～90℃ 沸程的馏分油逆流接触，丁二烯和丁烯被吸收，未被吸收的气体（N_2、CO、CO_2、O_2）由塔顶放空。富含丁烯和丁二烯的吸收油从塔釜引出送入解吸塔 14，在解吸塔上段侧线采出粗丁二烯，送精制工序，塔釜吸收油循环使用。

② 绝热式固定床反应器生产丁二烯的工艺流程　由于铁系尖晶石催化剂操作温度范围较宽，所以可以采用绝热式固定床反应器进行反应，采用 B-02 铁系尖晶石催化剂，丁烯氧化脱氢生产丁二烯的工艺流程如图 9-2 所示。

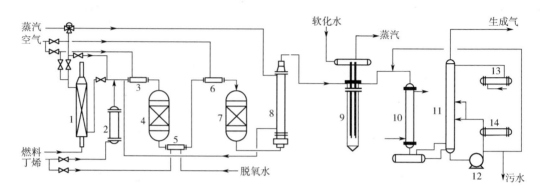

图 9-2　固定床丁烯氧化脱氢工艺流程

1—开工加热炉；2—丁烯蒸发器；3—一段进料混合器；4—一段轴向反应器；5—二段一级混合器；
6—二段二级混合器；7—二段轴向反应器；8—前换热器；9—废热锅炉；10—后换热器；
11—洗酸塔；12—循环污水泵；13—盐水冷却器；14—循环污水冷却器

从管网来的蒸汽按比例分为两路：一路经前换热器 8 与二段轴向反应器 7 出来的反应气体换热，使蒸汽温度由 180℃ 上升到 460℃ 左右；另一路蒸汽作为旁路，用来调节反应器入口温度。丁烯经蒸发器 2 汽化后与两路蒸汽在管路中混合，并进入一段进料混合器 3 与定量空气混合。混合原料气于 330~360℃，进入装有 B-02 催化剂的一段轴向反应器 4，进行氧化脱氢反应。由于该反应为放热反应，反应后出口气体温度可达 510~560℃。

由一段轴向反应器 4 出来的反应气体先后进入两级二段混合器，在二段一级混合器 5 内喷入脱氧水，并按二段配料比加入液态丁烯馏分；在二段二级混合器 6 内，按二段配比要求加入空气。混合好的气体于 300℃ 左右进入二段轴向反应器 7 继续反应。

二段轴向反应器出口反应气体温度为 550~570℃，经前换热器与配料蒸汽换热后温度降至 300℃ 左右进入废热锅炉 9，锅炉中产生的 0.6MPa（表压）的蒸汽并入蒸汽管网。从废热锅炉出来的反应气体温度约 200℃，为充分利用配料蒸汽的相变热，在管道上向废热锅炉出口的反应气喷入定量的水冷塔凝液，使其增湿饱和后进入后换热器 10，用循环软化水回收其冷凝热。部分冷凝后的气液两相物料经分离后，液相去循环水泵，气相从塔下部进入洗酸塔 11。洗酸塔顶部加入 10℃ 的冷却水，塔中部加入经冷却后的塔凝液，反应气在塔内经充分冷却，除去大量水分并洗去酸、酮和醛类，然后送后处理系统（与流化床法流程相同）。60℃ 的塔凝液与分离罐的冷凝液一起由循环水泵加压后，大部分经冷却后循环使用，少量送去增湿，其余部分送往污水处理系统。

(二) 碳四馏分抽提丁二烯

(1) 碳四馏分抽提丁二烯的工艺条件

① 溶剂的温度　在萃取精馏操作过程中，由于溶剂用量很大，所以溶剂的进料温度对分离效果也有很大的影响。溶剂的进料温度主要影响塔内温度分布、气液负荷和操作稳定性。通常

溶剂的进料温度高于塔顶温度，略低于进料板温度。如果溶剂进料温度过高，则易引起塔顶溶剂挥发量增大，造成损失，从而使塔顶馏分中丁二烯含量增加；溶剂温度过低，或由于内冷量过大，易造成塔内碳四烃大量积累，导致塔釜产品不合格，严重时甚至会造成液相超负荷而使操作无法进行。

② 溶剂的恒定浓度　溶剂的用量及浓度是萃取精馏的主要影响因素。在萃取精馏塔内，由于所用溶剂的相对挥发度比所处理的物料低得多，溶剂蒸气压要比被分离物料中所有组分的蒸气压小得多，在萃取精馏塔内从加料板至灵敏板的溶剂浓度基本维持在一个恒定的浓度值，此浓度值称为溶剂的恒定浓度，简称溶剂浓度。

通常情况下，溶剂的恒定浓度增大，选择性明显提高。但是过大的溶剂恒定浓度将导致设备投资与操作费用增加，经济效益差。在实际操作中，随所选择溶剂的不同，其溶剂恒定浓度也不相同，对乙腈萃取剂，溶剂质量浓度一般控制在78%~83%。

③ 溶剂含水量　溶剂的含水量对分离选择性有较大的影响。表9-5列出了在不同浓度乙腈溶剂中顺-2-丁烯对丁二烯的相对挥发度。

表9-5　乙腈中顺-2-丁烯对丁二烯的相对挥发度（50℃）

溶剂	无水乙腈			含水5%的乙腈			含水10%的乙腈		
溶剂浓度/%	100	80	70	100	80	70	100	80	70
相对挥发度	1.45	1.35	1.30	1.48	1.36	1.30	1.51	1.37	1.30

由表9-5可知，溶剂中加入适量水可提高组分间的相对挥发度，使分离变得容易进行。另外，含水溶剂可降低溶液的沸点，减少蒸汽消耗，避免丁二烯在塔内的热聚。但是，随着溶剂中含水量不断增加，烃类在溶剂中溶解度降低。为避免塔内出现溶剂与烃类分层的现象，破坏萃取分离效果，需控制适宜的含水量。生产中一般控制乙腈含水量6%~10%（质量分数），二甲基甲酰胺由于受热会发生水解反应而不能含水。

④ 回流比　在普通精馏中，在进料量一定及其他条件不变的情况下，增大回流比可提高分离效果。但在萃取精馏中，若被分离混合物进料量和溶剂用量一定时，增大回流比反而会降低分离效果。这是因为增加回流量后，使塔板上溶剂浓度降低，导致被分离组分的相对挥发度减小，结果达不到分离要求。

在萃取精馏塔中，回流液的作用只是为了维持各塔板上的物料平衡，或者说是保证相邻板之间形成浓度差，稳定精馏操作。因此，实际生产中的回流比略大于最小回流比，对于乙腈法萃取系统常采用3.5左右。若溶剂为冷液进料，在塔内有相当一部分上升蒸气被冷凝而形成内回流，此时，回流比可选择低于3.0。

(2) 乙腈法碳四抽提丁二烯的工艺流程　以乙腈为溶剂，从碳四馏分中抽提丁二烯，工业上采用两段萃取精馏再加普通精馏的工艺方法。第一段萃取精馏分离出碳四馏分中的丁二烯，第二段萃取精馏除去丁二烯中带入的少量碳四炔烃，然后用普通精馏脱除产品中的微量轻组分和重组分，以获得高纯度的聚合级丁二烯。乙腈法碳四抽提丁二烯的工艺流程见图9-3。

混合物碳四馏分经脱碳三塔1及脱碳五塔2分别除去碳三和碳五馏分后，得到精制的碳四馏分。精制的碳四馏分经预热汽化后进入丁二烯萃取精馏塔3，乙腈由塔顶加入，塔顶压力为0.45MPa，塔顶温度为46℃，塔釜温度为114℃。经萃取精馏分离后，塔顶蒸出的丁烷、丁烯馏分进入丁烷、丁烯水洗塔7，塔釜排出的含丁二烯及少量炔烃的乙腈溶液进入丁二烯蒸出塔4，在该塔中，丁二烯、炔烃从乙腈中蒸出，并送入炔烃萃取精馏塔5，塔釜排出的乙腈经冷却后返回丁二烯萃取精馏塔循环使用。

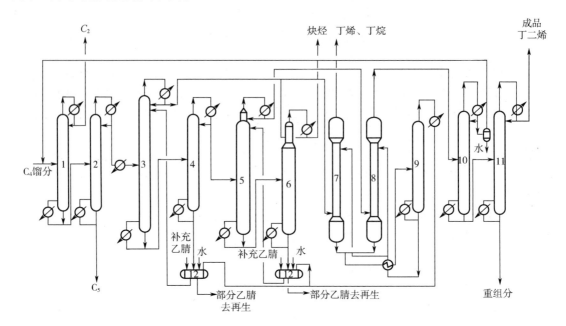

图 9-3　乙腈法碳四抽提丁二烯工艺流程

1—脱 C_3 塔；2—脱 C_5 塔；3—丁二烯萃取精馏塔；4—丁二烯蒸出塔；
5—炔烃萃取精馏塔；6—炔烃蒸出塔；7—丁烷、丁烯水洗塔；8—丁二烯水洗塔；
9—乙腈回收塔；10—脱轻组分塔；11—脱重组分塔；12—乙腈中间贮槽

在炔烃萃取精馏塔中，溶剂乙腈自塔顶加入，进行第二阶段萃取精馏操作，将丁二烯和炔烃分离。丁二烯由塔顶蒸出后送丁二烯水洗塔 8，塔釜排出的乙腈与炔烃一起进入炔烃蒸出塔 6。为防止乙烯基乙炔爆炸，炔烃蒸出塔顶部的炔烃馏分必须间断地或连续地用丁烷、丁烯馏分进行稀释，使乙烯基乙炔的摩尔分数低于 30%。炔烃蒸出塔塔釜排出的乙腈返回炔烃萃取精馏塔循环使用，塔顶排放的炔烃送出系统用作燃料。

在丁烷、丁烯水洗塔 7 及丁二烯水洗塔 8 中，均以水作萃取剂，分别将丁烷、丁烯及丁二烯中夹带的少量乙腈萃取下来送往乙腈回收塔 9。经水洗后的丁二烯送脱轻组分塔 10，脱除丙炔和少量水分，控制塔釜丁二烯中的丙炔含量小于 $5mL/m^3$，水分含量小于 $10mL/m^3$。为保证丙炔含量不超标，塔顶馏出物丙炔允许伴随 60% 左右的丁二烯，经冷凝分出其中的水分后返回脱碳三塔 1 循环使用，以减少丁二烯的损失。对脱轻组分塔，当釜压为 0.45MPa、温度为 50℃ 左右时，回流量为进料量的 1.5 倍，塔板数为 60 块左右，即可保证塔釜产品质量。脱除轻组分的丁二烯进入脱重组分塔 11，脱除顺-2-丁烯、1,2-丁二烯、2-丁炔等重组分，塔顶得到高纯度产品丁二烯。成品丁二烯纯度（体积分数）大于 99.6%，乙腈含量小于 $10mL/m^3$，总炔烃含量小于 $50mL/m^3$。为了保证产品丁二烯质量，在控制塔釜丁二烯质量分数不超过 5% 的前提下，脱重组分塔需用 85 块塔板，回流比为 4.5，塔顶压力为 0.4MPa 左右。

乙腈回收塔 9 塔釜排出水经冷却后，送两个水洗塔循环使用；塔顶得到的乙腈与水的共沸物，返回两个萃取精馏系统。另外，部分乙腈送去净化再生，以除去其中所积累的杂质，如盐、二聚物和多聚物等。

(3) 二甲基甲酰胺（DMF）法碳四抽提丁二烯　以二甲基甲酰胺为溶剂抽提丁二烯的工艺

流程如图9-4所示。

该工艺采用二级萃取精馏和二级普通精馏相结合，流程包括丁二烯萃取精馏、炔烃萃取精馏和普通精馏三部分。

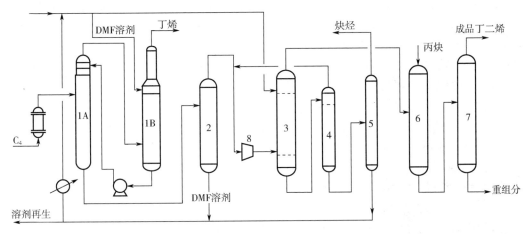

图 9-4　二甲基甲酰胺抽提丁二烯工艺流程

1—第一萃取精馏塔；2—第一解吸塔；3—第二萃取精馏塔；4—丁二烯回收塔；
5—第二解吸塔；6—脱轻组分塔；7—脱重组分塔；8—丁二烯压缩机

原料碳四馏分汽化后首先进入双塔串联的第一萃取精馏塔1A，二甲基甲酰胺由串联的萃取塔1B上部加入，经与萃取精馏塔1A出来的气体接触，萃取其中少量残余丁二烯后，萃取液泵送至串联萃取精馏塔1A，进一步萃取丁二烯。经两塔串联萃取丁二烯后的丁烷、丁烯馏分直接送出系统，其中丁二烯含量可控制在0.3%以下，塔1A釜液为丁二烯、炔烃和二甲基甲酰胺溶液，进入第一解吸塔2，塔顶解吸出来的丁二烯、炔烃经丁二烯压缩机8加压后，大部分进入第二萃取精馏塔3，小部分返回第一萃取精馏塔（图中未画出此物料管线），以保证第一萃取精馏塔釜温不超过130℃。第一解吸塔2塔釜排出的二甲基甲酰胺溶剂部分送去再生，其余部分经废热利用后循环使用。

进入第二萃取精馏塔3的气体中主要含丁二烯和在DMF溶剂中易溶的组分，如乙烯基乙炔、乙基乙炔、1,2-丁二烯、甲基乙炔和碳五烃。由于甲基乙炔在DMF溶剂中的相对挥发度与丁二烯接近，因而在第二萃取精馏塔中大部分甲基乙炔与丁二烯一起由塔顶分出，小部分溶于溶剂中。塔釜排出液中由于还含有相当量的丁二烯，故送入丁二烯回收塔4。为了减少丁二烯损失，由丁二烯回收塔顶部采出的含丁二烯较多的炔烃馏分，以气相返回丁二烯压缩机8，回收塔釜液进入第二解吸塔5。炔烃由第二解吸塔采出，可直接送出装置，塔釜二甲基甲酰胺溶剂经余热利用后循环使用。

由第二萃取精馏塔顶部送来的丁二烯馏分进入脱轻组分塔6，用普通精馏方法由塔顶分出甲基乙炔（即丙炔），塔釜液进入脱重组分塔7。成品丁二烯由塔顶采出，塔釜重组分（主要是顺-2-丁烯、乙烯基乙炔、丁炔、1,2-丁二烯以及二聚物、碳五等）送去作燃料或进一步综合利用，其中丁二烯含量小于2%。

为除去循环溶剂中的丁二烯二聚物，需将二甲基甲酰胺连续抽出少部分（0.5%），送去再生，净化后重复使用。

本法所得成品丁二烯的纯度可达99.5%以上，丁二烯回收率大于97%。

(4) 安全生产　丁二烯属于易燃、易爆的有机化合物，其闪点低于-6℃，自燃点为415℃，在空气中爆炸范围为1.4%~16.30%（体积分数）。丁二烯在常温下为无色具有芳香味的气体，化学性质非常活泼，与氧接触易生成爆炸性过氧化物。液体丁二烯易挥发，其气体比空气重（1.85倍）。同时在生产丁二烯的过程中还混有乙烯基乙炔、丙炔等，具有爆炸危险性。国内外对丁二烯生产过程中的安全问题都非常重视，因为有不少厂家都发生过大小不同的事故。例如丁二烯贮槽爆炸，换热器因过氧化物暴聚而胀裂报废等。更有甚者，1969年10月美国UCC所属的得克萨斯工厂丁二烯装置因乙烯基乙炔浓度超过45%而发生恶性爆炸事故，不仅丁二烯抽提装置大部分被毁，相邻的乙烯装置也受到一定程度的破坏，经济损失约600万美元。这一事故发生后，引起了全世界各丁二烯生产厂家的格外关注。

根据对事故的分析，是由乙烯基乙炔浓度超过45%时分解自爆的，这是在不正常的（装置已停车）情况下造成的。为了防止类似事故再次发生，各国都做了大量研究。UCC建议以如下条件，作为安全标准：

① 保持在流程中任何一处物料中乙烯基乙炔浓度在40%以下。
② 在乙烯基乙炔存在时，应将温度控制在105℃以下。
③ 有乙烯基乙炔存在时，不应使用亚硝酸钠。

对UCC提出的这几条安全标准，各生产厂家的看法并不一致。有人经过大量的试验，提出乙烯基乙炔浓度为20%时，当其在气相中的分压达0.25MPa以上时，仍会发生爆炸。另外，从UCC报道的试验结果也表明，在乙烯基乙炔和丁二烯混合试验中，在总压力约为6.0MPa的条件下，即使乙烯基乙炔的浓度在17%的情况下也会产生爆炸。因此，以乙烯基乙炔的分压作安全标准更为合理。日本瑞翁公司提出乙烯基乙炔浓度<50%，同时严禁其分压大于0.05MPa。

除了乙烯基乙炔外，在抽提丁二烯生产过程中还有丙炔（也叫甲基乙炔）存在。其浓度过高，也会分解爆炸。一般控制丙炔浓度<65%（质量分数）。

中国对乙烯基乙炔问题非常重视，在第一套C_4抽提丁二烯装置投产时，就采用以丁烷、丁烯作为稀释剂的方案，使乙烯基乙炔浓度维持在25%以下，确保生产安全顺利进行。

在生产丁二烯的过程中，常常会有端聚物生成。而这些端聚物一旦生成就会以其为晶核（活性中心）迅速地成倍增长，而且放出大量热量，使温度、压力急剧增长，导致塔器、管线和换热器被堵塞，甚至使设备胀裂发生变形，或造成恶性爆炸事故。这类事件在中国曾多次发生。经过实践证明，造成此类事故的原因主要有以下三个方面。

① 生产装置中有氧存在，使丁二烯与氧反应生成过氧化物，并按自由基聚合机理反应形成端基聚合物。端基聚合物中碳元素含量为88.73%，氢元素含量为11.27%。

② 丁二烯聚合物的生成与操作温度以及丁二烯纯度有关。温度越高越容易生成聚合物，丁二烯纯度越高也越容易生成端基聚合物或丁二烯二聚物。端基聚合物十分坚硬，呈白色米花状，其爆炸力和硝化甘油或TNT相当。同时在较高温度和压力下，双烯烃和炔烃也发生聚合，生成热聚物，会堵塞设备和管道。

③ 丁二烯在容器中停留时间越长，越容易生成聚合物，尤其是有些设备结构不合理，例如有死角或有毛刺、铁锈等杂质均能加速丁二烯自聚物的生成。

针对上述问题，采取以下预防措施，多年的生产实践证明是行之有效的。

① 置换和清洗　开车前，对丁二烯装置用纯氮气进行置换，再用5%$NaNO_2$和0.1%~0.25%二乙基羟胺对设备管道进行化学清洗，清除设备表面附着的氧。

② 加入阻聚剂　开车过程中，连续向装置中加入阻聚剂。在第一、第二萃取精馏系统中加入亚硝酸钠[$(100~200)\times 10^{-6}$]，在脱轻组分塔和脱重组分塔中加入TBC（叔丁基邻苯二酚）或二

乙基羟胺。

③ 缩短停留时间　在设备制造上和管道安装上，避免死角，尽量缩短停留时间。

④ 尽量降温降压操作　在丁二烯生产过程中，尽量降温降压操作，尤其是丁二烯在贮存时，要低温度（<27℃）贮存，并需加入一定量阻聚剂（TBC）。应避免日光曝晒，严禁超装、超压，因液体丁二烯的膨胀系数远高于钢材，故容器绝对不能装满。

⑤ 控制气相中氧含量　在丁二烯生产过程中，应控制气相中氧含量<0.3%，大于此值就要排往火炬，直至合格。

⑥ 及时停车　在生产过程中，一旦有端聚物生成，局部温度急剧上升，要立即采取果断措施，停车处理。多年的生产实践证明，用5%~10%亚硝酸钠水溶液蒸煮24h（温度维持在60~80℃）就能有效地破坏丁二烯过氧化物，并且便于检修和清理。对于丁二烯的贮槽和其他容器、管道，每年至少彻底清理一次。

根据《石油化工企业职业安全卫生设计规范》（SH/T 3047—2021），丁二烯是易与氧生成过氧化物的，也容易发生聚合反应，聚合和氧化都是放热反应，而生成的过氧化聚合物是不稳定，受热摩擦或撞击时，极易发生爆炸，其爆炸能力估计相当于TNT的2倍多，危险性极强。

丁二烯在生产贮存等使用过程中，常产生几种自聚物。丁二烯过氧化聚合物是浅黄色糖浆状黏稠液体，分子量为1000~2000，相对密度比丁二烯大，在丁二烯中几乎不溶解而沉积在容器的底部，但可溶于苯。丁二烯过氧化聚合物极不稳定，若事前丁二烯吸收多于0.6%~0.8%的氧，则会在容器底部进一步反应产生米花状聚合物，导致进一步升温；当温度达到80~105℃时，有发生爆炸的危险，往往几千克的丁二烯过氧化聚合物就能导致一场破坏性爆炸。若在丁二烯的贮槽内发生聚合或生成丁二烯过氧化物则是十分危险的，最有效的办法是彻底除净与丁二烯接触的氧，严格与空气隔绝，一般用纯度为99.9%的氮气进行氮封，使贮存系统中氧含量控制在0.1%以下，并加阻聚剂。

第二节　顺丁烯二酸酐的生产

顺丁烯二酸酐又名马来酸酐，简称顺酐，为无色针状或粒状晶体，分子式为$C_4H_2O_3$，分子量为98.06，有强烈刺激气味，凝固点为52.8℃，沸点为202℃，易升华，爆炸极限为1.40%~7.10%（体积分数）。顺酐可溶于乙醇、乙醚和丙酮，在苯、甲苯和氯仿中有一定的溶解度，难溶于石油醚和四氯化碳。顺酐与热水作用会水解成顺丁烯二酸。

顺丁烯二酸酐主要用于生产不饱和聚酯树脂、醇酸树脂、农药马拉硫磷、高效低毒农药4049、长效磺胺，也是生产涂料、马来松香、聚马来酐、顺酐-苯乙烯共聚物以及油墨助剂、造纸助剂、增塑剂和酒石酸、富马酸、四氢呋喃等的有机化工原料。工业用顺丁烯二酸酐的质量标准见表9-6。

表9-6　工业用顺丁烯二酸酐标准（GB/T 3676—2020）

项目	指标			
	顺丁烯二酸酐（固态）		顺丁烯二酸酐（液态）	
	Ⅰ[①]型	Ⅱ型	Ⅰ[①]型	Ⅱ型
顺丁烯二酸酐的质量分数（以$C_4H_2O_3$计）/%	≥99.5		≥99.6	

续表

项目	指标			
	顺丁烯二酸酐（固态）		顺丁烯二酸酐（液态）	
	Ⅰ[①]型	Ⅱ型	Ⅰ[①]型	Ⅱ型
熔融色度号（铂-钴色号）/Hazen 单位	≤25		≤25	
结晶点/℃	≤52.5		≤52.5	
灼烧残渣的质量分数/%	≤0.005		≤0.005	
铁的质量分数（以 Fe 计）/（μg/g）	≤2		≤2	
加热后的熔融色度号（铂-钴色号）/Hazen 单位	≤70	由供需双方协商后确定	≤60	由供需双方协商后确定

① Ⅰ型为经过热稳定化处理的顺丁烯二酸酐。

20 世纪 60 年代以前，苯氧化法是制备顺酐的一条主要原料路线。1962 年美国 Petro-Tex 公司开发了正丁烯氧化制顺酐工艺（1967 年因经济原因改为苯氧化法），1974 年美国 Monsanto 公司率先实现了正丁烷氧化制顺酐的工业化生产，但直到 1989 年美国的顺酐生产全部完成了由苯向正丁烷为原料的转换。近年来，随着正丁烷氧化制顺酐技术的发展，世界范围内正丁烷路线所占比例已上升到 80%以上。

顺丁烯二酸酐的生产方法经历了不少工艺路线的改进，综合来说，主要有以下几种。

（一）苯氧化法

苯蒸气和空气（或氧气）在以 V_2O_5-MnO_2 等为活性组分、α-Al_2O_3 为载体的催化剂上发生气相氧化反应生成顺酐。苯氧化法是生产顺酐的传统生产方法，工艺技术成熟可靠，主要技术有美国 SD 法、Alusuisle/UCB 法和日本触媒化学法等。其中以 SD 法应用最为普遍，Alusuisle/UCB 法原料苯的消耗量最低，是较为先进的生产方法。

（二）C_4 烯烃法

C_4 烯烃法是以混合 C_4 馏分中的有效成分正丁烯、丁二烯等为原料，和空气（或氧气）在 V_2O_5-P_2O_5 系催化剂作用下经气相氧化反应生成顺酐。其中，正丁烯在反应过程中先脱氢生成丁二烯，再氧化生成顺酐。在反应过程中，除生成主产物外，还生成副产物一氧化碳、二氧化碳、水以及少量的乙醛、乙酸、丙烯醛和呋喃等。德国巴斯夫公司和拜耳公司开发了以混合 C_4 馏分为原料的固定床氧化工艺。日本三菱化成公司开发了以含丁二烯的 C_4 馏分为原料的流化床氧化制顺酐工艺。由于脱氢属于吸热反应，而且副产物较多，因此，混合 C_4 烯烃氧化制顺酐的发展前景不太乐观。

（三）苯酐副产法

在由邻二甲苯生产苯酐时，可以副产一定数量的顺酐产品，其产量约为苯酐产量的 5%。在苯酐生产过程中，反应尾气经洗涤塔除去有机物后排放到大气中，洗涤液中含有顺酐和少量苯甲酸、苯二甲酸等杂质，洗涤液经浓缩精制和加热脱水后得到顺酐产品。

（四）正丁烷氧化法

正丁烷氧化工艺是以正丁烷为原料，在 V_2O_5-P_2O_5 系催化剂作用下发生气相氧化反应生成顺酐。该工艺自 1974 年由美国孟山都（Monsanto）等公司实现工业化以来，由于原料价廉、对环境污染小以及欧美等国家正丁烷资源丰富等原因而得到迅速发展。目前，国外以正丁烷为原料生产顺酐的比较典型和先进的工艺技术路线有美国 Lummus 公司和意大利 Alusuisle 公司联合开发的正丁烷流化床溶剂吸收工艺，即 ALMA 工艺；英国 BP 公司开发的正丁烷流化床水吸收工艺，即 BP 工艺；美国 SD 公司开发的正丁烷固定床水吸收工艺，即 SD 工艺等。

随着全球环保压力越来越大，正丁烷氧化法在满足环保要求方面以及在发展前景方面比苯氧化法更具有生命力。正因为如此，目前全球顺酐生产能力 80% 以上采用正丁烷氧化法的生产路线，而且还有不断增加的趋势。本节重点介绍正丁烷氧化法的生产路线。

一、正丁烷氧化法制顺丁烯二酸酐的基本原理

（一）化学反应

(1) 主反应

$$C_4H_{10}+\frac{7}{2}O_2 \longrightarrow \text{(顺酐)} +4H_2O \qquad \Delta H_{298}^{\ominus}=-1262\text{kJ/mol} \qquad (9-9)$$

(2) 副反应

$$C_4H_{10}+6O_2 \longrightarrow CO+3CO_2+5H_2O \qquad \Delta H_{298}^{\ominus}=-2092\text{kJ/mol} \qquad (9-10)$$

$$\text{(顺酐)} +2O_2 \longrightarrow 2CO+2CO_2+H_2O \qquad \Delta H_{298}^{\ominus}=-833.0\text{kJ/mol} \qquad (9-11)$$

主要副反应是原料正丁烷和产物顺酐的深度氧化生成一氧化碳和二氧化碳。

由反应热可以看出，正丁烷氧化法的主、副反应都是强放热反应，所以在反应过程中必须及时移出反应热。如果操作条件控制不好，反应最终都将生成一氧化碳和二氧化碳。

（二）催化剂

正丁烷氧化生产顺酐的催化剂是 V-P-O 系催化剂，主要活性组分是 V_2O_5-P_2O_5，助催化剂组分为 Fe、Co、Ni、W、Cd、Zn、Bi、Cu、Zr、Cr、Mn、Mo、B、Si、Sn、U、Ba 及稀土元素等的氧化物。加入助催化剂的作用主要是提高催化剂的活性、选择性或调节催化剂表面酸碱度及 V-P 配合状态。

二、正丁烷氧化法制顺丁烯二酸酐的工业生产

（一）工艺条件

1.反应温度

反应温度对正丁烷氧化生产顺酐的转化率和选择性的影响如图 9-5 所示。由图可知，反应温度升高，正丁烷的转化率随之增大，但反应选择性却下降。这是因为温度升高，对生成一氧化碳和二氧化碳的副反应更加有利。所以，选择反应温度时，应权衡转化率和选择性两方面，一般选择在 400℃ 左右。

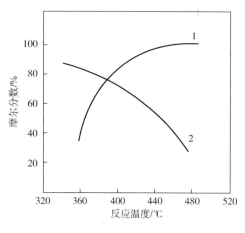
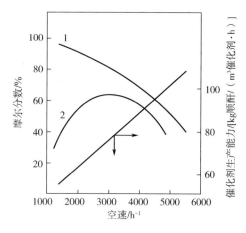

图9-5 反应温度对正丁烷生产顺酐转化率和选择性的影响　图9-6 空速对正丁烷生产顺酐转化率和收率的影响
1—正丁烷的转化率；2—反应选择性　　　　　　　　　1—正丁烷的转化率；2—顺酐的收率

2.原料气中正丁烷的含量

采用固定床工艺时，正丁烷含量在1.2%～2.2%（体积分数）范围内时，随着原料气中正丁烷含量的增加，正丁烷的转化率和顺酐的收率都有所下降，但选择性变化不大。当正丁烷含量达2.6%时，生成的一氧化碳和二氧化碳量有较大增加，即选择性有较大降低。但随正丁烷含量的增加，催化剂的生产能力增强。所以，采用固定床工艺时，生产中多选择正丁烷含量为1.5%～1.7%；采用流化床反应器时，正丁烷的含量可以比采用固定床时高。

3.空速

空速对正丁烷氧化生产顺酐的转化率和收率的影响如图9-6所示。由图可知，空速太低时，即反应接触时间较长，转化率很高，但顺酐的收率很低，这是因为副反应较多。随着空速的增加，即反应接触时间缩短，转化率下降，收率提高，但收率提高到一定程度后反而会下降，即有一个最大值。这是因为随着空速的提高，副反应减少，所以顺酐的收率提高，但空速太高，即接触时间太短，主反应都没有进行完全，所以顺酐的收率会下降。所以，空速既不能太低，也不能太高，同时还要考虑催化剂的生产能力、设备投资和原料消耗等多种因素。

（二）工艺流程

目前正丁烷氧化生产顺酐的生产工艺有两种，一种是固定床工艺，另一种是流化床工艺。在固定床工艺中，由于正丁烷氧化法的选择性和反应速率均比苯氧化法低，正丁烷-空气混合物中的正丁烷含量只有1.5%～1.7%（摩尔分数），顺酐的收率按正丁烷计约为50%，故对于同样规模的生产装置需要较大的反应器和压缩机。采用流化床反应器可使正丁烷在空气中的含量提高到3%～4%（摩尔分数）。流化床反应器传热效果好，且投资较少，但流化床用的催化剂易磨损。对大型顺酐生产装置（2万吨/年以上），如能获得价廉且供应有保障的正丁烷原料，宜选用流化床反应器。正丁烷氧化生产顺酐的流化床工艺流程如图9-7所示。

液态丁烷（含正丁烷96%）由丁烷加料泵2送入丁烷蒸发器3蒸发后，再经丁烷过热器4过热后，送入流化床反应器1的下部。空气经空气压缩机5压缩后，再经空气过热器6过热后，也送入流化床反应器下部。流化床反应器内装有V-P-O-Zr催化剂，反应温度控制在400℃左右。反应放出的热主要由流化床反应器内的冷却盘管取走，反应生成气也可带走少部分热量。正丁烷与空气在流化床反应器中进行氧化反应，生成的气体自流化床反应器顶部出来，送入废热锅炉 7，经生成气冷凝器 8 降温到 80℃后，进入气液分离器 9。气液分离器中的气体送入吸收塔 10，在吸收塔中用六氢酞酸二丁酯作为溶剂，从塔上部加入，逆流吸收气体中少量的顺酐，塔顶排出的废气送焚烧炉焚烧。从塔釜排出的吸收液主要成分是溶剂和顺酐，经换热后送入解吸塔 12，塔顶解吸出顺酐，塔釜溶剂大部分返回吸收塔循环使用，小部分送入薄膜蒸发器 13，在此除去高沸点杂质后，返回溶剂循环系统。

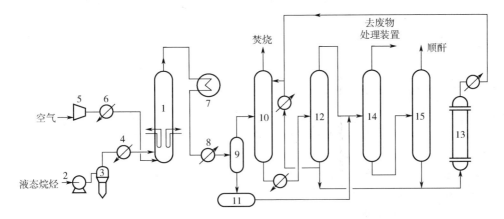

图 9-7　正丁烷氧化生产顺酐的流化床工艺流程

1—流化床反应器；2—丁烷加料泵；3—丁烷蒸发器；4—丁烷过热器；5—空气压缩机；6—空气过热器；
7—废热锅炉；8—生成气冷凝器；9—气液分离器；10—吸收塔；11—粗顺酐贮槽；12—解吸塔；
13—薄膜蒸发器；14—脱轻组分塔；15—顺酐精馏塔

气液分离器 9 分出的含有 35%顺酐的液体，进入粗顺酐贮槽 11。液体中的这部分顺酐与来自解吸塔 12 塔顶的顺酐共同进入脱轻组分塔 14，在塔顶蒸出的轻组分送至废物处理装置。塔釜液体进入顺酐精馏塔 15，在塔顶得到产品顺酐，塔釜物料送入薄膜蒸发器 13 回收溶剂。

思考与练习

9-1　丁二烯的来源有哪些？

9-2　丁烯氧化脱氢生产丁二烯工艺过程采用何种反应器？其反应热是如何被移出并得到利用的？

9-3　简述萃取精馏的原理。

9-4　萃取精馏选择萃取剂的主要原则是什么？

9-5　萃取精馏在回流比的选择上有什么特点？

9-6　比较顺丁烯二酸酐的几种生产方法的优缺点。

9-7　分析原料气中正丁烷的含量对正丁烷氧化法制顺丁烯二酸酐反应的影响。

9-8　分析反应温度对正丁烷氧化法制顺丁烯二酸酐反应的影响。

第十章 芳烃系列典型产品

芳烃是芳香烃的简称,因在有机化学发展初期这类化合物取自具有芳香气味的树脂、香液、香油而得名。芳烃是化学工业重要的基础原料,是含苯环结构的烃类化合物的总称。

芳烃的种类很多,含有一个苯环的称为苯系芳烃,含有两个或两个以上苯环的称为多核芳烃,含有两个及两个以上苯环且苯环间具有公共碳原子的称为稠环芳烃。常温下,大部分苯系芳烃为液体,而稠环芳烃及联苯等均为固体或结晶。由于芳烃分子结构中均有苯环,因而均具有加成、取代、烷基化、氧化等反应能力,并衍生出一系列带苯环的醇、醛、酮、酸、胺、醌等芳香族化合物,这些化合物可以进一步合成医药、农药、树脂、纤维等化工产品。

芳烃的工业来源主要有炼焦工业副产的粗苯和煤焦油、烃类裂解制乙烯副产的裂解汽油和芳烃间的相互转化。自18世纪中叶实现了由煤焦化获取苯等芳烃的工业化生产以来,历经100多年,几乎所有芳烃均从煤炼焦过程的副产焦油分离而得。随着对芳烃需求量的不断增长和炼油工业的快速发展,石油芳烃的生产得到了应用推广,目前石油芳烃的产量已占芳烃总产量的90%以上。由于各种芳烃的供需不均衡性,随着芳烃分离技术的发展,芳烃间的转化已成为制取有用芳烃的重要手段,例如苯烷基化可以得到各种烷基苯。本章主要介绍苯烷基化制乙苯、乙苯脱氢制苯乙烯和对二甲苯氧化制对苯二甲酸的生产技术。

第一节 苯烷基化制乙苯

乙苯(ethyl benzene,EB)是无色透明液体,具有芳香气味,沸点为136.2℃,凝固点为-94.5℃,可溶于乙醇、苯、四氯化碳和乙醚等,几乎不溶于水。乙苯易燃,其蒸气与空气能形成爆炸性混合物,其爆炸范围为2.3%~7.4%(体积分数)。乙苯有毒,其蒸气能刺激眼睛、呼吸器官和黏膜,并能使中枢神经系统先兴奋而后呈麻醉状态。常温下,动物吸入饱和的乙苯蒸气30~60min即可致死。乙苯的急性毒性,LD_{50}: 3500mg/kg(大鼠经口);5 g/kg(兔经皮)。工作场所乙苯的最高允许浓度为100mg/m^3。

乙苯作为有机化工生产过程中一种重要的原料,主要用于制取苯乙烯,随后进一步反应制取聚苯乙烯、ABS树脂、离子交换树脂等。少量乙苯直接用于合成苯乙酮等中间体。乙苯也用于合成香料以及用作有机合成的溶剂。工业用乙苯的质量标准见表10-1。

表 10-1 工业用乙苯质量标准（SH/T 1140—2018）

项目	指标	
	优等品	一等品
外观	清澈透明液体，无机械杂质和游离水	
色度号（铂-钴色号）/Hazen 单位	≤10	
纯度（质量分数）/%	≥99.80	≥99.50
二甲苯（质量分数）/%	≤0.10	≤0.15
异丙基苯（质量分数）/%	≤0.030	≤0.050
二乙苯（质量分数）/%	≤0.0010	
硫/（mg/kg）	≤3.0	≤5.0
氯/（mg/kg）	≤1.0	

注：二甲苯为间二甲苯、邻二甲苯、对二甲苯之和；二乙苯为间二乙苯、邻二乙苯、对二乙苯之和。

目前，世界上 98%以上的乙苯是由苯和乙烯烷基化生产制得，其余的是由芳烃生产过程中的 C_8 芳烃分离得到。

传统的 $AlCl_3$ 法由于存在设备腐蚀、环境污染、维护费用高等缺点，已逐渐被淘汰。目前，乙苯的生产工艺主要包括分子筛气相法和分子筛液相法两种类型。由于烷基化反应生成的乙苯能继续与乙烯反应生成多乙苯（主要为二乙苯和三乙苯），为了提高乙苯收率，需将多乙苯和苯再进行烷基转移反应生成乙苯。烷基化反应和烷基转移反应都是酸催化反应，酸性分子筛为催化剂的主要活性组分。

近几十年来，国内外各大石油化工公司相继开发了不同的乙苯生产工艺和催化剂。20 世纪 70 年代末，Mobil 公司和 Badger 公司合作开发了以 ZSM-5 为催化剂的气相烷基化法制乙苯的 Mobil/Badger 工艺。在最初的第一代和第二代工艺中，苯和乙烯的烷基化反应与苯和多乙苯的烷基转移反应在同一个反应器内进行，产品中二甲苯含量较高。第三代技术将烷基化反应器和烷基转移反应器分开，二甲苯含量大幅降低到 1mg/g。Mobil 公司和 Badger 公司还开发了利用催化裂化干气中乙烯为原料生产乙苯的工艺，并于 1991 年实现了工业化应用。80 年代末，中国石化开发的乙苯合成分子筛催化剂及工艺技术实现了工业应用。2004 年，中国石化又开发出气相法干气制乙苯技术（SGEB），并成功应用于国内多套稀乙烯制乙苯装置。

20 世纪 80 年代末开始，相继出现了以 β 分子筛或 MCM-22 分子筛为催化剂的分子筛液相法乙苯生产技术，包括 Lummus 公司和 UOP 公司联合开发的 EB-One 工艺，以及 Mobil 公司和 Badger 公司合作开发的 EB-Max 工艺，使反应能在较低的苯烯比和低温条件下进行，同时，产物中二甲苯含量大幅降低到 10μg/g 左右。中国石化也开发了液相法生产乙苯技术，目前已在国内大多数乙苯装置上应用。Chemical Research & Licensing 公司和 Lummus 公司在 20 世纪 90 年代开发了催化精馏制乙苯的 CDTECH 工艺，将分子筛液相烷基化与精馏过程相结合，实现了反应分离一体化。国内北京服装学院和中国科学院大连化学物理研究所分别开展了催化蒸馏技术用于干气与苯烷基化制乙苯工艺的研究。减小苯烯比以降低能耗、装置大型化以及原料多样化是未来乙苯技术的发展方向。

一、乙苯生产的基本原理

（一）主、副反应

1.主反应

苯乙基化生产乙苯的主反应包括烷基化与烷基转移两个反应。苯与乙烯进行烷基化反应生成乙苯，生成的乙苯会进一步反应生成多烷基苯（主要是二乙苯及三乙苯）；为了提高乙苯的收率，需要将多乙苯与苯进行烷基转移反应生成乙苯。

$$C_6H_6 + H_2C=CH_2 \longrightarrow C_6H_5C_2H_5 \quad \Delta H_{298}^{\ominus}=-105.44\text{kJ/mol} \quad (10\text{-}1)$$

$$C_6H_4(C_2H_5)_2 + C_6H_6 \longrightarrow 2\,C_6H_5C_2H_5 \quad \Delta H_{298}^{\ominus}=-1.35\text{kJ/mol} \quad (10\text{-}2)$$

$$C_6H_3(C_2H_5)_3 + 2\,C_6H_6 \longrightarrow 3\,C_6H_5C_2H_5 \quad \Delta H_{298}^{\ominus}=-1.44\text{kJ/mol} \quad (10\text{-}3)$$

烷基化反应都是强放热反应，该反应原则上是可逆反应，但在反应条件下，正反应（烷基化）比逆反应（脱烷基）更为有利，所以烷基转移反应进行的速率比烷基化反应慢，并且受化学平衡的限制。烷基转移反应的热效应比较小。

在烷基化反应和烷基转移反应中，苯都是过量加入的，这有利于乙苯的生成和抑制多乙苯化合物的生成。

2.副反应

主要的副反应是乙苯进一步反应生成多烷基苯（主要是二乙苯及三乙苯）。

$$C_6H_5C_2H_5 + H_2C=CH_2 \longrightarrow C_6H_4(C_2H_5)_2 \quad (10\text{-}4)$$

$$C_6H_4(C_2H_5)_2 + H_2C=CH_2 \longrightarrow C_6H_3(C_2H_5)_3 \quad (10\text{-}5)$$

在分子筛酸性位还会发生其他副反应，特别是在反应温度较高的气相法中，副反应更多，这些副反应产物浓度虽然很低，但一些产物如二甲苯、甲苯等会影响乙苯产品的纯度，一些重组分还会影响催化剂的寿命。生成的微量二甲苯，很难通过蒸馏和乙苯分离，对下游的乙苯脱氢生产苯乙烯及苯乙烯下游的产品质量均有较大影响。

乙烯还会在沸石分子筛上发生聚合，生成少量丁烯、己烯。乙烯聚合物也会发生裂化，生成丙烯等副产品。丙烯、丁烯和苯反应可生成丙苯和丁苯。乙苯、丙苯和丁苯都能不同程度地产生微量的甲苯和二甲苯，生成的甲苯又能和乙烯发生烷基化反应生成甲乙苯等。例如：

$$2H_2C=CH_2 \longrightarrow C_4H_8 \quad (10\text{-}6)$$

$$3H_2C=CH_2 \longrightarrow C_6H_{12} \tag{10-7}$$

$$C_6H_{12} \longrightarrow 2C_3H_6 \tag{10-8}$$

$$\text{[benzene]} + C_3H_6 \longrightarrow \text{[C}_3H_7\text{-benzene]} \tag{10-9}$$

$$\text{[benzene]} + C_4H_8 \longrightarrow \text{[C}_4H_9\text{-benzene]} \tag{10-10}$$

$$\text{[toluene]} + H_2C=CH_2 \longrightarrow \text{[methyl-ethyl-benzene]} \tag{10-11}$$

少量烷基苯也会在烷基化反应器中发生脱氢反应生成苯乙烯、丙烯基苯等。多环化合物包括二苯基乙烷和二苯基甲烷等。乙苯可和苯反应生成二苯基乙烷，较高级的烷基苯（丙苯、丁苯等）和苯反应可生成二苯基甲烷。例如：

$$\text{[C}_2H_5\text{-benzene]} + \text{[benzene]} \longrightarrow \text{[Ph]}-CH_2CH_2-\text{[Ph]} + H_2 \tag{10-12}$$

$$\text{[C}_3H_7\text{-benzene]} + \text{[benzene]} \longrightarrow \text{[Ph]}-CH_2-\text{[Ph]} + C_2H_6 \tag{10-13}$$

如果多环化合物循环回反应器，在催化剂表面将产生结焦而导致催化剂快速失活，因此必须将其作为重组分从系统中排出。

（二）反应机理

在分子筛等固体酸催化剂的存在下，苯与乙烯发生烷基化反应生成乙苯是典型的Fridel-Crafts反应，属于碳正离子机理。其反应机理可描述如下：

正离子生成

$$H_2C=CH_2 + H^+(Zeol^-) \rightleftharpoons CH_3CH_2^+(Zeol^-) \tag{10-14}$$

生成 σ 络合物

$$\text{[benzene]} + CH_3CH_2^+ \rightleftharpoons \text{[}\sigma\text{-complex with H, C}_2H_5\text{]} \tag{10-15}$$

质子离去

$$\text{[}\sigma\text{-complex with H, C}_2H_5\text{]} \xrightleftharpoons[+H^+]{-H^+} \text{[C}_2H_5\text{-benzene]} \tag{10-16}$$

苯与乙烯发生烷基化反应生成乙苯是亲电取代反应。在酸催化剂作用下，乙烯被活化生成乙基正离子，乙基正离子进攻苯环形成σ络合物，再经质子离去完成烷基化反应过程。

（三）催化剂

由于烷基化和烷基转移两个反应过程的最佳条件不同，特别是反应温度差异较大，现有技术都将烷基化和烷基转移在不同的反应器中进行，并逐渐研发了单独的烷基转移催化剂，不再使用相同的催化剂以减少副产物的产生。

烷基化反应和烷基转移反应均为酸催化反应，一般以具有特定结构的酸性分子筛为催化剂的主要成分。20 世纪 70 年代末，Mobil 公司成功研发出 ZSM-5 分子筛，并将其应用于苯和乙烯气相烷基化制乙苯的生产中。该催化剂具有催化活性高、活性稳定性好、乙苯选择性高等优点，特别是 ZSM-5 分子筛无超笼结构，具有很强的抗结焦能力。

二、乙苯的工业生产

（一）工艺条件

1980 年，世界上第一套分子筛催化纯乙烯气相法制乙苯工业装置在美国得克萨斯州的 Bayport 试验成功，之后该工艺在乙苯技术市场得到迅速推广。我国在"八五"期间引进了该技术，在盘锦乙烯公司、大庆石化和广州石化共建了 3 套纯乙烯气相法制乙苯生产装置，相继于 1995 年和 1996 年建成投产。

自 1993 年起，中国石化开始进行纯乙烯气相法工艺技术的开发，先后完成了催化剂国产化、传统工艺的气相法清洁技术改造、引进装置的扩能改造，实现了纯乙烯气相法制乙苯技术的国产化，中国成为世界上第二个拥有该技术的国家。

1. 反应温度

催化剂活性随温度的升高而升高，但苯和乙烯烷基化反应是放热反应，热效应很大，反应温度升高将不利于化学平衡，而且反应温度升高，会使二甲苯等副产物含量提高，且加速催化剂失活。因此需要选择合适的反应温度进行苯和乙烯的烷基化反应，一般工业装置的反应温度为 350~400℃，通常开工初期在较低的温度下进行，随着催化剂失活可逐渐提高反应温度。

2. 反应压力

苯和乙烯烷基化反应是体积减小的反应，因此提高压力有利于化学平衡向正反应方向移动，随压力提高，苯和乙烯的转化率提高，乙苯选择性略有下降，但压力过高则能耗较高，一般压力控制在 0.5~1.5 MPa。

3. 原料的纯度与配比

纯乙烯气相法制乙苯工艺中的原料苯应符合国家标准《石油苯》(GB/T 3405—2011)的要求，原料乙烯应符合国家标准《工业用乙烯》(GB/T 7715—2014)的要求。苯烯比（即苯与乙烯的摩尔比）增大将导致苯的转化率下降，乙苯选择性增大，二甲苯含量明显下降，表明高的苯烯比有利于抑制二甲苯的生成；过量苯还有利于抑制多乙苯化合物的生成。但过高的苯烯比会造成大量的苯循环，导致能耗增加。因此，适宜的苯烯比为 5.0~7.0。

4. 乙烯空速

随着乙烯空速的增大，乙烯转化率逐渐减小，因此要保证较高的乙烯单程转化率，适宜的乙烯空速为 $2.0 \sim 3.0 h^{-1}$。

（二）工艺流程

分子筛催化纯乙烯气相法制乙苯工艺流程如图 10-1 所示。

该工艺主要包括反应和精馏两个部分。烷基化反应器由五段装有分子筛催化剂的床层组成。乙烯分五股物流分别进入反应器的五段床层，苯主要从第一催化剂床层进入反应器。为了控制五段床层在基本相同的温度下反应，在段间引入冷的循环反应液控制每段床层的起始温度，烷基化反应产物经换热后送至苯塔回收苯。

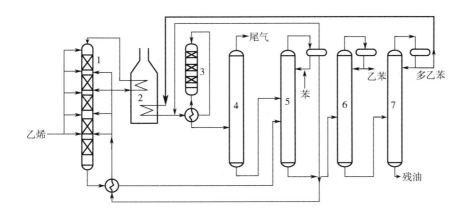

图10-1 纯乙烯气相法制乙苯工艺流程示意图

1—烷基化反应器；2—苯加热炉；3—烷基转移反应器；4—稳定塔；5—苯塔；6—乙苯塔；7—多乙苯塔

新鲜苯从苯塔进入装置，其主要目标是脱出其中的水及其他杂质，苯塔塔顶回收的苯送往烷基化反应器和烷基转移反应器，含有乙苯和多乙苯的塔釜物流送往乙苯塔。产品乙苯从乙苯塔塔顶采出，多乙苯在多乙苯塔中精制后从侧线采出并送往烷基转移反应器。

多乙苯与苯塔回收的苯混合，经加热后进入烷基转移反应器。在烷基转移反应器中，多乙苯与苯在430℃下进行烷基转移反应，多乙苯转化率为44.3%，乙苯选择性接近100%。

烷基转移反应器的反应物流送到稳定塔脱出其中的轻烃，苯、乙苯等较重的组分从塔釜采出并送往苯塔，轻烃等不凝气送去作燃料。

第二节　乙苯脱氢制苯乙烯

苯乙烯，又名乙烯基苯，分子式为C_8H_8，分子量为104.15，为无色、有特殊香气的透明油状液体，密度为0.906g/cm^3，熔点为-30.6℃，沸点为145℃。苯乙烯在高温下容易裂解和燃烧，可生成苯、甲苯、甲烷、乙烷、碳、一氧化碳、二氧化碳和氢气等。苯乙烯蒸气与空气能形成爆炸性混合物，其爆炸范围为1.1%～6.01%（体积分数）。苯乙烯具有乙烯基烯烃的性质，反应性能极强，可进行氧化、还原、氯化等反应，并能与卤化氢发生加成反应。苯乙烯暴露于空气中，易被氧化成醛、酮类。苯乙烯易自聚生成聚苯乙烯（PS）树脂，也易与其他含双键的不饱和化合物共聚。

苯乙烯是一种重要的有机化工原料，主要用于生产苯乙烯系列树脂及丁苯橡胶。另外，它还是生产离子交换树脂及医药用品的原料之一。工业用苯乙烯的质量标准见表10-2。

表10-2 工业用苯乙烯质量标准（GB/T 3915—2011）

项目	指标		
	优等品	一等品	合格品
外观[①]（目测）	清晰透明，无机械杂质和游离水		

续表

项目	指标		
	优等品	一等品	合格品
纯度[②]（质量分数）/%	≥99.8	≥99.6	≥99.3
聚合物/（mg/kg）	≤10	≤10	≤50
过氧化物（以过氧化氢计）/（mg/kg）	≤50	≤100	≤100
总醛（以苯甲醛计）/（mg/kg）	≤100	≤100	≤200
色度号（铂-钴色号）/Hazen 单位[②]	≤10	≤15	≤30
乙苯[②]（质量分数）/%	≤0.08	报告	—
阻聚剂（TBC）/（mg/kg）	10～15（或按需）[③]		

① 将试样置于 100mL 比色管中，其液层高为 50～60mm，在日光或日光灯透射下目测。
② 在有争议时，以内标法测定结果为准。
③ 如遇特殊情况，可按供需双方协议执行。

目前工业上生产苯乙烯的方法主要有乙苯催化脱氢法、乙苯共氧化联产（PO/SM）法以及裂解汽油抽提回收苯乙烯法。乙苯催化脱氢法在苯乙烯的生产中占主导地位，约占苯乙烯总产能的 80%；乙苯共氧化联产法可同时获得两种产品，近年来发展较快，约占苯乙烯总产能的 20%；随着乙烯规模的大型化，从裂解汽油中分离回收苯乙烯的方法也正受到重视。

乙苯催化脱氢工艺按反应器的不同可分为绝热脱氢工艺和等温脱氢工艺。世界上绝大多数装置采用绝热脱氢工艺，主要包括 Lummus/UOP Classic SMTM 工艺、Lummus/UOP Smart SMTM 工艺、Fina/Badger 工艺、Dow 工艺以及中国石化（Sinopec）工艺；欧洲一些苯乙烯生产装置采用等温脱氢工艺，如 BASF 等温脱氢工艺。

美国哈康（Halcon）公司和英荷壳牌（Shell）公司分别开发成功乙苯共氧化联产法生成苯乙烯和环氧丙烷技术，于 20 世纪 70 年代实现了工业化。该工艺是将乙苯脱氢的吸热反应和丙烯氧化的放热反应结合，同时得到苯乙烯和环氧丙烷两种产品。目前，联产法生产工艺的主要专利商是 Shell 和 Lyondell 公司。甲苯甲醇侧链烷基化制乙苯/苯乙烯技术的研究工作也取得了较好的结果。

一、乙苯脱氢生产苯乙烯的反应原理

（一）主、副反应

1.主反应

$$\text{C}_6\text{H}_5\text{CH}_2\text{CH}_3 \rightleftharpoons \text{C}_6\text{H}_5\text{CH}=\text{CH}_2 + \text{H}_2 \quad \Delta H_{298}^{\ominus}=117.6\text{kJ/mol} \tag{10-17}$$

2.副反应

$$\text{C}_6\text{H}_5\text{CH}_2\text{CH}_3 + \text{H}_2 \longrightarrow \text{C}_6\text{H}_5\text{CH}_3 + \text{CH}_4 \quad \Delta H_{298}^{\ominus}=-65.1\text{kJ/mol} \tag{10-18}$$

$$\text{C}_6\text{H}_5\text{CH}_2\text{CH}_3 \longrightarrow \text{C}_6\text{H}_6 + \text{C}_2\text{H}_4 \quad \Delta H_{298}^{\ominus}=101.5\text{kJ/mol} \tag{10-19}$$

$$\text{C}_6\text{H}_5\text{CH}_2\text{CH}_3 + 8\text{H}_2\text{O} \longrightarrow 8\text{CO} + 13\text{H}_2 \tag{10-20}$$

$$\text{C}_6\text{H}_5\text{CH}_2\text{CH}_3 \longrightarrow 8\text{C} + 5\text{H}_2 \tag{10-21}$$

$$\text{C} + \text{H}_2\text{O} \longrightarrow \text{CO} + \text{H}_2 \tag{10-22}$$

$$\text{CO} + \text{H}_2\text{O} \xrightarrow{\text{Fe}} \text{CO}_2 + \text{H}_2 \tag{10-23}$$

乙苯脱氢生成苯乙烯的反应是一个强吸热、可逆、分子数增加的反应。通过控制苯乙烯和乙苯之间的平衡能够控制该反应的深度。提高反应温度，降低反应压力，有利于脱氢主反应的进行。除生成主产物苯乙烯外，副产物主要有苯、甲苯、甲烷、乙烯、二氧化碳、一氧化碳、氢气等。

在一定条件下，上述各种反应在热力学上都是有可能的。实际的产物分布由这些反应的相对速率所控制。高温有利于平衡向主产物转移，但是在高温反应条件下，裂解、氢解以及结焦等副反应也显著加速。因此，在乙苯脱氢反应过程中，必须采用高性能的催化剂来提高主产物苯乙烯的选择性。

（二）催化剂

对于乙苯脱氢制苯乙烯这一重要的石油化工过程，催化剂的优劣决定了脱氢过程的经济性。20世纪30年代以来，乙苯脱氢催化剂的研究开发和更新换代一直在持续进行，苯乙烯工业化初期使用的锌系、镁系催化剂很快被综合性能更好的铁系催化剂所替代，并沿用至今。

20世纪80年代以来，乙苯脱氢铁系催化剂实现了几个重要转变：①由 Fe-K-Cr 型向 Fe-K-Ce 型转变，这是因为 Cr 的氧化物污染环境，能引起癌变，所以用 Ce、Mo 代替 Cr。②催化剂由高钾型向低钾型转变。"能源危机"使苯乙烯生产过程中的蒸汽费用急剧上扬，高钾型催化剂应运而生，高钾含量有助于提高水煤气反应速率，增强催化剂的抗积炭能力和抗还原能力，可以在较低的水蒸气/乙苯质量比（水比）下应用，有一定的节能效果。但高钾催化剂存在钾容易流失的问题，因此从20世纪90年代开始，催化剂的研发方向为钾含量约为10%，且适用于低水比条件的低钾型催化剂。③由高水比向低水比转化，有利于减少苯乙烯生产过程中的蒸汽耗量，有效降低生产成本。④催化剂的使用寿命明显延长，最低要求为两年。

二、乙苯脱氢制苯乙烯的生产工艺

（一）工艺条件

乙苯脱氢生成苯乙烯的反应主要受反应温度、反应压力、水比和液时空速（LHSV）等工艺条件的影响。

1.反应温度

表 10-3 反应温度对乙苯脱氢反应的影响

反应温度/℃		反应结果	
第一反应器入口	第二反应器入口	乙苯转化率/%	苯乙烯选择性/%
605	610	64.35	96.82
615	620	68.59	96.11
620	625	70.24	95.84
625	630	72.49	95.57

乙苯脱氢生成苯乙烯的反应为吸热反应，故乙苯的平衡转化率随反应温度的升高而增大。以中国石化开发的 GS-08 催化剂为例，在实验室负压二段绝热装置上考察了反应温度对乙苯脱氢反应的影响，结果见表 10-3。

由表 10-3 可知，升高反应温度，乙苯转化率提高，但副反应（指吸热的副反应）也加剧，造成苯乙烯的选择性降低，因此反应温度不宜过高。从降低能耗和延长催化剂寿命的角度出发，希望在保证苯乙烯单程收率的前提下，尽量采用较低的反应温度。工业上乙苯绝热脱氢反应器的进口温度一般为 615~645℃。

2. 反应压力

乙苯脱氢生成苯乙烯是分子数增加的反应，因此降低反应压力有利于反应向生成苯乙烯的正方向进行。对于给定的反应温度和水比，压力对反应的影响见图 10-2。

由图 10-2 可知，随着反应压力降低，乙苯转化率显著增大，选择性也增大。在相同的乙苯液时空速和水比下，降低反应压力可相应降低反应温度，而苯乙烯的单程收率维持不变。另外，较高的反应压力有利于苯乙烯的聚合，造成管道、设备的堵塞，因此降低反应系统压力可在一定程度上抑制苯乙烯聚合。

鉴于上述两个原因，负压操作明显有利于提高苯乙烯的单程收率，故目前苯乙烯工业生产普遍采用负压脱氢工艺，乙苯分压通常为 40~60kPa。

工业上为避免在真空条件下高温操作易燃易爆物料，通常采用通入过热水蒸气的办法来降低易燃易爆物料的分压。这样既降低了反应组分的分压推动平衡的有利移动，又避免了真空操作保证生产安全运行。

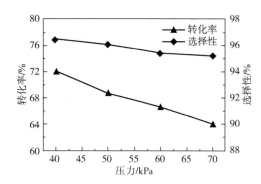
图 10-2　反应压力对乙苯脱氢反应的影响

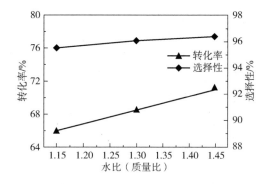
图 10-3　水比对乙苯脱氢反应的影响

3. 水比

水与乙苯的质量比称为水比，水比对乙苯脱氢反应的影响见图 10-3。

水蒸气的作用主要有如下三点：①水蒸气的存在降低了反应物和反应产物的分压，起到类似于降低反应压力的作用，从而使反应向着有利于生成苯乙烯的方向进行，提高乙苯的转化率和苯乙烯的选择性。②水蒸气可与催化剂表面的积炭发生水煤气变换反应生成 CO 和 CO_2，延长催化剂寿命；此外，水蒸气还可以防止催化剂的活性成分被还原为金属，有利于延长催化剂寿命。③对于绝热脱氢工艺，加入的过热蒸汽更是不可缺少地供给反应热的载热体，过热蒸汽提供了乙苯脱氢所需的能量；同时由于水蒸气的比热容较大，有利于稳定反应温度。由图 10-3 可知，在恒定的反应温度和压力下，随着水比的增大，乙苯转化率和苯乙烯选择性均得到提高。

尽管水蒸气有许多好处，但水蒸气的加入量受反应系统允许压降和能耗的制约。由于高温过热水蒸气的比热容很大，过多加入水蒸气势必增大反应物料的体积流量，从而增加系统压降，不利于降低反应区域压力。此外，增加水蒸气加入量，必将增加能耗，一旦水蒸气加入量增加到在经济上得不偿失的程度，那么提高水比将是没有意义的。目前，先进的乙苯脱氢工艺均追求以较低的水比获得较高的苯乙烯收率。水比已成为衡量乙苯脱氢工艺技术和催化剂是否先进的重要评价指标之一。工业上乙苯脱氢反应负压绝热脱氢工艺的水比为 1.1~1.5（质量比）。

4. 乙苯液时空速（LHSV）

空速对反应的影响见表 10-4。由表 10-4 可知，在相同的反应温度、反应压力和水比条件下，随着空速增大（即乙苯和水蒸气投料量按比例同时增大，反应物料在反应器中停留时间缩短），乙苯单程转化率下降，苯乙烯的选择性略有上升，苯乙烯单程收率下降。欲维持苯乙烯单程收率不变，需相应升高反应温度。

表 10-4　乙苯液时空速对乙苯脱氢反应的影响

空速/h^{-1}	反应结果	
	转化率/%	选择性/%
0.4	68.92	96.04
0.5	68.59	96.11
0.6	67.97	96.53

液时空速是催化剂性能的重要标志之一。液时空速大，意味着反应器单位体积的生产能力大。因此，在相同的反应条件（温度、压力和水比等）下，在工艺允许范围内，尽可能采用较大的液时空速进行生产。工业上，负压绝热脱氢工艺的乙苯液时空速一般为 0.35~0.40h^{-1}。

5. 原料的规格

用于乙苯脱氢制苯乙烯的原料乙苯是由乙烯和苯经烷基化反应而得。乙苯质量应符合行业标准 SH/T 1140—2018（见表 10-1），其中硫含量不大于 3μg/g，氯含量不大于 1μg/g，色度号（Pt-Co 色号）不大于 10。

为了减少副反应发生，保证生产正常进行，要求原料乙苯中二乙苯的含量 <0.04%。因为二乙苯脱氢后生成的二乙烯基苯容易在分离与精制过程中生成聚合物，堵塞设备和管道，影响生产。另外，要求原料中乙炔的体积分数 <10^{-5}。

原料乙苯是乙烯和苯经烷基化反应制得的，其中含有二甲苯。二甲苯经脱氢催化剂在高温下部分裂解，未裂解的二甲苯部分在装置内循环，部分随苯乙烯产品带出。用一般的分离方法很难将少量的二甲苯从苯乙烯中分离出来，尤其是邻二甲苯，因此控制乙苯中的二甲苯含量至关重要，它直接影响苯乙烯产品的纯度。

原料乙苯中若含异丙苯将对脱氢反应产生一定影响。异丙苯在乙苯脱氢工艺条件下也发生脱氢反应，生成 α-甲基苯乙烯，也会对苯乙烯产品质量产生影响。

（二）工艺流程

乙苯脱氢生产苯乙烯可采用两种不同供热方式的反应器，一种是外加热列管式等温反应器，另一种是绝热式反应器。国内两种反应器都有应用，目前大型新建生产装置均采用绝热式反应器。

1.乙苯脱氢部分

乙苯脱氢部分的工艺流程如图10-4所示。

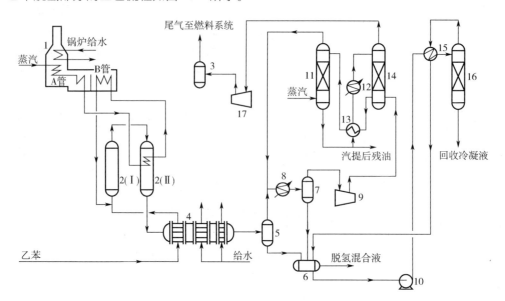

图 10-4 乙苯脱氢部分的工艺流程示意图

1—蒸汽过热炉;2(Ⅰ、Ⅱ)—脱氢绝热径向反应器;3,5,7—分离罐;4—废热锅炉;6—液相分离器;
8,12,13,15—冷凝器;9,17—压缩机;10—泵;11—残油汽提塔;14—残油洗涤塔;16—工艺冷凝汽提塔

采用绝热式反应器的乙苯脱氢生产苯乙烯工艺流程由乙苯脱氢和苯乙烯的分离与精制两部分组成。

乙苯在水蒸气存在下催化脱氢生成苯乙烯,在段间带有蒸汽再热器的两个串联的脱氢绝热径向反应器内进行,反应所需热量由来自蒸汽过热炉的过热蒸汽提供。

在蒸汽过热炉1中,蒸汽在对流段内预热,然后在辐射段的A管内过热到880℃。此过热蒸汽首先与反应混合物换热,将反应混合物加热到反应温度,然后再去蒸汽过热炉辐射段的B管,被加热到815℃后进入Ⅰ段反应器2(Ⅰ)。过热的水蒸气与被加热的乙苯在Ⅰ段反应器的入口处混合,由中心管沿径向进入催化剂床层。混合物经反应器段间蒸汽再热器后被加热到631℃,然后进入Ⅱ段反应器。反应器流出物经废热锅炉4换热,被冷却回收热量,同时分别产生3.14 MPa和0.039 MPa蒸汽。

反应产物经冷凝冷却降温后,送入分离罐5、7,不凝气体(主要是氢气和二氧化碳)经压缩去残油洗涤塔14用残油进行洗涤,并在残油汽提塔11中用蒸汽汽提,进一步回收苯乙烯等产物。洗涤后的尾气经变压吸附提取氢气,回收的氢气可作为氢源或燃料。

反应产物的冷凝液进入液相分离器6,分为烃相和水相。烃相(即脱氢混合液,粗苯乙烯)送至分离精馏部分,水相送工艺冷凝汽提塔16,将微量有机物除去,分离出的水循环使用。

2.苯乙烯的分离与精制部分

苯乙烯的分离与精制部分,由四台精馏塔和一台薄膜蒸发器组成。其目的是将脱氢混合液分馏出乙苯和苯,然后循环回脱氢反应系统,并得到高纯度的苯乙烯产品以及甲苯和苯乙烯焦油副产品。本部分的工艺流程如图10-5所示。

脱氢混合液送入乙苯-苯乙烯分馏塔1,经精馏后塔顶得到未反应的乙苯和更轻的组分,作为乙苯回收塔 2 的加料。乙苯-苯乙烯分馏塔为填料塔，系减压操作，同时塔内加入一定量的高效无硫阻聚剂，使苯乙烯自聚物的生成量减少到最低，其塔底物料主要为苯乙烯及少量焦油，送到苯乙烯塔 4。苯乙烯塔也是填料塔，它在减压下操作，塔顶为苯乙烯产品，塔底产物经薄膜蒸发器 5 蒸发，回收焦油中的苯乙烯，而残油和焦油作为燃料。乙苯-苯乙烯分馏塔与苯乙烯塔共用一台水循环真空泵维持两塔的减压操作。

在乙苯回收塔 2 中，塔底得到循环乙苯，塔顶为苯和甲苯，经回收热量后，进入苯-甲苯分离塔 3 将两者分离。

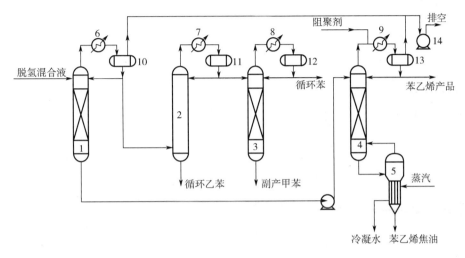

图 10-5　苯乙烯的分离与精制部分的工艺流程示意图

1—乙苯-苯乙烯分馏塔；2—乙苯回收塔；3—苯-甲苯分离塔；4—苯乙烯塔；
5—薄膜蒸发器；6~9—冷凝器；10~13—分离罐；14—排放泵

本流程的特点主要是采用了带有蒸汽再热器的两段径向流动绝热反应器，在减压下操作，单程转化率和选择性都很高；流程设有尾气处理系统，用残油洗涤尾气以回收芳烃，可保证尾气中不含芳烃；残油和焦油的处理采用了薄膜蒸发器，使苯乙烯回收率大大提高。在节能方面也采取了一些有效措施，例如进入反应器的原料（乙苯和水蒸气的混合物）先与乙苯-苯乙烯分馏塔塔顶冷凝液换热，这样既回收了塔顶物料的冷凝潜热，又节省了冷却水用量。

第三节　对二甲苯氧化制对苯二甲酸

对苯二甲酸的名称简写为 PTA，分子量为 166.13，在常温下是白色结晶或粉末状固体，受热至 300℃以上可升华，常温常压下不溶于水、乙醚、冰醋酸和氯仿，微溶于乙醇，能溶于热乙醇，在多种有机溶剂中难溶，但溶于碱溶液，低毒，易燃，自燃点为 680℃。其粉尘与空气能形成爆炸性混合物，爆炸极限为 0.05~12.5g/L。

对苯二甲酸最重要的用途是生产聚对苯二甲酸乙二酯树脂（简称聚酯树脂，简写为 PET），进而制造聚酯纤维、聚酯薄膜及多种塑料制品等。工业用精对苯二甲酸（PTA）的质量标准见表 10-5。

表10-5 工业用精对苯二甲酸（PTA）质量标准（GB/T 32685—2016）

项目		指标	
		优等品	一等品
外观		白色粉末	
酸值（以氢氧化钾计）/（mg/g）		675±2	
对羧基苯甲醛/（mg/kg）		≤25	
对甲基苯甲酸/（mg/kg）		≤150	≤180
灼烧残渣/（mg/kg）		≤6	≤10
总重金属（钼、铬、镍、钴、锰、钛、铁）/（mg/kg）		≤3	≤5
铁/（mg/kg）		≤1	≤2
水分（质量分数）/%		≤0.2	
DMF色度（5 g/100 mL，铂-钴色号/Hazen单位）		≤10	
b值		供需商定	
粒度分布	250μm以下（ϕ）/% 45μm以下（ϕ）/% 平均粒径/μm	供需商定	
	250μm以下（质量分数）/% 45μm以下（质量分数）/% 平均粒径/μm	供需商定	

对苯二甲酸的生产路线很多，随着石油芳烃生产的发展以及C_8芳烃异构分离技术的进步，对二甲苯路线已成为现代聚酯工业广泛采用的原料路线。同时，生产对苯二甲酸也是对二甲苯的最主要用途。以对二甲苯为原料，用空气（或氧气）氧化生产对苯二甲酸主要有两种方法，即高温氧化法和低温氧化法。两种方法虽在工业上都有应用，但目前多采用前者。

低温氧化法反应温度较低，一般不超过150℃。该法以乙酸为溶剂，乙酸钴为催化剂，乙醛或三聚乙醛、甲乙酮等作为氧化促进剂。该法虽有反应温度低、副反应少、反应收率高、仅用单一催化剂、不必用钛类特殊材质、原料对二甲苯消耗低等许多优点，但由于促进剂用量大、副产乙酸需专门处理、设备效率低等缺点，所以未得到较大的发展。

高温氧化法反应温度较高，一般为160~230℃。该法以乙酸为溶剂，钴、锰等重金属的盐为催化剂，溴化物为助催化剂，将对二甲苯经液相空气氧化一步生成对苯二甲酸，再在高温高压下催化氢化精制为高纯度纤维级对苯二甲酸。该法优点较多，如不用促进剂、不副产乙酸、工艺简单、反应快、收率高、原料消耗低、产品成本低、生产强度大、易大型化、易连续化等。高纯度（或中纯度）纤维级对苯二甲酸可与乙二醇直接缩聚生产聚酯，大大简化了聚酯的生产流程，故发展较快，已成为目前最主要的生产对苯二甲酸的方法。本法的明显缺点是使用了腐蚀性较强的溴化物，所以设备与管道的材质需用昂贵的特殊材料。目前PTA主要通过对二甲苯（PX）空气氧化及粗对苯二甲酸（CTA）加氢精制的两步法生产，代表技术主要有BP-Amoco、Invista、Mitsui Chemicals、Dow-Inca、MCC和Interquisa等工艺。

一、对二甲苯高温氧化制对苯二甲酸的生产原理

对二甲苯（PX）空气氧化过程采用Co-Mn-Br三元复合催化剂，乙酸为溶剂。反应中Co和

Mn 以+2 价和+3 价形式存在，+3 价的 Co 有极高的氧化还原电位，能够与芳烃及溴作用生成自由基引发反应，是反应的主催化剂。锰与钴的作用类似，钴锰之间有很强的协同效应。然而，只使用金属离子催化的对二甲苯和间二甲苯氧化反应的选择性很低，这主要是由于+3 价金属离子更易与溶剂乙酸发生脱羧反应。为了提高芳烃氧化的选择性，需要在催化体系中加入促进剂溴。溴的加入一方面可以使+3 价金属离子的浓度降低，抑制脱羧；另一方面又提供了大量高活性和高选择性的溴自由基，其与芳烃作用加速了反应的进行。

1. 主反应

$$\text{对二甲苯} + 3O_2 \longrightarrow \text{对苯二甲酸} + 2H_2O \qquad \Delta H_{298}^{\ominus} = -1363 \text{kJ/mol} \qquad (10\text{-}24)$$

其反应步骤如下：

$$\text{PX} \rightarrow \text{TALD} \rightarrow \text{PT} \rightarrow \text{4-CBA} \rightarrow \text{PTA} \qquad (10\text{-}25)$$

上述主反应中在生成对苯二甲酸的氧化过程中，各步反应按反应官能团的不同可分为甲基的氧化和醛基的氧化。除原料 PX 和最终产品 PTA 外，还有对甲基苯甲醇（TALC）、对甲基苯甲醛（TALD）、对甲基苯甲酸（PT）、对羧基苯甲醛（4-CBA）等其他中间产物存在。各中间产物的浓度均存在一个极大值，呈现出连串反应的特征。

2. 副反应

原料对二甲苯和溶剂乙酸都容易发生深度氧化，同时氧化不完全的中间产物或带入的一些杂质都会发生一些副反应。副产物虽数量不多，但品种繁多，已检出的副产物多达 30 种左右，统称为杂质。其中，对产品质量危害最大的是对羧基苯甲醛（4-CBA）和芴酮类衍生物等不溶性杂质。这些杂质不仅影响聚合物的某些性能（如黏度、熔点），且影响纺丝，易使聚酯纤维着色变黄。而且上述杂质用普通物理方法难以去除，一般需采用加氢精制工艺。首先含有 4-CBA 和有色杂质的粗产品溶解于水中，在高温高压下用钯碳催化剂进行选择性加氢，使 4-CBA 和有色杂质被还原成易溶于水的对甲基苯甲酸和无色组分，再经结晶分离，得到 4-CBA 含量小于 25μg/kg 的纤维级精对苯二甲酸，该加氢反应的反应式如下：

$$\text{4-CBA} + 2H_2 \longrightarrow \text{PT} + H_2O \qquad \Delta H_{298}^{\ominus} = -209.1 \text{kJ/mol} \qquad (10\text{-}26)$$

二、对二甲苯高温氧化制对苯二甲酸的生产工艺

（一）工艺条件

影响对二甲苯氧化制对苯二甲酸过程的因素有反应温度、反应压力、氧分压、溶剂比、反应系统的水含量及反应停留时间等。

1. 反应温度

反应温度升高可加快反应，缩短反应时间，并可降低反应中间产物的含量。但反应温度过高可加速乙酸与对二甲苯的过度氧化及其他副反应，所以反应温度的选择既要加快主反应，又要抑制副反应。

2. 反应压力

由于对二甲苯氧化反应是在液相中进行的，所以反应压力的选取要以对二甲苯处于液相为前提，并且要与反应温度相对应，一般反应温度升高，反应压力相应提高；反应温度降低，反应压力宜降低。一般控制压力在 1.06~2.65MPa。

3. 氧分压

该反应是气液相反应，所以提高氧分压有利于传质，使产物中的 4-CBA 等杂质浓度降低。但是，提高氧分压，深度氧化反应与主反应速率同时加剧，且尾气含氧量过高，有爆炸危险，给生产带来不安全因素。氧分压过低，引起反应缺氧，影响转化率，产品中的 4-CBA 等杂质明显增加，产品质量显著下降。在实际生产过程中，一般根据反应尾气中的氧含量和二氧化碳含量来判断氧分压是否选取适当；Amoco 工艺对尾气含氧量的控制条件为 3%~4.8%。当尾气含氧量达到 6% 即发出警报，达到 8% 便自动停止进氧或空气。

4. 溶剂比

乙酸溶剂在反应体系中的主要作用是提高对二甲苯在溶剂中的分散性；可溶解氧化中间产物，有利于自由基的生成，从而加快氧化反应速率；利用溶剂汽化移出一部分反应热；若反应不使用溶剂，氧化中间产物在对二甲苯中溶解度小，物料呈悬浮状态，从而产生固体物料的包结，物料包结后可影响氧化深度，使产品纯度下降，且物料黏度高，造成操作困难。增大乙酸与对二甲苯的摩尔比有利于提高反应转化率、对苯二甲酸收率，降低 4-CBA 液相浓度，但副反应消耗也会随着乙酸与对二甲苯摩尔比的增大而增加。所以，乙酸溶剂的存在，既有利于反应物的传质和传热，总体上有利于改善反应，又可提高产品纯度。因此，工业上较优的乙酸与对二甲苯的摩尔比约为 3.0~3.5。

5. 反应系统的水含量

反应系统中水的来源主要有两个，一是由氧化反应联产而得，二是由溶剂和母液循环带入。由主反应方程式可知，水对氧化反应有抑制作用，水含量过多，不利于化学平衡向正反应方向移动。含水量对 PX 氧化反应的转化率、PTA 收率、4-CBA 液相浓度和尾气中 CO_2 含量都有影响，随着含水量增加，反应转化率、收率和副反应生成的 CO_2 的体积分数的下降幅度逐渐增大，而 4-CBA 液相的质量分数却逐渐增大；当含水量达到一定值后，转化率、收率和副反应生成的 CO_2 的体积分数呈直线下降趋势，而 4-CBA 液相质量分数却呈直线上升趋势。此外，水含量过多，能使催化剂中的金属组分钴和锰生成水合物，导致催化剂活性显著下降；水含量过低，深度氧化产物一氧化碳或二氧化碳增加。因此，Amoco 工艺中适宜的水含量应为 13%~15%。

6. 停留时间

由于主反应是典型的连串反应，为了保证氧化反应完全，达到所需的转化率，反应器应采用返混型。但是停留时间还不宜太长，本反应工艺的停留时间应维持在 1.5h 左右。停留时间可通过进料量和反应器液面控制。

(二) 工艺流程

高温氧化法生产精对苯二甲酸的工艺流程主要分为两大部分，即对苯二甲酸的生产部分与对苯二甲酸的精制部分。前者包括对二甲苯高温氧化、对苯二甲酸的分离、干燥和乙酸回收三个工序，后者包括对苯二甲酸的加氢精制和精对苯二甲酸的分离与干燥两个工序。目前 PTA 生产的主流工艺是 BP-Amoco 工艺，其余工艺都是在其基础上发展和改进的。

1. 对苯二甲酸的生产部分

PX 氧化生产粗 PTA 的工艺流程见图 10-6。

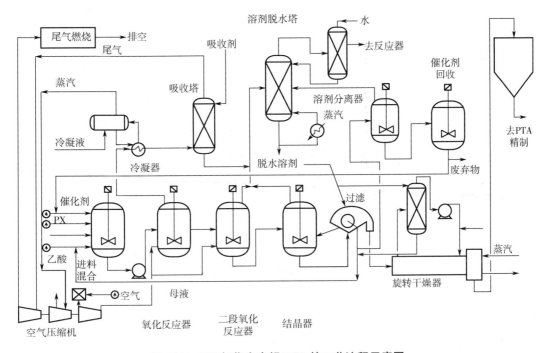

图 10-6　PX 氧化生产粗 PTA 的工艺流程示意图

PTA 生产工艺主要工序为：PX 氧化、PTA 结晶、PTA 分离或过滤、PTA 干燥、溶剂回收以及溶剂脱水等单元。

氧化催化剂（乙酸钴、乙酸锰和溴化物）和一定量的循环乙酸溶剂混合后进入氧化反应器，开车引发氧化反应时需预热到 190~200℃。催化剂与溶剂的质量比一般在 0.1~0.2。空气经压缩后进入反应器，反应温度不高于 205℃，属于高温氧化技术（BP-Amoco 改进的高温氧化工艺反应温度大多在 193~200℃，压力为 1.45MPa）。反应热通过溶剂和蒸汽带走。停留时间约 1h，PX 转化率为 98.3%，PTA 收率为 99.5%（摩尔分数）。反应后浆料通过多级结晶器结晶，在二段氧化反应器（也称第一结晶器）中进行深度氧化，进一步降低 4-CBA 和 PT 的含量。结晶后浆料经过滤、洗涤，部分母液循环回到溶解槽，其他进入溶剂回收单元。PTA 经干燥后送入 PTA 料仓。

2. 对苯二甲酸的精制部分

PTA 加氢精制工艺主要工序为：加氢精制、PTA 结晶、PTA 过滤、PTA 干燥、PTA 母液固体回收等单元。工艺流程见图 10-7。

干燥后的 PTA 送入 PTA 溶解槽，用水配制成 26%~30% 的浆料，通过多级预热器将浆料加热到 280~300℃，PTA 溶解成水溶液后进入加氢反应器。反应温度 280~300℃，反应压力通过氢气调节和控制。催化剂通常采用负载在活性炭上的贵金属钯制备的钯炭催化剂，通过钯炭催化剂将 PTA 中的 4-CBA 还原成水溶性的 PT，同时将有色杂质脱色。反应后的浆料，通过多级闪蒸结晶和两级分离（高压离心分离和常压分离），经过转筒干燥器干燥成纤维级高纯度对苯二甲酸(PTA)，其中 4-CBA 含量小于 25μg/g。精制反应转化率接近 100%，PTA 摩尔收率达到 99%。

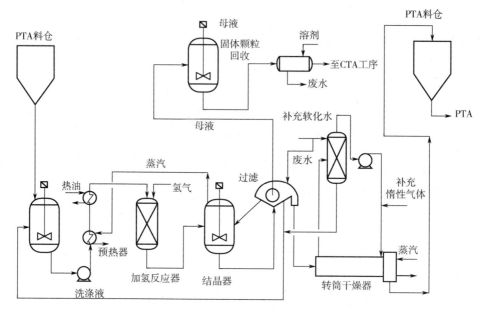

图 10-7　PTA 精制工艺流程示意图

思考与练习

10-1　纯乙烯分子筛催化气相法合成乙苯，苯烯比对反应有什么影响？

10-2　纯乙烯分子筛催化气相法合成乙苯，可能发生哪些副反应？

10-3　简述乙苯脱氢生成苯乙烯反应的特点。

10-4　乙苯脱氢生成苯乙烯的反应为什么要加蒸汽？

10-5　对二甲苯氧化生产对苯二甲酸时加入乙酸的作用有哪些？

10-6　对二甲苯氧化生产对苯二甲酸时反应系统中水分的来源有哪些？水分对反应有什么影响？

第十一章 石油的粗加工

石油是一种主要由烃类化合物组成的复杂混合物。世界各国所产石油的性质、外观都有不同程度的差异。大部分石油是暗色的，通常呈黑色、褐色或浅黄色。石油在常温下多为流动或半流动的黏稠液体。其密度大多在 0.8～0.98g/cm³ 之间，个别的如伊朗某石油密度达到 1.016 g/cm³，美国加利福尼亚州的石油密度低到 0.707 g/cm³。

石油的组成虽然极其复杂，不同地区甚至不同油层不同油井所产石油，在组成和性质上也可能有很大的差别。但分析其元素，基本上是由碳、氢、硫、氧、氮五种元素所组成。其中碳、氢两种元素占 96%～99%，碳占 83%～87%，氢占 11%～14%。其余的硫、氧、氮和微量元素含量不超过 1%～4%。石油中的微量元素包括氯、碘、磷、砷、硅等非金属元素和铁、钒、镍、铜、铅、钠、镁、钛、钴、锌等金属元素。石油中的烃类包括烷烃、环烷烃、芳烃。石油中一般不含烯烃和炔烃，二次加工产物中常含有一定数量的烯烃。各种烃类根据不同的沸点范围存在于对应的馏分中。

石油的沸点范围一般从常温一直到 500℃以上，蒸馏也就是根据各组分的沸点差别，将石油切割成不同的馏分。一般把原油从常压蒸馏开始馏出的温度（初馏点）到 180℃的轻馏分称为汽油馏分，180～350℃的中间馏分称为煤柴油馏分，大于 350℃的馏分称为常压渣油馏分。

石油的主要组成是烃类，但石油中还含有相当数量的非烃化合物，尤其在重质馏分油中含量更高。石油中的硫、氧、氮等杂元素总量一般占 1%～4%，但石油中的硫、氧、氮不是以元素形态存在而是以化合物的形态存在，这些化合物称为非烃化合物，它们在石油中的含量非常可观，高达 10%～20%。

（一）含硫化合物（石油的含硫量一般低于0.5%）

含硫化合物在石油馏分中的含量一般是随着石油馏分的沸点升高而增加，其种类和复杂性也随着馏分沸点升高而增加。低硫原油的含硫量小于 0.5%，中硫原油的含硫量介于 0.5%～2.0%，高硫原油的含硫量大于 2.0%。石油中的含硫化合物给石油加工过程和石油产品质量带来许多危害。

含硫化合物受热分解产生 H_2S、硫醇、元素硫等活性物质，对金属设备造成严重的腐蚀。含硫含盐化合物相互作用，对金属设备造成的腐蚀将更为严重。含硫燃料燃烧产生的 SO_2、SO_3 遇水后生成的 H_2SO_3、H_2SO_4 会强烈腐蚀金属机件；硫化物的存在严重影响油品的储存安定性，使储存和使用中的油品容易氧化变质，生成胶质，影响发动机的正常工作；含硫石油在加工过程中产生的 H_2S 及低分子硫醇等有恶臭气味的毒性气体，会影响人体健康，甚至造成中毒，含硫燃料油燃烧后生成的 SO_2、SO_3 排入大气也会污染环境；硫是某些催化剂的毒物，会造成催化剂中毒失去活性。

(二) 含氮化合物（石油的含氮量一般在 0.05%～0.5%）

我国原油的含氮量偏高，一般在 0.1%～0.5%。含氮化合物在石油馏分中的含量随石油馏分沸点的升高而迅速增加，约有 80%的氮集中在 400℃以上的渣油中。石油中的氮化物可分为碱性氮化物和非碱性氮化物（碱性氮化物是指在冰醋酸和苯的样品溶液中能够被高氯酸-冰醋酸滴定的含氮化合物，不能被滴定的是非碱性氮化物）。

石油中的非碱性含氮化合物性质不稳定，易被氧化和聚合生成胶质，是导致石油二次加工油品颜色变深和产生沉淀的主要原因。在石油加工过程中碱性氮化物会使催化剂中毒。石油及石油馏分中的氮化物应精制予以脱除。

(三) 含氧化合物

石油中的氧含量随石油馏分沸点升高而增加，主要集中在高沸点馏分中，约占原油总氧含量 90%～95%的氧富集在胶状沥青状物质中。石油中的含氧化合物包括酸性含氧化合物和中性含氧化合物，以酸性含氧化合物为主。酸性含氧化合物（包括环烷酸、芳香酸、脂肪酸和酚类等）对设备的腐蚀较严重，而且酚有强烈的气味，能溶于水，污水中通常含有酚，导致环境污染，酸性含氧化合物通常用碱洗的方法除去。中性含氧化合物（包括醛、酮、酯等）可氧化生成胶质，影响油品的使用性能。

通常原油先经过蒸馏过程，根据已制定的加工方案，将其按沸程分割成汽油、煤油、轻柴油、重柴油、各种润滑油馏分和渣油，此即所谓的石油一次加工，也叫粗加工。蒸馏所得到的各种馏分油称为直馏油，基本不含沥青质和胶质。为提高产品质量和轻油收率，相当多的直馏馏分油作为二次加工过程的原料，如催化裂化原料、催化重整原料和加氢裂化原料等。各种加工过程得到的不同产物，最后大都需要通过精制和调和，加入必要的添加剂，才能成为合乎各种质量标准的石油产品。

第一节 原油脱盐、脱水

自地下采出的石油一般都含有水分，这些水中溶解有 $NaCl$、$CaCl_2$、$MgCl_2$ 等盐类。必须先在油田进行初步的脱盐、脱水，以减轻在输送过程中的动力消耗和管线腐蚀。外输原油含水量控制在小于 0.5%，含盐量控制在小于 50mg/L。但由于原油在油田的脱盐、脱水效果很不稳定，含盐量及含水量仍不能满足炼油厂的要求，给炼油厂的正常生产带来冲击，必须在原油加工之前进一步脱盐、脱水。我国主要原油进厂时的含水量见表 11-1。

表 11-1 我国主要原油进厂时的含水量

原油种类	含盐量/(mg/L)	含水量/%	原油种类	含盐量/(mg/L)	含水量/%
大庆原油	3～13	0.15～1.00	辽河原油	6～26	0.30～1.00
胜利原油	33～45	0.10～0.80	鲁宁管输原油	16～60	0.10～0.50
中原原油	约 200	约 1.00	新疆原油	33～49	0.30～1.80
华北原油	3～18	0.08～0.20			

一、原油脱盐、脱水的原理及方法

(一)原油含盐、含水的危害

1.增加能量消耗

原油在加工中要经历汽化、冷凝的相变化,水的汽化潜热(2255kJ/kg)较烃类(300kJ/kg左右)大得多,若水与原油一起发生相变,必然要消耗大量的燃料和冷却水,增加加工过程能耗。如原油含水增加1%,由于水汽化吸热,可使原油换热温度下降10℃,相当于加热炉负荷增加5%左右。而且原油在通过换热器、加热炉时,因所含水分随温度升高而蒸发,溶解于水中的盐类将析出而在管壁上形成盐垢,不仅降低了传热效率,也会减小管内流通面积而增大流动阻力,水汽化之后体积明显增大也会造成系统压力上升,这些都会使原油泵出口压力增大,动力消耗增大。

2.影响蒸馏塔的平稳操作

水的分子量(18)比油(平均分子量为100~1000)小得多,水汽化后使塔内气相负荷增大,含水量的波动必然会打乱塔内的正常操作,轻则影响产品分离质量,重则因水的"爆沸"而造成冲塔事故。

3.腐蚀设备

氯化物,尤其是氯化钙和氯化镁,在加热并有水存在时,可发生水解反应放出HCl,后者在有液相水存在时即成盐酸,造成蒸馏塔顶部低温部位的腐蚀。

$$CaCl_2+2H_2O \longrightarrow Ca(OH)_2+2HCl \qquad (11-1)$$

$$MgCl_2+2H_2O \longrightarrow Mg(OH)_2+2HCl \qquad (11-2)$$

当加工含硫原油时,虽然生成的FeS能附着在金属表面上起保护作用,可是,当有HCl存在时,FeS对金属的保护作用不但被破坏,而且还会加剧腐蚀。

$$Fe+H_2S \longrightarrow FeS+H_2 \qquad (11-3)$$

$$FeS+2HCl \longrightarrow FeCl_2+H_2S \qquad (11-4)$$

4.影响二次加工原料的质量

原油中所含的盐类在蒸馏之后会集中于减压渣油中,在对渣油进一步深度加工时,无论是催化裂化还是加氢脱硫,原料中的钠离子都会使催化剂中毒。含盐量高的渣油作为延迟焦化的原料时,加热炉管内因盐垢而结焦,产物石油焦也会因灰分含量高而降低等级。

由于原油含盐含水的危害,炼油厂对原油脱盐、脱水有如下要求:设有重油催化裂化装置的炼油厂,要求含盐量<3mg/L,含水量<0.2%;不设重油催化裂化装置的炼油厂,要求含盐量<5mg/L,含水量<0.3%。

(二)原油中水和盐的存在形式及去除方法

1.水

(1) 游离水 由于水在原油及油品中溶解度很小,相对密度又较原油大。因此,绝大部分水以游离分层的形态存在于原油底层。这部分水采用静置沉降或机械沉降方法就能除去。

(2) 溶解水 尽管水在油中溶解度很小,但还是有一定的溶解度。因此,有少量水溶解于油中,由于这部分水量很小,且难以去除,工业上一般不考虑除去溶解水。

(3) 乳化水 由于原油中含有一些天然乳化剂,所以一部分水以乳化形态存在于油中,由于乳化水颗粒较小、表面强度又大,所以乳化水不易聚集和沉降,大都分散于原油层中。这部分水可采用加破乳剂及加载高压电场的方法去除。

2. 盐

原油中的盐一般有两种存在形式,大部分盐溶解于水中,少量未溶解的盐以颗粒形态存在于油中。颗粒盐采用加水的方法使其溶解于水中,这样只要除去水,溶解于水中的盐也一并除去。所以在脱盐、脱水之前向原油中注入一定量不含盐的清水,充分混合,使颗粒盐溶于水中,然后在破乳剂和高压电场的作用下,使微小水滴聚集成较大水滴,借重力从油中分离,达到脱盐、脱水的目的,这通常称为电化学脱盐、脱水过程。

二、原油脱盐、脱水的生产工艺

(一) 原油电脱盐工艺流程

原油的二级脱盐、脱水工艺流程见图11-1。

一级脱盐罐脱盐率在90%~95%之间,在进入二级脱盐罐之前,仍需注入淡水,一级注水是为了溶解悬浮的盐粒;二级注水是为了增大原油中的水量,以增大水滴的偶极聚结力。

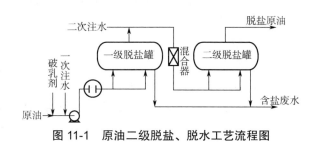

图 11-1 原油二级脱盐、脱水工艺流程图

(二) 工艺条件

应针对不同原油的性质、含盐量多少和盐的种类,合理地选用电脱盐工艺参数。

1. 温度

温度升高可降低原油的黏度和密度以及乳化液的稳定性,水的沉降速度增大。但温度过高(>140℃),油与水的密度差减小,不利于脱水。此外,原油的电导率随温度的升高而增大,所以温度太高还会因脱盐罐电流过大而跳闸。因此,原油脱盐、脱水温度一般选在105~140℃。

2. 压力

一旦原油汽化就会引起油层搅动,影响水的沉降分离。所以脱盐罐需保持一定压力,使原油中的轻组分不发生汽化。操作压力视原油中轻馏分含量和加热温度而定,一般为0.8~1.2MPa。

3. 注水量

在脱盐过程中,注入一定量的水与原油混合,将增大水滴的密度使之更易聚结,还可以破坏原油乳化液的稳定性,对脱盐有利。同时,二级注水量对脱盐后原油的含盐量影响极大,这是因为一级电脱盐罐主要脱除悬浮于原油中的原油盐,二级电脱盐罐主要脱除存在于乳化液中的原油盐。注水量一般为5%~7%。

4. 破乳剂

破乳剂是影响脱盐率的最关键的因素之一。近年来随着新油井开发,原油中杂质变化很大,而石油炼制工业对馏分油质量的要求也越来越高。针对这一情况,许多新型广谱多功能破乳剂问世,一般都是二元以上组分构成的复合型破乳剂。破乳剂的用量一般是 10~30μg/g。

5. 电场梯度

原油乳化通过高压电场时,在分散相水滴上形成感应电荷,由于感应电荷按极性排列,因而水滴在电场中形成定向键,当两个靠近的水滴,电荷相等,极性相反,便会产生偶极聚结力,积聚成较大水滴。电场梯度越大,偶极聚结力越大。但电场梯度过大时,水滴发生受电分散作用,使已聚集的较大水滴又开始分散,脱水、脱盐效果反而下降。我国现在各炼油厂采用的实际强电场梯度为 500~1000V/cm,弱电场梯度为 150~300V/cm。

(三) 主要设备

1. 电脱盐罐

工业用电脱盐罐及结构见图 11-2。电脱盐罐主要由罐体、电极板、油进出口、油水界面控制器、排水口、分配器等构成。

脱盐罐的大小是根据原油在强电场中合适的上升速度确定的。也就是说首先要考虑罐的轴向截面积及油和水的停留时间。大直径罐界面上油层和界面下水层的容积均大于小直径罐的相应容积。容积大意味着停留时间长,有利于水滴的聚集和沉降分离。另外,采用较大直径的脱盐罐,对干扰的敏感性小,操作较稳定,对脱盐、脱水均有利。

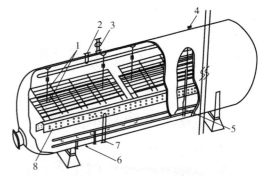

图 11-2 电脱盐罐结构图

1—电极板;2—出油口;3—变压器;4—油水界面控制器;
5—罐体;6—排水口;7—原油进口;8—分配器

(1) 原油分配器 原油从罐底进入后要求通过分配器均匀地垂直向上流动。常用的分配器有两种形式。一种是由带小孔的分配管组成,孔直径不等,距入口处越远,孔径越大,使流经各小孔的流量尽量相等。但这种分配器在原油处理量变化较大时,喷出原油不均匀,并有孔小易堵塞的缺点。另一种是低速倒槽型分配器。倒槽型分配器位于油水界面以下,槽的侧面开两排小孔,当原油进入倒槽后,槽内水面下降,出现油水界面,此界面与罐的油水界面有一位差,原油进入槽内后,借助水位差压,促使原油以低速均匀地从小孔进入罐内。倒槽的另一好处是底部敞开,大滴水和部分杂质可直接下沉,不会堵塞。

(2) 电极板 脱盐罐内的电极板一般为两层或三层。如为两层,则下极板通电,上极板接地;如为三层,则中极板通电,上下极板接地。现在各炼油厂采用两层的较多。电极板可由圆钢(或钢管)和扁钢组合而成。上下层极板之间为强电场,间距一般为 200~300mm,可根据处理的原油导电性质预先作好调整。下层极板与油水界面之间为弱电场,间距为 600~700mm,视罐的直径不同而异。

(3) 油水界面控制器 脱盐罐内保持油水界面的相对稳定对电脱盐操作至关重要。油水界面稳定,能保持电场强度稳定,界面稳定能保证脱盐水在罐内所需的停留时间,保证排放水含油达到规定要求。油水界面一般采用防爆内浮筒界面控制器控制。利用油与水的密度差和界面的变化,通过界面变送器,产生直流电输出信号,再经电/气转换器,产生气动信号,经调节器输出至放水调节阀进行油水界面的控制。

(4) 沉渣冲洗系统 原油进脱盐罐所带入的少量泥砂等杂质,部分沉积于罐底,运行周期越长,沉积越厚,占用了罐的有效空间,相应地减小了水层的容积,缩短了水在罐内的停留时间，影响出水水质，为此需定期冲洗沉渣。沉渣冲洗系统主要为一根带若干喷嘴的管子。管子沿罐长安装在罐内水层下部，冲洗时，用泵将水打入管内，通过喷嘴的高速水流，将沉渣吹向各排泥口排出。

2.防爆高阻抗变压器

变压器是电脱盐设施中最关键的设备。根据电脱盐的特点，应采取限流式供电，即采用电抗器接线或可控硅交流自动调压设备。变压器有单相、三相两种。

3.混合设施

原油、水、破乳剂在进脱盐罐前需借混合设施充分混合，使水和破乳剂在原油中尽量分散。分散充分则脱盐率高；但分散过细会形成稳定乳化液，脱盐率反而下降，故混合强度要适度。

第二节 常减压蒸馏

一、常减压蒸馏基本原理

蒸馏是将一种混合物反复地使用加热汽化和去热冷凝相结合的手段，使其部分或完全分离的过程。精馏是在精馏塔内利用液体混合物中各组分沸点和蒸气压（即相对挥发度）不同，使气液相之间不断地进行传热和传质过程，轻组分不断汽化上升而提浓，重组分不断冷凝下降而提浓，结果是在塔顶得到纯度较高的轻组分产物，在塔底得到纯度较高的重组分产物，它是实现分离目的的一种最基本也是最重要的化工手段。

关于蒸馏、精馏的基本原理，已在化工单元操作或化工原理课程中系统学习过，此处不再赘述。

二、常减压蒸馏生产工艺

常减压蒸馏主要是通过蒸馏和精馏方法，在常压和减压的条件下，将原油分割成为不同沸点范围的组分，以适应产品和下游工艺装置对原料的要求。常减压蒸馏装置是炼油厂加工原油的第一个装置，在炼油厂加工总流程中有重要的作用，常被称为"龙头"装置。常减压蒸馏工艺流程如图 11-3 所示。

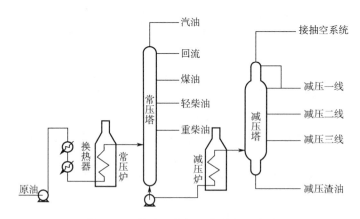

图 11-3 常减压蒸馏工艺流程示意图

常压蒸馏一般可切割出直馏汽油（可作重整原料、乙烯裂解原料）、溶剂油、煤油（航空或灯用）、轻柴油、重柴油等产品。

在减压蒸馏中可切割出几种润滑油馏分或催化裂化（加氢裂化）原料，剩下的减压渣油根据生产总流程的安排可有不同的用途，如用作丙烷脱沥青的原料，氧化沥青、焦化、减黏裂化或渣油加氢的原料，也可作燃料油出厂。

（一）常压蒸馏工艺流程

经过脱盐、脱水处理的原油经初馏塔拔头，初馏塔底部原油经常压加热炉加热到350~365℃，进入常压分馏塔。塔顶打入冷回流，使塔顶温度控制在90~110℃。由塔顶到进料段温度逐渐上升，利用馏分沸点范围不同，塔顶蒸出汽油，依次从侧一线、侧二线、侧三线分别蒸出煤油、轻柴油、重柴油。这些侧线馏分经常压汽提塔用过热水蒸气汽提出轻组分后，经换热回收一部分热量，再分别冷却到一定温度后送出装置。塔底约为350℃，塔底未汽化的重油用过热水蒸气汽提出轻组分后，作减压塔进料油。为了使塔内沿塔高的各部分的汽、液负荷比较均匀，并充分利用回流热，一般在塔中各侧线抽出口之间，打入2~3个中段循环回流。常压蒸馏工艺流程见图11-4。

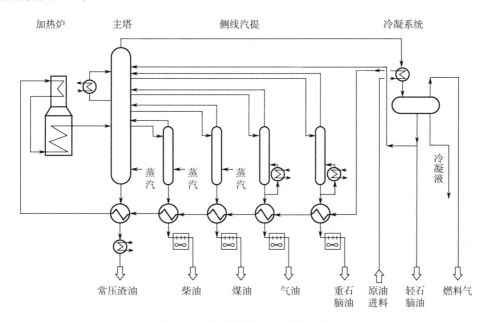

图 11-4　常压蒸馏工艺流程示意图

（二）减压蒸馏工艺流程

减压蒸馏在低压下操作，使高沸点烃类在较低温度下蒸发，可在避免高温分解的条件下通过蒸馏进行分离。将常压渣油分离为具有不同沸点范围的几种中间产品，用于进一步加工。

减压蒸馏工艺流程见图11-5。

常压塔底部重油用泵送入减压加热炉，加热到390~400℃进入减压塔。塔顶不出产品，分出的不凝气经冷凝冷却后，通常用二级蒸汽喷射器抽出不凝气，使塔内保持残压1.33~2.66kPa，以利于在减压下使油品充分蒸出。塔侧从一二侧线抽出轻重不同的润滑油馏分或裂化原料油，它们分别经汽提、换热、冷却后，一部分可以返回塔作循环回流，一部分送出装置。塔底减压渣油也吹入过热蒸汽汽提出轻组分，提高拔出率后，用泵抽出，经换热、冷却后出装置，可以作为自用燃料或商品燃料油，也可以作为沥青的原料或丙烷脱沥青的原料，进一步生产重质润滑油和沥青。

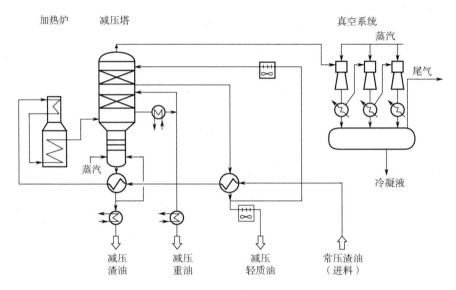

图 11-5　减压蒸馏工艺流程示意图

（三）减压塔

从外形来看，减压塔粗而短，常压塔细而长，减压塔的底座较高，塔底液面与塔底油抽出泵入口之间的高度差在 10m 左右，这主要是为了给热油泵提供足够的灌注头。减压塔下部缩径是为了缩短渣油在减压塔内的停留时间，上部缩径是为了提高塔顶真空度。

（四）常减压装置的分类

根据不同的原油和不同的产品，考虑不同的加工方案和工艺流程，常减压蒸馏装置可分为燃料型、燃料-润滑油型和燃料-化工型三种类型。这三者在工艺过程上并无本质区别，只是在侧线数目和分馏精度上有些差异。燃料-润滑油型常减压蒸馏装置因侧线数目多且产品都需要汽提，流程比较复杂，而燃料型、燃料-化工型则较简单。

1. 燃料型

常压塔顶出重整原料或乙烯料，常压塔设 3~4 条侧线，出溶剂油（或航空煤油）、轻柴油、重柴油（或催化裂化原料）。常压各侧线都设有汽提塔，以保证产品的闪点和馏分轻端符合指标要求。

减压塔设 3~4 条侧线，出催化裂化原料或加氢裂化原料，分馏精度要求不高，主要是从热回收和主塔汽液负荷均匀的角度设置侧线，减压各侧线一般不需要汽提塔。为尽量降低最重侧线的残炭和重金属携带量，需在最重侧线与进料段之间设 1~2 个洗涤段。

减压塔操作有传统的"湿式"和新工艺"干式"之分。"湿式"减压蒸馏在加热炉管内注入蒸汽以增大炉管内油品流速，在塔底注入蒸汽以降低塔内油品分压；减压塔一般采用填料舌型塔盘组合和采用两级蒸汽喷射抽真空，塔的真空度较低，压力降较大，加工能耗较高，减压拔出率也相对较低。"干式"减压蒸馏则改变了减压塔传统操作方式及塔的内部结构，即在炉管和塔内不注入蒸汽，采用三级抽真空、减压炉管扩径和低速转油线，塔内部结构采用处理能力高、压降小、传质传热效率高的新型金属填料及相应的液体分布器等，使装置的处理能力提高，加工能耗降低，拔出率提高，经济效益明显。

2. 燃料-化工型

常压塔设 2~3 个侧线，产品去作裂解原料，分馏精度要求不高，塔盘数目也比较少，各侧线不设汽提塔。减压系统与燃料型基本相同。

3. 燃料-润滑油型

常压塔与燃料型基本相同。减压塔一般设 4~5 条侧线，每条侧线对黏度、馏分、馏程、宽度、油品颜色和残炭都有指标要求。减压各侧线一般都有汽提塔以保证产品的闪点和馏分轻端符合指标要求。减压加热炉出口最高温度控制在 400℃，并且炉管逐级扩径尽量减少油品受热分解，以免润滑油料品质下降。为使最重润滑油侧线的残炭和颜色尽可能得到改善，在最重润滑油侧线与进料之间需设置 1~2 个洗涤段，以加强洗涤效果。燃料-润滑油型减压塔，国内外当前仍以湿法操作为主，塔顶二级抽真空。

第三节　原油加工中的防腐技术

针对常减压装置塔顶冷凝系统以及催化裂化、焦化、重整、加氢等装置分馏系统中的低温轻油部位的设备、管道腐蚀等问题，目前国内外炼油装置普遍采用"一脱三注"的工艺防腐措施。

一、"一脱"

"一脱"指的是电脱盐，电脱盐能够确保下游装置以及再次加工防腐工作的顺利进行，在高温环境下，原油中所含有的盐生成氯化氢等化学物质，严重腐蚀加工设备影响安全运行。电脱盐可以在满足下游装置加工要求的基础上确保其自身的防腐性能，一般情况下电脱盐的脱盐指标是原油脱盐后含盐量在 3mg/L 以下。

根据原油性质，优化确定电脱盐的注水量、操作温度、压力、混合强度、电场强度、界位控制等操作条件，制定相应的控制指标并严格执行。电脱盐系统的注水，优先选用酸性水汽提净化水。

装置正常运行情况下，原油脱盐后含盐、含水的分析频率为每天至少 1 次，污水含油的分析频率每周至少 3 次。要保证各项指标的合格率在 90% 以上，并有真实完整、随时可查的数据记录。如设备出现异常或原油性质变化较大，应视具体情况相应增加分析频次。

二、"三注"

常减压装置"三顶"（初馏塔、常压塔、减压塔的塔顶）挥发线应采取注中和剂、注缓蚀剂及注水的防腐措施，简称"三注"。

（一）注中和剂

pH 值与腐蚀速率的关系见图 11-6。当 pH 值<6 时，HCl 的腐蚀性加强；当 pH 值>8 时，H_2S

的腐蚀作用增强。

一般在塔顶油气管线注浓度为 3%～5% 的氨水。氨和 HCl 气体结合，生成处于挥发状态的氯化铵，被水洗出而带出塔顶系统。注氨量按塔顶冷凝水的 pH 值来控制，通常要求 pH 值控制在 7.5～8.5。塔顶 pH 值在 6.5～7.5 的范围内腐蚀最轻微。因此，常减压装置塔顶系统的 pH 值应控制在 6.5～7.5 的范围内。注入中和剂时可结合在线 pH 计测量数据，采取自动注入设备，确保均匀注入。由于注无机氨存在一些缺点，见表 11-2，故使用有机胺中和剂具有更好的综合技术经济指标。

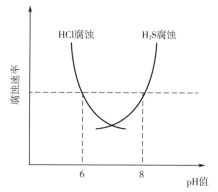

图 11-6　pH 值与腐蚀速率的关系

表 11-2　无机氨和有机胺中和剂的性能比较

无机氨	有机胺
初凝点时不易进入液相	初凝点即可进入液相
中和盐易产生铵垢，引起垢下腐蚀	中和盐是低熔点的，可避免结垢，避免垢下腐蚀
低 pH 值下运行，易生成酸式硫氢化铵 NH_4HS，可引起严重腐蚀，而高 pH 值下，易生成 FeS 沉淀	可以在 pH 值低于 5.5 时运行，不会生成腐蚀性强的 NH_4HS
不易控制操作系统的 pH 值	可有效控制操作系统的 pH 值
易引起生物腐蚀	不易引起生物腐蚀
价格低	价格高
设备使用周期短	设备使用周期长
设备维修费高	设备维修费低

（二）注缓蚀剂

注缓蚀剂的作用是消除注氨带来的氯化铵的沉积和腐蚀问题。注氨是控制 pH 值，注缓蚀剂是作为补充保护。常减压装置常用缓蚀剂为成膜型缓蚀剂，分水溶性和油溶性两种。推荐采用油溶性缓蚀剂，因为在塔顶系统中介质大部分为石脑油，水相对少得多。油溶性缓蚀剂能更好地分布在管线设备的表面上从而起到保护作用。此外，油溶性缓蚀剂用量少，总体费用低。

注缓蚀剂的量要根据实验来确定，使用自动注入设备，确保均匀、连续注入。注入量过低效果不好，且在极低浓度下会加速腐蚀（成膜不完整造成大阴极小阳极）；注入量过高会造成浪费。故缓蚀剂注入量不宜超过 20μg/g，缓蚀剂用量过大也会发生腐蚀。

（三）注水

注水的作用有三点：给挥发线内气体进行急冷，使露点部位从冷却器前移到挥发线；稀释最初凝结出的腐蚀性很强的酸性水；冲洗掉铵盐，避免垢下腐蚀。

注水位置：在中和剂、缓蚀剂注入点之后的塔顶油气管线上，但要避免在管线内壁局部形成冲刷腐蚀。

注水量：注水量一般为塔顶馏出物总量的 5%。选用本系统的冷凝水最方便有利，不会造成油品污染。催化和焦化分馏塔塔顶冷凝水含有 NH_3 和 H_2S，可以部分替代注氨，节省成本。

注水水质要求：可采用本装置含硫污水。补充水宜选择净化水或除盐水，水质要求见表 11-3。

表 11-3 注水水质指标

成分	最高值	期望值	分析方法（或标准）
氧/（μg/kg）	50	15	HJ 506—2009
pH 值	9.5	7.0~9.0	pH 计法
总硬度/（μg/g）	1.0	0.1	GB/T 6909—2018
溶解的铁离子/（μg/g）	1.0	0.1	HJ/T 345—2007
氯离子/（μg/g）	100	5	硝酸银滴定法
硫化氢/（μg/g）	—	小于 45	HJ/T 60—2000

三、"三注"的技术要求

（一）管线的保温

氨线要保温；输送缓蚀剂水溶液的管线要求蒸汽伴热并保温；输送缓蚀剂汽油溶液的管线不用伴热保温；注水线根据当地气温确定是否保温。

（二）注入点的选择

氨、缓蚀剂的注入点应设在挥发线的水平管段上，氨在前，缓蚀剂在后。注水点可在缓蚀剂注入点之后，离冷却器要有一定距离。注入口应根据流量大小，用 DN15 或 DN20 的管子弯成直角，管口打扁，安装在塔顶挥发线水平段的横截面中心，方向与产品流向一致。注水点前后应安装温度计套管，冷凝器进出口要安装电阻探针，以检查防腐效果。

（三）"三注"技术控制指标

注后排水的 pH 值、铁离子含量、氯离子含量的分析频率为每周至少 3 次，如表 11-4 所示，保持各项指标的合格率在 90% 以上，并有真实完整、随时可查的数据记录。

表 11-4 "三注"后塔顶冷凝水的技术控制指标

项目	指标	测定方法
pH 值	5.5~7.5（注有机胺时） 7.0~9.0（注氨水时） 6.5~8.0（有机胺+氨水）	pH 计法
铁离子含量/（mg/L）	≤3	分光光度法（样品不过滤）
Cl^- 含量/（mg/L）	≤30	硝酸银滴定法
平均腐蚀速率/（mm/a）	≤0.2	在线腐蚀探针或挂片

思考与练习

11-1 简述石油炼制工业在国民经济中的重要作用。

11-2 石油产品可以分为哪几大类?
11-3 石油蒸馏过程有何特点?
11-4 原油在进行蒸馏之前为什么要先脱盐、脱水?
11-5 常压蒸馏塔顶部最低操作压力受什么因素制约?
11-6 我国主要原油的轻组分含量并不高,为什么有的常减压蒸馏装置还要设置初馏塔?

第十二章　催化裂化

催化裂化是重质油在酸性催化剂存在下，在 500℃左右、$1\times10^5 \sim 3\times10^5$Pa 下发生裂解，生成轻质油、气体和焦炭的过程。催化裂化是现代化炼油厂用来改质重质瓦斯油和渣油的核心技术，是炼油厂获取经济效益的重要手段。

近年来，随着对轻质油品特别是对汽油需求量的增加，催化裂化无论是加工能力、装置规模，还是工艺技术均以较快的速度发展。催化裂化在重油转化中发挥着越来越重要的作用，1980 年，世界上专门设计用于重油催化裂化的生产装置几乎为零，而到 1996 年重油催化裂化生产能力达到 100Mt/a，约占当时催化裂化总能力的 16%。催化裂化工艺已成为 20 世纪 90 年代以来发展最快的重油加工手段。

目前全球约有 30%的原油可以通过重油催化裂化（RFCC）加工来提高馏分油收率，可以预见，RFCC 今后仍将会保持旺盛的生命力。

世界上第一套工业意义上的固定床催化裂化装置于 1936 年正式运转，随后又分别出现了移动床催化裂化（TCC）和流化床催化裂化（FCC）技术。1942 年第一套流化床催化裂化装置在美国投产。我国第一套流化床催化裂化装置于 1965 年在抚顺建成投产。20 世纪 70 年代提升管与沸石催化剂的结合使流化床催化裂化技术产生了质的飞跃，原料范围更宽，产品更加灵活多样，装置操作更稳定。几十年来，流化床催化裂化技术无论是在规模上还是在技术上都有了巨大的发展，尤其是在反应-再生形式和催化剂性能两个方面。

图 12-1 为催化裂化反应-再生系统的四种主要形式。

原料油在催化剂上进行催化裂化时，一方面通过分解等反应生成气体、汽油等较小分子的产物，另一方面同时发生缩合反应生成焦炭。这些焦炭沉积在催化剂的表面上，使催化剂的活性下降。因此，经过一段时间的反应后，必须烧去催化剂上的焦炭以恢复催化剂的活性。这种用空气烧去积炭的过程称为"再生"。由此可见，一个工业催化裂化装置必须包括反应和再生两个部分。

固定床技术的特点：预热后的原料进入反应器内进行反应，通常只经过几分钟到十几分钟，催化剂的活性就因表面积炭而开始下降，这时停止进料，用水蒸气吹扫后，通入空气进行再生。因此，反应和再生是轮流间歇地在同一个反应器内进行。为了在反应时供热及在再生时取走热，在反应器内装有取热的管束，用一种熔盐循环取热。为了使生产连续化，可以将几个反应器组成一组，轮流地进行反应和再生。固定床催化裂化的设备结构复杂，生产连续性差，因此，在工业上已被其他形式所代替，但是在试验研究中它还有一定的使用价值。

移动床技术的特点：反应和再生分别在反应器和再生器内进行。原料油与催化剂同时进入反应器的顶部，它们互相接触，一边进行反应，一边向下移动。当它们移动至反应器的下部时，催化剂表面已沉积了一定量的焦炭，于是油气从反应器的中下部导出而催化剂则从底部下来，再由气升管用空气提升至再生器的顶部，然后在再生器内向下移动的过程中进行再生。再生过的催化剂经另一根气升管又提升至反应器。为了便于移动和减少磨损，将催化剂做成 3~6mm 直径的小球。由于催化剂在反应器和再生器之间循环，起到热载体的作用，因此，移动床内可以不设加热管。但是在再生器内，由于再生时放热量很大，虽然循环催化剂可带走一部分热量，但仍不能维持合适的再生温度。因此，在再生器内须分段安装一些取热管束，用高压水进行循环以取走剩余热量。

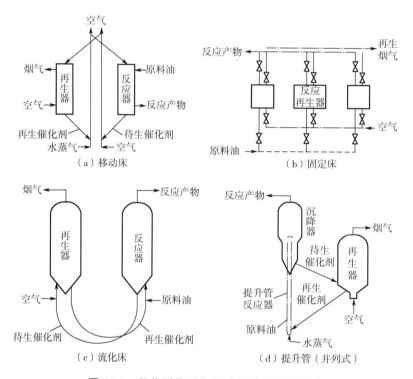

图 12-1 催化裂化反应-再生系统的四种形式

流化床技术的特点：反应和再生也是分别在两个设备中进行，其原理与移动床相似，只是在反应器和再生器内，催化剂与油气或空气形成流化状态，进行反应和再生。催化剂做成直径 20~100μm 的微球，其在两器之间的循环像流体一样方便。由于在流化状态，反应器或再生器内温度分布均匀，而且催化剂的循环量大，可以携带的热量多，减小了反应器和再生器内温度变化的幅度，大大简化了设备的结构，流化床技术具有处理量大、设备结构简单、操作方便灵活、产品性质稳定等优点，因此得到了广泛应用。20 世纪 50 年代最有代表性的是高低并列式密相流化床催化裂化，或称Ⅳ型催化裂化。自 60 年代以来，为配合高活性的分子筛催化剂，流化床反应器又发展为提升管反应器。目前提升管催化裂化装置已占据了主导地位。

催化剂在催化裂化的发展中起着十分重要的作用。在催化裂化发展初期，利用天然的活性白土作催化剂；20 世纪 40 年代起广泛采用人工合成的硅酸铝催化剂；60 年代出现了分子筛催化剂，由于它具有活性高、选择性高和稳定性好等特点，很快就被广泛采用，使催化裂化技术有了跨越性的发展，除了促进提升管反应技术的发展外，还促进了再生技术的迅速发展。

催化裂化在 20 世纪对炼油工业的贡献是巨大的，面对 21 世纪的形势和任务，催化裂化迎来了新挑战。在今后一段时期内，催化裂化技术将会围绕以下几个方面发展：

① 继续改进工艺、设备、催化剂技术，尽可能多地转化劣质重油，提高轻质产品收率。对

我国而言，特别要在保证长周期运转上下功夫。
② 继续研究开发多产低碳烯烃的工艺，为发展石油化工和清洁燃料组分的生产提供原料。
③ 利用其反应机理，继续研究开发能满足市场产品需求的催化裂化工艺和催化剂。
④ 为清洁生产，研究开发减少排放的工艺、催化剂、添加剂以及排放物的无害化处理。
⑤ 同步发展催化裂化与其他工艺的组合优化。
⑥ 注重过程模拟和计算机应用。
⑦ 注重新催化材料的开发和应用。

由于石油仍是不可替代的运输燃料，随着原油的重质化和对轻质燃料需求的增长，发展重油深度转化、增加轻质油品仍将是本世纪炼油行业的重大发展战略。近十几年来，我国催化裂化掺炼渣油量在不断上升，已居世界领先地位。催化剂的制备技术已取得了长足的进步，国产催化剂在渣油裂化能力和抗金属污染等方面均已达到或超过国外的水平。在减少焦炭、取出多余热量、催化剂再生和能量回收等方面的技术有了较大发展。

第一节　催化裂化的原料和产品

一、原料

催化裂化的原料范围广，可分为馏分油和渣油两大类。馏分油主要是直馏减压馏分油（VGO），馏程为 350~500℃，也包括少量的二次加工重馏分油，如焦化蜡油等。渣油主要是减压渣油、脱沥青的减压渣油、加氢处理重油等。渣油都是以一定的比例掺入减压馏分油中进行加工，其掺入的比例主要受制于原料的金属含量和残炭值。对于一些金属含量很低的石蜡基原油也可以直接用常压重油作为原料。当减压馏分油中掺入渣油时则通称为 RFCC，1995 年之后我国新建的装置均为掺炼渣油的 RFCC。

通常评价催化裂化原料的指标有馏分组成、特性因数 K 值、相对密度、苯胺点、残炭值、含硫量、含氮量、金属含量等。其中残炭值、金属含量和含氮量对 RFCC 影响最大。

（一）馏分组成

对以饱和烃为主要成分的直馏馏分油来说，馏分越重越容易裂化，所需条件越缓和，且焦炭产率也越高，而芳烃含量较高的渣油并不遵循此规律。对重质原料，密度只要小于 $0.92g/cm^3$，对馏程无限制。

1.烃类族组成

含环烷烃多的原料容易裂化，是理想的催化裂化原料，其液化气和汽油产率高，所得汽油辛烷值也高。含烷烃多的原料也容易裂化，但气体产率高，汽油产率和辛烷值较低。含芳烃多的原料难裂化，汽油产率更低，液化气产率也低，且生焦多，生焦量与进料的化学组成有关。烃类的生焦能力：芳烃>烯烃>环烷烃>烷烃。

分析重质原料油烃类族组成比较困难，一般是通过测定特性因数 K 值、含氢量、相对密度、苯胺点、黏度等参数，间接地进行判断。

特性因数 K 值可表明原料的裂化性能和生焦倾向，K 值越高越容易裂化，生焦倾向也越小。

原料油的含氢量也可反映它的烃族组成。原料油含氢量低，说明饱和烃含量低，芳烃、胶质和沥青质含量高，残炭值较大，生焦率较高，转化率较低。

2. 残炭

残炭值反映了原料中生焦物质含量的多少。残炭值越大，焦炭产率就越高。馏分油原料的残炭值一般不大于0.4%，而渣油的残炭值较高，一般都在4%以上，致使焦炭产率高达10%（质量分数）左右，热量过剩，因此解决取热问题是实现渣油催化裂化的关键之一。目前我国已有能处理残炭值高达7%~8%劣质原料的催化裂化装置。

3. 含硫、含氮化合物

含硫量会影响裂化的转化率、产品选择性和产品质量。Keyworty等人研究了原料硫在催化裂化产品中的分布。含硫量增加，转化率下降，汽油产率下降，气体产率增加；含硫原料在裂化的同时会发生脱硫反应生成H_2S，造成设备的腐蚀；而进入产品中的有机硫化物会造成产品质量不合格；烟气中的SO_x含量超过排放标准会造成环境污染。

原料中的氮化物，特别是碱性氮化物能强烈地吸附在催化剂表面，中和酸性中心，使催化剂活性降低；中性氮化物进入裂化产物中会使油品安定性下降。Fu和Schaffer研究了30种不同的氮化物对两种工业催化裂化催化剂活性和选择性的影响，他们发现氮化物的气相质子亲和力越强，对催化剂的毒性就越大。焦炭中的氮化物在再生过程中生成NO_x，进入烟气中会污染大气。

因此，原料中含有上述物质对生产是不利的，原料的含硫量和含氮量要分别限制在0.5%和0.3%以下。

4. 金属

金属包括碱性金属钠和重金属铁、镍、钒、铜等。它们大都以有机金属化合物的形式存在，分为挥发性和不可挥发性两种。前者相当于一个平均沸点约620℃的化合物，在减压蒸馏时可能被携带进入作为催化裂化原料的减压馏分油中。不可挥发的重金属化合物为一种胶体悬乳物存在于渣油中。所以渣油以及来自焦化、减黏裂化和脱沥青等装置的油料中重金属含量都比较高，往往比在馏分油中高几十倍，甚至几百倍。

金属钠除本身具有碱性会使催化剂酸性中心减活外，更主要的是它与钒在高温下生成的低熔点钒酸钠盐会破坏催化剂的晶格结构，所以钒对催化剂的危害比镍还要大。

镍和钒沉积在催化剂上，具有强的催化脱氢活性，使反应选择性急剧变差，生成大量焦炭和氢气。因此，催化裂化原料中要限制重金属的含量。目前我国已能成功地处理含镍量小于10μg/g的重油，采用一定措施后还可以处理含镍量小于20μg/g、含钒量小于1μg/g的原料。原油中钠含量可以通过加强电脱盐使其小于1μg/g。

（二）催化裂化原料油品的性质

表12-1对减压馏分油（VGO）、常压渣油（AR）、减压渣油（VR）、焦化馏出油（CGO）和溶剂脱沥青油（DAO）五种可能作为催化裂化原料的油品性质做了比较。渣油的特点是馏程高、相对密度大、芳烃含量高、残炭值高、硫、氮和金属杂质多，给催化裂化加工带来许多困难。但我国类似于大庆原油一类的低硫石蜡基原油的AR性质较好，残炭值和金属含量都不高，可以直接作RFCC的原料。其他原油的AR和所有的VR因残炭值和金属含量高只能与VGO掺炼，可能达到的最大掺炼比视原油类型、装置的工艺和设备条件而不同。目前大庆原油的VR可达到40%~50%，管输原油的VR在30%左右。CGO虽然在馏程、相对密度、残炭值和金属含

量方面与 VGO 较为近似，但它的硫含量、氮含量、烯烃含量和芳烃含量都比 VGO 要高，尤其是氮含量高的危害性很大，使轻质油收率降低，生焦量增大，CGO 的掺炼比一般在 20%左右。劣质的 VR 可用溶剂脱去沥青得到 DAO，与 VR 相比它的残炭值和金属含量都有下降，正庚烷不溶物（沥青质）明显减少，再作为掺炼组分时裂化性能已有明显改善。

表 12-1 几种催化裂化原料的性质比较

原油来源	大庆				胜利					阿拉伯（轻）			
项目 \ 类型	减压馏分油（VGO）	常压渣油（AR）	减压渣油（VR）	焦化馏出油（CGO）	减压馏分油（VGO）	常压渣油（AR）	减压渣油（VR）	焦化馏出油（CGO）	脱沥青油（DAO）	减压馏分油（VGO）	常压渣油（AR）	减压渣油（VR）	脱沥青油（DAO）
馏程/℃	350~500	>350	>500	320~480	350~500	>400	>500	323~494	—	370~520	>350	>500	—
d_4^{20}	0.8564	0.8959	0.9220	0.8763	0.8876	0.9460	0.9698	0.9178	0.9340	0.9141	0.9514	0.9969	0.9861
v_{100}/(mm²/s)	4.60	28.9	104.5		5.94	139.7	861.7	5.06	50	6.93	32.83	1035	
R_c/%	<0.1	4.3	7.2	0.31	<0.1	9.6	13.9	0.74	4.5	0.12	9.36	19.7	10.7
H/%	13.80	13.27	—	12.38	13.50	11.77		11.46	—	11.69	11.20		
S/%	0.045	0.15	0.91	0.29	0.47	1.2	1.95	1.20		2.61	3.29	4.31	3.25
N/%	0.068	0.2	—	0.37	<0.1	0.6		0.69		0.078	0.16		0.1
K/(μg/g)	12.5	—			12.3					11.85			
Ni/(μg/g)	<0.1	4.3	7.2	0.3	<0.1	36	46	0.5	12		6.5	68	19[①]
V/(μg/g)	0.01	<0.1	0.1	0.17	<0.1	1.5	2.2	0.01	<2		27.2	140	
饱和烃/%	86.8	61.4	—	—	71.8	40.0				65.8	49.3		
芳烃/%	13.4	22.1			23.3	34.3				31.6	34.0		
胶质/%	0.0	16.45			4.9	24.9				2.6	16.7		
沥青质（C₇）/%	—	0.05	2.5~3.0	—		0.8	4.22[②]		<0.05	—	16.7	10.0[②]	0.05[②]
占原油/%	26~30	71.5	42.9		27	68.0	47.1			24.3	50.39	22.4	
DAO 收率/%	—	—	—	—	—	—	—	—	60	—	—	—	78

① Ni+V。
② 胶质+沥青质。

二、产品

催化裂化的产品包括气体、液体和焦炭。

（一）气体产物

在一般工业条件下，气体产率约为 10%～20%，其中含有 H_2、H_2S 和 C_1～C_4 等组分。C_1、C_2 的气体叫干气，约占气体总量的 10%～20%，其余的 C_3、C_4 气体叫液化气（或液态烃），其中烯烃含量可达 50%左右。

干气中含有 10%～20%的乙烯，它不仅可作为燃料，还可作生产乙苯、制氢等的原料。

液化气中含有丙烯、丁烯，是宝贵的石油化工原料和合成高辛烷值汽油的原料；丙烷、丁烷可作制取乙烯的裂解原料，也是渣油脱沥青的溶剂。同时，液化气也是重要的民用燃料气来源。

(二) 液体产物

① 汽油　汽油产率约为 30%~60%，其研究法辛烷值约为 80~90，又因催化汽油所含烯烃中，α-烯烃更少，且基本不含二烯烃，所以安定性较好。

② 柴油　柴油产率约为 0%~40%，因含有较多的芳烃，所以十六烷值较直馏柴油低，由重油催化裂化得到的柴油的十六烷值更低，只有 25~35，而且安定性很差，这类柴油需经过加氢处理，或与质量好的直馏柴油调和后才能符合轻柴油的质量要求。

③ 重柴油（回炼油）　是馏程在 350℃以上的组分，可作回炼油返回到反应器内，以提高轻质油收率，但因其含芳烃多 (35%~40%) 使生焦率增加，不回炼时就以重柴油产品出装置，也可作为商品燃料油的调和组分。

④ 油浆　油浆的产率约为 5%~10%，是从催化裂化分馏塔底部得到的渣油，含有少量催化剂细粉，可以送回反应器回炼以回收催化剂，但因油浆富含多环芳烃而容易生焦，在掺炼渣油时为了降低生焦率要向外排出一部分油浆。油浆经沉降除去催化剂粉末后称为澄清油，因多环芳烃的含量较大 (50%~80%)，所以是制造针状焦的好原料，或作为商品燃料油的调和组分，也可作为加氢裂化的原料。

(三) 焦炭

焦炭的产率约为 5%~7%，重油催化裂化的焦炭产率可达 8%~10%。焦炭是缩合产物，它沉积在催化剂的表面上，使催化剂丧失活性，所以要用空气将其烧去使催化剂恢复活性，因而焦炭不能作为产品分离出来。

第二节　催化裂化生产技术

一、催化裂化的反应原理

催化裂化原料在固体催化剂上进行催化裂化反应是一个复杂的物理化学过程。各种产品的数量和质量不仅取决于组成原料的各类烃在催化剂上的反应，而且还与原料气在催化剂表面上的吸附，反应产物的脱附以及油气分子在气流中的扩散等物理过程有关。

(一) 烃类的催化裂化基本反应

烃类的催化裂化基本反应与烃类热裂解相关内容基本一致，此处只做简单介绍。

1. 烷烃

烷烃主要发生分解反应，碳链断裂生成较小的烷烃和烯烃。生成的烷烃又可继续分解成更小的分子。分解发生在最弱的 C—C 键上，烷烃分子中的 C—C 键的键能随着向分子中间移动而减弱，正构烷烃分解时多从中间的 C—C 键处断裂，异构烷烃的分解则倾向于发生在叔碳原子的 β 键位置上。分解反应的速率随着烷烃分子量和分子异构化程度的增加而增大。

2. 烯烃

烯烃很活泼，反应速率快，在催化裂化中占有很重要的地位。烯烃的主要反应有分解反应、异构化反应、氢转移反应、芳构化反应。

3. 环烷烃

环烷烃主要发生分解、氢转移和异构化反应。

4. 芳香烃

芳香烃的芳核在催化裂化条件下极稳定，如苯、萘、联苯，但连接在苯核上的烷基侧链却很容易断裂，断裂的位置主要在侧链与苯核相连的C—C键上，生成较小的芳烃和烯烃。这种分解反应也称为脱烷基反应。侧链越长，异构程度越大，脱烷基反应越易进行。但分子中至少要有三个碳以上的侧链才易断裂，脱乙基较困难。

多环芳香烃的裂化速率很低，其主要反应是缩合成稠环芳烃，最后成为焦炭，同时放出氢使烯烃饱和。

综上所述，在催化裂化的条件下，原料中各种烃类进行错综复杂的反应，不仅有大分子裂化成小分子的分解反应，也有小分子生成大分子的缩合反应（甚至缩合成焦炭），与此同时，还进行异构化、氢转移、芳构化等反应。在这些反应中，分解反应是最主要的反应，催化裂化正是因此而得名。各类烃的分解速率为：烯烃>环烷烃；异构烷烃>正构烷烃>芳香烃。

（二）烃类催化裂化碳正离子反应机理

前面我们讨论了在催化裂化条件下各种烃类进行的基本反应。为了解这些反应是怎样进行的并解释某些现象，如裂化气体中C_3、C_4多，汽油中异构烃多等，我们再进一步讨论烃类在裂化催化剂上进行反应的历程，或称为反应机理。

到目前为止，碳正离子学说被公认为是解释催化裂化反应机理比较好的一种学说。虽然也有其他一些理论在某些方面是正确的，但是不能像碳正离子学说解释问题的范围那样广泛。

所谓碳正离子，是指缺少一对价电子的碳所形成的烃离子，或叫带正电荷的碳离子，可表示为RC^+H_2。

碳正离子的基本来源是由一个烯烃分子获得一个氢离子（H^+，质子）而生成。例如：

$$C_nH_{2n} + H^+ \longrightarrow C_nH_{2n+1}^+ \tag{12-1}$$

氢离子来源于催化剂酸性活性中心。芳烃也能接收催化剂酸性中心提供的质子生成碳正离子。烷烃的反应历程可认为是烷烃分子与已生成的碳正离子作用而生成一个新的碳正离子，然后再继续进行以后的反应。

下面我们通过正十六烯烃的催化裂化反应来说明碳正离子学说。

① 正十六烯烃通过催化剂表面或已生成的碳正离子获得一个H^+而生成碳正离子。

$$n\text{-}C_{16}H_{32} + H^+ \longrightarrow C_5H_{11}-\overset{H}{\underset{+}{C}}-C_{10}H_{21} \tag{12-2}$$

$$n\text{-}C_{16}H_{32} + C_3H_7^+ \longrightarrow C_3H_6 + C_5H_{11}-\overset{H}{\underset{+}{C}}-C_{10}H_{21} \tag{12-3}$$

② 大的碳正离子不稳定，容易在β位断裂。

$$C_5H_{11}-\overset{H}{\underset{+}{C}}-CH_2\overset{\beta}{-}C_9H_{19} \longrightarrow C_5H_{11}-\overset{H}{C}=CH_2 + \underset{+}{CH_2}-C_8H_{17} \tag{12-4}$$

③ 生成的碳正离子是伯碳正离子，不稳定，易于变成仲碳正离子，然后接着在 β 位断裂。

$$\overset{+}{C}H_2-C_8H_{17} \longrightarrow CH_3-\overset{+}{C}H-C_7H_{15} \longrightarrow CH_3-CH=CH_2+\overset{+}{C}H_2-C_5H_{11} \tag{12-5}$$

以上所述的伯碳正离子的异构化、大碳正离子在 β 位断裂、烯烃分子生成碳正离子等反应可以继续下去，直至生成不能再断裂的小碳正离子（即 $C_3H_7^+$、$C_4H_9^+$）为止。

④ 碳正离子的稳定程度依次是叔碳正离子>仲碳正离子>伯碳正离子，因此生成的碳正离子趋向于异构化为叔碳正离子。例如：

$$C_5H_{11}-\overset{+}{C}H_2 \longrightarrow C_4H_9-\overset{+}{C}H-CH_3 \longrightarrow CH_3-\underset{\underset{CH_3}{|}}{\overset{+}{C}}-C_3H_7 \tag{12-6}$$

⑤ 碳正离子和烯烃结合在一起生成大分子的碳正离子。

$$CH_3-\overset{+}{C}H-CH_3+H_2C=CH-CH_2-CH_3 \longrightarrow CH_3-\underset{\underset{CH_3}{|}}{CH}-CH_2-\overset{+}{C}H-CH_2-CH_3 \tag{12-7}$$

⑥ 各种反应最后都由碳正离子将 H^+ 还给催化剂，本身变成烯烃，反应中止。例如：

$$C_3H_7^+ \longrightarrow C_3H_6+H^+(催化剂) \tag{12-8}$$

碳正离子学说可以解释烃类催化裂化反应中的许多现象。例如：由于碳正离子分解时不生成比 C_3、C_4 更小的碳正离子，因此裂化气中含 C_1、C_2 少（催化裂化条件下总会伴随有热裂化反应发生，因此总有部分 C_1、C_2 产生）；由于伯、仲碳正离子趋向于转化成叔碳正离子，因此裂化产物中含异构烃多；由于具有叔碳正离子的烃分子易于生成碳正离子，因此异构烷烃、烯烃、环烷烃和带侧链的芳烃的反应速率高；等等。碳正离子还说明了催化剂的作用，催化剂表面提供 H^+，使烃类通过生成碳正离子的途径来进行反应，而不像热裂化那样通过自由基来进行反应，从而使反应的活化能降低，提高了反应速率。

碳正离子学说主要是根据在无定形硅酸铝催化剂上反应的研究结果来阐述的。关于烃类在结晶型分子筛催化剂上的反应机理，大多数的研究结果证明它也是碳正离子反应，碳正离子反应机理同样适用。分子筛催化剂的表面也呈酸性，能提供 H^+。分子筛催化剂的活性比硅酸铝催化剂的高得多，仅从酸性中心及其酸强度的比较尚不能满意地解释。有的研究工作者从其他角度（如产生静电场、晶格内反应物的局部浓度高等）来解释此现象。总的来看，这些问题还有待于更深入的研究。

为了加深对烃类催化裂化反应特点的认识，表 12-2 根据实际现象和反应机理对烃类的催化裂化反应同热裂化反应做了比较。

表 12-2 烃类的催化裂化反应同热裂化反应的比较

裂化类型	催化裂化	热裂化
反应机理	正碳离子反应	自由基反应
烷烃	①异构烷烃的反应速率比正构烷烃的高得多 ②裂化气中的 C_3、C_4 多，$\geqslant C_4$ 的分子中含 α-烯少，异构物多	①异构烷烃的反应速率比正构烷烃的快得不多 ②裂化气中 C_1、C_2 多，$\geqslant C_4$ 的分子中含 α-烯多，异构物少

续表

裂化类型	催化裂化	热裂化
烯烃	①反应速率比烷烃的快得多 ②氢转移反应显著，产物中烯烃尤其是二烯烃较少	①反应速率与烷烃的相似 ②氢转移反应很少，产物的不饱和度高
环烷烃	①反应速率与异构烷烃的相似 ②氢转移反应显著，同时生成芳烃	①反应速率比正构烷烃的还要低 ②氢转移反应不显著
带烷基侧链（$\geq C_3$）的芳烃	①反应速率比烷烃的快得多 ②在烷基侧链与苯环连接的键上断裂	①反应速率比烷烃的慢 ②烷基侧链断裂时，苯环上留有1~2个C的侧链

（三）石油馏分的催化裂化反应

石油馏分是由各种单体烃组成的，因此单体烃的反应规律是石油馏分进行反应的依据。例如，石油馏分也进行分解、异构化、氢转移和芳构化等反应，但并不等于各种烃类单独裂化结果的简单相加，它们之间相互影响。石油馏分的催化裂化反应有两方面的特点。

1.各种烃类之间的竞争吸附和对反应的阻滞作用

烃类的催化裂化反应是在催化剂表面上进行的。对于VGO裂化来说，在一般催化裂化条件下可认为是一个气固非均相催化反应，从而也就遵从气固非均相反应的7个步骤：①油气流扩散到催化剂颗粒的外表面（外扩散）；②从外表面经催化剂微孔扩散到活性中心上面（内扩散）；③在催化剂活性中心化学吸附；④在催化剂的作用下进行化学反应；⑤生成的反应产物从催化剂表面上脱附下来；⑥产物经催化剂微孔扩散到催化剂外表面（内扩散）；⑦产物从催化剂外表面扩散到流体相（外扩散）。

由此可见，烃类进行催化裂化反应的先决条件是在催化剂表面上的吸附。各种烃类在催化剂表面的吸附能力大致为：稠环芳烃>稠环环烷烃>烯烃>单烷基侧链的单环芳烃>环烷烃>烷烃。在同一族烃类中，大分子的吸附能力比小分子的强。而各种烃类的化学反应速率快慢顺序大致为：烯烃>大分子单烷基侧链的单环芳烃>异构烷烃及环烷烃>小分子单烷基侧链的单环芳烃>正构烷烃>稠环芳烃。

由于这两个排列顺序是不一致的，特别是稠环芳烃，它的吸附能力强而化学反应速率却最低。因此，当裂化原料中含这类烃较多时，它们就首先牢牢占据催化剂的表面，但由于反应得很慢，而且不易脱附，甚至缩合成焦炭干脆不离开催化剂表面了，这样大大阻碍了其他烃类的吸附和反应，使整个石油馏分的催化裂化反应速率降低。而环烷烃，既有一定的反应能力，又有一定的吸附能力，因而是催化裂化原料的理想组分。

认识这个特点对指导生产有现实意义。例如芳香基原料油、催化裂化回炼油和油浆，其中含有较多的稠环芳烃不仅难裂化还易生焦，所以须选择合适的反应条件，如缩短反应时间以减少生焦，或降低温度、延长反应时间以提高裂化深度，这就是选择性催化裂化的原理。或者把上述原料先通过加氢使原料中的稠环芳烃转化成环烷烃，变成优质的裂化原料。

2.复杂的平行-顺序反应

石油馏分的催化裂化同时朝几个方向进行反应，这种反应称为平行反应，生成的反应产物又可继续进行反应，这种反应称为顺序反应。因此石油馏分的催化裂化反应是一个复杂的平行-顺序反应。如图12-2所示。

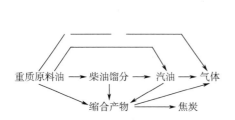 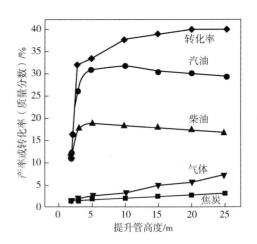

图 12-2　石油馏分催化裂化的平行-顺序反应模型　　图 12-3　反应产物产率沿提升管高度的变化

平行-顺序反应的一个重要特点是反应深度（即转化率）对各产品产率的分布有重要影响。图 12-3 表示了某提升管反应器内原料油的转化率及各反应产物的产率沿提升管高度（也就是随着反应时间的延长）的变化情况。由图 12-3 可见，随着提升管高度的增加，转化率提高，最终产物气体和焦炭的产率一直增大。汽油的产率在开始一段时间内增大，但在经过一最高点后则下降，这是因为达到一定的反应深度后，再加深反应，它们进一步分解成更轻馏分（如汽油分解成气体，柴油分解成汽油）的速率高于生成它们的速率。通常把初次反应产物再继续进行的反应称为二次反应。

催化裂化的二次反应是多种多样的，其中有些是有利的，有些则是不利的。例如，反应生成的烯烃再异构化生成高辛烷值组分，烯烃和环烷烃氢转移生成稳定的烷烃和芳香烃等，这些反应都是我们所期望的。而烯烃进一步裂化为干气，丙烯、丁烯通过氢转移而饱和，烯烃及高分子芳烃缩合生成焦炭等反应则是不利的。因此，实际生产中应适当控制二次反应。当生产中要求更多的原料转化成产品，以获取较高的轻质油收率时，则应限制原料转化率不要太高，原料在一次反应后即将反应产物分馏。然后把反应产物中与原料馏程相近的中间馏分（回炼油）再送回反应器重新进行裂化。这种操作方式称为"回炼操作"。回炼油的沸点范围与原料油大体相当，其中包括了相当多的反应中间产物，芳烃含量比新鲜原料高，相对地比较难裂化。

有不少装置还将油浆进行回炼，这种操作称为"全回炼操作"。

当主要目的产品是汽油（即以汽油方案生产）时，选择在汽油产率最高点处的单程转化率下操作，把回炼油作为重柴油产品送出装置；油浆经澄清除去催化剂粉末后，作为澄清油送出装置。这种操作方式叫作"非回炼操作"或"单程裂化"。

（四）重油（渣油）的催化裂化反应

由于重油的化学组成与减压馏分油有较大的差异，与馏分油相比，重油的催化裂化反应有其重要特点。

除了分子量较大外，重油中的芳香分含有较多的多环芳烃和稠环芳烃，重油中还含有较多的胶质和沥青质。因此，重油催化裂化时会有较高的焦炭产率和相应较低的轻质油产率。表 12-3 列出了在 500℃、完全转化的条件下胜利减压渣油中各组分的催化裂化反应结果。

表 12-3　胜利减压渣油各组分催化裂化反应的产物分布（质量分数）　　　单位：%

原料	$C_5 \sim C_{12}$	$C_{13} \sim C_{20}$	$C_5 \sim C_{20}$	焦炭
脱沥青油	41.9	10.4	52.3	24.4
饱和分	61.4	10.0	71.4	5.9
芳香分	43.4	14.6	58.0	16.6
胶质	33.4	10.3	43.7	33.7
轻胶质	37.6	10.3	47.9	28.1
中胶质	34.2	10.6	44.8	31.4
重胶质	30.2	7.7	37.9	37.8

由表 12-3 可见，渣油中的饱和分、芳香分、轻胶质、中胶质、重胶质在分别进行催化裂化反应时，其轻质油收率依次下降，而焦炭产率则依次增大，呈现出良好的规律性。渣油中的饱和分仍然是优质的催化裂化原料，轻胶质也有不太低的轻质油收率。进一步研究表明，轻质油收率与裂化原料的氢碳原子比有良好的线性关系，而焦炭产率也与裂化原料的残炭值有良好的线性关系。

① 我国减压渣油化学组成的一个重要特点是胶质含量高（多数达 50%左右），而沥青质尤其是正庚烷沥青质含量相对较低。在催化裂化反应中，沥青质基本转化成焦炭，因此胶质的反应行为对焦炭的影响显得十分重要。研究表明，焦炭的主要来源即为胶质，并且随着胶质含量的增加，焦炭产率呈线性趋势增加。这一结论对工业生产具有重要的指导意义。由于胶质中约有 33%转化为焦炭，因此对催化裂化原料中的胶质含量有一控制指标，一般不宜超过 30%。由此可见，对于许多减压渣油来说，采用溶剂脱沥青法先脱去减压渣油中部分最重的组分再去作催化裂化原料，将比直接把减压渣油全馏分掺入裂化原料中在技术经济上更为合理。

② 对于以重油为原料的催化裂化反应，由于其含有相当数量沸点很高的组分，它们在催化裂化条件下不会汽化。由于这部分大分子液相的存在，它就成为了气固液三相反应。在液相中的反应主要是非催化的热反应，反应的选择性差。可以这样简要地描述重油的催化裂化反应过程：重油在与炽热的催化剂接触时，重油的一部分迅速汽化和反应，其未汽化部分则附着在催化剂外表面并被吸入微孔中，同时进行裂化反应（主要是热反应），较小分子的裂化产物汽化，而残留物则继续进行液相反应，直至缩合成焦炭。研究表明，重油的雾化程度、与催化剂的接触方式和状况以及汽化状况对最终的反应结果至关重要。

③ 常用作裂化催化剂的 Y 型分子筛的孔径一般为 0.99～1.3nm，重油中的较大的分子如多环芳烃、沥青质和胶质等，它们的平均直径都比催化剂的孔径大，难以直接进入分子筛的微孔中去。因此，在重油催化裂化时，大的分子先在具有较大孔径的催化剂基质上进行反应，生成的分子的较小反应产物再扩散至分子筛微孔内进行进一步的反应。

二、催化裂化的生产工艺

催化裂化装置一般由反应-再生系统、分馏系统和吸收-稳定系统三部分组成。在处理量较大、反应压力较高（如 0.25MPa）的装置中，常常还设有再生烟气能量回收系统。

（一）反应-再生系统

工业催化裂化装置的反应-再生系统在流程、设备、操作方式等方面多种多样，各有其特点。图 12-4 示出了馏分油高低并列式提升管催化裂化装置反应-再生系统工艺流程。

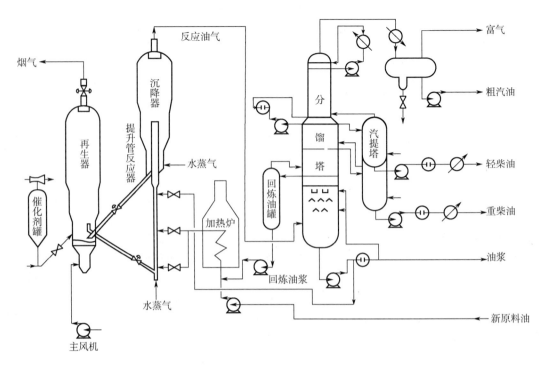

图 12-4 馏分油高低并列式提升管催化裂化工艺流程

新鲜原料油经换热后与回炼油混合，经加热炉加热至 200～400℃后至提升管反应器下部的喷嘴，原料油由蒸汽雾化并喷入提升管内，在其中与来自再生器的高温催化剂（600～750℃）相遇，立即汽化并进行反应。油气与雾化蒸汽及预提升蒸汽一起以 4～7m/s 的入口线速携带催化剂沿提升管向上流动，在 470～510℃的反应温度下停留 2～4s，以 12～18m/s 的高线速通过提升管出口，经快速分离器进入沉降器，夹带少量催化剂的反应产物与蒸汽的混合气经若干组两级旋风分离器，进入集气室，通过沉降器顶部出口进入分馏系统。

经快速分离器分出的积有焦炭的催化剂（称待生催化剂）由沉降器落入下面的汽提段，经旋风分离器回收的催化剂通过料腿也流入汽提段。汽提段内装有多层人字形挡板并在底部通入过热水蒸气，待生催化剂上吸附的油气和颗粒之间的油气被水蒸气置换出来而返回上部。经汽提后的待生催化剂通过待生斜管、待生单动滑阀以切线方式进入再生器。

再生器的主要作用是用空气烧去催化剂上的积炭，使催化剂的活性得以恢复。再生所用空气由主风机供给，空气通过再生器下面的辅助燃烧室及分布管进入流化床层。待生催化剂在 640～700℃的温度下进行流化烧焦，再生器维持 0.137～0.177MPa（表压）的顶部压力。床层线速约为 0.8～1.2m/s。再生后的催化剂（称再生催化剂）流入溢流管，再经再生斜管和再生单动滑阀进入提升管反应器循环使用。对于热平衡式装置，辅助燃烧室只是在开工升温时才使用，正常运转时并不烧燃烧油，只是一个空气通道。

烧焦产生的再生烟气，经再生器稀相段进入旋风分离器。经两级旋风分离器除去夹带的大部分催化剂，烟气通过集气室（或集气管）和双动滑阀排入烟囱（或去能量回收系统）。回收的催化剂经料腿返回床层。在加工生焦率高的原料时，例如加工含渣油的原料时，因焦炭产率高，再生器的热量过剩，需在再生器中设取热设施以取走过剩的热量。

在生产过程中，催化剂会有损失及失活，为了维持系统内催化剂的藏量和活性，需要定期或经常向系统补充或置换新鲜催化剂。在置换催化剂及停工时还要从系统中卸出催化剂。因此，装置内至少应设两个催化剂储罐：一个是供加料用的新鲜催化剂储罐；一个是供卸料用的热催化剂储罐。装卸催化剂时采用稀相输送的方法，输送介质为压缩空气。

反应-再生系统的主要控制手段如下：

① 通过气压机入口压力调节汽轮机转速控制富气流量以维持沉降器顶部压力恒定。

② 以两器压差作为调节信号通过双动滑阀控制再生器顶部压力。

③ 通过提升管反应器出口温度控制再生滑阀开度来调节催化剂循环量。根据系统压力平衡要求通过待生滑阀开度控制汽提段料面高度。

④ 在流化床催化裂化装置的自动控制系统中，除了有与其他炼油装置相类似的温度、压力、流量等自动控制系统外，还有一整套维持催化剂正常循环的自动控制系统和在流化失常时起作用的自动保护系统。此系统一般包括多个自保系统，例如反应器进料低流量自保、主风机出口低流量自保、两器压差自保，等等。以反应器低流量自保系统为例，当进料量低于某个下限值时，在提升管内就不能形成足够低的密度，正常的两器压力平衡被破坏，催化剂不能按规定的路线进行循环，而且还会发生催化剂倒流并使油气大量带入再生器而引起事故。此时，进料低流量自保系统就自动进行以下动作：切断反应器进料并使进料返回原料油罐（或中间罐），向提升管通入事故蒸汽以维持催化剂的流化和循环。

（二）分馏系统

典型的催化裂化分馏系统见图 12-4。由反应器来的 460～510℃ 的反应产物油气从底部进入分馏塔，经底部的脱过热段后在分馏段分割成几个中间产品：塔顶为粗汽油及富气，侧线有轻柴油、重柴油和回炼油，塔底产品是油浆。

为了避免分馏塔底部结焦，分馏塔底部温度应控制在不超过 380℃。循环油浆用泵从脱过热段底部抽出后分成两路：一路直接送进提升管反应器回炼，若不回炼，可经冷却送出装置；另一路先与原料油换热，再进入油浆蒸汽发生器大部分作循环回流返回脱过热段上部，小部分返回分馏塔底部，以便于调节油浆取热量和塔底温度。

如在塔底设油浆澄清段，可脱除催化剂得到澄清油，澄清油可作为生产优质炭黑和针状焦的原料。浓缩的稠油浆再用回炼油稀释送回反应器进行回炼并回收催化剂，如不回炼也可送出装置。

轻柴油和重柴油分别经汽提后，再经换热、冷却后送出装置。

催化裂化装置的分馏塔有如下几个特点：

① 进料是带有催化剂粉尘的过热油气，因此，分馏塔底部设有脱过热段。用冷却到 280℃ 左右的循环油浆与反应油气经过人字挡板逆流接触，一方面洗掉反应油气中携带的催化剂，避免堵塞塔盘；另一方面回收反应油气的过剩热量，使油气由过热状态变为饱和状态以进行分馏。所以脱过热段又称为冲洗冷却段。

② 全塔的剩余热量大而且产品的分离精确度要求比较容易满足。因此，一般设有多个循环回流：塔顶循环回流、一至两个中段循环回流、油浆循环回流。全塔回流取热分配的比例随着催化剂和产品方案的不同而有较大的变化。如由无定形硅酸铝催化剂改为分子筛催化剂后，回炼比减小，进入分馏塔的总热量减少。又如由柴油方案改为汽油方案，回炼比也减小，进入塔的总热量也减少。同时，入塔温度提高，汽油的数量增加，使得油浆回流取热和顶部取热的比例提高。一般来说，回炼比越大的分馏塔上下负荷差别越大；回炼比越小的分馏塔上下负荷越趋于均匀。在设计中全塔常用上小下大两种塔径。

③ 尽量减小分馏系统压降，提高富气压缩机的入口压力。分馏系统压降包括：油气从反应沉降器顶部到分馏塔的管线压降；分馏塔内各层塔板的压降；塔顶油气管线到冷凝冷却器的压

降；油气分离器到气压机入口管线的压降。为减小塔板压降，一般采用舌型塔板。为稳定塔板压降，回流控制产品质量时，采用了固定流量，利用三通阀调节回流油温度的控制方法，避免回流量波动对压降的影响。为减小塔顶油气管线到冷凝冷却器的压降，塔顶回流采用循环回流而不用冷回流。由于分馏塔各段回流比小，为解决开工时漏液的问题，有的装置在塔中段采用浮阀塔板，以便顺利地建立中段回流。

（三）吸收-稳定系统

吸收-稳定系统主要由吸收塔、再吸收塔、解吸塔及稳定塔组成。从分馏塔顶部油气分离器出来的富气中含有汽油组分，而粗汽油中则溶解有 C_3、C_4 组分。吸收-稳定系统的作用就是利用吸收和精馏的方法将富气和粗汽油分离成干气、液化气和蒸气压合格的稳定汽油。图 12-5 是吸收-稳定系统工艺流程示意图。

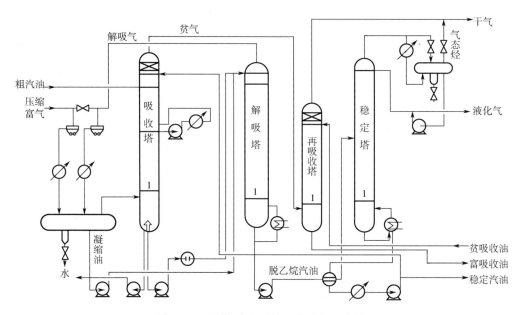

图 12-5　吸收-稳定系统工艺流程示意图

从分馏系统来的富气经气压机两段加压到 1.6MPa（绝对压力），经冷凝冷却后，与来自吸收塔底部的富吸收油以及解吸塔顶部的解吸气混合，然后进一步冷却到 40℃，进入平衡罐（或称油气分离器）进行平衡汽化。气液平衡后将不凝气和凝缩油分别送去吸收塔和解吸塔。为了防止硫化氢和氮化物对后部设备的腐蚀，在冷却器的前、后管线上以及对粗汽油都打入软化水洗涤，污水分别从平衡罐和粗汽油水洗罐（图中未画出）排出。

吸收塔操作压力约为 1.4MPa（绝对压力）。粗汽油作为吸收剂由吸收塔第 20 或第 25 层打入。稳定汽油作为补充吸收剂由塔顶打入。从平衡罐来的不凝气进入吸收塔底部，自下而上与粗汽油、稳定汽油逆流接触，气体中 C_3 以上组分大部分被吸收（同时也吸收了部分 C_2 组分）。吸收是放热过程，较低的操作温度对吸收有利，故在吸收塔设两个中段回流。吸收塔塔顶出来的携带少量吸收剂（汽油组分）的气体称为贫气，经过压力控制阀去再吸收塔。经再吸收塔用轻柴油馏分作为吸收剂回收汽油组分后返回分馏塔。从再吸收塔塔顶出来的干气送到瓦斯管网。再吸收塔的操作压力约为 1.0MPa（绝对压力）。

富吸收油中所含的 C_2 组分不利于稳定塔的操作，解吸塔的作用就是将富吸收油中的 C_2 解吸出来。富吸收油和凝缩油从平衡罐底部抽出与稳定汽油换热到80℃后，进入解吸塔顶部，解吸塔操作压力约为1.5MPa（绝对压力）。塔底部用再沸器供热（用分馏塔的一个中段循环回流作热源）。塔顶出来的解吸气除含有C_2组分外，还有相当数量的C_3、C_4组分，与压缩富气混合，经冷却进入平衡罐，重新平衡后再送入吸收塔。塔底为脱乙烷汽油。脱乙烷汽油中的C_2含量应严格控制，稳定塔中带入过多的C_2组分会恶化稳定塔顶部冷凝冷却器的效果，被迫排出不凝气而损失C_3、C_4。

稳定塔实质上是一个从C_5以上的汽油中分离出C_3、C_4的精馏塔。脱乙烷汽油与稳定汽油换热到165℃，打到稳定塔中部。稳定塔底部用再沸器供热（常用一个中段循环回流作热源），将脱乙烷汽油中的C_4以下轻组分从塔顶蒸出，得到以C_3、C_4为主的液化气，经冷凝冷却后，一部分作为塔顶回流，另一部分送去脱硫后出装置。塔底产品是蒸气压合格的稳定汽油，先后与脱乙烷汽油、解吸塔进料油换热，冷却到40℃，一部分用泵打入吸收塔顶部作补充吸收剂，其余部分送出装置。稳定塔的操作压力约为1.2MPa（绝对压力），为了控制稳定塔的操作压力，有时要排出不凝气（称气态烃），它主要是C_2及少量夹带的C_3、C_4。

在吸收-稳定系统，提高C_3回收率的关键在于减小干气中的C_3含量（提高吸收率、减少气态烃的排放），而提高C_4回收率的关键在于减小稳定汽油中的C_4含量（提高稳定深度）。

在上述流程中，吸收塔和解吸塔是分开的，它的优点是C_3、C_4的吸收率较高，脱乙烷汽油的C_2含量较低。另一种称为单塔流程的是吸收塔和解吸塔合为一个塔，上部为吸收段、下部为解吸段。由于吸收和解吸两个过程要求的条件不一样，在同一个塔内比较难做到同时满足。因此，单塔流程虽有设备简单的优点，但C_3、C_4的吸收率较低，或脱乙烷汽油的C_2含量较高。故目前多采用双塔流程。

（四）能量回收系统

再生高温烟气中可回收能量（以原料油为基准）约为800MJ/t，约相当于装置能耗的26%。所以，不少催化裂化装置设有烟气能量回收系统，利用烟气的热能和压力能（当再生器的操作压力较高且设有能量回收系统时）做功，驱动主风机以节约电能，甚至可以对外输出剩余电力。对一些不完全再生的装置，再生烟气中含有5%~10%的CO，CO完全燃烧以回收能量。图12-6是烟气能量回收系统工艺流程示意图。

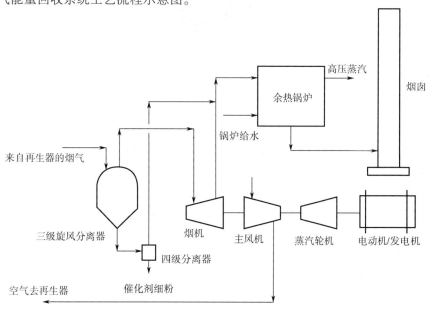

图12-6 烟气能量回收系统工艺流程示意图

来自再生器的高温烟气，首先进入高效三级旋风分离器，分出其中的催化剂，使粉尘含量降低到 0.2g/m³烟气以下，然后经调节蝶阀进入烟机（或称烟气膨胀透平）膨胀做功，使再生烟气的压力能转化为机械能驱动主风机运转，供再生所需空气。开工时因无高温烟气，主风机由辅助电动机/发电机（或蒸汽透平）带动。烟气经烟机后，温度和压力都降低（一般温降为 90～120℃，烟机出口压力约为 110kPa），但仍含有大量的显热能，故经手动蝶阀和水封罐进入余热锅炉回收显热能，所产生的高压蒸汽供汽轮机或装置内外的其他部分使用。如果装置不采用完全再生技术，这时余

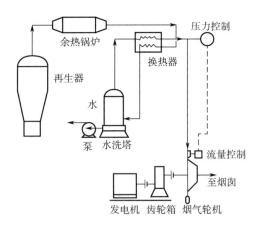

图 12-7 再生烟气水洗除尘工艺流程示意图

热锅炉则是 CO 锅炉，用以回收 CO 的化学能和烟气的显热能。为了操作灵活、安全，从三级旋风分离器出来的烟气，可由另一条辅线直接进入余热锅炉（或 CO 锅炉）或烟囱。再生器的压力主要由该线路上的双动滑阀控制。

能量回收还有不少新的方案，例如再生烟气水洗除尘工艺，其工艺流程如图 12-7 所示。再生烟气先通过余热锅炉产生蒸汽，烟气温度降至 290～430℃，然后再通过换热器降温后进入水洗塔除去催化剂颗粒。净化后的烟气进入换热器升温（烟气温度约比余热锅炉出口温度低 20℃），最后去烟气轮机回收动能。此流程的特点是：可不使用三级旋风分离器；避免烟机冲蚀；烟气系统不需要设置静电除尘器，可直接排入大气中。

重油催化裂化新技术

思考与练习

12-1 催化裂化是一个什么样的石油炼制过程？其原料是什么？产品是什么？
12-2 催化裂化催化剂有哪些类型？简单介绍其催化反应机理。
12-3 催化裂化反应体系复杂，主要有哪些反应？
12-4 请用平行-顺序反应模型来说明催化裂化反应体系。
12-5 催化裂化生产工艺包括哪几部分？请分别进行简单介绍。
12-6 在反应-再生系统中，催化剂是如何做到常用常新的？
12-7 简述分馏系统的重要作用。
12-8 解释吸收-稳定系统中稳定塔的作用。
12-9 渣油催化裂化对催化剂有哪些要求？
12-10 反应温度对催化裂化反应有什么影响？

12-11 提升管反应的特点有哪些?
12-12 催化裂化汽油辛烷值的影响因素有哪些?
12-13 催化裂化汽油烯烃含量的影响因素有哪些?
12-14 渣油催化裂化采用什么样的操作条件比较合理?

第十三章 催化加氢

石油加工过程实际上就是碳和氢的重新分配过程,早期的炼油技术主要通过脱碳过程提高产品氢含量,如催化裂化、焦化过程。如今随着产品收率和质量要求提高,需要加氢技术提高产品氢含量,并同时脱去会对大气造成污染的硫、氮和芳烃等杂质。

在现代炼油工业中,催化加氢技术的工业应用较晚,但其工业应用的速度和规模都很快超过热加工、催化裂化、铂重整等炼油工艺,催化加氢工艺已经成为炼油工业的重要组成部分。

石油炼制工业的发展目标是提高轻质油收率和提高产品质量,一般的石油加工过程产品的收率和质量往往是矛盾的,而催化加氢过程却能几乎同时满足这两个要求。

催化加氢是在氢气存在下对石油馏分进行催化加工的通称,催化加氢技术包括加氢处理和加氢裂化两类。

加氢技术快速增长的主要原因如下:

① 随着世界范围内原油变重、品质变差,原油中硫、氮、氧、钒、镍、铁等杂质含量呈上升趋势,炼油厂加工含硫原油和重质原油的比例逐年增大,从目前及发展来看,采用加氢技术是改善原料性质、提高产品品质,实现这类原油加工最有效的方法之一。

② 世界经济的快速发展,对轻质油品的需求持续增长,特别是中间馏分油,如喷气燃料和柴油,因此需对原油进行深度加工,加氢技术是炼油厂深度加工的有效手段。

③ 环境保护的要求。对生产者而言,要求在生产过程中尽量做到物质资源的回收利用,减少排放,并对其产品在使用过程中能对环境造成危害的物质含量严格限制。目前催化加氢是能够做到这两点的石油炼制工艺过程之一,如生产各种清洁燃料、高品质润滑油都离不开催化加氢。

第一节 加氢处理(精制)

加氢处理是指在加氢反应过程中,只有≤10%的原料油分子变小的加氢技术,包括对原料的处理和对产品的精制,如催化重整、催化裂化、渣油加氢等原料的加氢处理;石脑油、汽油、喷气燃料、柴油、润滑油、石蜡和凡士林加氢精制等。

加氢处理的目的在于脱除油品中的硫、氮、氧及金属等杂质,同时还使烯烃、二烯烃、芳烃和稠环芳烃选择加氢饱和,从而改善原料的品质和产品的使用性能。加氢处理具有原料油适用范围宽,产品灵活性大,液体产品收率高,产品质量好,对环境友好,劳动强度小等优点,因此广泛用于原料预处理和产品精制。

不同的加氢处理过程及目的,有不同的加氢催化剂、工艺条件和工艺流程。

加氢处理催化剂是单功能催化剂,只需要有加氢的活性组分,其活性组分主要由钼或钨和钴或镍的硫化物组成，也可用金属镍、铂或钯加氢的活性组分，载体一般均为氧化铝。对于要求深度脱氮的，载体可以是改性氧化铝（加卤素、SiO_2 或磷化物）或用具有一定酸性位的分子筛作载体。

一、加氢处理反应及机理

催化加氢主要涉及两类反应，一类是除去氧、硫、氮及金属等少量杂质的加氢处理过程反应，另一类是烃类加氢反应。这两类反应在加氢处理和加氢裂化过程中都存在，只是侧重点不同。

（一）加氢处理化学反应

1. 加氢脱硫（HDS）反应

石油馏分中的硫化物主要有硫醇、硫醚、二硫化物及杂环硫化物，这些硫化物的 C—S 键键能比 C—C 键的小许多，故 C—S 键是比较容易断裂的，在加氢过程中，硫化物的 C—S 键先行断开，发生氢解反应，生成烃和 H_2S，主要反应如下：

$$RSH + H_2 \longrightarrow RH + H_2S \tag{13-1}$$

$$R-S-R + 2H_2 \longrightarrow 2RH + H_2S \tag{13-2}$$

$$(RS)_2 + 3H_2 \longrightarrow 2RH + 2H_2S \tag{13-3}$$

$$\text{R-噻吩} + 4H_2 \longrightarrow R-C_4H_9 + H_2S \tag{13-4}$$

$$\text{二苯并噻吩} + 2H_2 \longrightarrow \text{联苯} + H_2S \tag{13-5}$$

各种硫化物在加氢条件下的反应活性因分子大小和结构不同存在差异，其活性大小的顺序为：硫醇＞二硫化物＞硫醚≈四氢噻吩＞噻吩。

硫醇、硫醚及二硫化物的加氢脱硫反应历程比较简单。硫醇中的 C—S 键断裂同时加氢即得烷烃及 H_2S，硫醚在加氢时先生成硫醇，然后再进一步脱硫。二硫化物在加氢条件下首先发生 S—S 键断裂反应生成硫醇，进而再脱硫。

噻吩类的杂环硫化物活性最低，并且随着其分子中的环烷环和芳香环的数目增加，加氢反应活性下降。

噻吩及其衍生物由于其中硫杂环的芳香性，所以特别不易氢解，导致石油馏分中的噻吩硫要比非噻吩硫难脱除得多。因而对噻吩及其衍生物的加氢脱硫进行了大量的研究，结果表明它们的反应历程是比较复杂的。

2. 加氢脱氮（HDN）反应

石油馏分中的氮化物主要是杂环氮化物和少量的脂肪胺或芳香胺。在加氢条件下，氮化物反应生成烃和 NH_3，主要反应如下：

$$R-CH_2-NH_2 + H_2 \longrightarrow R-CH_3 + NH_3 \tag{13-6}$$

$$\text{吡啶} + 5H_2 \longrightarrow C_5H_{12} + NH_3 \tag{13-7}$$

$$\text{喹啉} + 7H_2 \longrightarrow \text{丙基环己烷} + NH_3 \tag{13-8}$$

$$\text{(pyrrole)} + 4H_2 \longrightarrow C_4H_{10} + NH_3 \tag{13-9}$$

加氢脱氮反应包括两种不同类型的反应,即 C=N 双键的加氢反应和 C—N 键的断裂反应,因此,加氢脱氮反应较脱硫困难。加氢脱氮反应中存在受热力学平衡影响的情况。

C=N 双键的键能比 C—N 单键的键能要大一倍,所以吡咯环和吡啶环都要先加氢饱和,然后再发生 C—N 键氢解反应。

吡咯环和吡啶环饱和反应的平衡常数均小于 1,同时由于此类反应是放热的,所以其平衡常数随温度的升高而减小。而氢解反应和总的加氢脱氮反应的平衡常数则都是大于 1 的。

馏分越重,加氢脱氮越困难。这是因为馏分越重,氮含量越高,重馏分中氮化物的结构也越复杂,空间位阻效应增强,且氮化物中芳香杂环氮化物最多。

含氮化合物中胺类是最容易加氢脱氮的,而吡咯环和吡啶环上的氮是较难脱除的。喹啉在较低的温度下其脱氮率很低,只有在较高的温度下脱氮才比较完全。

经过对加氢脱氮反应机理的研究,吡啶类和吡咯类含氮化合物加氢脱氮的共同特点是:氮杂环首先加氢饱和,然后 C—N 键氢解断裂生成胺类,最后再脱氮放出 NH_3。

3.加氢脱氧(HDO)反应

石油馏分中的含氧化合物主要是环烷酸及少量的酚、脂肪酸、醛、醚及酮。含氧化合物在加氢条件下通过氢解生成烃和 H_2O。主要反应如下:

$$\text{C}_6\text{H}_5\text{OH} + H_2 \longrightarrow \text{C}_6\text{H}_6 + H_2O \tag{13-10}$$

$$\text{环己烷-COOH} + 3H_2 \longrightarrow \text{环己烷-CH}_3 + 2H_2O \tag{13-11}$$

含氧化合物在加氢反应条件下分解很快,对于杂环氧化物,当有较多的取代基时,反应活性较低。

酚类的脱氧比羧酸的要困难些,苯酚中的 C—O 键由于氧上的孤对电子与苯环共轭而不易氢解。

呋喃类化合物比羧酸和酚类难以加氢脱氧。如苯并呋喃的相对反应速率常数为 1.0,那么 4-甲基酚、2-甲基酚及 2-苯基酚的相对反应速率常数为 5.2、1.2 及 1.4,而二苯并呋喃的则仅为 0.4。

不同氧化物加氢脱氧反应的反应速率大小顺序:

羧酸类>酚类>呋喃类

在含氧化合物的加氢脱氧反应过程中,由于采用的催化剂类型不同,反应途径和产物的选择性也有所不同。采用硫化态催化剂时,直接脱氧产物的选择性较高;采用贵重金属和还原态催化剂时,加氢脱氧产物的选择性较高。

4.加氢脱金属(HDM)反应

石油馏分中的金属主要有镍、钒、铁、钙等,主要存在于重质馏分尤其是渣油中。这些金属对石油炼制过程尤其对各种催化剂参与的反应影响较大,必须除去。渣油中的金属可分为卟啉化合物(如镍和钒的络合物)和非卟啉化合物(如环烷酸铁、环烷酸钙、环烷酸镍)。以非卟啉化合物形式存在的金属反应活性高,很容易在 H_2/H_2S 存在条件下转化为金属硫化物沉积在催化剂表面。而以卟啉化合物形式存在的金属先可逆地生成中间产物,然后中间产物进一步氢解,生成的硫化态镍以固体形式沉积在催化剂上。加氢脱金属反应如下:

$$R-M-R' \xrightarrow{H_2, H_2S} MS+RH+R'H \qquad (13-12)$$

由上可知，加氢处理脱除氧、氮、硫及金属杂质进行不同类型的反应，这些反应一般在同一催化剂床层进行，此时要考虑各反应之间的相互影响。如含氮化合物的吸附会使催化剂表面中毒，氮化物的存在会导致活化氢从催化剂表面活性中心脱除，而使HDO反应速率下降。也可以在不同的反应器中采用不同的催化剂分别进行反应，以减小反应之间的相互影响和优化反应过程。

5. 烃类加氢反应

烃类加氢反应主要涉及两类反应：一类是有氢气直接参与的化学反应，如加氢裂化和不饱和键的加氢饱和反应，此过程表现为耗氢；另一类是在临氢条件下的化学反应，如异构化反应，此过程表现为虽然有氢气存在，但过程不消耗氢气，实际过程中的临氢降凝是其应用之一。

(1) 烷烃加氢反应 烷烃在加氢条件下进行的反应主要有加氢裂化反应和异构化反应。其中加氢裂化反应包括C—C键的断裂反应和生成的不饱和分子碎片的加氢饱和反应。异构化反应则包括原料中烷烃分子的异构化和加氢裂化反应生成的烷烃的异构化反应。而加氢和异构化属于两类不同的反应，需要两种不同的催化剂活性中心提供加速各自反应进行的功能，即要求催化剂具备双活性，并且两种活性要有效地配合（参见重整催化剂双功能）。烷烃进行的反应描述如下：

$$R^1-R^2+H_2 \longrightarrow R^1H+R^2H \qquad (13-13)$$

$$n\text{-}C_nH_{2n+2} \longrightarrow n\text{-}C_nH_{2n+2} \qquad (13-14)$$

烷烃在催化加氢条件下进行的反应遵循碳正离子反应机理，生成的碳正离子在β位发生断键，因此，气体产品中富含C_3和C_4。由于既有裂化反应又有异构化反应，加氢过程可起到降凝作用。

(2) 环烷烃加氢反应 环烷烃在加氢裂化催化剂上发生的反应主要是脱烷基反应、异构化反应和开环反应。环烷烃碳正离子与烷烃碳正离子最大的不同在于前者裂化困难，只有在苛刻的条件下，环烷烃碳正离子才发生β位断裂。带长侧链的单环环烷烃主要发生断链反应。六元环烷烃相对比较稳定，一般是先通过异构化反应转化为五元环烷烃后再断环成为相应的烷烃。双六元环烷烃在加氢裂化条件下往往是其中的一个六元环先异构化为五元环后再断环，然后才是第二个六元环的异构化和断环。在这两个环中，第一个环的断环是比较容易的，而第二个环则较难断开。此反应途径描述如下：

$$\text{[双环己烷]} \longrightarrow \text{[甲基二环烷]} \longrightarrow \text{[丁基环己烷]} \longrightarrow \text{[甲基丁基环己烷]} \longrightarrow i\text{-}C_{10}H_{12} \qquad (13-15)$$

环烷烃异构化反应包括环的异构化和侧链烷基的异构化。环烷烃加氢反应产物中异构烷烃与正构烷烃之比和五元环烷烃与六元环烷烃之比都比较大。

(3) 芳香烃加氢反应 苯在加氢条件下反应首先生成六元环烷烃，然后发生环烷烃加氢反应。

烷基苯加氢裂化反应主要有脱烷基、烷基转移、异构化、环化等反应，使得产品具有多样性。$C_1 \sim C_4$侧链烷基苯的加氢裂化，主要以脱烷基反应为主，异构化和烷基转移为次，分别生成苯、侧链为异构程度不同的烷基苯、二烷基苯。烷基苯侧链的裂化既可以是脱烷基生成苯和烷烃，也可以是侧链中的C—C键断裂生成烷烃和较小的烷基苯。对正烷基苯而言，后者比前者容易发生。对脱烷基反应而言，则 α-C 上的支链越多，越容易进行，以正丁苯为例，脱烷基速率有以下顺序：

$$\text{叔丁苯} > \text{仲丁苯} > \text{异丁苯} > \text{正丁苯}$$

短烷基侧链比较稳定，甲基、乙基难以从苯环上脱除，而 C_4 或 C_4 以上侧链从苯环上脱除很快。对于侧链较长的烷基苯，除脱烷基、断侧链等反应外，还可能发生侧链环化反应生成双环化合物。苯环上烷基侧链的存在会使芳烃加氢变得困难，烷基侧链的数目对加氢的影响比侧链长度的影响大。

芳烃的加氢饱和及裂化反应，无论是对降低产品的芳烃含量（生产清洁燃料），还是对降低催化裂化和加氢裂化原料的生焦量都有重要意义。在加氢裂化条件下，多环芳烃的反应非常复杂，它只有在芳香环加氢饱和反应之后才能开环，并进一步发生随后的裂化反应。稠环芳烃每个环的加氢和脱氢都处于平衡状态，其加氢过程是逐环进行，并且加氢难度逐环增大。

(4) 烯烃加氢反应　烯烃在加氢条件下主要发生加氢饱和及异构化反应。烯烃饱和是烯烃通过加氢转化为相应的烷烃；烯烃异构化包括双键位置的变动和烯烃链的空间形态发生变动。这两类反应都有利于提高产品的质量。其反应描述如下：

$$R\text{—}CH\!=\!CH_2 + H_2 \longrightarrow R\text{—}CH_2\text{—}CH_3 \tag{13-16}$$

$$R\text{—}CH\!=\!CH\text{—}CH\!=\!CH_2 + 2H_2 \longrightarrow R\text{—}CH_2\text{—}CH_2\text{—}CH_2\text{—}CH_3 \tag{13-17}$$

$$n\text{-}C_nH_{2n} \longrightarrow n\text{-}C_nH_{2n} \tag{13-18}$$

$$i\text{-}C_nH_{2n} + H_2 \longrightarrow i\text{-}C_nH_{2n+2} \tag{13-19}$$

焦化汽油、焦化柴油和催化裂化柴油在加氢精制的操作条件下，其中的烯烃加氢反应是完全的。因此，在油品加氢精制过程中，烯烃加氢反应不是关键的反应。

值得注意的是，烯烃加氢饱和反应是放热反应，且热效应较大，约为 -120kJ/mol。因此对不饱和烃含量高的油品进行加氢时，要注意控制反应温度，避免反应床层超温。

(5) 烃类加氢反应的热力学和动力学特点

① 热力学特点　烃类裂解和烯烃加氢饱和等反应的化学平衡常数较大，不受热力学平衡常数的限制。芳烃加氢反应，随着反应温度升高和芳烃环数增加，芳烃加氢反应的平衡常数减小。在加氢裂化过程中，形成的碳正离子异构化的平衡转化率随碳原子数的增加而增大，因此，产物中异构烷烃与正构烷烃的比值较高。

加氢裂化反应中加氢反应是强放热反应，而裂解反应则是吸热反应。但裂解反应的吸热效应远低于加氢反应的放热效应，总的结果表现为放热效应。单体烃的加氢反应的反应热与分子结构有关，芳烃加氢的反应热低于烯烃和二烯烃加氢的反应热，而含硫化合物的氢解反应热与芳烃加氢的反应热大致相等。整个过程的反应热与断开一个键（并进行碎片加氢和异构化）的反应热和断键的数目成正比。

② 动力学特点　烃类加氢裂化是一个复杂的反应体系，在进行加氢裂化的同时，还进行加氢脱硫、脱氮、脱氧及脱金属等反应，它们之间相互影响，使得动力学问题变得相当复杂。

多环芳烃很快加氢生成多环烷芳烃，其中的环烷环较易开环，继而发生异构化、断侧链（或脱烷基）等反应。分子中含有两个芳环以上的多环芳烃，其加氢饱和及开环断侧链的反应都较容易进行（相对反应速率常数为 1~2）；含单芳环的多环化合物，苯环加氢较慢（相对反应速率常数为 0.1），但其饱和环的开环和断侧链的反应仍然较快（相对反应速率常数大于 1）；但单环环烷烃较难开环（相对反应速率常数为 0.2）。因此，多环芳烃加氢裂化，其最终产物可能主要是苯类和较小分子烷烃的混合物。

加氢精制的上述各类反应的反应速率一般认为是按下列顺序依次降低：

脱金属>二烯烃饱和>脱硫>脱氧>单烯烃饱和>脱氮>芳烃饱和

（二）加氢处理催化剂

1.加氢处理催化剂的组成

加氢处理催化剂的活性组分一般是过渡金属元素及其化合物。它们包括ⅥB族的钼、钨以及Ⅷ族的钴、镍、钯、铂。这些金属元素都具有未充满的d电子轨道，同时它们又都具有体心或面心立方晶格或六方晶格，也就是说从电子特性和几何特性上均具备作为活性组分的条件。加氢处理的催化剂几乎都是由一种ⅥB族金属与一种Ⅷ族金属组合的二元活性组分所构成。其活性组分的组合可以为Co-Mo、Ni-Mo、Ni-W、Co-W等，它们对各类反应的活性是不一样的，其一般顺序如下：

对加氢脱硫，Co-Mo>Ni-Mo>Ni-W>Co-W；

对加氢脱氮，Ni-W>Ni-Mo>Co-Mo>Co-W；

对加氢脱氧，Ni-W≈Ni-Mo>Co-Mo>Co-W；

对加氢饱和，Pt，Pd>Ni-W>Ni-Mo>Co-Mo>Co-W。

钼、钨、钴和镍单独存在时其催化活性都不高，而两者同时存在时互相协同，表现出很高的催化活性。

目前，工业上常用的加氢处理催化剂是以钼或钨的硫化物为主催化剂，以钴或镍的硫化物为助催化剂所组成的。

最常用的加氢脱硫催化剂是Co-Mo型的，Ni-W型催化剂的脱氮活性最高，同时对芳烃加氢的活性也很高，多用在航空煤油脱芳改善烟点的精制过程中。现在也有用Ni-Co-Mo、Ni-W-Mo等三组元作为加氢精制催化剂活性组分的。

提高活性组分的含量，对提高催化剂的活性是有利的，但是存在一定的限度。当金属含量增加到一定程度后，若再增加，其活性提高的幅度减小，相对于催化剂成本的提高，就显得不经济了。一般认为，加氢处理催化剂中活性金属氧化物的含量以15%~25%（质量分数）为宜，其中CoO或NiO为3%~6%（质量分数），MoO_3或WO_3为10%~20%（质量分数）。

为了改善加氢精制催化剂的某方面性能，有时还需添加一些其他物质。如在Ni-Mo催化剂中加入磷，可以显著提高其加氢脱氮活性。研究表明，磷可提高催化剂Ni和Mo表面浓度，从而提高催化活性。

加氢处理催化剂最常用的载体是γ-氧化铝。一般加氢精制催化剂要求用比表面积较大的氧化铝，其比表面积达200~400m^2/g，孔体积在0.5~1.0cm^3/g之间。氧化铝中包含大小不同的孔，一般将孔直径小于2.0nm的称为细孔，孔直径在2.0~50nm之间的称为中孔，孔直径大于50nm的则称为粗孔。不同氧化铝的孔径分布是不同的，这取决于制备的方法和条件。对于馏分油的加氢精制多选用孔径小的氧化铝，而对于渣油的加氢精制则宜选用孔径在中孔区和粗孔区都比较集中的双峰型孔径分布的氧化铝。

加氢处理催化剂用的氧化铝载体中，有时还加入少量（约5%，质量分数）的SiO_2，SiO_2可抑制γ-Al_2O_3晶粒的增大，提高载体的热稳定性。若将SiO_2含量增至10%~15%，则可使载体具有一定的酸性，从而促进C—N键的断裂，提高催化剂的脱氮能力。此外，也可添加氟组分使氧化铝载体具有一定的酸性，促进C—N键的断裂。

上述反应规律一般都是用单体模型化合物进行研究得出的结果，而实际上在石油馏分中这些烃类和非烃化合物是同时存在的。在这样复杂的混合物中，各类化合物的加氢反应是相互影响的，有的是促进而有的则是抑制，这就需要对不同组成的混合物体系分别进行考察。例如，研究发现，碱性含氮化合物（如喹啉等）的存在会显著抑制含硫化合物（如噻吩等）的加氢脱硫反应，而含硫化合物加氢后生成的 H_2S 则会促进 C—N 键的氢解。

2.加氢处理催化剂的预硫化

研究表明，钴、镍、钼、钨的氧化物并不具有加氢活性，只有以硫化物状态存在时才具有较高的加氢活性。由于这些金属的硫化物易于氧化不便运输，所以目前加氢处理催化剂都是以其氧化态装入反应器，然后再在反应器内将其转化为硫化态，这是所谓的预硫化过程。预硫化是提高加氢处理催化剂活性和延长其寿命的重要步骤。

加氢处理催化剂中金属的硫化反应是很复杂的，可大体表示如下：

$$4NiO + 3H_2S + H_2 \longrightarrow NiS + Ni_3S_2 + 4H_2O \tag{13-20}$$

$$9CoO + 9H_2S \xrightarrow{H_2} Co_9S_8 + 9H_2O + S \tag{13-21}$$

$$WO_3 + 3H_2S \xrightarrow{H_2} WS_2 + 3H_2O + S \tag{13-22}$$

$$2MoO_3 + 6H_2S \xrightarrow{H_2} MoS_2 + MoS_3 + 6H_2O + S \tag{13-23}$$

在预硫化过程中最关键的问题，就是要避免催化剂中活性金属氧化物与硫化氢反应前被热氢还原。因为被还原生成的金属态钴、镍及钼的低价氧化物（如 Mo_2O_5 和 MoO_2）较难与硫化氢反应转化为硫化物，而金属态的钴和镍又易于使烃类氢解并加剧生焦，从而降低催化剂的活性和稳定性。

加氢处理催化剂的预硫化过程一般是将含硫化合物加入原料油中进行的，如原料油本身含硫很高，也可依靠其自身硫化。我国常用的硫化剂是二硫化碳，也有用二甲基二硫化物、正丁基硫醇和二甲基硫醚的。

此类催化剂预硫化的速度和程度与硫化温度有密切关系。硫化速度随温度升高而增大，而每个温度下催化剂的硫化程度有一极限值，达到此值后即使再延长时间，催化剂上的硫含量也不会明显增加。这说明催化剂上存在硫化难易程度不同的活性组分。工业上，加氢处理催化剂预硫化的温度一般在 230～280℃，预硫化温度过高对催化剂的活性不利。预硫化温度对加氢精制催化剂活性的影响见表 13-1。

表 13-1 预硫化温度对加氢精制催化剂活性的影响

预硫化温度/℃	催化剂 A		催化剂 B	
	加氢脱硫相对活性/%	加氢脱氮相对活性/%	加氢脱硫相对活性/%	加氢脱氮相对活性/%
270	138	103	101	122
300	132	103	107	118
370	120	101	89	108

3.加氢处理催化剂的失活及再生

在加氢工业装置中，不管处理哪种原料，难免会伴随着聚合、缩合等副反应，特别是当加工含有较多的烯烃、二烯烃、稠环芳烃和胶状沥青状物质的原料时更是如此。这些副反应形成的积炭逐渐沉积于催化剂表面，覆盖其活性中心，从而导致催化剂活性不断下降。一般来讲，加氢精制催化剂上的积炭达 10%~15% 时,就需要烧焦再生。积炭引起的失活速度,与催化剂性质、所处理原料的组成和操作条件有关。原料分子量越大、氢油比越低、反应温度越高,失活速度越快。

此外,原料中尤其是重质原料中某些金属元素会沉积于催化剂上,堵塞其微孔,促使加氢精制催化剂永久性失活。

加氢精制催化剂上的积炭可以通过烧焦而除去,以基本恢复其活性。但须指出,在烧焦的同时,金属硫化物也会发生燃烧,所以释放的热量是很大的。过高的再生温度会造成活性金属组分的熔结,从而导致催化剂活性降低甚至丧失;此外也会使载体的晶相发生变化,晶粒增大,表面积缩小。当有蒸汽存在时,在高温下上述变化更为严重。而再生温度过低,则会使催化剂上积炭燃烧不完全,或燃烧时间过长。操作中要严格控制再生温度。

二、加氢处理生产工艺

一般条件范围为:氢分压,1~15MPa;温度,280~420℃。

(一) 加氢处理的工艺条件

加氢处理的操作条件范围很宽,须根据原料类型、要求的精制程度、氢的纯度以及从经济合理的角度来选定。

工业上,其大体范围是:反应压力 1.5~17.5MPa,反应温度 280~420℃,空间速率 0.1~12h^{-1},氢油比 50~1000m^3/m^3。

1. 反应压力

轻油加氢处理:1.5~2.5MPa,其氢分压 1.3~2.0MPa。

柴油馏分加氢处理:3.5~8.0MPa,其氢分压 2.5~7.0MPa。

减压渣油加氢处理:12~17.5MPa,其氢分压 10~15MPa。

在正常温度范围内,升高氢分压能提高加氢精制反应的深度及降低催化剂积炭速度。但是,压力也不能太高,过高的氢分压并不能显著提高精制效果反而使过多的氢气消耗在芳香环的饱和上,从而增加成本。

压力对催化裂化原料油加氢脱硫率及催化剂积炭的影响见图 13-1。

2. 反应温度

加氢反应是强放热反应,所以从化学平衡的角度看,过高的温度对反应是不利的。因此一般认为噻吩加氢脱硫的极限温度约为 430℃。同时,过高的反应温度还会由于裂化反应的加剧而降低液体收率,以及使催化剂因积炭而过快失活。但从动力学考虑,温度也不宜低于 280℃,否则反应速率会太慢。

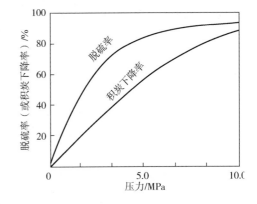

图 13-1 压力对催化裂化原料油加氢脱硫率及催化剂积炭的影响

由于加氢脱氮比较困难,往往需采用比加氢脱硫更高的温度才能取得较好的脱氮效果。

加氢出料的温度范围一般为 280~420℃,对于较轻的原料可用较低的温度,而对于较重的原料则需用较高的温度。轻油加氢精制的温度如超过 340℃,会导致生成的烯烃与 H$_2$S 重新结合为硫醇,反而使产物的含硫量达不到催化重整原料含硫<1×10⁻⁶的要求。对于润滑油的加氢补充精制,为保证产品质量,避免裂化,所用的温度也不能太高,以210~300℃为宜。

因为加氢反应是强烈放热的,所以在绝热的反应器中反应体系的温度会逐渐上升,为了控制温度,需向反应器中分段通入冷氢。

3.空间速率

降低空速可使反应物与催化剂的接触时间延长,精制程度加深,有利于提高产品质量。但过低的空速会使反应时间过长,由于裂化反应显著而降低液体收率,氢耗也会增大。

轻油馏分:在3MPa压力下,空速一般可达2.0~40h⁻¹。

柴油馏分:在压力为4~8MPa下,空速一般为1.0~2.0h⁻¹。

重质原料:在高压下,其空速一般也只能控制在1.0h⁻¹,甚至更低。

含氮量高的原料用较低的空速才能得到较好的脱氮效果。

4.氢油比

加氢过程中的氢油比是指进到反应器中的标准状况下的氢气与冷态(20℃)进料的体积比(m^3/m^3)。

在压力、空速一定时,氢油比影响反应物与生成物的汽化率、氢分压以及反应物与催化剂的实际接触时间。较高的氢油比使原料的汽化率提高,同时也增大氢分压,这些是有利于提高加氢反应速率的。但是,氢油比增大,即意味着反应物分压降低和反应物与催化剂实际接触时间的缩短,这些又是对加氢反应不利的。因此,氢油比要选择适当。

要根据原料的性质、产品的要求,综合考虑各种技术和经济因素后,选择合适的氢油比。如汽油馏分加氢精制的氢油比为100~500m^3/m^3,柴油馏分的为300~700m^3/m^3,减压馏分的为600~1000m^3/m^3。

(二)加氢处理(精制)的工艺流程

图13-2是加氢精制工艺流程示意图,在炼油厂中广泛的加氢精制主要有重油加氢精制和馏分油加氢精制,属于加氢处理过程。

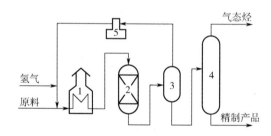

图13-2 加氢精制工艺流程示意图

1—加热炉;2—反应器;3—分离器;4—稳定塔;5—压缩机

第二节 加氢裂化

加氢裂化是在高温、高氢压和催化剂存在的条件下,使重质油发生裂化反应,转化为气体、汽油、喷气燃料、柴油等的过程。加氢裂化的原料通常为减压馏分油,也可以是常压或减压渣油以及渣油的脱沥青油。

加氢裂化的主要特点是生产灵活性大，各种产品的产率可以用改变操作条件的方法加以控制，或以生产轻油为主，或以生产低冰点喷气燃料及低凝固点柴油为主，或用于生产润滑油。加氢裂化产物中含硫、氮、氧等杂质少，且基本饱和，所以稳定性很好。加氢裂化产物中比柴油更重的尾油是优质润滑油原料和裂解制烯烃的原料。

加氢裂化的催化剂与加氢处理（精制）的催化剂不同，是一种双功能的催化剂，它是由具有加（脱）氢活性的金属组分（钼、镍、钴、钨、钯等）载于具有裂化和异构化活性的酸性载体（硅酸铝、沸石分子筛等）上所组成的。

一、加氢裂化反应及机理

加氢裂化就是在催化剂作用下，烃类和非烃类化合物加氢转化，烷烃、烯烃进行裂化、异构化和环化（少量）反应，多环化合物最终转化为单环化合物的过程。加氢裂化采用具有裂化和加氢两种作用的双功能催化剂，因此，加氢裂化实质上是在氢压下进行的催化裂化，符合碳正离子反应机理。

在加氢裂化过程中各种非烃化合物的反应与加氢处理（精制）的一样。

加氢裂化过程是在较高压力下，烃类分子与氢气在催化剂表面进行裂解和加氢反应生成较小分子的转化过程，同时也发生加氢脱硫、脱氮和不饱和烃的加氢反应。其化学反应包括饱和、还原、裂化和异构化等反应。烃类在加氢条件下的反应方向和深度，取决于烃的组成、催化剂的性能以及操作条件等因素。

在加氢裂化过程中，烃类反应遵循以下规律：提高反应温度会加剧 C—C 键断裂，即烷烃的加氢裂化、环烷烃断环和烷基芳烃的断链。如果反应温度较高而氢分压不高也会使 C—H 键断裂，生成烯烃、氢气和芳烃。提高反应压力，有利于 C=C 键的饱和；降低反应压力，有利于烷烃进行脱氢反应生成烯烃，也有利于烯烃环化生成芳烃。在压力较低而温度较高时，还会发生缩合反应，直至生成焦炭。

加氢裂化催化剂既要有加氢活性中心又要有酸性中心，这就是双功能催化剂。酸性功能由催化剂的载体（硅铝或沸石）提供，而催化剂的金属组分（铂或钨、钼、镍的氧化物等）提供加氢功能。在加氢过程中采用双功能催化剂，使烃类加氢裂化的结果在很大程度上取决于催化剂的加氢活性和酸性活性以及它们之间的比例关系。加氢裂化催化剂分为高加氢活性和低酸性活性，以及低加氢活性和高酸性活性两种。

（一）加氢裂化化学反应

1.烷烃和烯烃的加氢裂化反应及机理

烷烃（烯烃）在加氢裂化过程中主要进行裂化、异构化和环化（少量）反应。烷烃在高压下加氢生成低分子烷烃，包括原料分子某一处 C—C 键的断裂，以及生成不饱和分子碎片的加氢。以十六烷为例：

$$C_{16}H_{34} \longrightarrow C_8H_{18} + C_8H_{16} \xrightarrow{H_2} C_8H_{18} \tag{13-24}$$

反应生成的烯烃先进行异构化随即被加氢成异构烷烃。烷烃加氢裂化反应的通式如下：

$$C_nH_{2n+2} + H_2 \longrightarrow C_mH_{2m+2} + C_{n-m}H_{2(n-m)+2} \tag{13-25}$$

长链烷烃加氢裂化生成一个烯烃分子和一个短链烷烃分子，烯烃进一步加氢变成相应烷烃，烷烃也可以异构化变成异构烷烃。

烷烃加氢裂化的反应速率随着烷烃分子量的增大而加快。在加氢裂化条件下烷烃的异构化速率也随着分子量的增大而加快。烷烃加氢裂化的深度及产品组成，取决于烷烃正碳离子的异构、分解和稳定速率以及这三个反应速率的比例关系。改变催化剂的加氢活性和酸性活性的比例关系，就能够使所希望的反应产物达到最佳比值。

烯烃加氢反应生成相应的烷烃，或进一步发生环化、裂化、异构化等反应。

2. 环烷烃的加氢裂化反应

单环环烷烃在加氢裂化过程中发生异构化、断环、脱烷基链反应，以及不明显的脱氢反应。环烷烃加氢裂化时反应方向因催化剂的加氢活性和酸性活性的强弱不同而有区别，一般先迅速进行异构然后裂化，反应历程如下：

$$\text{（反应式）} \tag{13-26}$$

带长侧链的环烷烃，主要发生断链反应和异构化反应，不能进行环化反应，单环可进一步异构化生成低沸点烷烃和其他烃类，一般不发生脱氢现象。长侧链单环六元环烷烃在高加氢活性催化剂上进行加氢裂化时，主要发生断链反应，六元环比较稳定，很少发生断环。短侧链单环六元环烷烃在高酸性活性催化剂上加氢裂化时，直接断环和断链的分解产物很少，主要产物是环戊烷衍生物的分解产物。而这些环戊烷是由环己烷经异构化生成的。

双环环烷烃在加氢裂化时，首先发生一个环的异构化生成五元环衍生物，而后断环，双环是依次开环的，首先一个环断开并进行异构化，生成环戊烷衍生物，当反应继续进行时，第二个环也发生断裂。

多元环在加氢裂化反应中环数逐渐减少，即首先第一个环加氢饱和而后开环，然后第二个环加氢饱和再开环，到最后剩下单环就不再开环。至于是否保留双环则取决于裂解深度。裂化产物中单环及双环的饱和程序，主要取决于反应压力和温度，压力越高、温度越低则双环芳烃越少，苯环也大部分加氢饱和。

3. 芳香烃的加氢裂化反应

在加氢裂化的条件下芳香烃加氢饱和而成为环烷烃。苯环是很稳定的，不易开环，一般认为苯在加氢条件下的反应包括以下过程：苯加氢，生成的六元环烷烃发生异构化，五元环开环和侧链断开。反应式如下：

$$\text{（反应式）} \tag{13-27}$$

烷基苯是先裂化后异构，带有长侧链的单环芳烃断侧链去掉烷基，也可以进行环化生成双环化合物。

稠环芳烃部分饱和并开环及加氢生成单环或双环芳烃及环烷烃，只有极少量稠环芳烃在循环油中积累。稠环芳烃主要发生氢解反应，生成相应的带侧链单环芳烃，也可进一步断侧链，它的加氢和断环是逐次进行的，具有逐环饱和、开环的特点。稠环芳烃第一个环加氢较易，全部芳环加氢很困难，第一个环加氢后继续进行断环反应相对要容易得多。所以稠环芳烃加氢的有利途径是：一个芳烃环加氢，接着发生环烷烃断环（或经过异构化成五元环），然后再进行第二个环的加氢。芳香烃上有烷基侧链存在会使芳烃加氢变得困难。以萘为例其加氢裂化反应如下：

$$\text{萘} \xrightarrow{3H_2} \text{苯}-C_4H_9 \tag{13-28}$$

烃类加氢裂化反应总结见表 13-2。

表 13-2 烃类加氢裂化反应总结

反应物	主要反应	主要产物
烷烃	异构化、裂化	较低分子异构烷烃
单环环烷烃	异构化、脱烷基	$C_6 \sim C_8$ 环戊烷及低分子异构烷烃
双环环烷烃	异构化、开环、脱烷基	$C_6 \sim C_8$ 环戊烷及低分子异构烷烃
烷基苯	异构化、脱烷基、歧化加氢	$C_7 \sim C_8$ 烷基苯、低分子异构烷烃及环烷烃
双环芳烃	加氢、环烷环开环、脱烷基	$C_7 \sim C_8$ 烷基苯、低分子异构烷烃及环烷烃
稠环芳烃	逐环加氢、开环、脱烷基	$C_7 \sim C_8$ 烷基苯、低分子异构烷烃及环烷烃
烯烃	异构化、裂化、加氢	较低分子异构烷烃

加氢裂化过程有以下特征：

① 加氢裂化产物中硫、氮和烯烃含量极低。
② 烷烃裂解的同时深度异构，因此加氢裂化产物中异构烷烃含量高。
③ 裂解气体以 C_4 为主，干气较少，异丁烷与正丁烷的比例可达到甚至超过热力学平衡值。
④ 稠环芳烃可深度转化而进入裂解产物中，所以绝大部分芳烃不在未转化原料中积累。
⑤ 改变催化剂的性能和反应条件，可控制裂解的深度和选择性。
⑥ 加氢裂化耗氢量很高，甚至可达 4%。
⑦ 加氢裂化需要较高的反应压力。
⑧ 稠环芳烃加氢裂化是通过逐环加氢裂化的，生成较小分子的芳烃及环烷烃。
⑨ 双环以上环烷烃在加氢裂化条件下，发生异构化、开环反应，生成较小分子的环烷烃，随着转化深度增加，最终生成单环环烷烃。
⑩ 单环芳烃和环烷烃比较稳定，不易裂开，主要是侧链断裂或生成异构体。
⑪ 烷烃异构化与裂化同时进行，反应产物中异构烃含量一般超过热力学平衡值。
⑫ 烷烃裂化在碳正离子的 β 位断裂，所以加氢裂化很少生成 C_3 以下的小分子烃。
⑬ 非烃基本上完全转化，烯烃也基本全部饱和。

4. 加氢裂化反应的热力学和动力学特点

（1）热力学特点

① 烃类裂解和烯烃加氢等反应，由于化学平衡常数 K_p 值较大，不受热力学平衡常数的限制。

② 芳烃加氢反应，随着反应温度升高和芳烃环数增加，芳烃加氢平衡常数 K_p 值下降；对于稠环芳烃各个环加氢反应的平衡常数 K_p 值为：第一环>第二环>第三环。

带有烷基的单环芳烃比苯难以加氢饱和，多取代烷基苯的平衡常数则更小，而烷基上碳原子数的多少影响不大。

③ 由于在加氢裂化过程中，形成的碳正离子异构化的平衡转化率随碳原子数的增加而增大，因此，在这些碳正离子分解，并达到稳定的过程中，所生成的烷烃异构化程度超过了热力学平衡，产物中异构烷烃与正构烷烃的比值也超过了热力学平衡值。加氢裂化反应中加氢反应是强放热反应，而裂解反应则是吸热反应。裂解反应的吸热效应常常被加氢反应的放热效应所抵消，最终表现为放热效应。

(2) 动力学特点　许多研究工作表明，在加氢条件下进行的裂解反应和异构化反应属于一级反应，而加氢反应则是二级反应。但在实际工业条件下，通常采用大量的过剩氢气，因此总的加氢裂化反应表现为拟一级反应。

（二）加氢裂化催化剂

加氢裂化催化剂属于双功能催化剂，它由具有加氢功能的金属组分和具有裂化及异构化功能的酸性载体两部分组成。须根据不同的原料和产品要求，对这两种功能组分进行调节，以期能够很好地匹配。

在选用加氢裂化催化剂时，必须综合考虑其加氢活性、裂化活性、对目的产品的选择性、运转稳定性以及再生性能等。

1. 加氢活性组分的作用及选择

在加氢裂化催化剂中加氢活性组分的作用是使原料油中的芳烃尤其是多环芳烃加氢饱和，使烯烃，主要是生成的烯烃迅速加氢饱和，防止不饱和分子吸附在催化剂表面上，生成焦状缩合物而降低催化剂活性。因此，加氢裂化催化剂可维持长期运转，不像催化裂化催化剂那样需不停地烧焦再生。

常用的加氢活性组分按其加氢活性强弱次序为：

$$Pt, Pd > Ni\text{-}W > Ni\text{-}Mo > Co\text{-}Mo > Co\text{-}W$$

Pt 和 Pd 虽然具有最高的加氢活性，但由于其对硫的敏感性很强，仅能在两段加氢裂化过程中无硫、无氨气氛的第二段反应器中起作用。在这种条件下，酸功能也得到最大限度的发挥，因此产品都是以汽油为主。

在以中间馏分为主要产品的单段加氢裂化催化剂中，普遍采用 Ni-Mo 或 Co-Mo 组合。在以润滑油为主要产品时，则采用 Ni-W 组合，有利于脱除润滑油中最不希望存在的多环芳烃组分。

与加氢精制催化剂一样，具有加氢活性的是 Co、Ni、Mo、W 等金属的硫化物，所以此类加氢裂化催化剂也需要预硫化，当原料的含硫量过低时，其反应体系中 H_2S 分压也会很低，这就有可能导致硫化态的金属组分因失硫而活性下降，此时就需要向反应系统适当补充含硫化合物。

2. 裂化活性组分的作用及选择

加氢裂化催化剂中裂化活性组分的作用是促进 C—C 键的断裂和异构化反应。常用的裂化活性组分，与催化裂化催化剂的一样是固体酸，包括无定形硅酸铝和沸石分子筛。其结构和作用机理与催化裂化催化剂相同。

作为加氢裂化催化剂载体的无定形硅酸铝，其 SiO_2 含量在 20%~50% 之间。这种载体具有中等的酸度，适用于以生产中间馏分为主的加氢裂化催化剂。

近年来，在加氢裂化催化剂中广泛应用沸石分子筛为载体。沸石分子筛具有较多和较强的酸性中心，其裂化活性比无定形硅酸铝的要高几个数量级，因此使加氢裂化反应有可能在较缓和的条件（较低的压力和温度）下进行。分子筛的另一个优点是可通过其离子交换能力引进不同的阳离子，并经过各种化学处理或热处理来改善其催化和抗水热、抗氨性能。另外，还可将加氢活性组分的阳离子直接交换而"锚定"在一定的分子筛晶格上，提高加氢活性。

加氢裂化催化剂所用的沸石分子筛，按孔道大小可分为：①大孔沸石，如 Y 型沸石、β 型沸石；②中孔沸石，如 ZSM-5 型沸石、镁碱沸石（FER）、SAPO-Ⅱ；③小孔沸石，如毛沸石。按其硅铝比，可分为高硅沸石（SiO_2/Al_2O_3 摩尔比在 10 以上）和低硅沸石两类。可以根据原料的性质和产品方案的要求来选择催化剂，如将大孔沸石和中孔或小孔沸石复合起来，往往可以得到更好的效果。

再者，还可将沸石分子筛与无定形硅酸铝调制成复合型的酸性载体。通过改变它们各自的性质和相对比例，可调节其活性和选择性，以达到多产汽油或多产中间馏分油的目的。

我国馏分油加氢裂化催化剂的牌号见表 13-3。

表 13-3　我国馏分油加氢裂化催化剂的牌号

牌号	金属组分	酸性载体
3652	Ni-W	SiO_2-Al_2O_3
3705	Ni-Mo-W	Y 型沸石+ Al_2O_3
3762	Ni-W	高硅大孔沸石+ SiO_2-Al_2O_3+F
3812	Ni-W	高硅大孔沸石+ SiO_2-Al_2O_3
3821	Ni-Mo	高硅大孔沸石+ SiO_2-Al_2O_3
3824、3825	Ni-W	Y 型沸石+ Al_2O_3
3843	Ni-W	高硅大孔沸石+ SiO_2-Al_2O_3
3863	Ni-W	高硅大孔、小孔沸石+ SiO_2-Al_2O_3

二、加氢裂化生产工艺

（一）加氢裂化的工艺条件

1.原料

加氢裂化原则上可处理各种原料，其产物的组成很大程度上取决于其原料的组成。一般来说，原料中的环状烃越多，产物中的环状烃也越多，反之亦然。

（1）K 值　加氢裂化所得煤油和柴油产物的性质与其原料的组成密切相关。当原料的芳香性越强（K 值越小）时，其相同沸程产物的相对密度越大，其煤油馏分的烟点和柴油馏分的倾点也就越低。

加氢裂化原料的特性因数 K 与产物性质的关系见表 13-4。

表 13-4 加氢裂化原料的特性因数 K 与产物性质的关系

原料		产物性质			
		煤油馏分（149～266℃）		柴油馏分（266～343℃）	
特性因数 K	$t_{50\%}$/℃	d_{15}^{15}	烟点/mm	d_{15}^{15}	倾点/℃
11.90	485	0.8142	21.9	0.8304	−26
11.82	427	0.8128	22.5	0.8241	−21
12.42	433	0.7949	29.0	0.8132	−21
12.53	410	0.7870	35.6	0.8017	−12

（2）氮含量 原料中的含氮化合物尤其是碱性含氮化合物和加氢生成的氨会强烈地吸附于催化剂的表面，使酸性中心因被中和而失活。在抗氮性能方面，沸石分子筛显著优于无定形硅酸铝。

加氢裂化过程要求原料油中含有一定量的硫。如果含硫量过低，容易引起加氢裂化硫化态催化剂的脱硫，从而降低催化活性。但是，硫含量也不能过高，否则将使催化剂选择性降低，耗氢量增大。

原料的氮含量对加氢裂化起始操作温度及催化剂失活速度的影响见表13-5。

表 13-5 原料的氮含量对加氢裂化起始操作温度及催化剂失活速度的影响

原料油（360～550℃馏分）			起始操作温度/℃	催化剂失活速度/(℃/d)
原油类型	氮含量/×10^{-6}	硫含量（质量分数）/%		
科威特	640	2.50	基准	0.05
伊朗（轻质油）	1165	1.72	基准+14	0.14

（3）氢油比 在加氢精制过程中，反应热效应一般不大，生成的低分子烃类较少，所以可以采用较低的氢油比。而在加氢裂化过程中，热效较大，耗氢量较大，低分子烃类的生成量也较大，所以为了保证足够的氢分压，就需要采用较高的氢油比，一般为 1000～2000m³/m³。

2.压力

由于加氢裂化总体上是分子数减少的反应，所以提高反应压力对其热力学平衡是有利的，尤其对其中芳烃加氢饱和反应的影响更为显著。氢分压的增大能使加氢裂化的反应速率加快，转化率提高。

提高反应压力有利于抑制脱氢缩合反应，从而减缓催化剂的积炭速度，可以延长开工周期。

反应压力对加氢裂化催化剂使用周期的影响见图 13-3。

目前，加氢裂化所用的压力一般在 15MPa 左右。而压力在 8MPa 左右的中压缓和加氢裂化，由于所需投资较低，正在

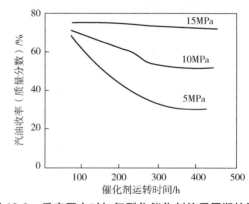

图 13-3 反应压力对加氢裂化催化剂使用周期的影响

不断发展。

3.温度

反应温度是加氢裂化比较敏感的操作参数。由于加氢反应是强放热反应,如果反应温度过高,其平衡常数和平衡转化率就很低。同时,过高的反应温度会使加氢裂化反应速率过快,这样,一方面会由于反应热来不及导出而导致催化剂超温,使其寿命缩短;另一方面也会因催化剂表面的积炭速度过快,而缩短其再生周期。但如果反应温度过低,则加氢反应速率就会太慢。

一般减压馏分油的加氢裂化温度在370~440℃。在开工初期,因催化剂的活性比较高,可以采用较低的反应温度。随着装置运转,催化剂的活性逐步降低,其反应温度可相应逐步提高。

反应温度对加氢裂化产物分布的影响见表13-6。

表13-6 反应温度对加氢裂化产物分布的影响

产物分布	反应温度/℃		
(体积分数)/%	359	367	375
丁烷	4.2	8.9	19.6
C_5~60℃馏分	6.3	11.3	21.7
60~150℃馏分	28.5	45.7	81.0
>150℃馏分	75.2	54.1	—

注:原料:伊朗玛伦原油,343~540℃馏分,硫含量2.0%,氮含量1250×10^{-6}。

4.空速

空速是控制加氢裂化反应深度的重要参数。降低空速意味着延长反应时间,加氢裂化反应深度随之提高,气体产物增多,耗氢量也稍有增加,但装置的处理能力相应下降。

改变空速还能改变产物的分布,当提高空速时,转化深度下降,轻质产物的收率减小,而中间馏分的收率则增大。

加氢裂化常用的空速在$0.5~2.0h^{-1}$范围内。对于含稠环芳烃较多的原料,需用较低的空速,以利于芳香环的加氢饱和。对于活性较高的催化剂,在较高的空速下操作也可达到所需的转化率。

(二) 加氢裂化的生产流程

加氢裂化生产工艺,根据反应压力的高低可分为高压加氢裂化和中压加氢裂化,根据原料、目的产品及操作方式的不同,可分为一段(又称单段)加氢裂化和两段加氢裂化。

1.一段一次通过流程

主要操作条件:处理反应器入口压力17.6MPa,反应温度390~405℃,氢油比$1800m^3/m^3$,空速(v)$1.0~2.8\ h^{-1}$,循环氢纯度91%(体积分数)。单段加氢裂化工艺流程见图13-4。

2.一段串联循环流程

一段串联循环流程是将尾油全部返回裂解段裂解成产品,根据目的产品不同,可分为中馏分油型(喷气燃料-柴油)和轻油型(重石脑油)。单段串联加氢裂化工艺流程见图13-5。

主要操作条件如下:

① 进料量 原料油为100t/h,循环油为60t/h。

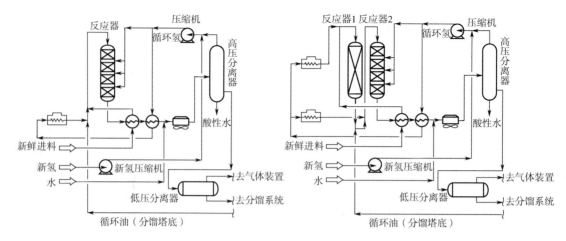

图 13-4　单段加氢裂化工艺流程　　　　图 13-5　单段串联加氢裂化工艺流程

② 空速　处理段为 0.941h^{-1}，裂化段为 1.14h^{-1}，后处理段为 15.0h^{-1}。
③ 补充新氢纯度　95.0%（体积分数）。
④ 氢油比　处理段入口为 842.3m^3/m^3，裂化段入口为 985 m^3/m^3。
⑤ 裂化反应器入口压力　17.5 MPa。
⑥ 反应温度　R101 处理反应器和 R102 裂化反应器运转初期的入口、出口及平均温度分别为 355.3℃、392.8℃、380.9℃和 385.9℃、390.1℃、386.6℃。

氢气与原料油有两种混合方式，即"炉前混油"与"炉后混油"。前者是原料油与氢气混合后一同进加热炉。而后者是原料油只经换热，加热炉单独加热氢气，随后再与原料油混合。"炉后混油"的好处是，加热炉只加热氢气，炉管中不存在气液两相，流体易于均匀分配，炉管压力降小，而且炉管不易结焦。

3.两段加氢裂化

在两段加氢裂化的工艺流程（见图 13-6）中设置两个（组）反应器，但在单个或一组反应器之间，反应产物要经过气液分离器或分馏装置将气体及轻质产品进行分离，重质的反应产物

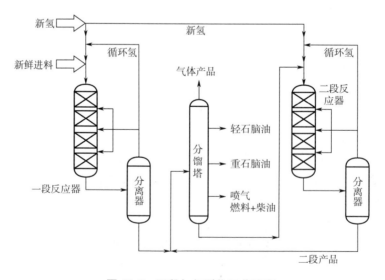

图 13-6　两段加氢裂化工艺流程

和未转化反应物再进入第二个或第二组反应器，这是两段加氢裂化过程的重要特征。它适合处理高硫、高氮减压蜡油，催化裂化循环油，焦化蜡油，或这些油的混合油，亦即适合处理单段加氢裂化难以处理或不能处理的原料。

与一段工艺相比，两段工艺具有气体产率低、干气少、目的产品收率高、液体总收率高；产品质量好，特别是产品中芳烃含量非常低；氢耗较低；产品方案灵活；原料适应性强，可加工更重质、更劣质原料等优点。但两段工艺流程复杂，装置投资和操作费用高。

反应系统的换热流程既有原料油、氢气混合与生成油换热的方式，也有原料油、氢气分别与生成油换热的方式。后者的优点是：充分利用其低品位热能，以利于最大限度降低生成油出换热器的温度；降低原料油和氢气在加热过程中的压力降，有利于降低系统压力降。

以上介绍的流程均为高压加氢裂化工艺。除此之外，还有从轻质直馏减压馏分油生产喷气燃料、低凝柴油为主的中压加氢裂化；以及用直馏减压馏分油控制单程转化率的中压缓和加氢裂化，生产一定数量的燃料油品，尾油作为生产乙烯的裂解原料。

根据所用的压力还可分为高压加氢裂化及中压加氢裂化两类，一般认为，压力高于10MPa者为高压，压力在8MPa左右者为中压。在中压下进行的转化率较低的过程则称为缓和加氢裂化（mild hydrocracking，MHC）。

加氢裂化工艺过程的分类见图13-7。图中HC为加氢裂化；HT为加氢处理。

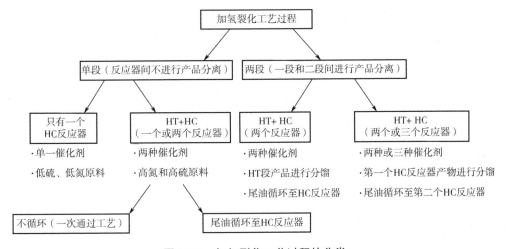

图13-7 加氢裂化工艺过程的分类

加氢裂化的气体产物与催化裂化的气体产物的相似之处是其中C_1、C_2含量不大，C_4馏分中异丁烷较多，差别是加氢裂化的气体产物基本不含烯烃，液体产物也不含烯烃。加氢裂化的汽油馏分的辛烷值一般较低，它是催化重整或制取乙烯的很好原料。加氢裂化的煤油馏分的芳烃含量低，环烷烃含量高，烷烃的异构化程度也较高，冰点较低，所以有可能用作喷气燃料。加氢裂化的柴油馏分的凝固点较低，十六烷值较高，是较好的柴油机燃料。同时，加氢裂化所得尾油（>350℃）的关联指数较低，芳烃含量较少，是很好的制取乙烯的原料，经脱蜡降凝后它还可以作为优质润滑油的基础油。

第三节 其他加氢工艺

一、润滑油加氢

原先润滑油的生产过程主要采用的溶剂处理方法包括溶剂脱沥青、溶剂精制、溶剂脱蜡以及最后的白土补充精制。目前，有的炼油厂开始采用加氢的方法来生产润滑油，其工艺过程可分为两类，一类是条件比较缓和的加氢补充精制，另一类是条件比较苛刻的加氢处理（或称加氢改质）。

（一）润滑油加氢补充精制

润滑油加氢补充精制的目的是除去经过溶剂精制的润滑油料中残存的溶剂以及少量杂质以改善其色度，并不改变其烃类的结构。为了避免发生裂化反应，所用的条件比较缓和，温度较低（210～300℃），压力较低（2～4MPa），空速较大（1.0～2.5h^{-1}），氢油比较小（50～150m^3/m^3）。与原来用的白土补充精制相比，此过程的收率高，且没有废渣。润滑油加氢补充精制的催化剂有Fe-Mo、Co-Mo、Ni-Mo等系列，载体均为Al_2O_3。

（二）润滑油加氢处理

采用加氢处理的方法改变润滑油分子结构，提高其黏度指数，改善润滑油的黏温性能。
在加氢处理过程中，稠环芳烃经部分加氢饱和，进而开环为带有较长侧链的少环芳烃，如：

$$R^1-\text{[稠环芳烃]}-R^2 \longrightarrow R^1-\text{[部分氢化]}-R^2 \longrightarrow R^3-\text{[单环]}-R^4 \tag{13-29}$$

稠环环烷烃经加氢也会开环生成带有较长侧链的少环环烷烃或异构烷烃，如：

$$R^1-\text{[稠环环烷]}-R^2 \longrightarrow R^3-\text{[环己烷]}-R^4 \longrightarrow R^5H \tag{13-30}$$

这样，便能使产物的黏度指数显著提高。当然，同时还会产生少量分子量较小的产物。各种烃类的黏度指数见表13-7。

表13-7 各种烃类的黏度指数

化合物	黏度指数（VI）	化合物	黏度指数（VI）	化合物	黏度指数（VI）
$n\text{-}C_{26}$	177	C_2,C_2-C(环己基)$_3$	-6	萘-C-C_{17}, C_4	122
$C_{10}\text{-}C(C_5)\text{-}C_{10}$	125	环己烷-C_{18}	160	萘-C_{18}	140
$C_5\text{-}C(C_5)\text{-}C_4\text{-}C(C_5)\text{-}C_5$	72	十氢萘-C_{18}	144	C_6-萘-C_6	53
$C_8\text{-}C(C_8)\text{-}C_8$	117	全氢蒽-C_{14}	40	蒽-C_6	-66

续表

化合物	黏度指数 (VI)	化合物	黏度指数 (VI)	化合物	黏度指数 (VI)
(结构式)	−6	(结构式) C_8	−70	—	—
(结构式)	108	(结构式) C_{22}	144	—	—

润滑油加氢处理的催化剂应兼有加氢精制和加氢裂化两方面的功能，但其裂化功能不能太强，否则不仅润滑油的收率会太低，而且其质量也会变差。所以，其催化剂应具备较强的加氢活性和中等的酸性，其酸性应能提供足够的开环活性，而尽量不使烷基侧链断裂，同时还具有一定的异构化活性。为了满足上述要求，润滑油加氢处理一般采用 Ni-W 或 Ni-Mo 作为金属组分，与低硅氧化铝或氟化氧化铝酸性载体相结合。

润滑油加氢处理的反应条件比较苛刻，温度为 310~420℃，压力为 10~15MPa，空速为 0.5~1.55 h^{-1}，氢油比约为 1000 m^3/m^3。

二、临氢降凝

临氢降凝是 20 世纪 70 年代发展起来的炼油技术，它是在氢气及催化剂存在下进行的链烷烃选择性裂化过程，又称为加氢脱蜡（hydrodewaxing）。此过程可以用于降低柴油或润滑油的凝固点。临氢降凝的催化剂一般为载有少量活性金属组分的沸石分子筛。其反应条件视原料性质而异，大致范围为：压力 4~20MPa，温度 350~450℃，空速 0.5~1.5h^{-1}，氢油比 300~1500m^3/m^3。

（一）临氢降凝的催化剂及其反应特点

临氢降凝所用的择形沸石分子筛催化剂（zeolite shape selective catalyst）的类型有 ZSM-5 及毛沸石等，具有较强的酸性、裂解活性和稳定性。由于沸石分子筛的强度一般较差，需要加入一定量的多孔性黏结剂，常用的黏结剂有 Al_2O_3。这些沸石分子筛的孔径较小，如：ZSM-5 的孔径约为 0.55nm，只允许分子直径小于其孔径的直链烃和带一个端甲基侧链的链状烃进入孔内，并在沸石分子筛的酸性中心上按碳正离子历程进行裂解反应。

C_5~C_7 正构及异构烷烃在 ZSM-5 上的相对裂解速率见表 13-8。

表 13-8 C_5~C_7 正构及异构烷烃在 ZSM-5 上的相对裂解速率

烷烃	相对裂解速率	烷烃	相对裂解速率
正戊烷	0.2	2,3-二甲基丁烷	0.2
异戊烷	<0.1	正庚烷	2.1
正己烷	1.5	2-甲基己烷	1.1
2-甲基戊烷	0.8	2,3-二甲基戊烷	0.2

同时，在临氢降凝催化剂中，沸石分子筛上还载有少量具有加氢-脱氢活性的金属组分，可

以是 Ni、Co、Mo、W 等非贵金属元素，也可以是 Pt 或 Pd 等贵金属元素，其中应用较多的是 Ni。与其他加氢催化剂一样，含有非贵金属元素的临氢降凝催化剂也需要经过预硫化，才能转化为具有活性的硫化态。这些金属组分的存在，一方面会使一部分烷烃在进入沸石孔道前脱氢为烯烃，而烯烃很容易生成碳正离子，从而促使裂化反应加快；另一方面，由于它的加氢活性，可在相当程度上抑制催化剂表面的缩合积炭反应，提高了催化剂的稳定性。但是，此类催化剂中金属活性组分的含量较低，其加氢活性较弱，因而其裂解产物中仍保留了较多的烯烃，所以其汽油的辛烷值较高，同时其氢耗也较低。

（二）润滑油临氢降凝

改善润滑油的低温性能主要采用的方法是溶剂脱蜡，近年来也有少数炼油厂设置了润滑油临氢降凝装置。借助此工艺，可使润滑油的凝固点降低 40~55℃，甚至更多。当原料的凝固点越高、含蜡越多、要求降凝的幅度越大时，则反应条件越苛刻，润滑油的收率也就越低。

润滑油临氢降凝的催化剂也是载有金属的沸石分子筛，它除了可对链烷烃进行选择性裂化外，还能促进异构化作用，而异构化也有利于降低凝固点。

此外，润滑油临氢降凝催化剂中所含金属活性组分的量比柴油临氢降凝催化剂的要多得多，同时润滑油临氢降凝的条件也比柴油的要苛刻得多，其反应压力达 15~20MPa。因此，润滑油临氢降凝的过程中，也同时发生加氢脱硫、脱氮以及芳烃的加氢饱和等反应，所以其氢耗显著高于柴油临氢降凝。但需注意，与加氢裂化的产物一样，临氢降凝所得的润滑油产品的光安定性不好，需要进一步处理。

润滑油催化脱蜡沸石型催化剂有关性质见表 13-9。

表 13-9　润滑油催化脱蜡沸石型催化剂

序号	催化剂	化学组成	形状，尺寸/mm	堆密度/(g/cm³)	处理原料	主要产品	开发时间	应用时间	开发单位
1	3731	MoO_3-NiO-β沸石	片状，$\phi 6\times 4$	0.65	精制大庆减压蜡油	轻、中质润滑油	1973年	1973~1975年	抚顺石油三厂
2	3753	MoO_3-Zn-β沸石	片状，$\phi 6\times 4$	—	大庆减压蜡油	轻、中质润滑油	1975年	—	抚顺石油三厂
3	3742	MoO_3-Ni-β沸石-Al_2O_3	片状，$\phi 6\times 4$	0.84	精制大庆减压蜡油	轻、中质润滑油	1974年	—	抚顺石油三厂
4	3792	WO_3-MoO_3-NiO-沸石	片状，$\phi 6\times$(3~4)	0.80~0.85	大庆减压蜡油尾油	轻、中质润滑油	1979年	1980~1990年	抚顺石油三厂
5	3902	WO_3-NiO-沸石	条状，$\phi 3\times$(8~12)	0.80	加氢裂化尾油	轻、中质润滑油	1990年	1990年	抚顺石油三厂
6	9035	WO_3-NiO-沸石	条状，$\phi 1.6\times$(3~12)	0.80	减压重蜡尾油	中、重质润滑油	1992年	—	抚顺石油三厂
7	RDW-1	Ni-ZSM-5-Al_2O_3	三叶形，$\phi 1.2\times$(3~9)	0.7~0.8	常压二线、四线油	轻、中质润滑油		1995	石油化工科学研究院
8	C-2	金属-ZSM-5-Al_2O_3	三叶形，$\phi 1.2\times$(2~5)	0.89	盘锦油 VGO 加氢尾油	轻、中质润滑油	1995年		抚顺石油化工研究院

两种润滑油使用催化剂（型号 3792）临氢降凝的结果见表 13-10。

表 13-10　两种润滑油使用催化剂（型号 3792）临氢降凝的结果

原料	大庆原油减压馏分加氢裂化尾油	大庆原油减压馏分
反应条件		
温度/℃	356	419
压力/MPa	19	19
空速/h^{-1}	1.5	1.0
氢油比/（m³/m³）	900	1500
氢耗（质量分数）/%	0.6	1.6
原料油性质		
d_4^{20}	0.8267	0.8680
沸程（$t_{10\%} \sim t_{95\%}$）/℃	343～506	394～527
凝固点/℃	21	48
碱性氮/×10^{-6}	13	248
残炭（质量分数）/%	0.02	0.13
产物分布（质量分数）/%		
气体	14.2	21.4
汽油	13.6	24.8
柴油	3.4	5.7
润滑油	68.8	48.1
产物的凝固点/℃	-28	-6
产物的黏度指数	117	100

三、重油加氢处理

重油包括常压渣油、减压渣油以及减压渣油的脱沥青油。

重油加氢过程的目的可以是对高硫原料进行脱硫精制，生产低硫燃料油以避免造成环境污染，也可以是同时进行精制（脱氮、脱金属和脱残炭等）和裂化，主要生产质量有所改善的中间馏分，为其进一步催化裂化或加氢裂化提供原料。

（一）重油加氢反应的特点

① 从物理性质上看，重油的平均分子量较大、沸点很高，所以其加氢反应主要是在液相中进行的，显然，氢气必须先溶入油相中才能经催化剂活化而起作用。同时，重油的黏度也很大，这就导致反应体系中传质扩散的阻力比馏分油加氢时大得多。

② 从化学组成上看，重油中聚集了原油中大部分的含硫化合物、绝大部分的含氮化合物和胶质，以及全部的沥青质和重金属，其中胶状沥青状的非烃化合物含量一般达一半左右。对这样一类原料进行催化加工时，很容易使催化剂因重金属沉积以及积炭而失活。因此，必须设法使大部分催化剂能在一段时间内基本保持其活性，或使催化剂能连续更换，或使用一次性催化剂。

③ 从反应上看，重油加氢兼有加氢精制和裂化两个方面。但其裂化反应与馏分油的加氢裂

化有原则上的区别。重油加氢的催化剂并不像馏分油加氢裂化催化剂那样是双功能的,因为在大量含氮化合物、胶质、沥青质和重金属的存在下,催化剂的酸性功能不能发挥作用,反应不能按碳正离子历程进行。即使在氢气存在下,重油的裂化仍基本是由于高温而导致的热裂解自由基链反应。而加氢催化剂除能促进重油的加氢脱金属、加氢脱硫和加氢脱氮外,同时还能对大分子自由基的缩合生焦反应起抑制作用。

(二) 重油加氢处理工艺

到目前为止,国外已开发的重油加氢工艺有固定床、沸腾床(又称膨胀床)、悬浮床(又称浆液床)及移动床四种。

重油中的重金属是以卟啉化合物或与硫、氮等杂原子呈络合状态存在的,所以脱金属是与脱硫、脱氮联系在一起的,是与胶质、沥青质的转化同步进行的,所脱出的重金属随即沉积于催化剂的表面上。

1. 固定床及移动床重油加氢

此工艺的特点是在一个或几个固定床反应器中分层装填有多种组成且性能不同的催化剂,原料油自上而下滴流进入反应器后,首先通过加氢脱金属催化剂,随后相继是加氢脱硫催化剂和加氢脱氮催化剂。可见,加氢脱金属催化剂首当其冲遇到的是含杂质最多的原料,所以容易积炭和失活,寿命最短。

主要任务是脱硫、脱氮、脱金属和脱残炭。硫含量由百分之几降到每克产品含硫几百微克至几千微克。

固定床重油加氢的催化剂一般也是以 Ni、Co、Mo、W 为金属组分,载体以 $\gamma\text{-}Al_2O_3$ 为主,或含有少量 SiO_2。由于胶质、沥青质的分子体积较大,所以加氢脱金属催化剂应具有足够大的孔径和孔容,以避免催化剂的孔道入口被大分子堵塞,进而因积炭导致失活。重油加氢脱金属催化剂载体一般采用双峰型孔径分布,即既有直径大于 50nm 的较大的孔,又有孔径为 10~15nm 的中间大小的孔,而对于加氢脱硫和加氢脱氮可用孔径相对较小的(8~12nm)催化剂。

固定床重油加氢的反应条件是:温度在 400℃ 左右;压力较高,一般大于 15MPa;空速较低,约为 $0.2\sim0.5h^{-1}$。用固定床加氢工艺所处理重油的重金属含量不宜高于 200×10^{-6},残炭值不宜大于 10%(质量分数),否则会使催化剂的寿命缩短。

目前已实现工业化生产的工艺有:Chevron 公司的 RDS/VRDS 工艺;Unocal 公司的 Unicracking/HDS 工艺;UOP 公司的 RCD Unibon 工艺;Gulf 公司的 Resid HDS 工艺;Exxon 公司的 Residfining 工艺。

孤岛原油减压渣油固定床加氢结果见表 13-11。

表 13-11 孤岛原油减压渣油固定床加氢结果

反应条件	指标	产物分布(质量分数)/%	指标
温度/℃	410	$C_1\sim C_4$	2.2
压力/MPa	15.5	C_5	0.6
空速/h^{-1}	0.2	石脑油	3.2
氢油比/(m^3/m^3)	800	柴油	13.8
—	—	蜡油	23.7
—	—	渣油	55.3

续表

原料及产物性质	原料	石脑油	柴油	蜡油	渣油
沸程/℃	>500	初馏～180	180～350	350～500	>500
d_4^{20}	0.9833	0.7348	0.8508	0.8960	0.9150
黏度（100℃）/（mm²/s）	1229	—	—	—	92.5
$S/\times 10^{-6}$	24400	342	32	38	200
$N/\times 10^{-6}$	8200	6.2	404	654	2600
$Ni/\times 10^{-6}$	35.5	—	—	<0.01	7.5
$V/\times 10^{-6}$	5.3	—	—	<0.01	1.0
凝固点/℃	—	—	−10	—	—
残炭（质量分数）/%	14.8	—	—	0.06	5.2
十六烷值	—	—	50	—	—

表 13-11 所列为孤岛原油减压渣油固定床加氢的结果，其转化率约为 45%。由表中的数据可以求得，此过程总的脱硫率约为 95%，脱氮率约为 80%，脱金属率约为 85%，残炭脱除率约为 80%，可见其精制效果比较理想，产物的质量是比较好的。

为了解决最先与原料接触的脱金属催化剂最容易积炭失活的问题，在固定床工艺的基础上，近年来开发了一种移动床重油加氢工艺。移动床工艺就是指第一个或前几个反应器中的催化剂在运转过程中逐渐向下移动，这样便有可能在不停工的情况下连续或间歇地排出失活的催化剂并装入新鲜的催化剂，从而延长装置的开工周期。但是，移动床工艺的主要缺点是设备比较复杂。

2. 沸腾床重油加氢

沸腾床重油加氢是借助于自下而上流动的原料油和氢气使催化剂床层膨胀并呈沸腾状态，这样能保证反应物与催化剂之间的良好接触，并有利于传热和传质，使反应器内的温度比较均匀。同时，在运转过程中可根据情况补充新鲜催化剂，并排出部分已减活的催化剂，以保持反应器内催化剂能有较高的平均活性。沸腾床重油加氢的催化剂与固定床的相似，是由活性金属组分载于 $\gamma\text{-Al}_2\text{O}_3$ 上制成，只是其外形为微球状，而固定床重油加氢催化剂则为圆柱形、三叶形等。

沸腾床重油加氢工艺可以处理重金属含量和残炭值更高的劣质原料，并可比固定床有更长的运转周期。但由于在沸腾床反应器中存在返混现象，所以其脱硫、脱金属的效果不如固定床工艺，产物的质量也较差，因此常采用多个反应器串联的方法以改善其精制效果。

孤岛原油常压渣油沸腾床加氢结果见表 13-12。

表 13-12 孤岛原油常压渣油沸腾床加氢结果

项 目	孤岛原油常压渣油	沸腾床加氢产物
反应温度/℃		420
含硫量（质量分数）/%	2.56	0.44
脱硫率/%	—	82.8
>520℃渣油含量（质量分数）/%	63.4	43.0
>520℃渣油转化率/%	—	32.2
黏度（80℃）/（mm²/s）	429.3	33.4

为使催化剂床层处于沸腾状态,在反应器内部或外部需设有循环泵,其上部还需有能将气、液、固三相进行分离的部件,所以其设备结构比较复杂。目前世界上,沸腾床重油加氢装置尚为数不多。

3.悬浮床重油加氢

悬浮床重油加氢工艺是将分散得很细的催化剂或添加物与原料油及氢气一起通过反应器进行转化。此过程以热反应为主,催化剂和氢气的存在主要是抑制大分子化合物的缩合生焦反应,另外也在一定程度上促进加氢脱硫反应。同时,催化剂或添加物的存在,还会成为沉积焦炭的载体,可很大程度上减少反应器壁的结焦。

悬浮床重油加氢工艺所用的催化剂或添加物一般并不是负载型的,而是分散型的,分散得越细效果越佳。许多含有铁、钼、镍等元素的有机或无机盐类以及天然矿物,甚至煤粉等都可以用作悬浮床重油加氢的催化剂或添加物。由于在大多数情况下,悬浮床重油加氢的催化剂或添加物是一次性使用,所以一般选用价廉易得的物质。

悬浮床重油加氢的工艺比较简单,可用来加工重金属含量和残炭值很高的劣质重油,其反应温度在420~480℃,压力为10~20MPa。裂化转化率可达70%~90%,其产物以中间馏分为主,可作为进一步轻质化的原料。但是,其残渣油中还混有固体,需要做进一步处理。

图13-8为孤岛原油减压渣油临氢热转化及在钼系分散型催化剂作用下临氢转化的对比。由图可见,当转化率相同时,钼系分散型催化剂可显著降低反应体系的生焦量(即苯不溶物);换言之,在生焦率相同的条件下,钼系分散型催化剂可以较大幅度地提高其转化率。

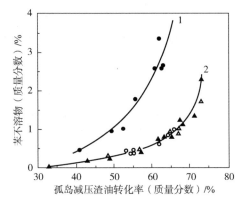

图13-8 孤岛原油减压渣油在临氢条件下转化率与生焦量的关系

1—无催化剂;2—加入钼系分散型催化剂

以$FeSO_4$为催化剂时洪多渣油的悬浮床加氢结果见表13-13。

表13-13 以$FeSO_4$为催化剂时洪多渣油的悬浮床加氢结果

反应条件	指标	产物分布(质量分数)/%	指标
催化剂用量(质量分数)/%	0.5~5.0($FeSO_4 \cdot 2H_2O$)	气体	7.5
温度/℃	420~480	石脑油	21.9
压力/MPa	10~15	柴油馏分	30.5
空速/h^{-1}	0.5~3.0	减压馏分	28.1
氢耗(质量分数)/%	1.5~3.0	残渣油	12.0

原料及产物性质	原料	石脑油	柴油馏分	减压馏分	残渣油
沸程/℃	—	初馏~204	204~343	343~524	>524
d_4^{20}	1.022	0.7657	0.8764	0.9310	>1.0
硫(质量分数)/%	5.04	0.30	1.9	2.4	5.6
氮(质量分数)/%	0.44	0.12	0.20	0.32	1.2
残炭(质量分数)/%	24.6	—	—	—	68.3
镍及钒含量/$\times 10^{-6}$	230.6	—	—	—	1100

经研究，减压渣油在悬浮床加氢中的反应途径总的来看与单纯的热转化相似，一方面是胶质转化为油分、馏分油和气体，另一方面是胶质缩合为沥青质进而成焦炭。

思考与练习

13-1 何谓催化加氢？催化加氢中发生了哪些化学反应？

13-2 为什么要对原料油进行加氢处理？

13-3 为什么烃类加氢反应总的结果表现为放热效应？

13-4 为什么要对加氢处理催化剂进行预硫化？

13-5 为什么加氢精制催化剂在烧焦时要控制再生温度？

13-6 加氢处理的影响因素有哪些？加氢处理的操作条件须根据什么来选定？

13-7 加氢裂化与加氢处理的主要区别是什么？

13-8 加氢裂化工艺过程可分成哪几类？

13-9 加氢裂化的特点是什么？

13-10 为什么总的加氢裂化反应表现为拟一级反应？

13-11 加氢裂化催化剂具有哪些功能？这些功能根据什么来进行调节？

13-12 在加氢裂化中为什么要提高氢分压？

13-13 为什么反应温度是加氢裂化中比较敏感的操作参数？

13-14 润滑油哪些品种可分别通过哪些加氢过程来提高收率？

13-15 重油的加氢裂化反应与馏分油的加氢裂化反应有什么区别？

13-16 重油加氢处理工艺按反应器的结构分为哪几种？

第十四章 催化重整

催化重整是将原油蒸馏所得的轻汽油馏分（或石脑油）在加热、氢压和催化剂作用条件下，通过烃类分子结构进行重新排列，使其转变成富含芳烃的高辛烷值汽油（重整汽油），并副产液化石油气和氢气的过程，属于石油炼制过程之一。重整汽油可直接用作汽油的调和组分，也可经芳烃抽提制取苯、甲苯和二甲苯，简称 BTX（benzene toluene xylene，BTX）。副产的氢气是石油炼厂加氢装置（如加氢精制装置、加氢裂化装置）用氢的重要来源。催化重整过程见图 14-1。

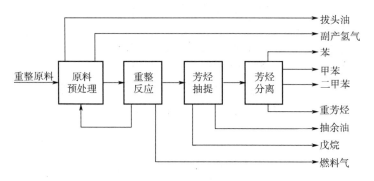

图 14-1 催化重整过程

20 世纪 40 年代在德国建成了以氧化钼（或氧化铬）/氧化铝作催化剂的催化重整工业装置，因催化剂活性不高，设备复杂，现已被淘汰。1949 年美国公布以贵金属铂作催化剂的重整新工艺，同年 11 月在密歇根州建成第一套工业装置，其后在原料预处理、催化剂性能、工艺流程和反应器结构等方面不断进行改进。1965 年，中国自行开发的铂重整装置在大庆炼油厂投产。1969 年，铂铼双金属催化剂用于催化重整，提高了重整反应的深度，提高了汽油、芳烃和氢气等的产率，使催化重整技术达到了一个新的水平。

催化重整是提高汽油质量和生产石油化工原料的重要手段，催化重整装置是现代石油炼厂和石油化工联合企业中最常见的装置之一。据统计，1984 年全世界催化重整装置的年处理能力已超过 350Mt，其中大部分用于生产高辛烷值汽油组分。中国现有装置则多用于生产芳烃，生产高辛烷值汽油组分的装置也正在发展。

为了解决因强化操作而引起的催化剂结焦的问题，除改进催化剂的性能外，在催化剂再生方式上开辟了以下三种途径：①半再生，即经过一个周期的运转后，把重整装置停下，催化剂就地进行再生；②循环再生，设几个反应器，每一个反应器都可在不影响装置连续生产的情况下脱离反应系统进行再生；③连续再生，催化剂可在反应器与再生器之间流动，在催化重整正常操作的条件下，一部分催化剂被送入专门的再生器中进行再生，再生后的催化剂再返回反应器。

一、催化重整工艺基本原理

在各种烃类中，如果碳原子数相同，正构烷烃的辛烷值比异构烷烃低得多，环烷烃的辛烷值又比芳香烃低。直馏汽油中的主要成分是正构烷烃和环烷烃，催化重整的目的就是在一定温度、压力、氢油比条件下通过催化剂的作用，将正构烷烃和环烷烃分子中的原子重新排列转化成分子量相近或相等的芳香烃和异构烷烃，从而获得高辛烷值汽油和各种轻质芳香烃。

目前常见的催化重整，是原料油以气相状态通过催化剂，生产含有单、双环芳香烃和异构烷烃的重整产物。原料在催化剂上进行的化学反应主要有以下几种：六元环烷烃脱氢生成芳香烃，五元环烷烃异构化脱氢生成芳香烃，异构化和加氢裂化等。上述反应可分为三类反应。

（一）芳构化反应

1. 六元环烷烃脱氢反应

原料油中的六元环烷烃脱氢反应生产芳香烃，包括环己烷脱氢生成苯：

$$\text{环己烷} \rightarrow \text{苯} + 3H_2 \tag{14-1}$$

甲基环己烷脱氢生成甲苯：

$$\text{甲基环己烷} \rightarrow \text{甲苯} + 3H_2 \tag{14-2}$$

二甲基环己烷脱氢生成二甲苯：

$$\text{二甲基环己烷} \rightarrow \text{二甲苯} + 3H_2 \tag{14-3}$$

这类反应生成芳烃，是重整过程生成芳烃的主要反应，也是提高汽油辛烷值的主要反应和氢气的主要来源，这类反应的特点是强吸热，反应热一般为 2.1~2.4MJ/kg，反应时体积增大。

2. 五元环烷烃异构化脱氢反应

这类反应首先是烃的异构，生成六元环烷烃，再脱氢生成芳烃（在一定的工艺条件下，依赖重整催化剂进行反应）。

如甲基环戊烷异构生成环己烷再脱氢生成苯：

$$\text{甲基环戊烷} \rightarrow \text{环己烷} \rightarrow \text{苯} + 3H_2 \tag{14-4}$$

二甲基环戊烷异构生成甲基环己烷再脱氢生成甲苯：

$$\text{二甲基环戊烷} \rightarrow \text{甲基环己烷} \rightarrow \text{甲苯} + 3H_2 \tag{14-5}$$

三甲基环戊烷异构生成二甲基环己烷再脱氢生成二甲苯：

$$\text{三甲基环戊烷} \rightarrow \text{二甲基环己烷} \rightarrow \text{二甲苯} + 3H_2 \tag{14-6}$$

这类反应综合热效应也是强吸热，反应热一般为 2.1~2.3MJ/kg，反应分两步进行，首先是异构化反应，异构化反应是热效应较小的放热反应。其次是脱氢，这是强吸热反应。可见，低温有利于异构化，高温有利于脱氢。但在重整温度范围内，异构化反应较慢，在未达到平衡之前，升高温度，可以加快生成环烷烃，而高温使六元环烷烃迅速转化成了芳烃，所以混合物中六元环烷烃不会积累到影响异构化反应达到平衡的程度。

五元环烷烃在直馏原料中占相当大的比例，因此将五元环烷烃转化为芳烃是提高芳烃产率的重要途径，同时也大大提高了汽油的辛烷值。如二甲基环戊烷转化为甲苯时，辛烷值可以从75提高到124。

3.烷烃环化脱氢反应

只有碳六以上的烷烃环化才能生成五元以上的环烷烃，异构或直接生成六元环，最后脱氢生成芳烃。

$$CH_3CH_2CH_2CH_2CH_2CH_2CH_3 \longrightarrow \text{(二甲基环戊烷)} + H_2 \qquad (14\text{-}7)$$

$$\text{(二甲基环戊烷)} \longrightarrow \text{(甲基环己烷)} \longrightarrow \text{(甲苯)} + 3H_2 \qquad (14\text{-}8)$$

$$n\text{-}C_6H_{14} \xrightarrow{-H_2} \text{(环己烷)} \longrightarrow \text{(苯)} + 3H_2 \qquad (14\text{-}9)$$

在我国多数原油中，直馏分含烷烃50%～60%，其中正构烷烃又占近半数，促进这类反应对提高汽油辛烷值和增产芳烃有很重要的意义。

烷烃环化脱氢反应也是强吸热反应，反应热一般为 2.5～2.6 MJ/kg。温度升高，对提高芳烃产率有利。

烷烃环化脱氢反应也是体积增大的反应。工业生产中为了提高环化脱氢反应的速率，以利于生产芳烃，常采用较高的温度，并适当降低压力等手段。

（二）异构化反应

各种烃类在重整催化剂的活性表面上都能发生异构化反应，如：

$$n\text{-}C_7H_{16} \rightleftharpoons i\text{-}C_7H_{16} \qquad (14\text{-}10)$$

$$\text{(甲基环戊烷)} \rightleftharpoons \text{(环己烷)} \qquad (14\text{-}11)$$

前文所述，异构化反应对五元烷烃异构脱氢生成芳烃很有意义，而大于 C_6 的正构烷烃在重整过程中也可异构化生成异构烷烃，部分异构烷烃再环化脱氢生成芳烃，异构烷烃的辛烷值很高，所以正构烷烃异构化也是提高辛烷值的重要途径。

这类反应（烷烃和五元环烷烃异构化反应）是放热反应，但热效应不大，大约为 0.17 MJ/kg。

（三）加氢裂化反应

在催化重整条件下，各种烃类都能发生加氢裂化反应，加氢裂化是一个复合反应，可以认为是裂化、异构化和加氢三种反应的组合。

$$n\text{-}C_7H_{16} + H_2 \longrightarrow n\text{-}C_3H_8 + i\text{-}C_4H_{10} \qquad (14\text{-}12)$$

$$\text{methylcyclopentane} + H_2 \longrightarrow CH_3-CH_2-CH_2-\underset{\underset{CH_3}{|}}{CH}-CH_3 \tag{14-13}$$

$$\text{cumene (C}_6\text{H}_5\text{CH(CH}_3\text{)}_2\text{)} + H_2 \longrightarrow \text{C}_6\text{H}_6 + C_3H_8 \tag{14-14}$$

加氢裂化反应不能获得芳烃，同时裂化反应生成裂化气，又影响汽油收率，所以工业生产中，不希望发生加氢裂化反应，避免脱戊烷油收率下降。

这类反应是不可逆的放热反应。加氢是个强放热反应，裂化是个弱吸热反应，异构化的热效应很小，综合起来是放热反应。

二、重整催化剂

从化学反应可知，催化重整反应主要有两大类：脱氢（芳构化）反应和裂化、异构化反应。这就要求重整催化剂应兼备两种催化功能，既能促进环烷烃和烷烃脱氢芳构化反应，又能促进环烷烃和烷烃异构化反应。现代重整催化剂由三部分组成：活性组分（如铂、钯、铱、铑）、助催化剂（如铼、锡）和酸性载体（如含卤素的 $r\text{-}Al_2O_3$）。其中铂构成活性中心，促进脱氢、加氢反应；而酸性载体提供酸性中心，促进裂化、异构化等反应。同时重整催化剂的两种功能必须适当配合才能得到满意的结果。如果只是脱氢活性很强，则只能加速六元环烷烃的脱氢，而五元环烷烃和烷烃的异构化反应则不足，不能达到提高汽油辛烷值和芳烃产率的目的。反之，如果只是酸性功能很强，加氢裂化反应就会过度，液体产物的收率下降，五元环烷烃和烷烃转化为芳烃的选择性下降，同样也不能达到预期的目的。

（一）工业重整催化剂的使用要求

1. 活性高

芳烃转化率高，或重整汽油辛烷值高。

2. 选择性好

氢解反应少，液体产物收率高，裂解气体产率低，氢气产率高。

3. 稳定性好

在高温下能保持良好的金属分散度，积炭倾向小，能在保持高活性下长周期运转。

4. 机械强度高

催化剂不被粉碎、床层压降要小。

催化剂不仅是影响产品收率和产品质量的重要因素，而且由于它含有贵金属铂，价格昂贵，直接影响装置投资和经济效益。多年来，国内外许多大的研究单位为提高催化剂的活性、选择性和稳定性，减少贵金属含量以降低催化剂价格，都投入了大量人力物力，致力于催化剂的改进工作。

（二）双（多）金属催化剂的特点及发展方向

1967 年第一个铂-铼金属催化剂实现工业化。此后，各种双金属、多金属催化剂相继出现。双金属及多金属催化剂仍然是以铂为主要活性组分，又加入了一种或几种其他金属组分用以改进催化剂的活性、稳定性、选择性及其他性能。

1. 铂-铼系列

铂-铼系列催化剂是工业上应用最早、最广泛的一个催化剂系列。与铂催化剂相比，该系列催化剂主要有以下优点：

① 适于低压、高温、低氢油比的苛刻条件，从而有利于重整生成芳烃的化学反应。

② 在苛刻条件下操作，稳定性和选择性都较好。其活性下降的速度只有最好的铂催化剂的 1/5，芳烃转化率超过 100%，可达 130%。液体收率和氢气纯度都较高，汽油的马达法辛烷值（RON）可达 100。

③ 再生性能好，使用寿命长，一般为单铂催化剂的 2～4 倍，国外一般可使用五年以上。

④ 铂-铼系列催化剂最突出的特点是稳定性和选择性好。这是因为铼的引入改善了铂的分散度，使铂能够更均匀地分布在载体上，从而抑制了铂晶粒的凝聚，这样，就使积炭较分散，而不是集中地沉积在催化剂的活性中心。这就使铂-铼系列催化剂的容炭能力比铂催化剂强得多。另外，铼的加入还增强了加氢能力，尤其是可促进二烯烃加氢，使积炭前身物（如环戊二烯类）的数量减至最小，抑制了积炭生成。所以铂-铼系列催化剂有较好的稳定性。加氢功能的增强，也提高了铂-铼系列催化剂的选择性。

铂-铼系列催化剂的不足之处如下：

① 只改进了催化剂的稳定性而没有提高其活性。

② 开工时，因催化剂的加氢能力太强，会放出大量的热，产生超温现象，因此，必须掌握好开工技术，防止烧坏催化剂。

③ 铼为稀有贵金属，成本高。

2. 铂-锡系列

由于铼是稀有贵金属，为了降低催化剂的制造成本，又发展了铂-非铼系列催化剂，它是在铂催化剂中加入了ⅣA族金属，如锗、锡、铅等，这几种金属比铼更容易得到，价格也便宜得多。铂-锡系列催化剂的特点是活性高、产率高、稳定性好和寿命长。

工业上应用较多的是铂-锡催化剂，铂-锡重整催化剂有较好的低压稳定性能，因此目前工业上的连续重整催化剂以铂-锡重整催化剂为主。连续重整催化剂的改进主要包括物理强度和水热稳定性的提高、铂含量的降低、活性和选择性的提高等。第一代连续重整技术由于反应压力较高且氢油比也较高，催化剂的积炭速率较低，因此催化剂循环速率也较低。第二代和第三代连续重整技术由于采用了超低压（0.35MPa）和较低的氢油比（1～3），催化剂的积炭速率有所提高，因此，需要较高的催化剂循环速率，所以要求催化剂具有较高的物理强度。当催化剂具有相同的物理强度时，随着循环速率的提高，催化剂的磨损就会增加，这就要求在确定的时间内催化剂的再生次数增加，催化剂再生过程一般包括烧炭、氯化、焙烧和还原等步骤。而再生烧炭是在高温和高水含量的环境下完成的，是导致催化剂比表面积下降的主要过程，直接影响催化剂的使用寿命，因此要求催化剂应具有较好的水热稳定性。

铂-锡连续重整催化剂的研究单位主要有美国环油品公司（UOP）、法国石油研究院（IFP）、美国标准催化剂公司（Criterion）、石油化工科学研究院（RIPP）等。

最近美国 UOP 和 Criterion 公司又研制出新一代连续重整催化剂，开发目标是降低催化剂积炭速率，以消除装置扩能改造的"瓶颈"，从而采用既经济又有效的方案实现装置处理能力的提高。

3.铂-铱系列

这类催化剂为多金属催化剂，在引入铱的同时，还常常要引入第二种金属组分作为抑制剂，以改善其选择性和稳定性。

该系列催化剂的特点是活性很高、稳定性好。如埃索公司的 KX-130 多金属催化剂，其活性比铂和铂-铼催化剂高 2~3 倍，汽油的马达法辛烷值（RON）可达 102，操作周期延长近 4 倍。这种催化剂活性很高是因为铱也是活性组分，其环化脱氢能力很强。因此，在铂催化剂中引入铱后可大幅度提高催化剂的环化脱氢能力。

（三）重整催化剂的失活

在生产过程中，重整催化剂的活性下降有多方面的原因，例如催化剂表面上积炭，卤素流失，长时间处于高温下引起铂晶粒聚集使分散度（催化反应中实际能够促进反应的铂原子即外露铂原子与所有铂原子的比值，它是衡量重整催化剂活性的一个指标）减小，以及催化剂中毒等。

1.积炭失活

根据红外光谱和 X 射线衍射分析结果，重整催化剂上的积炭主要是缩合芳烃，具有类石墨结构。积炭的成分主要是碳和氢，其 H/C 原子比一般在 0.5~0.8 范围内。在催化剂的金属活性中心和酸性活性中心上都有积炭，但是积炭大部分是在酸性载体 $\gamma\text{-}Al_2O_3$ 上。在金属活性中心上的积炭在氢的作用下有可能解聚而消除，但是在酸性中心上的积炭在氢的作用下则难以除去。电子探针分析还表明，催化剂上积炭的分布不是单分子层而是三维结构。

对一般铂催化剂，当积炭增至 3%~10% 时，其活性大半丧失；而对铂-铼催化剂，积炭达 20% 左右时其活性才大半丧失。

催化剂因积炭引起的活性降低可以采用提高反应温度的办法来补偿。但是提高反应温度有一定的限制，重整装置一般限制反应温度不超过 520℃，有的装置可达 540℃ 左右。当反应温度已提到限制温度而催化剂活性仍不能满足要求时，则需要用再生的办法烧去积炭使催化剂的活性恢复。再生性能好的催化剂经再生后其活性可以基本上恢复到原有的水平，但实际上催化剂每次再生后的活性往往只能达到上一次再生后的 85%~95%。

催化剂上积炭的速度与原料性质和操作条件有关。原料的终馏点高、不饱和烃含量高时积炭速度快。反应条件苛刻，如高温、低压、低氢油比、低空速等也会使积炭速度加快。在正常生产中，催化剂活性的下降主要是由于积炭引起的。

2.水-氯平衡失调

重整催化剂的脱氢功能和酸性功能应当有良好的配合。氯和氟是催化剂酸性功能的主要来源。因此在生产过程中应当使它们的含量维持在适宜的范围之内。含氯量过低时，催化剂的活性下降。在生产过程中，催化剂的含氯量会发生变化。当原料含氯量过高时，氯会在催化剂上积累而使催化剂含氯量增加。当原料含水量过高或反应时生成水过多（原料油中的含氧化合物在反应条件下会生成水）时，这些水分会冲洗氯而使催化剂的含氯量减小。在高温下，水的存在还会促使铂晶粒的长大和破坏氧化铝载体的微孔结构，从而使催化剂的活性和稳定性降低。此外，水和氯还会生成 HCl 而腐蚀设备。另外，水对环化脱氢反应也有阻碍作用。为了严格控制系统中的氯和水的量，国内重整装置限制原料油的含氯量和含水量均 $\leq 5\mu g/g$，近年 UOP 公司修改的标准则规定原料油中氯化物和水的含量分别为 $\leq 0.5\mu g/g$ 和 $2\mu g/g$。

仅仅依靠限制原料油的含氯量和含水量的办法还不能保证催化剂的含氯量经常保持在最适

宜的范围内。现代重整装置还通过所谓水-氯平衡的方法，即通过不同的途径判断催化剂的含氯量，然后采取注氯、注水等办法来保证最适宜的催化剂含氯量。目前在工业装置上采用的方法大体上有以下几种：

① 反应器上安装特殊的催化剂采样器，直接采出催化剂样来分析它的含氯量。

② 根据操作情况判断催化剂的含氯量。如当生成油的辛烷值下降时，可先考虑注氯，注氯后，如果反应器的温降或生成油的辛烷值有回升趋势就继续注氯，至产物中裂化气量有所增加（加氢裂化反应加剧）为止。也可根据提高反应温度对生成油辛烷值的影响程度来判断，如果温度提高3℃，辛烷值应升高一个单位以上；如果辛烷值升高低于一个单位，说明需要注氯。

③ 根据经验关系确定。实际经验表明，原料油和循环氢中的H_2O/HCl比值与催化剂含氯量之间有一定的关系，可以做出关联曲线。根据原料油的含水量、含氯量及操作条件可以计算出注氯量。催化剂不同，上述的关联关系也会有所不同。

注氯通常采用二氯乙烷等有机氯化物。注水通常采用醇类，例如异丙醇等，因为用醇类可以避免腐蚀，醇的用量按生成的水分子折算。

3. 中毒

催化剂中毒可分为永久性中毒和非永久性中毒两种。对含铂催化剂，砷和其他金属毒物如铅、铜、铁、镍、汞等为永久性毒物，而非金属毒物如硫、氮、氧等则为非永久性毒物。

(1) 永久性中毒　在永久性毒物中，砷是最值得注意的。砷与铂有很强的亲和力，它会与铂形成合金，造成催化剂永久性中毒。当催化剂上的砷含量超过$200\mu g/g$时，催化剂的活性完全丧失。对某些铂催化剂的试验结果表明，若要求催化剂的活性保持在原来活性的80%以上，则该催化剂上的砷含量应小于$100\mu g/g$。实际上，在工业装置常限制重整原料油的砷含量不大于$1\mu g/kg$。在一般石油馏分中，砷含量随着沸点的升高而增加，而原油中的砷约90%集中在蒸馏残油中。石油中的砷化物会因受热而分解，因此二次加工汽油常含有较多的砷。砷中毒的现象首先在第一反应器中反映出来。此时第一反应器的温降大幅度减小，说明第一反应器内的催化剂失活。随着中毒程度的增大，第二、第三反应器的温降也会随之减小。

铅与铂可以形成稳定的化合物，造成催化剂中毒。石油馏分中含铅很少，铅的来源主要是原料油被含铅汽油污染。多年来，铅一直被视为含铂催化剂的毒物，但是在文献报道中却出现过用铅作添加组分改善了铂催化剂的活性和稳定性的研究结果。

铜、铁、汞等毒物主要由于检修不慎而进入管线系统，钠也是铂催化剂的毒物，所以禁止使用NaOH来处理重整原料。

(2) 非永久性毒物

① 硫　原料中的含硫化合物在重整反应条件下生成H_2S，若不从系统中除去，H_2S则在循环氢中积聚，导致催化剂的脱氢活性下降。当原料的硫含量为0.01%、0.03%时，铂催化剂的脱氢活性分别降低50%和80%。原料中允许的硫含量与采用的氢分压有关，当氢分压较高时，允许的硫含量可以较高。一般情况下，硫对铂催化剂是暂时性中毒，一旦原料中不再含硫，经过一段时间，催化剂的活性有望恢复。但是如果长期存在过量的硫，也会造成永久性中毒。多数双金属催化剂比铂催化剂对硫更敏感，因此对硫的限制也更严格。硫与铼生成Re_2S或ReS_2型化合物，这类化合物难以用氢还原成金属。

但硫也不应完全脱净。因为有限的硫含量可以抑制氢解反应和深度脱氢反应，尤其对新鲜的或刚再生过的铂-铼催化剂，在开工时要有控制地对催化剂进行预硫化。UOP公司在新修改的规定中也要求原料油的硫含量应在 0.15～0.5μg/g 范围内。

② 氮　原料中的有机含氮化合物在重整反应条件下转化为氨，氨吸附在酸性中心上抑制催化剂的加氢裂化、异构化及环化脱氢性能。一般认为，氮对催化剂的作用是暂时性中毒。

③ CO 和 CO_2　CO 能与铂形成络合物，造成铂催化剂永久性中毒，但也有人认为是暂时性中毒。CO_2 能被还原成 CO，也可看成是毒物。原料油中一般不含 CO 和 CO_2，重整反应中也不产生 CO 和 CO_2，只是在再生时才会产生。开工时引入系统中的工业氢气和氯气中也可能含有少量的 CO 和 CO_2，因此所使用的气体中 CO 的含量应小于 0.1%，CO_2 含量应小于 0.2%。

（四）催化剂的再生

重整催化剂的再生过程包括烧焦、氯化更新和干燥三个工序。

1. 烧焦

重整催化剂上焦炭的主要成分是碳和氢。在烧焦时，焦炭中氢的燃烧速度比碳的燃烧速度快得多，因此在烧焦时主要是考虑碳的燃烧。

在相同的烧焦温度和氧分压条件下，重整催化剂上焦炭的燃烧速度要比裂化催化剂上焦炭的燃烧速度高得多。重整催化剂的再生问题不能用一个动力学方程来描述烧炭的全过程，整个烧炭过程可以分成三个阶段：第一阶段的烧炭速率很高，第二阶段则较慢，而第三阶段又较快。从烧焦性能来看，重整催化剂上的焦炭包括三种类型的焦炭，它们的烧炭速率之所以不同主要是由于所沉积的位置不同。第一种类型（Ⅰ型炭）沉积在少数仍裸露的铂原子上，受到铂的催化氧化作用；第二种类型（Ⅱ型炭）是以多分子层形式沉积在 Al_2O_3 载体上及被焦炭覆盖的金属铂上；第三种类型（Ⅲ型炭）则是在大部分焦炭都烧去后残余的受新裸露的金属铂影响的焦炭。在全部焦炭中，Ⅱ型炭占绝大部分。

在工业装置的再生过程中，最重要的问题是要通过控制烧焦反应速率来控制好反应温度。过高的温度会使催化剂的金属铂晶粒聚集，如果铂晶粒长大到 70Å，就会使重整产率下降。另外，过高的温度还可能会破坏载体的结构，而载体结构的破坏是不可恢复的。一般来说，应当控制再生时反应器内的温度不超过 500～550℃。

再生过程是在压力 0.5～0.7MPa，循环气（含氧 0.2%～0.5% 的氮气）量 500～1000m³/（m³ 催化剂·h）的条件下进行。烧焦通常分成几个阶段，表 14-1 为铂-铼催化剂的烧焦步骤和烧焦条件。每一个阶段的结束可以根据反应器出、入口的氧含量是否相等来判断，如果相等，说明已不再消耗氧气，该阶段已结束，可升温至下一阶段。当最后一阶段结束时，为保持烧焦的完全，需将循环气中的氧含量提高到 2%～3% 再维持 4h。有些装置并不把再生过程分段，而是根据实际烧焦的进展情况，逐步提高再生温度，此时主要控制入口氧含量和床层温升。

表 14-1　铂-铼催化剂的再生条件

阶段	烧焦温度/℃	升温速度/（℃/h）	允许床层最高温升/℃	允许床层最高温度/℃
1	250	25～30	<50	<800
2	300	20～25	<50	<800
3	350	20～25	<50	<800
4	400	20～25	<50	<500
5	450	20～25	<50	<500
6	480	20～25	<50	<500

2. 氯化更新

在烧炭过程中，催化剂上的氯会大量流失，铂晶粒也会聚集，所以，烧炭之后需补充氯和使铂晶粒重新分散，以便恢复催化剂的活性。

氯化时采用含氯的化合物，工业上一般选用二氯乙烷，在循环气中的浓度（体积分数）稍低于1%。过去也曾使用四氯化碳，由于会产生有毒的光气（$COCl_2$），现已不采用。循环气采用空气或含氧量高的惰性气体，单独采用氮气作循环气不利于铂晶粒的分散。主要原因可能是在氯化过程中会生成少量焦炭，而循环气中的氧可以把生成的焦炭烧去。为了使氯不流失，应控制循环气的含水量不大于1%。工业上氯化多在510℃、常压下进行，一般是进行2h。但有的研究结果表明，氯化过程进行得比较快，实际上只需15min就可以达到要求。

经氯化后的催化剂还要在540℃、空气流中氧化更新，使铂晶粒的分散度达到要求。氧化更新的时间一般为2h。

3. 干燥

再生烧焦时，焦中的氢燃烧会生成水而使循环气的含水量增加。为了保护催化剂，循环气返回反应器前应经硅胶或分子筛干燥。

干燥工序多在540℃左右进行。干燥时循环气体中若含有烃类化合物会影响铂晶粒的分散度，甲烷的影响不明显，但较大分子量的烃类化合物会产生显著的影响。采用空气或高含氧量气体作循环气可以抑制烃类化合物的影响。另外，在氮气气流下，铂-铼和铂-锡催化剂在480℃时就开始出现铂晶粒聚集的现象；但是当氮气气流中含有10%以上的氧气时，能显著地抑制铂晶粒的聚集。因此，催化剂干燥时的循环气体以空气为宜。

（五）催化剂的还原和硫化

从催化剂厂来的新鲜催化剂及经再生的催化剂中的金属组分都处于氧化状态，必须先还原成金属状态后才能使用。铂-铼催化剂和某些多金属催化剂在刚开始进油时可能会表现出强烈的氢解性能和深度脱氢性能，前者导致催化剂床层产生剧烈的温升，严重时可能损坏催化剂和反应器；后者导致催化剂迅速积炭，使其活性、选择性和稳定性变差。因此，在进原料油以前须进行预硫化以抑制其氢解活性和深度脱氢活性。铂-锡催化剂不需预硫化，因为锡能起到与硫相当的抑制作用。

还原过程是在480℃左右及氢气存在下进行的。还原过程中有水生成，应注意控制系统中的含水量。

关于还原时所用氢气的纯度，历来工业上都是要求很高的纯度。近年有些研究结果认为：氢气中含氮气10%~40%时，对铂晶粒分散度及催化剂活性并无明显影响，但还原度会差些，可以通过提高氢分压或延长还原时间来补偿。研究工作还表明，氢气中含氧气10%时，对铂晶粒分散度及催化剂活性也没有明显影响，而且氢气中含有氧，还有抑制烃类化合物杂质的作用。氢气中含有少量甲烷时，对还原结果无明显的影响，但是分子量较大的烃类化合物会对铂晶粒分散度及催化剂活性有明显的影响。

预硫化时采用硫醇或二硫化碳作硫化剂，用预加氢精制油稀释后经加热进入反应系统。硫化剂的用量一般为百万分之几。预硫化的温度为350~390℃，压力为0.4~0.8MPa。

三、催化重整生产工艺

（一）工艺条件

1. 反应温度

无论从反应速率还是化学平衡来考虑，提高反应温度对催化重整都有利，但反应温度还受以下因素的限制：设备材质；催化剂的耐热稳定性和容炭能力等；提高反应温度会加剧加氢裂化反应，加快催化剂积炭，使液体产率下降。

反应温度应随催化剂活性的逐渐降低而逐步提高；高温有利于芳烃的生成和辛烷值的提高，但高温也加剧了副反应的进行，使液体产物的收率下降。

重整反应温度控制范围：各反应器入口温度控制在 470~520℃。

2. 反应压力

反应压力影响生成油的收率、芳烃产率、汽油质量和操作周期。工业装置上以最后一个反应器的进口压力代表反应压力。提高反应压力对生成芳烃的环烷烃脱氢、烷烃环化脱氢反应都不利，相反却有利于加氢裂化反应。因此，低压操作是现代重整技术的发展方向，但低压下催化剂的积炭速度加快。

解决这个矛盾的方法有两个：①采用较低的反应压力，经常再生；②采用较高的反应压力，牺牲一些转化率以延长生产周期。

选择最适宜的反应压力还要考虑原料的性质和催化剂性能：对易生焦的原料采用较高的反应压力；如催化剂的容焦能力大、稳定性好，则可采用较低的反应压力。

重整反应压力一般控制在 0.8~1.2 MPa。

3. 氢油比

氢油比常表示为：

$$氢油体积比 = \frac{循环氢流量(m^3/h)}{原料油流量(m^3/h，按20℃液体计)}$$

在重整反应中，除反应生成的氢气外，还要在原料油进入反应器之前混入一部分氢气，这部分氢气并不参与重整反应，工业上称之为循环氢。通入循环氢的目的：①抑制生焦反应，减少催化剂上积炭，起到保护催化剂的作用；②起热载体的作用，减小反应床层的温降，使反应温度不致降得太低；③稀释原料，使原料更均匀地分布于催化剂床层。

在总压不变时提高氢油比，意味着提高氢分压，有利于抑制催化剂上积炭。但提高氢油比使循环氢量增大，压缩机消耗功率增加。在氢油比过大时会由于缩短了反应时间而降低转化率。

由此可见，对于稳定性高的催化剂和生焦倾向小的原料，可以采用较小的氢油比，反之则需用较大的氢油比。重整装置使用铂催化剂时采用的氢油摩尔比一般为 5~8，使用铂-铼催化剂时一般 <5，新的连续再生式重整装置则进一步降至 1~3。

4. 进料空速

空速反映了反应时间的长短，对一定的反应器，空速越大，反应时间越短，处理能力就越大。空速的选择取决于催化剂的活性和原料组成。催化重整中各类反应的反应速率不同，因而空速的变化对各类反应的影响也不同。环烷基原料可采用较高的空速；石蜡基原料则需要采用较低的空速；对于铂催化剂，我国一般采用 $3h^{-1}$ 左右的空速，铂-铼催化剂一般采用 $1.5~2h^{-1}$。

(二) 工艺流程

生产的目的产品不同时，采用的工艺流程也不相同。当以生产高辛烷值汽油为主要目的时，其工艺流程主要包括原料预处理和重整反应两大部分。而以生产轻芳烃为主要目的时，工艺流程中还应设有芳烃分离部分。这部分包括反应产物后加氢（以使其中的烯烃饱和）、芳烃溶剂抽提、混合芳烃精馏分离等几个单元过程。

催化重整的原料主要为直馏汽油馏分，生产中也称为石脑油。在生产高辛烷值汽油时，一般用80~180℃馏分。馏分的终馏点过高会使催化剂上结焦过多，导致催化剂失活快及运转周期缩短。沸点低于80℃的C_6环烷烃的调和辛烷值已高于重整反应产物苯的调和辛烷值，因此没有必要再进行重整反应。当以生产BTX为主时，则宜用60~145℃馏分作原料，但在实际生产中常用60~130℃馏分作原料，因为130~145℃馏分是在航空煤油的馏程范围。二次加工所得的汽油馏分如焦化汽油馏分等不适合作重整原料，因其含有较多的烯烃及含硫、氮等的非烃化合物。在反应条件下，烯烃容易结焦，含硫、氮等的化合物则会使催化剂中毒。如果有必要，焦化汽油应先经氢精制脱除烯烃及含硫、氮等的非烃化合物后才能掺入直馏汽油馏分中作为重整原料。

原料预处理包括原料的预分馏、预脱砷、预加氢三部分，其目的是得到馏分范围、杂质含量都符合要求的重整原料。为了保护价格昂贵的重整催化剂，对原料中的杂质含量有严格要求和限制。但是各厂采用的限制要求也有一些差异。

催化重整过程中的主要反应是原料中的环烷烃及部分烷烃在含铂催化剂上的芳构化反应，同时也有部分异构化反应。这些反应产生芳香烃和异构烷烃，从而提高了汽油的辛烷值。影响重整反应的主要操作因素有：催化剂的活性、反应温度、反应压力、氢油比、空速等。

目前工业重整装置广泛采用的反应系统流程可以分为两大类：固定床反应器半再生式工艺流程和移动床反应器连续再生式工艺流程。

固定床反应器半再生式工艺流程的主要特征是采用3~4个固定床反应器串联，反应器间有加热炉将原料加热至所需的反应温度，通常在四个反应器中加入的催化剂量之比为1:1.5:2.5:5，反应器的入口温度一般为480~520℃，每0.5~1年停止进油，全部催化剂就地再生一次。

移动床反应器连续再生式工艺流程的主要特征是设有专门的再生器，反应器和再生器都是采用移动床反应器，催化剂在反应器和再生器之间不断地进行循环反应和再生，一般每3~7天全部催化剂再生一遍。考虑到技术经济性，连续重整适用于大规模装置。移动床反应器连续再生式重整反应系统，有美国UOP和法国IFP的专利技术，是目前世界上工业应用最多的两家技术。UOP和IFP连续重整采用的反应条件基本相似，都用铂-锡催化剂。

1.固定床反应器半再生式工艺流程

大庆石化公司炼油厂催化重整车间是我国第一套催化重整装置，为催化重整-抽提联合装置，由原石油工业部北京设计院负责设计，于1965年12月份试车投产。2002年7月8日~10月1日改造后，以初顶石脑油、加氢裂化重石脑油为原料。设计原料油干点为：初顶石脑油馏程为初馏~159℃、常顶加氢汽油馏程为初馏~155℃、加氢裂化石脑油馏程为70~180℃、加氢裂化重石脑油馏程为78~170℃。

主要产品有：石油苯、高辛烷值汽油调和组分。副产品有：抽余油、氢气、轻汽油、戊烷油、瓦斯。

重整装置生产能力（以重整进料计）为30万吨/年。其中预分馏、预加氢系统为20万吨/年，脱水系统为30万吨/年，抽提部分按原有处理能力为12万吨/年，精馏部分按原有处理能力为7.2万吨/年。

催化重整装置可分为五个大的部分：预处理系统、重整系统、抽提系统、精馏系统、辅助生产系统。重整装置总体框图见图 14-2。

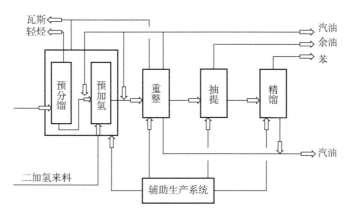

图 14-2　重整装置总体框图

（1）预处理系统　预处理系统由预分馏塔系统、预加氢系统和蒸发脱水塔系统组成。目的是除去重整原料油中的含硫、氮、氧的化合物和其他重整催化剂的毒物（如砷、铅、铜、汞、钠等），以保护重整催化剂。其中预加氢使用的是大庆研究院研制的 DZ-1 钼-钴-镍催化剂。预处理部分的工艺流程见图 14-3 和图 14-4。

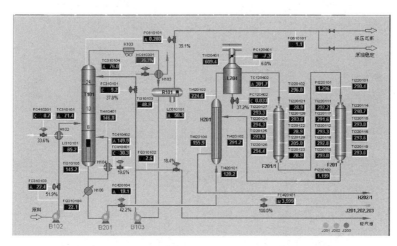

图 14-3　预分馏及预加氢反应系统的工艺流程示意图

初顶直馏石脑油来自罐区，经预分馏进料泵升压后进入预分馏进料换热器加热，然后进入预分馏塔，塔顶分出不适宜重整进料的轻馏分，塔底馏出物去预加氢。塔顶馏出物经空冷器和冷凝器冷凝成液体，其中一部分作为塔顶回流，另一部分作为轻汽油送出装置。回流罐内的不凝气靠自压去原油稳定的轻烃分离装置，或作为燃料瓦斯去低压瓦斯管网。塔底馏出物经加氢进料泵送出，与来自氢气循环压缩机的氢气混合，经预加氢换热器换热、预加氢炉加热，然后进入预加氢脱砷反应器、预加氢反应器，在脱砷剂（RAS-3）、预加氢催化剂（DZ-1）的作用下脱除原料油中的 As、Pb、Hg、Cu、N、S、H_2O 等有害杂质，并使烯烃达到饱和，反应后的产物经换热、冷却与来自界区外的加氢裂化重石脑油混合，混合物进入预加氢油气分离罐，分离出的氢气经脱氯后送去二加氢车间，液相作为重整原料靠自压经换热去脱水系统。

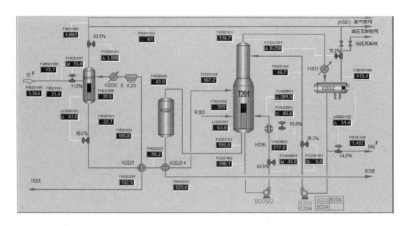

图 14-4 预加氢高分及 T201 脱水系统的工艺流程示意图

(2) 重整系统 重整系统分为重整反应系统和稳定塔系统，见图 14-5 和图 14-6。

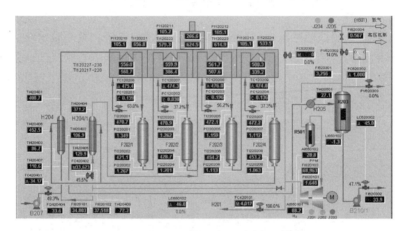

图 14-5 重整反应系统工艺流程示意图

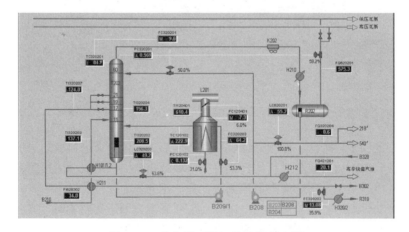

图 14-6 稳定塔系统工艺流程示意图

预加氢分离罐（容-201/1）内的液体作为重整原料靠自压进入脱水塔（塔-201），经脱水塔的分离，将重整原料中的水含量降至 $5×10^{-6}$ 以下。脱水塔底油作为合格的重整原料经重整进料泵（泵-206、207）升压，与循环氢气压缩机（机-201、202、203）排出的循环氢混合（为重整一段混氢）后，进入立式重整换热器（换-204）的管程后与自第四重整反应器（反-202/4）来的重整反应产物换热，再进入重整炉-1（炉-202/1）、重整第一反应器（反-202/1），接着进入重整炉-2（炉-202/2）、重整第二反应器（反-202/2）。从重整第二反应器出来的反应产物，与立式重整换热器（换-204/1）管程出来的循环氢混合（为重整二段混氢），循环氢的热量来源于重整第四反应器出来的重整反应产物。重整二段混氢后进入重整炉-3（炉-202/3）、重整第三反应器（反-202/3），接着进入重整炉-4（炉-202/4）、重整第四反应器（反-202/4）。重整第四反应器出来的重整反应产物经与重整进料、二段混氢换热，再经过重整冷却器（换-205/1~6）冷却至温度低于40℃进入重整高分罐（容-203）进行气液分离，罐顶分出的含氢气体大部分去循环使用，其余部分即重整反应副产品的含氢气体送出装置。罐底的重整生成油经稳定塔进料泵（泵-210/1、2）送至稳定塔（塔-202）第11层，塔顶油气经冷却进入稳定塔顶部油气分离罐（容-202），未凝气根据压力大小分别送入全厂高压和低压瓦斯管网。容-202内的液体用稳定塔回流泵（泵-204、208）送出，一部分作为稳定塔顶部回流，另一部分（C_5-馏分）经轻汽油线送出装置。稳定塔上部侧线为C_6组分，经换-211换热和换-320/2冷却后送入抽提部分的容-319中作为抽提原料。稳定塔底部的C_7以上组分经冷却后送出装置，作为高辛烷值汽油的调和组分。

（3）抽提系统　抽提系统分为抽提和抽提溶剂再生两部分。其工艺流程见图14-7和图14-8。

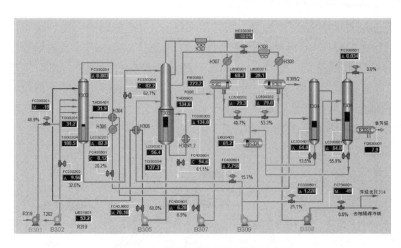

图14-7　抽提系统工艺流程示意图

容-319中的抽提原料用抽提塔进料泵（泵-302、303）送入抽提塔（塔-302）的中下部，与塔顶进入的四乙二醇醚溶剂进行逆流接触，抽提塔顶部的非芳烃（抽余油）经换-305冷却后依次通过非芳烃沉降塔（塔-304）和非芳烃水洗塔（塔-305），然后经非芳烃沉降罐（容-309/1）除去其中的含溶剂水后，去正己烷装置，作为生产溶剂油的原料。抽提塔底部富含芳烃的溶剂靠自压进入汽提塔顶部的闪蒸罐，由于压力骤降，轻质非芳烃、部分苯和水蒸发出来，没有蒸发的液体流入汽提塔（塔-303），经过汽提分离。被汽提出的芳烃和水与闪蒸罐顶部出来的轻质非芳烃、部分苯和水相混合一起进入空冷-307/1~3和换-307/1~5进行冷凝冷却。冷凝冷却后的油、水进入回流芳烃脱水罐（容-302）进行油水分离，容-302内的油经回流芳烃泵（泵-307、304）打入抽提塔底部作为回流芳烃。从汽提塔（塔-303）中部第21层侧线抽出的芳烃及水汽经空冷-308和换-308/1~3冷凝冷却后进入芳烃脱水罐（容-303），分离出的芳烃送入芳烃中间罐

（容-314）。从容-302、303 中分离出的水流入汽提水罐（容-304），用汽提水进料泵（泵-312、309）抽出大部分经汽提水加热器（换-306）与汽提塔底部贫溶剂换热后进入塔-303 作为汽提蒸汽用，其余部分打入非芳烃水洗塔（塔-305）用于洗涤非芳烃。

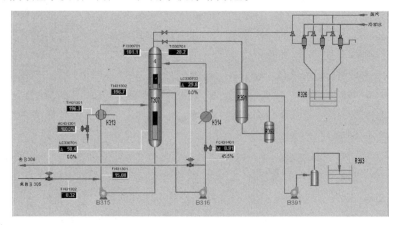

图 14-8　抽提溶剂再生工艺流程示意图

汽提塔底部贫溶剂经贫溶剂进料泵（泵-305、306）抽出，经换热后，绝大部分送回抽提塔顶部循环使用，其余部分送减压塔（塔-307）进行再生。

在抽提操作过程中溶剂会逐渐变质，则需从泵-305、306 出口线引出一路贫溶剂与减压塔底部循环泵（泵-314、315）中的溶剂一同经热载体加热后进入减压塔。减压塔顶部侧线抽出没有变质的溶剂，经减压塔回流泵（泵-316、317）升压后一部分打回流，一部分送至贫溶剂进料泵（泵-305、306）打回抽提塔（塔-302）顶部循环使用，减压塔底部溶剂经塔底泵与系统来的贫溶剂混合，经热载体加热后回塔底循环，每隔一段时间，老化的溶剂从减压塔底部被排出。

(4) 精馏系统　精馏系统工艺流程见图 14-9。

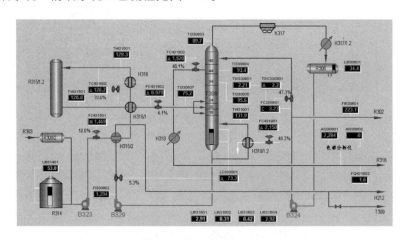

图 14-9　苯精制-精馏系统工艺流程示意图

芳烃中间罐（容-314）中的芳烃经苯塔进料泵（泵-322、323）抽出，并经白土塔进料换热器（换-315/1、2）及白土塔进料加热器（换-316）加热至 120~185℃后进入芳烃白土精制罐（容-315/1、2），经白土处理后的芳烃，再经换-315/2 换热至 90~140℃后进入苯塔（塔-308），在苯塔上部第 44 层抽出成品苯，经苯成品冷却器（换-318）冷却后进入苯中间罐（容-316/1~4），经化验合格后用泵-328送出装置。

塔顶出来的含苯蒸汽经空冷-317和换-317/1、2冷却后进入苯回流罐（容-306），脱水后的苯用苯回流泵（泵-324、325）抽出，全部打回塔顶作回流。

塔底物料由甲苯进料泵（泵-329、330）抽出，先经换-315/1换热，然后送至管-276线与稳定塔底油混合，最后经汽油冷却器（换-212）冷却后作为高辛烷值汽油调和组分送出装置。

（5）辅助生产系统　辅助生产系统由热载体系统、瓦斯系统和脱氯系统三个子系统组成。

辅助系统的热载体部分的柴油贮罐内的热载体由热载体循环泵（泵-401、402）抽出，热载体分两路（并联）经原对流室和"四合一"对流室后，混合后进入热载体炉（炉-401）加热，再分别进入各加热设备使用后返回柴油贮罐。辅助生产系统工艺流程见图14-10和图14-11。

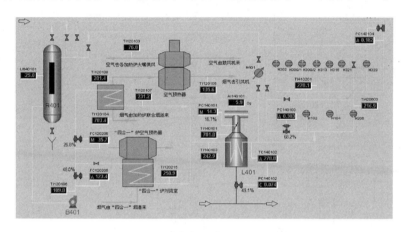

图14-10　热载体系统工艺流程示意图

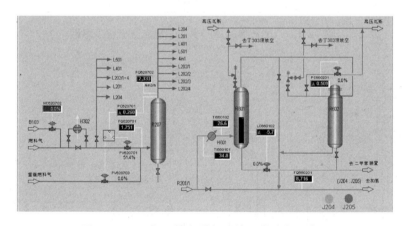

图14-11　瓦斯系统和脱氯系统工艺流程示意图

2. UOP连续重整

UOP连续重整反应系统工艺流程见图14-12。

3. IFP连续重整

IFP连续重整的三个反应器并行排列，为连续重整技术提供了更为适宜的反应条件，取得了较高的芳烃产率、较高的液体收率和氢气产率，其突出的优点是改善了烷烃芳构化反应的条件。IFP连续重整反应系统工艺流程见图14-13。

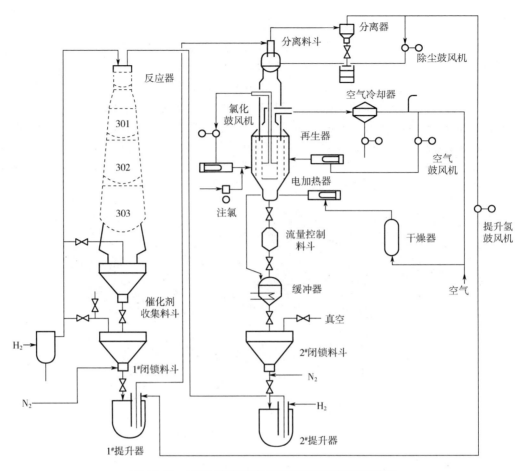

图 14-12 UOP 连续重整反应系统工艺流程示意图

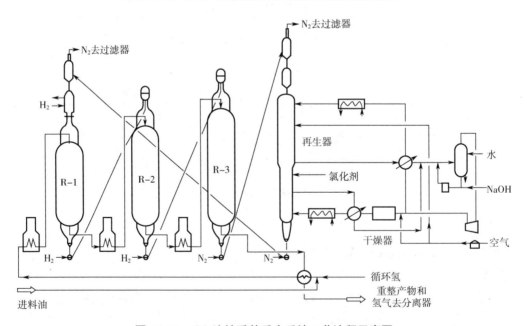

图 14-13 IFP 连续重整反应系统工艺流程示意图

(三) 重整反应器

按反应器类型来分,半再生式重整装置采用固定床反应器,连续再生式重整装置采用移动床反应器。

从固定床反应器的结构来看,工业用重整反应器主要有轴向式反应器和径向式反应器两种结构形式。

图 14-14 是轴向式反应器的简图。反应器为圆筒形,高径比一般略大于3。反应器外壳由 20 号锅炉钢板制成,当设计压力为 4MPa 时,外层厚度约为 40mm。壳体内衬 100mm 厚的耐热水泥层,里面有一层 3mm 厚的高合金钢衬里。衬里可防止碳钢壳体受高温氢气的腐蚀,水泥层则兼有保温和降低外壳壁温的作用。为了使原料气沿整个床层截面均匀分配,在入口处设有分配头。油气出口处设有钢丝网以防止催化剂粉末被带出。入口处设有事故氮气线。反应器内装有催化剂,其上方及下方均装有惰性瓷球以防止操作波动时催化剂层跳动而引起催化剂破碎,同时也有利于气流的均匀分布。催化剂床层中设有呈螺旋形分布的若干测温点,以便检测整个床层的温度分布情况,这在再生时尤为重要。

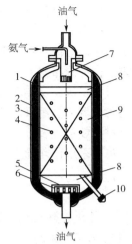

图 14-14 轴向式反应器

1—合金钢衬里;2—耐火水泥层;3—碳钢壳体;4—测温点;5—钢丝网;6—油气出口集合管;7—分配头;8—惰性小球;9—催化剂;10—催化剂卸出口

图 14-15 是径向式反应器的简图。反应器壳体也是圆筒形。与轴向式反应器相比,径向式反应器的主要特点是气流以较低的流速径向通过催化剂床层,

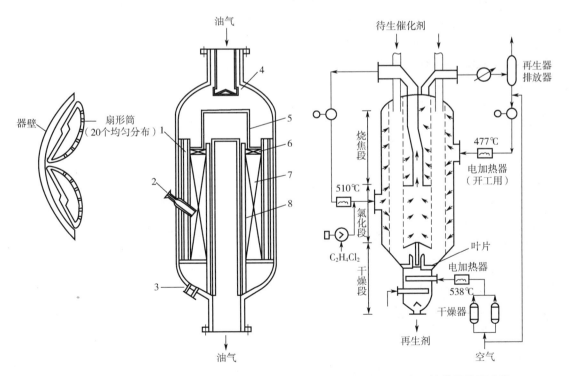

图 14-15 径向式反应器

1—扇形筒;2—催化剂取样口;3—催化剂卸料口;4—分配器;5—中心管罩帽;6—瓷球;7—催化剂;8—中心管

图 14-16 连续重整装置的再生器

第十四章 催化重整 297

床层压降较低。径向反应器的中心部位有两层中心管,内层中心管的壁上钻有许多几毫米直径的小孔,外层中心管的壁上开了许多矩形小槽。沿反应器外壳壁周围排列着几十个开有许多小的长形孔的扇形筒,在扇形筒与中心管之间的环形空间是催化剂床层。反应原料油气从反应器顶部进入,经分布器后进入沿壳壁分布的扇形筒内,从扇形筒小孔出来后沿径向方向通过催化剂床层进行反应,反应后进入中心管,然后导出反应器。中心管顶上的罩帽由几节圆管组成,其长度可以调节,用以调节催化剂的装入高度。径向式反应器的压降比轴向式反应器小得多,这一点对连续重整装置尤为重要。因此,连续重整装置的反应器都采用径向式反应器,而且其再生器也是采用径向式的。图14-16是连续重整装置的再生器简图。

思考与练习

14-1 催化重整的原料和主要产品有哪些?
14-2 重整催化剂由哪几部分组成? 为什么重整催化剂应兼备两种催化功能?
14-3 重整催化剂如何再生?
14-4 目前工业重整装置广泛采用的反应系统流程分为哪两大类?
14-5 预处理系统中加氢精制的目的是什么?
14-6 何谓催化重整? 重整中发生了哪些化学反应?
14-7 芳烃抽提的原理是什么? 在芳烃分离过程中为何采用抽提?
14-8 芳烃白土精制的原理是什么?
14-9 当仪表失灵、控制阀出现故障时,应采取什么措施?
14-10 为什么重整反应温度不能波动太大?
14-11 重整反应压力对哪些生产指标会产生影响? 如何选择最适宜的重整反应压力?
14-12 在重整反应中,为什么要在原料油进入反应器之前混合一部分氢?
14-13 重整反应器的结构形式有哪些? 它们之间的主要差别是什么?

第十五章　烷基化及异构化过程

大部分原油仅含有 10%~40% 可直接用作汽油的烃类。精炼厂使用裂解加工，将高分子量的烃类转变成易挥发的小分子量易挥发的产物。聚合反应又将小分子量的气态烃转变成可用作汽油的液态烃。烷基化反应将小分子烯烃和侧链烷烃转变成具有高辛烷值的更大的侧链烷烃。

通过裂解、聚合和烷基化相结合的过程可以将原油的 70% 转变为汽油产物。另一些高级的加工过程，例如烷烃环化和环烷烃脱氢，可以获得芳烃，也可以增大汽油的辛烷值。通过上述方法，现代化炼油过程可以将输入的原油完全转变为燃料型产物。

第一节　烷基化过程

烷基化是利用加成反应或置换反应将烷基引入有机物分子中的过程。烷基化反应作为一种重要的合成手段，广泛应用于许多化工生产过程中。工业上常用的烷基化剂有烯烃、卤烷、硫酸烷酯和醇等。

在石油炼制工业中，烷基化过程主要用于生产高辛烷值汽油的调和组分。例如：异丁烷用丙烯或丁烯进行烷基化，得到烷基化油，这是烷基化过程的最早应用。苯用丙烯进行烷基化生产异丙苯，异丙苯开始也是作为汽油的调和组分，现在是生产苯酚和丙酮的主要原料。烷基化过程还可用于生产多种重要的有机化工产品，例如苯用乙烯进行烷基化生产乙苯，苯用 C_{10}~C_{18} 烯烃进行烷基化生产高碳数烷基苯，用于合成洗涤剂。此外，甲苯用丙烯进行烷基化得到的甲基异丙苯，经过氧化及异构化可生产间甲酚；甲苯与乙烯反应可生产乙烯基甲苯。间二甲苯经异丁基化可生产二甲苯麝香。1，2，4-三甲苯用甲醇或氯甲烷进行烷基化，可生产 1，2，4，5-四甲苯。苯酚用异丁烯进行烷基化可生成叔丁基苯酚，用二异丁烯进行烷基化可生成对辛基苯酚。

在标准的炼油过程中，烷基化可以将分子按照需要进行重组，增加汽油产量，是炼油过程的重要一环。烷基化系统在催化剂（磺酸或者氢氟酸）的作用下，将低分子量烯烃（主要由丙烯和丁烯组成）与异丁烷结合起来，形成烷基化物（主要由高级辛烷、侧链烷烃组成）。烷基化物是一种汽油添加剂，具有抗爆作用，其燃烧产物清洁，对环境无害。烷基化物的辛烷值取决于所用的烯烃种类和采用的反应条件。

在以生产车用汽油、航空汽油为目的的烷基化工艺中，烷基化原料分为两类。

一类原料是异构烷烃，由于烷基化反应遵循碳正离子机理，要求此异构烷烃具有叔碳原子，所以只能在 $\geqslant C_4$ 的烷烃中寻找，因为 $\geqslant C_5$ 的烷烃已经是汽油组分，且它们的烷基化产物辛烷值提高不大，甚至还会下降，故烷基化原料的异构烷烃均选择异丁烷。

另一类原料是小分子烯烃，包括丙烯、丁烯和戊烯。丁烯是最好的烷基化原料，其产品质量最好，酸耗也最低，丙烯和戊烯的酸耗几乎是丁烯的几倍。近年来由于通过丙烯二聚生产高辛烷值调和组分（叠合汽油）得到了较快的发展，因此选择丙烯作烷基化原料的做法越来越少；而戊烯本身就可作为马达的燃料组分，几乎不把它作为烷基化原料。因此最主要的烷基化烯烃的原料是丁烯，它包括4种异构体：异丁烯、1-丁烯、顺-2-丁烯和反-2-丁烯。小分子烯烃更多的是以不同比例烯烃混合物的形成出现。

一、烷基化基本原理

（一）不同烯烃原料对烷基化反应过程的影响

脱硫后液化气组分、气分混合 C_4 组分、醚后 C_4 组分见表 15-1。

表 15-1 脱硫后液化气组分、气分混合 C_4 组分、醚后 C_4 组分

组分名称	脱硫后液化气组分含量/%	气分混合 C_4 组分含量/%	醚后 C_4 组分含量/%
乙烷+乙烯	0.25		
丙烯	35.90	0.17	0.20
丙烷	5.60	0.16	0.20
异丁烷	19.74	33.70	43.00
正丁烷	3.65	6.27	8.00
异丁烯	11.63	19.88	0.20
正丁烯	5.55	9.51	12.00
反-2-丁烯	9.32	15.99	20.40
顺-2-丁烯	7.19	12.34	15.70
碳五	1.18	1.99	0.10
水			0.04
二甲醚			0.07
甲醇/$\times 10^{-6}$			≤50
甲基叔丁基醚(MTBE)/$\times 10^{-6}$			≤50

不同烯烃对装置运行及产品质量的影响分别见表 15-2、表 15-3。

表 15-2 不同烯烃对装置运行的影响

项目	$C_3^=$	$C_4^=$	$C_5^=$
酸耗/（kg/t）	72～96	36～60	36～72
异丁烷消耗量/%	1.23～1.72	1.13～1.18	1.07～1.39
烷基化油产量/%	1.70～2.00	1.75～1.80	1.76～2.04

表 15-3 不同烯烃对产品质量的影响

项目	$C_3^=$	$C_4^=$	$C_5^=$
ASTM D86 T_{50}/℃	93	111	124
ASTM D86 T_{90}/℃	127	125	153
干点/℃	189	202	224
RON（研究法辛烷值）	89～92	94～98	89～92
MON（马达法辛烷值）	88～90	92～95	88～90

由表 15-1～表 15-3 可见，不同烯烃组分在烷基化反应过程中对系统的运行及产品质量的影响不尽相同。具体影响如下：

1. 丙烯

以丙烯为原料，在硫酸法烷基化装置和 HF 法烷基化装置反应过程中所得产品和原料消耗不同。在硫酸法烷基化装置中，丙烯直接与异丁烷反应生产 C_7 烷基化汽油组分，该汽油组分辛烷值、汽油干点均低于 C_8 烷基化油组分；酸耗较以丁烯为原料高。

2. 戊烯

以戊烯为原料，戊烯在烷基化装置中与异丁烷反应生成异戊烷和异辛烷，异戊烷进入烷基化汽油中可增加汽油的产量。但异戊烷的辛烷值低，进入烷基化汽油中会降低产品汽油的辛烷值。原料中戊烯含量太高，杂质（含氧化合物、二烯烃和硫等的含量增加）在烷基化反应过程中发生副反应，生成大量酸溶性油（ASO），降低系统酸浓度，增加酸耗。

3. 异丁烯

以异丁烯为原料，可提高清洁汽油组分的产量。在异丁烷足够过剩情况下，可直接将异丁烯用于烷基化反应，但生成的烷基化汽油较正丁烯反应生成的汽油辛烷值低。在烷基化反应过程中，异丁烯活性比正丁烯高，在催化剂作用下，异丁烯易发生自聚反应生成大分子烃并溶解在酸相中，降低系统酸浓度，增加酸耗，生成的聚合物进入烷基化油中会增大汽油的干点。

（二）烷基化原料中杂质对烷基化反应过程的影响

烷基化装置的原料主要来源于催化裂化装置的混合 C_4、MTBE 装置的醚后 C_4 及少量加氢裂化装置的 C_4 液化气。这些原料都携带杂质，在烷基化反应系统内，既影响烷基化油的收率和质量，又影响系统酸浓度、导致设备腐蚀速率加剧和增加酸耗，严重时出现"飞酸"等安全生产事故。烷基化原料中的杂质主要有乙烯、丙烷、正丁烷、丁二烯、硫化物、水、二甲基二硫和甲醇等。而这些杂质对系统及产品质量会产生如下影响。

1. 丙烷和正丁烷

丙烷和正丁烷在烷基化反应过程中不参加反应，属于惰性组分。但系统中如其含量太高会降低循环异丁烷的纯度，降低异丁烷进入酸相的速度，影响反应过程中的烷烯比，增加烯烃在烷基化反应过程中的自聚反应。自聚产物溶解在酸相中会降低酸浓度，增加酸耗。在系统中丙烷可通过原料预加氢后分馏除去，也可在精制单元根据系统循环异丁烷的纯度不定期外退。对于正丁烷，需根据循环异丁烷纯度，不定期地从脱正丁烷塔分离退出以维持循环异丁烷的纯度。

2. 乙烯

乙烯在烷基化反应系统中，不会与异丁烷直接发生烷基化反应，而是快速与系统中的硫酸发生反应生产硫酸氢乙酯，如不加以去除，会在系统中积累，对酸浓度产生非常大的影响。如烷基化原料中带入 1 t 乙烯，需额外消耗 20.9 t 新鲜酸。大部分烷基化原料进入反应系统前需经过原料预加氢反应和脱轻烃分离处理，在此过程中，乙烯可以通过原料预加氢单元脱氢烃塔塔顶排放不凝气加以分离除去。

3. 丁二烯

常规的 FCC 装置所产液化气中丁二烯占 0.1%～0.2%，随着催化原料变重，反应温度需不断升高，液化气中丁二烯含量也随之增加，最多可达 1.2%。在烷基化反应过程中，丁二烯在酸性条件下发生聚合反应生成大分子烃，溶解在酸中形成 ASO（又称红油），也可与酸发生反应生成硫酸酯。ASO 是一种黏稠重质油，溶解在酸相中如不加以去除，会快速降低酸浓度、增大汽油干点、降低汽油辛烷值和收率。硫酸法烷基化装置原料中每千克丁二烯的酸耗为 13.4kg，而每千克丁烯的酸耗为 0.08 kg。丁二烯的去除可通过原料加氢反应将丁二烯饱和为丁烯，控制原料中丁二烯的含量在 $100×10^{-6}$ 以内。同时，原料预加氢反应还可以将 1-丁烯异构化为 2-丁烯，优化反应原料，提高烷基化油的辛烷值。

4.硫化物

硫化物对硫酸具有显著的稀释作用，硫酸法烷基化装置每吨硫化物可造成 15～60t 废硫酸。如果硫化物是甲基硫醇，每吨甲醇硫将使 53.7t 的硫酸由 98.5%稀释至 90%。H_2S 和 COS 对酸系统的影响较小，但对原料预加氢催化剂具有毒害作用。硫化物除了加速酸的报废外，还能使硫酸的催化作用倾向于聚合反应和其他副反应。

5.水

无论是硫酸法烷基化还是 HF 法烷基化，水进入反应系统都会直接对酸起稀释作用，导致异丁烷在酸中的溶解度下降，酸释放 H^+ 的活性降低，主反应随之减弱，烯烃聚合反应相应增强，影响烷基化油的收率和质量。在 HF 法烷基化装置中，酸系统中需有 1%～2%的水以保证 HF 的催化活性。烷基化装置系统中的水主要通过原料带入，生产中控制反应系统物料的水含量在 $10×10^{-6}$ 以下。如原料中水含量太高，系统酸浓度太低，需增加再生塔负荷，必要时装置停止进料，等酸系统再生合格后再恢复进料。无论是 HF 法烷基化装置还是硫酸法烷基化装置，设备材质主要为碳钢，在浓酸作用下会发生钝化生成保护膜，如系统水含量太高容易破坏保护膜，造成设备腐蚀。

6.二甲醚和甲醇

MTBE 装置醚后 C_4 组分通常含有二甲醚以及甲醇，二甲醚和甲醇是耗酸的主要杂质，会降低烷基化油的收率和辛烷值。在硫酸法烷基化中每千克二甲醚耗酸 11.1 kg，每千克甲醇耗酸 26.8 kg。

总之，随着液化气资源过剩，烷基化的原料种类也越来越多，原材料不再是单一 C_4 烯烃了，在其中可以加入丙烯或戊烯来提高汽油的品质以及产量。但是由于材料的不同也会造成产量和品质的差异，操作装置的运作成本和汽油的品质会发生变化。另外，随着烷基化原料的种类增多，其中的杂质种类和含量也随之增多，如果不把其中的杂质加以去除和控制，必然会影响装置的安全平稳运行，导致产品质量降低，严重时出现安全生产事故。

（三）烷基化反应的反应类型

1.异构化

科学研究发现，在酸性条件下，正丁烯发生了异构化反应，生成了异丁烯，异丁烯接收氢负离子生成了异丁烷。所以正丁烯烷基化时所得到的 2,2,4-三甲基戊烷比用异丁烯烷基化时还多。另外，丙烯烷基化时也能生成相当数量的 2,2,4-三甲基戊烷。

烷基化反应中异构化反应的观点受到普遍的认可，并得到以下事实的证实：

① 在烷基化的反应温度下，几种丁烯之间的热力学平衡对异丁烯最有利，异丁烯的含量最高。

② 根据研究结果，各种丁烯所得到的烷基化产物的组成基本相似，这就意味着不同丁烯在进行烷基化反应之前，先进行了异构化反应，并且不同丁烯都异构化为一个以异丁烯为主的平

衡的组成相似的烯烃混合物，所以使得不同烯烃的烷基化产物有着相似的组成。

③ 如果正丁烯直接参加链引发反应的话，将会有相当数量的正丁烷生成。而事实上并没有一定量的正丁烷在烷基化反应中生成，这说明不是正丁烯直接参加引发烷基化反应的。

2. 异丁烯二聚和多聚

在低温下，异丁烯在酸性催化剂的作用下会聚合成高聚物——聚异丁烯。在高温下，异丁烯发生二聚反应生成异辛烯，而异辛烯进一步加氢就可以得到异辛烷。既然存在二聚反应，就不可避免地可能发生三聚反应与多聚反应，特别是异丁烯的多聚反应，使得烷基化产物中总是包括一定量的高沸物。所以在烷基化反应器中提高异丁烷的浓度，可以减少异丁烯彼此碰撞的机会，从而减少高沸物的生成。因此工业生产中，反应烷烯比要控制在15~20范围内。

3. 断裂反应

在进一步研究上述多聚反应时，人们发现在各种烯烃烷基化反应产物中，C_5和C_7的数量大体相近。普遍认为是大分子碳正离子在摘取氢负离子以前，自身能够发生断裂反应，也就是这种大分子一分为二。不过，C_5和C_7可能还有其他生成途径。

4. 歧化反应

在丁烯与异丁烷的烷基化产物中还可以看到少量C_7产物，研究认为这是在C_4与C_8之间发生歧化反应所生成的，在丙烯与异丁烷的烷基化中也有类似情况。

（四）烷基化链式反应机理

以碳正离子理论为基础的烷基化反应，可以归纳为以下链式反应机理。各种链式反应一般均包括3个步骤，即链的引发、链的增长、链的终止。

1. 链的引发

在异丁烷与烯烃的烷基化反应过程中，烯烃得到氢质子形成碳正离子为链的引发过程，生成的叔丁基碳正离子对烷基化反应起着至关重要的作用。

关于链的引发，有以下几点需要注意：

① 硫酸或氢氟酸的离解生成了氢质子，从而为碳正离子提供了正离子源，但当酸处于完全不能离解的状态时，如在相当干燥的条件下，也就是说没有极性很大的水分子时，酸不能离解，烷基化反应则不能发生。

② 只有叔丁基碳正离子能够担任载链的功能，如果其他直链烯烃接收了氢质子，那么情况就比较复杂。或者直链烯烃本身异构化为叔丁基碳正离子；或者直链烯烃的碳正离子摘取异丁烷的氢负离子，使异丁烷变为叔丁基碳正离子来引发烷基化反应。

③ 大分子碳正离子，特别是酸溶性烃类，是高度离子化的，能够摘取烯烃或异丁烷的氢负离子，生成新的叔丁基碳正离子。

2. 链的增长

叔丁基碳正离子夺取氢负离子后生成产物，并保证了叔丁基碳正离子的继续存在。

3. 链的终止

增长中的碳正离子一般从异丁烷中摘取一个氢负离子而停止增长，这是大多数烷基化链终止的方式。而链增长的碳正离子失去质子成为烯烃却是很少发生的，因为烷基化产物中很少有烯烃出现，而且烯烃一旦生成也会立即在烷基化条件下被质子化而重新参加反应。

（五）反应产物及其生成途径

1. 2,2,4-三甲基戊烷

在不同烷基化原料、工艺和反应条件下，2,2,4-三甲基戊烷都是最重要的反应产物，约占全部反应产物的20%~50%。其生成反应是叔丁基碳正离子与异丁烯共二聚后从异丁烷上摘取一个氢负离子后完成的。在烷基化条件下，正丁烯可以异构为异丁烯或叔丁基碳正离子，丙烯也可以摘取异丁烷中的氢负离子，使异丁烷变为叔丁基碳正离子，从而与异丁烯生成2,2,4-三甲基戊烷。

2. 二甲基己烷

一般认为二甲基己烷是异丁烯和正丁烯共二聚后再从异丁烷上摘取氢负离子后生成的。

3. C_7和C_8的多种异构体

C_7和C_8的多种异构体是在二聚反应后的碳正离子阶段发生异构化反应而生成的。

4. 重质化合物

重质化合物是烷基化反应产物中的烯烃多聚合的产物。

5. C_5、C_6、C_7等轻烃

它们是C_7^+、C_8^+碳正离子的歧化反应以及C_{12}^+、C_{16}^+等大分子碳正离子的断裂反应生成的。

6. 丙烯与异丁烷的烷基化产物

丙烯与异丁烷烷基化的反应产物主要是二甲基戊烷，由于碳正离子的作用，也能生成三甲基戊烷。此外，丙烯也能发生二聚、多聚反应，其碳正离子也能发生歧化、异构化和断裂反应。

二、烷基化生产工艺

烷基化装置利用烯烃与异丁烷在酸性环境下发生反应生成烷基化汽油，烯烃是C_3~C_5烯烃，优选丁烯。不同的烯烃组分进入烷基化装置其产品质量和物耗都不一样。

传统炼油厂烷基化原料来源于MTBE（甲基叔丁基醚）装置的醚后C_4。催化裂化（FCC）装置液化气经脱硫后进入气分装置，气分装置将丙烷、丙烯等C_3及其以下组分分离后剩余的C_4进入MTBE装置；MTBE装置利用液化气中的异丁烯与甲醇反应生产MTBE，剩余的醚后C_4作为烷基化原料；也有部分炼油厂直接利用气分装置的混合C_4作为烷基化装置的进料。

以硫酸作催化剂的烷基化工艺属于传统的经典工艺，随着氢氟酸法烷基化技术的较快发展，从20世纪70年代开始，硫酸法烷基化进入了发展缓慢的阶段。但是80年代以来，硫酸法生产的烷基化油仍占世界烷基化油产量的近50%。硫酸法由于流程简单，专用设备少，安全性好，特别是对1-丁烯原料（我国烷基化原料的主要烯烃成分）的适应性比氢氟酸法好，故仍有很强的生命力。特别是如果在烷基化装置附近有一个硫酸厂，则用硫酸法生产烷基化油在经济上还是比较合理的。

（一）硫酸法烷基化主要工艺条件

1. 反应温度

反应温度随着烯烃的种类和催化剂浓度的不同而改变，一般在0~30℃范围内。温度过高会使副反应增加，温度过低则使反应速率降低，而且烃类和硫酸的乳化液变得黏稠而不易流动，因此工业生产上很少采用低于0℃的反应温度。一般丙烷烷基化时的反应温度约为30℃，丁烷

烷基化的反应温度约为 0~20℃。

2.异丁烷循环

为了抑制烯烃的叠合等副反应发生，反应系统中有大量的过剩异丁烷要进行循环以维持高的异丁烷烯烃比。新鲜原料中的异丁烷与烯烃的体积比（液体）为 20~40，而在反应器内由于大量的异丁烷循环，其比值一般为 500~700。前一种比值称为外比，后者称为内比。除此之外，原料异丁烷和烯烃并不是一次全部加入第一个反应段而是分批加入五个反应段，这样对提高内比有利。除了要控制异丁烷与烯烃的比值外，还需要控制烯烃的进料速度。

3.原料纯度

原料中的乙烯会增大催化剂的消耗量，而且生成的硫酸酯会混入产品中并腐蚀设备，因此应避免乙烯混入原料中。此外，还应注意去除原料中的二烯烃、硫化物等杂质并注意严格控制水分的含量。

4.催化剂

催化剂硫酸浓度高有利于提高烷烃在酸中的溶解量，但硫酸浓度过高其氧化性增强，会促使烯烃氧化。同时，由于烯烃的溶解度比烷烃高得多，为了抑制烃氧化、叠合等副反应的发生，硫酸浓度也不宜过高。所以，用作烷基化催化剂的硫酸浓度一般应控制在 86%~99%。为使硫酸与原料充分接触，反应器内的催化剂和反应物要处于良好的乳化状态。另外，适当提高酸与烃的比例有利于提高烷基化产物的质量和收率，因此反应系统中催化剂量一般控制在 40%~60%（体积分数）。

（二）硫酸法烷基化工艺流程

硫酸法烷基化装置的工艺技术，几十年来有了很大的发展，无论是操作条件，还是反应过程和分馏技术都有较大改变。反应器中异丁烷的浓度已从 20 世纪 50 年代的 50%左右上升到 60 年代的 80%以上，即相当于外部烷烯比达到 8:1，从而使得烷基化油的辛烷值得到提高。分馏技术的改进和氢氟酸法烷基化基本相似，所以反应部分的流程的特征成为硫酸法烷基化的分类依据。按反应热去除采用直接蒸发还是间接换热来区分，可将反应器流程分为两大类：

① 自冷冻流程　用部分反应物蒸发的方法来除去反应热。
② 反应流出物制冷工艺流程　由换热器间接传热来除去反应热。

进入 20 世纪 50 年代以来，硫酸法烷基化的立式接触器（即反应器），在美国已逐步被各种卧式反应器所代替，此后，国外无论在氢氟酸法烷基化装置还是在硫酸法烷基化装置都很少用立式反应器。目前所有的自冷冻反应器系统和反应流出物制冷系统都使用卧式反应器。国内所使用的立式氨冷反应器也正在采取更新换代的措施。

1.自冷冻流程

现代烷基化装置已基本不再利用氨等冷剂来移走反应热，绝大多数采用反应时过量异丁烷的蒸发来移走反应热。从这个意义上来说，这些烷基化反应体系都可以叫作自冷冻反应器体系。但此处所说的自冷冻反应器体系，只是指异丁烷在反应器里蒸发吸热的系统。自冷冻反应器系统有两种形式。

一种是喷射乳液泵循环反应系统，其典型的原理示意图如图 15-1 所示。

新鲜烷基化原料和从分馏系统来的循环异丁烷（冷凝液返回）一起与反应器中来的循环酸乳液混合后，送入反应器底部，经过一组喷嘴，在液层下面喷入反应器中，反应器的温度在 10~16℃范围内，这个温度是依靠反应器中一部分轻烃的蒸发来维持的，被蒸发的轻烃主要是过量

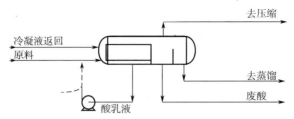

图 15-1 喷射乳液泵循环反应系统

的异丁烷，这些轻烃经过压缩冷却后再返回反应器中。循环的酸乳液经过一个内部溢流堰后进入一个酸沉降段，在这里乳液分层，成为烃相和酸相。轻烃相送出反应器，经过碱洗、水洗后送入分馏部分。目前，还有少量企业使用该反应系统，但已不再新建使用该反应系统的硫酸法烷基化装置。主要原因是该反应体系的酸烃分散不够理想，使得产品质量不高，且蒸发一部分异丁烷后使得反应区内的烷烯比降低。

另一种自冷冻反应器系统是 Kellogg 公司的串联反应器系统，其典型的反应器流程如图 15-2 所示。这种反应器系统的改变在于将反应区分隔成几个串联的区段，将新鲜烯烃原料分隔成几股分别引入各个反应段，而循环异丁烷则是以串流方式进入的，这样做的结果是，假设整个异丁烷对烯烃的外比为 5:1，而反应段又分为 5 段，则每段的烷烯比可能高达 25:1。轻烃经蒸发调节反应温度及压缩冷却后返回反应器的过程与喷射乳液泵循环反应器是相同的。这种反

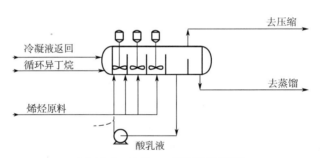

图 15-2 Kellogg 串联反应流程

应器系统的主要缺点是无法控制酸烃比，另外，酸在所有反应区域内分布并不十分均匀，这样就造成了反应质量的下降。因此，近年来国外的这类反应器体系逐步被其他装置取代。

2.反应流出物制冷工艺流程

反应流出物制冷工艺是美国 Straford/Grahan Engineering 公司开发的一种工艺，1953 年被工业化使用。其中 Stratco 卧式反应器在国外硫酸法烷基化工艺中被广泛使用，目前有 59%~62%的硫酸法烷基化能力是由 Stratco 卧式反应器提供的。

反应流出物制冷工艺流程的示意图见图 15-3。

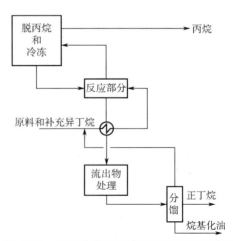

图 15-3 反应流出物制冷工艺流程的方块图

该装置可以分为以下 4 个主要部分：
（1）反应部分　将异丁烷与烯烃在控制条件下和硫酸催化剂充分接触后反应生成烷基化油。
（2）脱丙烷和冷冻部分　移走反应热并脱除丙烷等轻组分。
（3）流出物处理部分　除去反应流出物中所携带的中性酯和游离酸，避免在下游流程中产生环境污染和设备腐蚀。
（4）分馏部分　分离出循环异丁烷返回反应部分，并产出最终产品烷基化油和副产品正丁烷。

硫酸法烷基化装置的开停车的主要注意事项

第二节　异构化过程

异构化是化合物分子进行结构重排而其组成和分子量不发生变化的反应过程。烃类分子的结构重排主要有烷基的转移、碳链的移动和双键的移动。反应通常在催化剂作用下进行。

20 世纪 40 年代以前，异构化过程主要用于生产高辛烷值汽油调和组分。1960 年，美国大西洋炼油公司将异构化过程应用于芳烃的转换，开发了以氧化铝或氧化铝-氧化硅为载体的铂催化剂的二甲苯异构化工艺过程，随后日本三菱瓦斯化学公司又开发了用氟化氢-氟化硼作催化剂的液相二甲苯异构化过程。1976 年和 1978 年美国莫比尔化学公司先后开发了在新型 ZSM-5 分子筛催化剂作用下的二甲苯气相和液相异构化过程。

在石油炼制生产中正丁烷异构化得到的异丁烷，可作为生产高辛烷值航空汽油掺和剂异辛烷的主要原料。因此，正丁烷异构化装置常与异丁烷烷基化装置联合使用。C_5、C_6 烷烃的异构化生成的支链化合物，如异戊烷、异己烷等，可直接作为高辛烷值汽油的掺和剂，异构化过程也可应用于增加生产所需的目的产物。如 C_8 芳烃的异构混合物在分离出对二甲苯以后，可以通过异构化反应得到具有平衡组成的 C_8 芳烃异构混合物，然后再将对二甲苯分离出。这样就可最大限度地得到所需的目的产物对二甲苯。此外，在 C_4 馏分分离时也可采用异构化的方法。

异构化反应可分为气相异构化反应和液相异构化反应两种。按工业中最有代表性的原料，其又可分为：①烷烃的异构化，如 C_4、C_5、C_6 烷烃的异构化；②烯烃的异构化，如 1-丁烯的异构化；③芳烃的异构化，如二甲苯、乙苯的异构化；④环烷烃的异构化，如甲基环戊烷的异构化；⑤甲酚的异构化。

本章以烷烃异构化为例，介绍异构化过程。

一、烷烃异构化基本原理

随着汽车使用量的增大，从环境保护出发，市场对高辛烷值清洁汽油的需求量越来越大。也就是说汽油必须向低烯烃、低芳烃、低蒸气压、低硫含量、高辛烷值、无铅和高氧含量的方向发展。

发达国家从 20 世纪 80 年代开始就十分重视烷烃异构化工艺的发展，经过近 40 年的发展，工艺已日臻成熟，异构化油的产量和在汽油中的使用比例也在逐年提高。目前，美国的异构化油在清洁调和汽油中的比例已经达到5%左右，但我国的汽油构成中异构化油的比例非常低，国内外汽油调和组分的对比见表15-4。

表15-4　国内外汽油调和组分的对比　　　　　　　　　　　　　　　　　　　　　　　单位：%

汽油组分	美国	欧盟	中国
催化裂化汽油	38	32	76.7
催化重整汽油	24	45	14.8
烷基化汽油	15	6	0.2
异构化汽油	5	11	
其他	18	6	8.3

从表15-4可见，我国在烷基化和异构化方面的应用有待加强。烷烃异构化加工工艺作为提高汽油辛烷值的手段，具有操作灵活、费用低和节省资源等优点。以 C_5、C_6 为主的轻质烷烃异构化工艺技术的应用，将有效增加我国汽油池的"前端辛烷值"，优化汽油池辛烷值的分布，改善汽车发动机的发动性能，对我国汽油质量的改善和大气环境保护产生积极的影响。

烷烃异构化是通过将原料（轻质石脑油）中的 C_5、C_6 正构烷烃转化为相应的支链异构烃，从而提高汽油的辛烷值，使汽油具有均匀的抗爆性能。C_5、C_6 烷烃的辛烷值见表15-5。

表15-5　C_5、C_6烷烃的沸点及辛烷值

烷　烃	辛烷值	
	RON	MON
正戊烷	61.7	61.3
异戊烷	93.5	89.5
正己烷	31	30
2,2-二甲基丁烷	94	95.5
2,3-二甲基丁烷	105	104.3
2-甲基戊烷	74.4	74.9
3-甲基戊烷	75.5	76

开发和利用 C_5、C_6 烷烃异构化工艺具有如下意义和目的：

① 可提高 C_5、C_6 烷烃组分的辛烷值，改善其调和性能，有利于平衡全厂汽油的辛烷值。

② 加入异构化油，可提高汽油的辛烷值，改善汽油的辛烷值分布，使汽油的抗爆性能更加均匀。

③ 异构化油是一种无硫、无烯烃、无芳烃的清洁产品，调入汽油中可弥补我国汽油烯烃、硫及芳烃含量高的缺陷，是生产环境友好型汽油的一项重要手段。

（一）烷烃异构化反应机理

烷烃异构化反应是指在金属/酸双功能催化剂上，在临氢条件下将直链烷烃异构化为异构烷烃的反应。异构化反应机理主要有碳正离子的异构机理，孔口催化、择形催化机理，双分子机理和钥匙锁催化机理等。烷烃异构化反应的步骤一般认为是：

① 正构烷烃吸附于金属中心并脱氢生成烯烃。
② 烯烃从金属中心转移到酸性中心。
③ 烯烃在酸性中心上获得一个质子生成碳正离子，然后进行骨架异构或裂化成为一个新的碳正离子和一个小分子烯烃。
④ 烯烃迁移到金属中心。
⑤ 烯烃在金属中心加氢并脱附。

（二）烷烃异构化催化剂

目前使用的烷烃异构化催化剂分为中温型、低温型和分子筛催化剂等。

1. 中温型催化剂

该催化剂的反应温度为 230~300℃。它将活性金属 Pt 或 Pd 负载在分子筛上制成 Pt（Pd）分子筛催化剂。目前，国外采用的 Pt/HM 催化剂是工业化应用较多的催化剂，如 UOP 公司的 I-7 催化剂和 Shell 公司的 HS-10 催化剂。该催化剂不加入卤素，对原料纯度要求低，且分子筛稳定性好，副反应少，选择性好，催化剂可再生。其缺点是反应温度较高，单程异构化转化率低。

中国石化石油化工科学研究院（RIPP）开发成功的 FI-15 型催化剂于 2001 年 2 月在广东湛江东兴石油化工有限公司投入使用。该 C_5/C_6 烷烃异构化装置处理量为 18 万吨/年，C_5 和 C_6 的异构化率分别为 65.5% 和 80.5%，异构产物辛烷值达 80.2。

2. 低温型催化剂

低温催化剂的反应温度低于 200℃，通常是将 Pt 负载到用 $AlCl_3$ 处理过的载体上，代表性的低温 $Pt/AlCl_3$ 催化剂有环球油品公司（UOP）的 I-8 催化剂、英国石油公司的 BPIsom 催化剂和恩格哈德公司（Engelhard）的 RD-291 催化剂。该类催化剂的优点是反应温度低，产品辛烷值较高。其缺点是对原料中水和硫的含量要求高，反应过程中需要连续补氯，设备易腐蚀且污染环境，这使其应用受到了一定的限制。

3. 分子筛催化剂

目前分子筛催化剂主要有美国 UOP 公司的 Hysomer 催化剂（HS-10）；法国 AXENS 公司的 IP632 催化剂以及中石化石科院的 RISO 催化剂。

分子筛催化剂的优点：有明确的结构和较强的酸性，催化裂解活性高，操作温度低；有较高的机械强度和湿热稳定性，耐有机胺、氮和硫化氢能力强；抗结焦能力强，失活速率慢。

异构化分子筛催化剂包括以 HM（氢型丝光沸石）为载体的烷烃异构化催化剂、磷酸硅铝分子筛 SAPO、Pt/HY、Pt/Beta、Pt/MCM、Pt/ZSM 与 Pt/Y 分子筛催化剂等。

二、烷烃异构化生产工艺

烷烃异构化工艺流程根据产品辛烷值不同可分为"一次通过异构化工艺"和"循环异构化工艺"两种。"一次通过异构化工艺"流程简单，由反应系统和稳定系统组成，投资省，但不能将正构烃全部转化为异构烃。"循环异构化工艺"可将一次反应产物中的异构烷烃分离，再将剩余正构烷烃返回反应器中重新异构化，以获取更高的异构转化率，从而提高产品辛烷值。

下面以 C_5/C_6 烷烃异构化循环流程为例介绍烷烃异构化循环流程。

由于 C_5、C_6 烷烃异构化反应受热力学平衡的限制，一次通过异构化流程得到的异构化油产品的研究法辛烷值（RON）一般在 75～80 之间，尚不能满足汽油调和的要求。如要进一步提高异构化油产品的辛烷值，就需要把未转化的 C_5、C_6 烷烃以及低辛烷值的 C_6 异构烷烃（2-甲基戊烷和 3-甲基戊烷）与产物分离，然后再循环至异构化反应系统。目前工业上开发了多种异构化循环流程，各种流程可根据期望的辛烷值以及收率，由装置的进料组成以及工艺要求决定具体的循环工艺参数。

若装置的新鲜进料中 C_6 烷烃总量较高，则在装置下游设置一个脱异己烷塔（DIH）用于提高辛烷值。典型异构化/DIH 流程见图 15-4。在该流程中，将反应产物中的甲基戊烷和正己烷从 DIH 塔的侧线抽出循环至反应系统，以进一步改质。典型异构化/DIH 工艺生产的异构化油，其研究法辛烷值（RON）一般在 85～89 之间，与一次通过异构化工艺相比有很大提高。异构化油能够达到的辛烷值水平取决于异构化进料中的 C_5/C_6 相对浓度、DIH 的分馏情况以及循环比例。

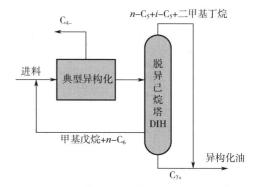

图 15-4　典型异构化/DIH 流程示意图

若装置的新鲜进料中不但 C_6 烷烃总量较高而且异戊烷含量也较高，则可以在装置上游设置一个脱异戊烷塔（DIP），下游设置一个脱异己烷塔（DIH）。DIP/典型异构化/DIH 流程见图 15-5。这种流程可以得到更高辛烷值的产品，所有的正戊烷和低辛烷值的 C_6 烷烃都循环返回，使得装置的总转化率达到最大。DIP/典型异构化/DIH 工艺生产的 C_{5+} 异构化油，其研究法辛烷值（RON）一般在 90～92 之间。

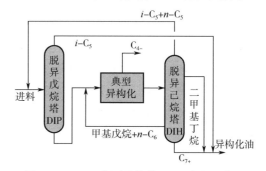

图 15-5　DIP/典型异构化/DIH 流程示意图

另外，还有典型异构化/吸附分离流程，其研究法辛烷值（RON）一般在 89 左右。全异构化循环流程，其研究法辛烷值（RON）可以达到 92。

思考与练习

15-1　简述烷基化在炼油过程中的作用。

15-2　在以生产车用汽油、航空汽油为目的的烷基化工艺中有哪些烷基化原料？

15-3　烷基化原料中含有哪些杂质？这些杂质在反应系统内会产生哪些影响？

15-4　烷基化反应中有哪几种反应类型？

15-5　硫酸法烷基化装置中的反应热是如何除去的？

15-6　反应流出物制冷工艺流程主要由哪几个部分组成？

15-7　硫酸法烷基化装置在开工前为什么要用氮气置换？

15-8 在石油炼制工业中异构化的产品有哪些?
15-9 工业生产中最有代表性的异构化原料有哪些?
15-10 有哪些烷烃异构化催化剂?它们各有什么优点?
15-11 烷烃"一次通过异构化工艺"与"异构化循环工艺"有什么区别?

参考文献

[1] 化工百科全书编委会.化工百科全书[M].北京：化学工业出版社，1995.

[2] 陈五平，等.无机化工工艺学[M].北京：化学工业出版社，2019.

[3] 杜春华，闫晓霖.化工工艺学[M].北京：化学工业出版社，2019.

[4] 米镇涛.化学工艺学.2版[M].北京:化学工业出版社，2006.

[5] 郑广俭，张志华.无机化工生产技术.2版[M].北京：化学工业出版社，2010.

[6] 陈仲波.煤气化的工艺技术对比与选择[J].化学工程与装备，2011，(4):107-109.

[7] 何国锋，等.水煤浆技术发展与应用[M].北京：化学工业出版社，2011.

[8] 田伟军，杨春华.合成氨生产[M].北京：化学工业出版社，2011.

[9] 梁凤凯，陈学梅.有机化工生产技术与操作.2版[M].北京：化学工业出版社，2015.

[10] 谭世语，魏顺安.化工工艺学.4版[M].重庆：重庆大学出版社，2015.

[11] 吴指南.基本有机化工工艺学[M].北京：化学工业出版社，2019.

[12] 窦锦民.有机化工工艺.2版[M].北京：化学工业出版社，2012.

[13] 朱志庆，房鼎业.化工工艺学[M].北京：中国石化出版社，2021.

[14] 赵建军.甲醇生产工艺[M].北京：化学工业出版社，2008.

[15] 戴厚良.芳烃技术[M].北京：中国石化出版社，2014.

[16] 杨朝合，山红红.石油加工概论.2版[M].青岛：中国石油大学出版社，2013.

[17] 王焕梅.有机化工生产技术.2版[M].北京：高等教育出版社，2013.

[18] 程丽华.石油炼制工艺学[M].北京:中国石化出版社，2005.

[19] 何小荣.石油化工生产技术[M].北京:化学工业出版社，2019.

[20] 朱宝轩.化工工艺基础.2版[M].北京：化学工业出版社，2005.

[21] 邵希林.丁二烯生产技术及化工利用新途径的开发[J].化工设计通讯，2019，45(12):98-99.

[22] 金栋，燕丰.我国醋酸合成技术的研究进展[J].乙醛醋酸化工，2019，3:4-10.

[23] 徐兆瑜.回顾甲醇羰基化生产醋酸催化剂的发展[J].乙醛醋酸化工，2017，1:7-12.

[24] 黄燕青，陈辉.醋酸乙烯生产工艺对比[J].山东化工，2020，49(13): 57-60.

[25] 张亚辉.浅谈催化重整的化学反应机理[J].中国化工贸易，2019，1:225.

[26] 张宏亮.C_5/C_6烷烃异构化循环流程[J].山东化工，2015，44(15):116-118.

[27] 郭双龙.乙醛生产技术进展及市场分析[J].精细与专用化学品，2014，22(12):31-36.

[28] 盛依依.乙酸生产技术进展及市场分析[J].石油化工技术与经济，2019，35(02):26-31.

[29] 王炜，李金.乙烯制环氧乙烷技术进展[J].乙烯工业，2020，32(1):11-15.

[30] 陈建设，等.环氧乙烷银催化剂的研究进展[J].石油化工，2015，44(07):893-899.

[31] 黄剑锋，等.丁烯氧化脱氢催化剂的反应性能[J].石化技术与应用，2017，35(4):264-267.

[32] 崔小明.国内外醋酸乙烯的供需现状及发展前景分析[J].石油化工技术与经济，2021,37（01）:14-19.

[33] 黄英丽，等.乙烯气相法和乙炔气相法合成醋酸乙烯的催化剂的研究进展[J].化学世界，2021，62(2): 71-76.